普通高等学校网络工程专业规划教材

计算机网络工程

沈鑫剡 编著

清华大学出版社

北京

内 容 提 要

本书注重各种类型网络设计方法和过程，以培养读者实际网络设计、实施能力为目标。本书基于计算机网络和计算机网络安全课程内容，给出运用主流网络技术和网络安全技术实现校园网、企业网、大型ISP网络、接入网、虚拟专用网和IPv6网络的方法和过程。

本书的特点是为读者提供普遍性的计算机网络设计原则，详细讨论运用当前主流网络技术和网络安全技术设计、实现各种类型网络的方法和过程，讨论在网络设计和实现过程中面临的安全问题和解决方法，并将安全问题的解决方法融入网络设计和实现过程，真正让读者具备设计和实现各类网络的能力。

本书以通俗易懂、循序渐进的方式叙述网络设计方法和过程，内容组织严谨，叙述方法新颖，是一本理想的计算机网络工程专业本科生的计算机网络工程教材，对从事计算机网络设计、实施的工程技术人员，也是一本非常好的参考书。

图书在版编目（CIP）数据

计算机网络工程/沈鑫剡编著. --北京：清华大学出版社，2013(2020.2重印)
普通高等学校网络工程专业规划教材
ISBN 978-7-302-33727-0

Ⅰ. ①计…　Ⅱ. ①沈…　Ⅲ. ①计算机网络－高等学校－教材　Ⅳ. ①TP393

中国版本图书馆CIP数据核字(2013)第204702号

责任编辑：袁勤勇　徐跃进
封面设计：常雪影
责任校对：李建庄
责任印制：杨　艳

出版发行：清华大学出版社
网　　址：http://www.tup.com.cn，http://www.wqbook.com
地　　址：北京清华大学学研大厦A座　　**邮　　编**：100084
社 总 机：010-62770175　　**邮　　购**：010-62786544
投稿与读者服务：010-62776969，c-service@tup.tsinghua.edu.cn
质量反馈：010-62772015，zhiliang@tup.tsinghua.edu.cn
课件下载：http://www.tup.com.cn，010-83470236
印 装 者：北京虎彩文化传播有限公司
经　　销：全国新华书店
开　　本：185mm×260mm　　**印　　张**：15.75　　**字　　数**：392千字
版　　次：2013年9月第1版　　**印　　次**：2020年2月第5次印刷
定　　价：35.00元

产品编号：049309-02

普通高等学校网络工程专业规划教材

编审委员会

PREFACE

前 言

《计算机网络工程》教材介绍运用主流网络技术和网络安全技术设计并实现各种类型网络的方法和过程。基于计算机网络课程的网络工作原理和联网技术，基于《计算机网络安全》课程的网络安全理论、网络安全技术和安全网络实现过程给出设计并实现校园网、企业网、大型 ISP 网络、接入网、虚拟专用网和 IPv6 网络的方法和过程，讨论普遍性的设计原则、各种类型网络所面临的安全问题和解决方法。目前的计算机网络工程或者组网工程教材基本上可以分为两类：一类主要讨论网络技术和网络安全技术，大量内容与计算机网络和计算机网络安全教材内容重叠，较少涉及各种类型网络的设计方法和过程；另一类主要给出一些厂家网络设备的基本配置过程，没有在具体网络环境下讨论设备配置，也很少涉及各种类型网络的设计、实施过程。这些教材无法真正培养学生运用主流网络技术和网络安全技术设计并实现各种类型网络的能力。

本教材的特色：一是为读者提供普遍性的设计原则；二是详细讨论运用当前主流网络技术和网络安全技术设计、实现各种类型网络的方法和过程；三是讨论在网络设计和实现过程中面临的安全问题和解决方法，并将安全问题的解决方法融入网络设计和实现过程；四是将网络设备远程配置和网络管理融入网络设计和实现过程，提高网络设备远程配置和网络管理的安全性；五是针对不同网络应用系统需求，给出设计、实现网络存储系统的方法和过程。

《计算机网络工程》课程是一门实验性很强的课程，掌握交换机、路由器及网络安全设备配置过程，完成各种类型网络设计、实施过程对于深入了解网络设计的普遍性原则，培养网络设计、实施过程中融入主流网络技术和网络安全技术的能力非常有用，鉴于目前很少有学校可以提供能够完成校园网、企业网、大型 ISP 网络、接入网、虚拟专用网和 IPv6 网络设计、实施实验的网络实验室，我们提供了作为指导学生利用 Cisco Packet Tracer 软件实验平台完成各种类型网络设计、实施实验的实验指导书的配套教材《计算机网络工程实验教程》。Cisco Packet Tracer 软件实验平台的人机界面非常接近实际配置过程，学生通过 Cisco Packet Tracer 软件实验平台可以完成教材内容涵盖的全部实验，建立与现实网络世界相似的应用环境，真正掌握基于 Cisco 设备完成校园网、企业网、大型 ISP 网络、接入网、虚拟专用网和 IPv6 网络设计、配置和调试的方法和步骤。

作为一本无论在内容组织、叙述方法还是教学目标都和已有《计算机网络工程》教材有一定区别的新教材，错误和不足之处在所难免，殷切希望使用该教材的老师和学生批评指正，也殷切希望读者能够就教材内容和叙述方式提出宝贵建议和意见，以便进一步完善教材内容。作者 E-mail 地址为：shenxinshan@163.com。

编者

2013 年 7 月于南京

CONTENTS

目 录

CONTENTS

CONTENTS

CONTENTS

CONTENTS

CONTENTS

CONTENTS

C O N T E N T S

第1章　网络系统设计目标和实现过程

企业需要为客户和员工提供多种多样的服务，而网络是企业实现服务的基础。设计、实施一个能够满足多种多样服务需求的网络系统不是一件容易的事情，必须有一套规范网络系统设计和实施过程的机制与方法。

1.1　网络系统结构和设计目标

1.1.1　面向服务的网络系统

网络作为基础设施，其功能是提供服务，一个功能完整的网络系统需要提供安全、信息资源访问控制、计算、移动和存储服务。

1. 安全服务

安全服务用于保障存储在主机系统中的信息和传输过程中的信息的安全，实现安全服务必须使网络系统具有隔断病毒传播与非法访问途径、抵御各种网络攻击和保障信息安全传输的功能。

2. 信息资源访问控制服务

信息资源访问控制服务用于保证每一个用户只能访问授权访问的信息资源。实现信息资源访问控制服务必须使网络系统具有用户身份鉴别和授权访问控制的功能。

3. 计算服务

计算服务一是保证计算资源之间的数据分布和交换，二是保证基于应用的计算资源分配和调度。实现计算服务必须虚拟化网络系统中的计算资源，能够基于应用动态、透明地分配计算资源。

4. 移动服务

移动服务保证用户在任何地方都能访问网络，允许用户在一定物理区域内漫游。实现移动服务一是必须使网络系统具有无线接入功能，二是必须实现无线网络与有线网络的有机集成。

5. 存储服务

存储服务用于保证用户信息的存储、备份和恢复。实现存储服务必须使网络系统具有分布式存储系统，并集成集群和灾难恢复技术。

1.1.2　面向服务的网络系统设计目标

为了使网络系统成为一个面向服务的网络系统，为用户提供安全、信息资源访问控制、计算、移动和存储服务，设计时必须使网络系统满足以下目标。

1. 功能

网络系统所必须具备的功能：一是能够实现用户和资源之间的连接；二是具有隔断病

毒传播与非法访问途径、抵御各种网络攻击和保障信息安全传输的功能；三是能够根据授权访问机制对用户访问信息资源过程实施控制；四是具有良好的无线接入控制功能；五是能够为用户提供信息存储、备份和恢复功能。

2. 扩展性

扩展性保障网络系统能够根据企业应用的变化、升级进行扩展，而且使这种扩展过程尽量不对现有网络系统产生影响。这就要求设计网络系统时尽量采用分层和模块化结构。

3. 可用性

可用性保障网络系统在遭受攻击或发生意外时，仍能提供服务。这就要求设计网络系统时必须集成多种容错技术。

4. 性能

性能保证网络系统具有应用所要求的响应速度和吞吐率。这就要求在设计网络系统时尽量采用综合服务、区分服务等保障服务质量的技术。

5. 可管理性

可管理性保证用户能够对网络系统进行故障管理、计费管理、配置管理、性能管理和安全管理。

6. 效率

效率保证以尽可能低的投资和运营成本设计、实施和维护一个满足用户需求的网络系统。

1.1.3 面向服务的网络系统结构

面向服务的网络系统结构如图 1.1 所示，包括企业园区网、分支网络、外地数据中心和远程终端等模块，通过 Internet 实现这些模块之间的连接。

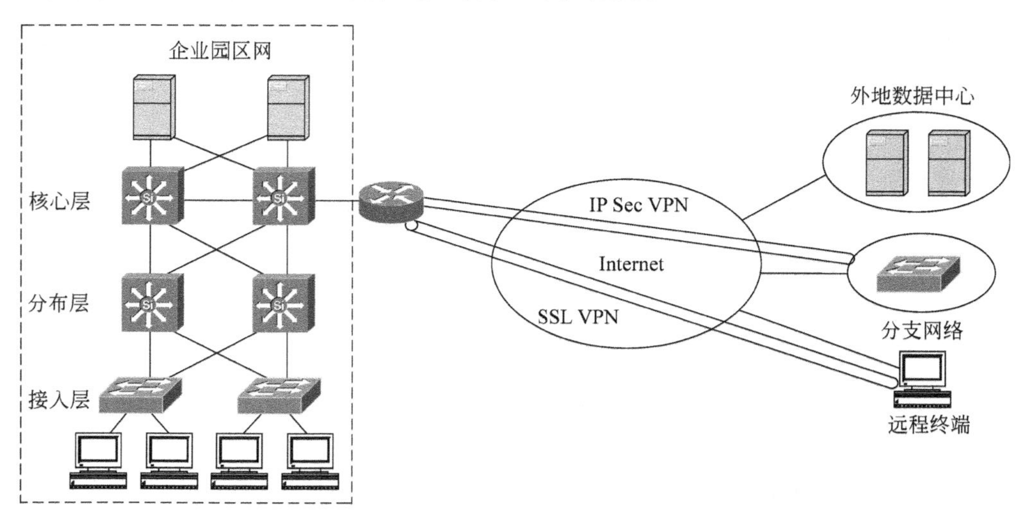

图 1.1 面向服务的网络系统结构

1. 企业园区网

1）分层结构

为了增加企业园区网的可扩展性和可管理性，将企业园区网分为接入层、分布层和核心层等三层结构。接入层实现终端的接入控制功能。分布层实现虚拟局域网(Virtual LAN, VLAN)划分、VLAN间路由和信息交换控制等功能。核心层实现IP分组的快速转发和网络容错功能。

2) 可靠性技术

允许VLAN内存在冗余链路,生成树协议(Spanning Tree Protocol,STP)通过阻塞某些交换机端口使整个VLAN没有环路。当某条链路,或是某个交换机发生故障时,通过重新开通原来阻塞的一些端口,使属于同一VLAN的终端之间依然保持连通性,而又没有形成环路,这样,既提高了VLAN的可靠性,又消除了环路带来的问题。

每一个终端需要配置默认网关地址,当源终端向位于其他网络中的目的终端发送IP分组时,默认网关成为源终端至目的终端传输路径中的第一跳路由器,一旦默认网关发现问题,源终端无法向位于其他网络的目的终端发送IP分组。虚拟路由器冗余协议(Virtual Router Redundancy Protocol,VRRP)允许每一个网络连接多个可以作为默认网关的路由器,根据优先级在多个可以作为默认网关的路由器中选择一个路由器作为其默认网关,一旦该路由器发生故障,能够自动选择另一个路由器作为默认网关,并自动完成两个路由器之间的功能切换。

链路聚合(Link Aggregation)技术通过聚合交换机之间的多条链路,可以在不进行硬件升级的前提下,增加交换机之间的带宽,并且使交换机之间的流量可以均衡分布到多条链路上,同时,多条链路还可以提供容错功能,在若干链路失效的情况下保证交换机之间的连通性。

两个VLAN之间允许存在多条IP分组传输路径,由路由协议根据优先级为每一个IP分组选择传输路径,并在某条传输路径发生故障的情况下,由路由协议为每一个IP分组选择新的传输路径,以此保障两个VLAN之间的连通性。

3) 安全技术

接入层交换机用802.1X鉴别接入用户身份,只允许授权用户接入企业园区网。通过对企业园区网划分VLAN,将不同类型用户分配到不同的VLAN,通过分组过滤技术控制VLAN间的信息交换过程。通过网络入侵防御系统和主机入侵防御系统对黑客入侵行为予以监测和反制。

4) 数据中心

数据中心一是通过网络存储系统实现用户信息的存储、备份和恢复,二是实现用户的授权访问过程。

2. 外地数据中心

通过虚拟化技术使外地数据中心和企业园区网数据中心成为有机整体。通过同步技术实现外地数据中心和企业园区网数据中心的数据同步,以此提供灾难恢复功能。通过负载均衡技术实现用户透明访问数据中心,以此提高用户访问数据的速度。通过身份鉴别和授权访问技术实现数据中心的访问控制功能。

3. 分支网络

企业园区网通过Internet实现和其他分支网络的互联。为了确保企业园区网和分支网络之间的数据传输安全,采用虚拟专用网(Virtual Private Network,VPN)技术构建面向服务的网络系统。可以通过隧道和IP Sec技术实现企业园区网和分支网络之间的双向身份鉴别和数据安全传输。

4. 远程终端

允许远程终端通过 Internet 访问企业园区网中的信息资源，通过 SSL VPN 技术实现远程终端的身份鉴别和远程终端与企业园区网之间的安全传输，以此保证远程终端对企业园区网中信息资源的安全访问。

1.2 网络系统组成

1.2.1 数据传输系统

1. 数据传输系统结构

端到端传输系统用于实现两个连接在不同网络的终端之间的数据传输，图 1.2 展示了实现终端 A 和终端 B 之间数据传输的数据传输系统。数据传输系统是一种互联网络，由多种不同类型的网络组成，并由路由器实现这些不同类型的网络互联，图 1.2 中的以太网和 PSTN 属于不同类型的传输网络，Internet 本身是一个互联网络。因此，端到端传输路径通常由两部分组成，一是相同网络内终端与路由器之间的传输路径，二是连接源终端所在网络的路由器与连接目的终端所在网络的路由器之间的传输路径。不同网络有着不同的第一种传输路径生成机制。通过路由协议生成由路由器组成的第二种传输路径。构建数据传输系统分为两个步骤：一是构建用于实现相同网络内终端与终端之间和终端与路由器之间数据传输功能的传输网络；二是构建用于实现两个连接在不同网络的终端之间数据传输功能的互联网络。

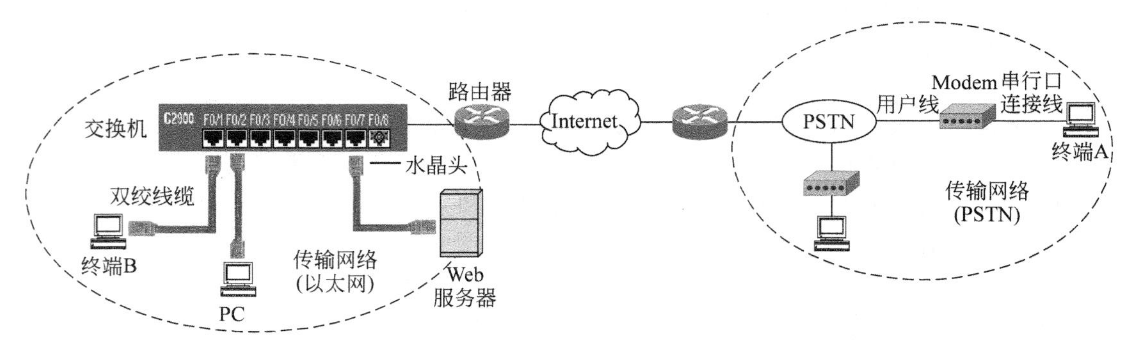

图 1.2　端到端数据传输系统

2. 以太网

1）网络结构

目前局域网市场中，以太网已经取得垄断地位。以太网经过多年发展，传输速率从 10Mb/s 提高到 10Gb/s，网络结构从共享式变为交换式。图 1.3 是目前常见的交换式以太网结构。如果由二层交换机组成交换式以太网，整个以太网是一个广播域。广播操作一是浪费带宽，二是影响数据传输安全。VLAN 技术可以将一个物理交换式以太网划分为多个虚拟局域网（Virtual LAN，VLAN），每一个 VLAN 包含的终端具有物理地域无关性，如图 1.3(a)所示的 VLAN 2 和 VLAN 3 包含的终端。VLAN 逻辑上等同于一个独立的以太网，因此，VLAN之间通信需要经过网络层设备——路由器，图1.3(a)所示的网络结构只能实现属于相同VLAN的终端之间通信，属于不同VLAN的终端之间无法通信。三层交换机是一种新型的交换设备，对于属于同一VLAN的终端之间数据传输过程，三层交换机的作用等同于二层交换机，对于属于不同VLAN的终端之间数据传输过程，三层交换机的作用等同于路由器。因此，图1.3(b)所示的网络结构不仅能够实现属于同一VLAN的终端之间通信，也能实现属于不同VLAN的终端之间通信。企业园区网通常采用图1.3(b)所示的网络结构。

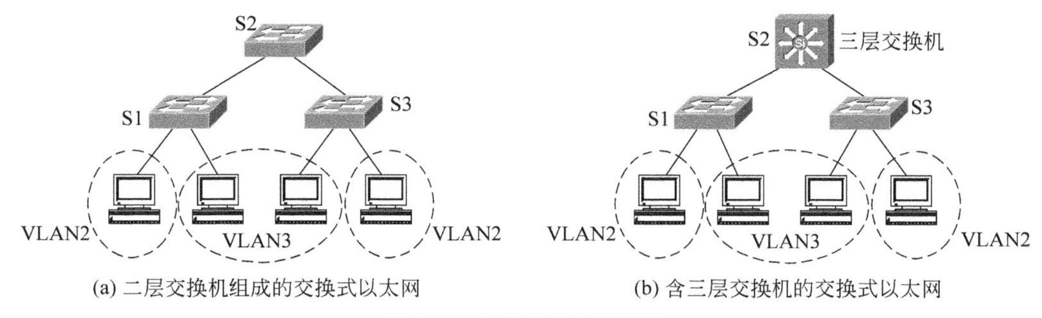

图1.3 交换式以太网结构

2) 以太网设备

(1) 网卡。网卡用于实现终端与交换机之间的物理连接，通常通过两端连接RJ-45连接器(俗称水晶头)的双绞线实现网卡与交换机端口之间的物理连接。

(2) 二层交换机。二层交换机用于转发媒体接入控制(Medium Access Control，MAC)层协议帧，二层交换机对通过交换机端口X接收的MAC帧，首先通过地址学习过程在转发表(也称MAC表)中建立MAC帧源MAC地址与端口X之间的绑定关系，然后在转发表中检索与MAC帧的目的MAC地址建立绑定关系的端口Y，并通过端口Y输出该MAC帧。二层交换机的MAC帧转发机制要求源终端与目的终端之间只允许存在单条交换路径。

(3) 三层交换机。三层交换机集成交换和路由功能。对于属于同一VLAN的终端之间的MAC帧传输过程，三层交换机的功能等同于二层交换机。对于属于不同VLAN的终端之间的IP分组传输过程，三层交换机的功能等同于路由器，根据手工配置的静态路由项，或是由路由协议生成的动态路由项和IP分组的目的IP地址确定IP分组的输出端口和下一跳IP地址。经过以太网传输的IP分组必须封装成MAC帧，因此，三层交换机需要通过MAC帧的目的MAC地址确定该MAC帧是属于同一VLAN的终端之间传输的MAC帧，还是封装属于不同VLAN的终端之间传输的IP分组后生成的MAC帧，前者由交换模块实现MAC帧转发，后者由路由模块实现IP分组转发。

3. SDH

1) SDH网络结构

属于广域网的传输网络很多，如异步传输模式(Asynchronous Transfer Mode，ATM)、帧中继、数字数据网(Digital Data Network，DDN)和同步数字体系(Synchronous Digital Hierarchy，SDH)等，SDH是目前最常见的广域网。SDH本身是一个电路交换网络，用于为路由器之间提供点对点物理链路，物理链路的传输速率最大可以达到40Gb/s。图1.4所示的 SDH 提供 4 条用于实现路由器之间互连的、传输速率为 2.5Gb/s(STM-16)的点对点物理链路,实现如图 1.5 所示的互联网络物理结构。

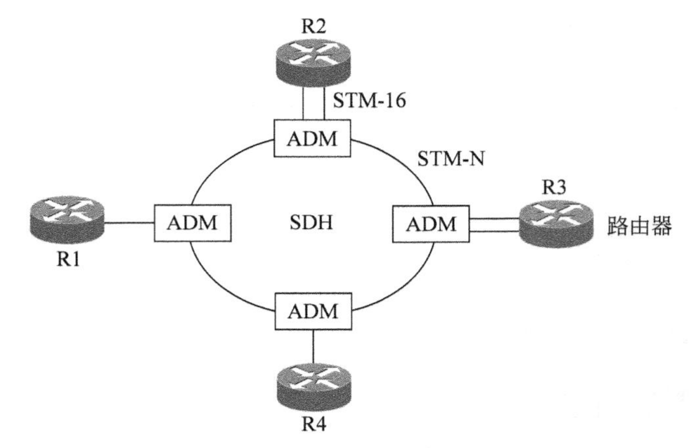

图 1.4　SDH 网络结构

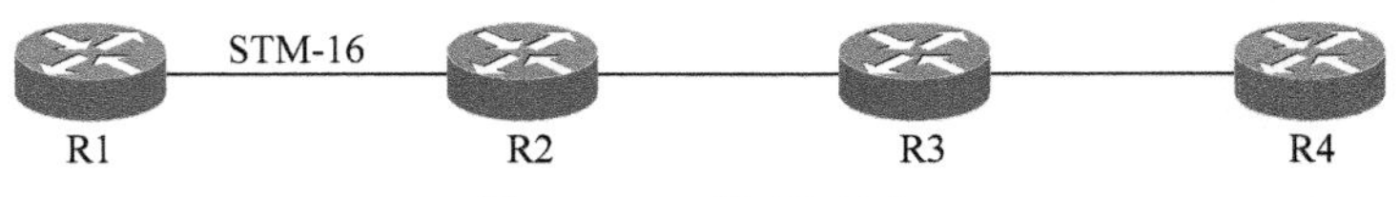

图 1.5　互联网络结构

分插复用器(Add/Drop Multiplexer,ADM)是实现电路交换的关键设备,通过 VC 交换技术,建立路由器之间的点对点电路连接。

2) SDH 设备

(1) 路由器 POS 模块。路由器 SDH 直接承载分组方式(Packet over SDH,POS)模块用于实现路由器和 ADM 之间的物理连接。POS 模块的物理层实现路由器和 ADM 之间的光纤连接。链路层实现 PPP 帧封装和传输。路由器之间传输的 IP 分组首先封装成点对点协议(Point-to-Point Protocol,PPP)帧,经过 SDH 提供的点对点物理链路实现路由器之间的 PPP 帧传输过程。

(2) ADM。ADM 结构如图 1.6 所示,从接收的 STM-N 帧中取出 STM-16 信号发送给路由器,同时将路由器发送给它的 STM-16 信号插入 STM-N 帧中,完成分插操作后的 STM-N 帧被传输给环路上的下一个 ADM。路由器发送和接收的 STM-16 信号在 STM-N 帧结构中的位置在建立路由器之间的点对点物理链路时确定。

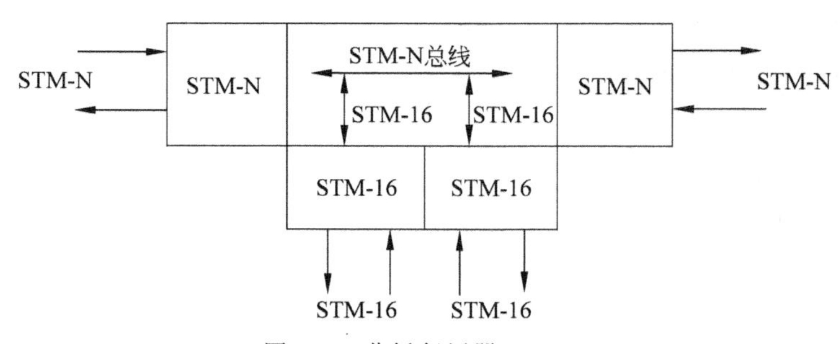

图 1.6　分插复用器(ADM)

4. 接入网络

1）ADSL 接入网络

（1）ADSL 接入网络结构。

非对称数字用户线(Asymmetric Digital Subscriber Line,ADSL)接入网络结构如图 1.7 所示,终端通过以太网连接 ADSL 路由器,ADSL 路由器通过公共交换电话网(Public Switched Telephone Network,PSTN)用户线连接数字用户线接入复用器(Digital Subscriber Line Access Multiplexer,DSLAM),DSLAM 通过以太网连接宽带接入服务器。ADSL 路由器可以工作在网桥方式和路由器方式,当 ADSL 路由器工作在网桥方式,终端通过 PPPoE 建立用于在宽带接入服务器和终端之间传输 PPP 帧的 PPP 会话,宽带接入服务器通过 PPP 完成对终端的身份鉴别和 IP 地址分配。当 ADSL 路由器工作在路由器方式,ADSL 路由器通过 PPPoE 建立用于在宽带接入服务器和 ADSL 路由器之间传输 PPP 帧的 PPP 会话。宽带接入服务器通过 PPP 完成对 ADLS 路由器的身份鉴别和 IP 地址分配。

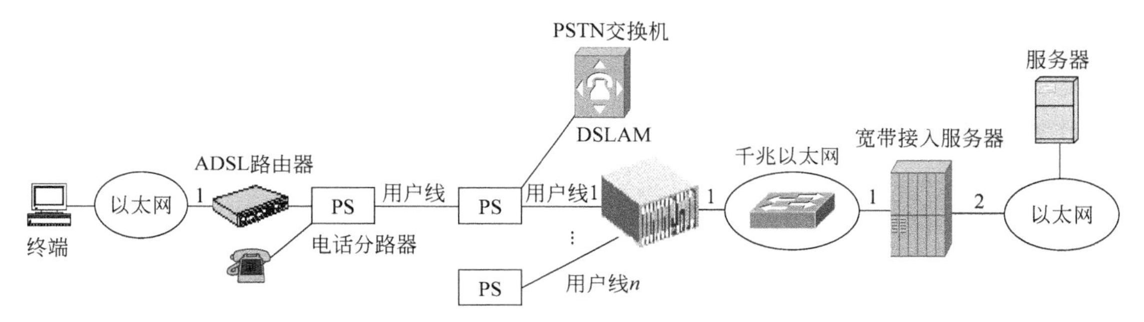

图 1.7　用户终端用 ADSL 技术接入 Internet 的过程

（2）ADSL 设备。

① ADSL 路由器。

ADSL 路由器的物理层功能是将需要经过用户线传输的字节流转换成模拟信号后,发送到用户线上;或者反之,将通过用户线接收到的模拟信号转换成字节流后,传送给 ADSL 路由器的链路层功能块。

ADSL 路由器作为桥设备时的链路层功能是完成 MAC 帧的转发操作和在 ATM PVC 上传输 MAC 帧。作为路由设备时的链路层功能是分别在以太网端口和 ATM 网端口传输 MAC 帧和 ATM 信元。

ADSL 路由器作为路由设备时才有网络层功能,ADSL 路由器的网络层功能是完成 IP 分组转发和网络地址转换(Network Address Translation,NAT)。

② DSLAM。

DSLAM 的物理层功能一是实现多对用户线的接入,二是实现字节流和模拟信号之间的转换。在上行端口为 ATM 网络连接端口时,其链路层功能等同于一台 ATM 交换机,实现 ATM 信元的转发功能。在上行端口为以太网连接端口时,其链路层功能和作为桥设备时的 ADSL 路由器相同,完成 MAC 帧的转发操作和在 ATM PVC 上传输 MAC 帧的任务。

③ 宽带接入服务器。

宽带接入服务器的功能一是用于建立与终端或 ADSL 路由器之间的 PPP 会话,二是通过 PPP 完成对终端或 ADSL 路由器的身份鉴别和 IP 地址分配，三是实现 IP 分组接入网络与 Internet 之间的双向转发。

2）以太网

用户通过以太网接入 Internet 的过程如图 1.8 所示，中心交换机通过 1Gb/s 传输速率的以太网链路直接和宽带接入服务器相连，通过光缆构成的 100Mb/s 传输速率的以太网链路连接小区中的分区交换机，而分区交换机也通过光缆构成的 100Mb/s 传输速率的以太网链路连接每一栋楼内的交换机，楼内交换机用电缆接入楼内每一户的终端或宽带路由器，连接楼内用户终端或宽带路由器的以太网链路的传输速率为 10Mb/s。

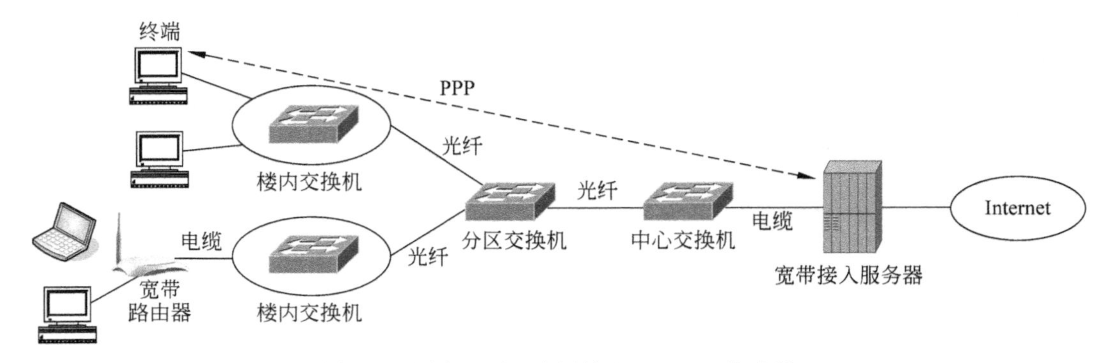

图 1.8 用户通过以太网接入 Internet 的过程

终端接入方式下，终端通过 PPPoE 建立用于在宽带接入服务器和终端之间传输 PPP 帧的 PPP 会话，宽带接入服务器通过 PPP 完成对终端的身份鉴别和 IP 地址分配。局域网接入方式下，宽带路由器通过 PPPoE 建立用于在宽带接入服务器和宽带路由器之间传输 PPP 帧的 PPP 会话。宽带接入服务器通过 PPP 完成对宽带路由器的身份鉴别和 IP 地址分配。终端通过有线和无线的方式与宽带路由器建立连接，局域网内部终端分配私有地址，由宽带路由器完成 NAT 功能。

3）EPON

（1）网络结构。

用户通过以太网无源光网络（Ethernet Passive Optical Network，EPON）接入 Internet 的过程如图 1.9 所示，EPON 中光线路终端（Optical Line Terminal，OLT）通过无源的光分

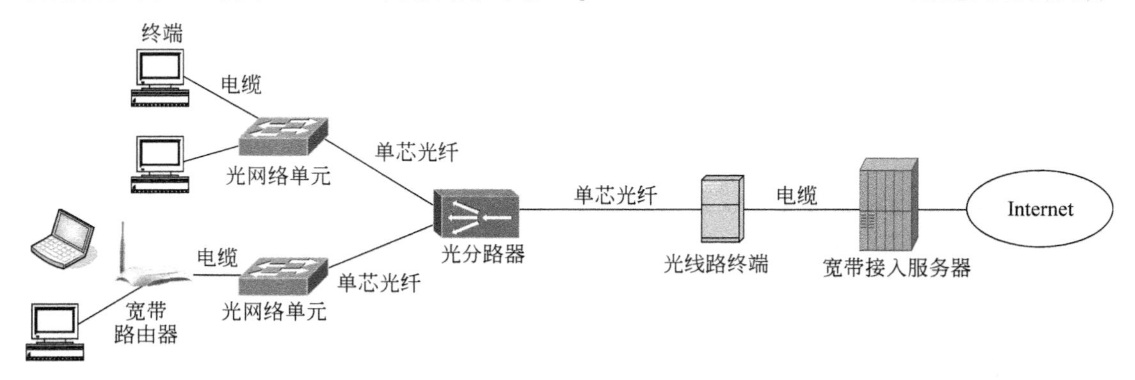

图 1.9 用户通过 EPON 接入 Internet 的过程

配网(Optical Distribution Network,ODN)直接连接光网络单元(Optical Network Unit,ONU)。图1.9中的OLT与图1.8中的中心交换机相似,只是OLT增加了多个无源光网络(Passive Optical Network,PON)接口。图1.9中的ONU与图1.8中的楼内交换机相似,只是增加了一个PON上联接口。ODN由单个或串接在一起的多个光分路器(Optical Branching Device,OBD)组成,由于OBD是无源器件,因此无论是可靠性,还是实施的方便性都是以太网无法比拟的。

终端或宽带路由器与宽带接入服务器之间相互传输MAC帧,ONU与OLT之间相互传输PON报文,由ONU和OLT实现MAC帧与PON报文之间的相互转换过程。因此,终端或宽带路由器同样通过PPPoE实现Internet接入过程。

(2) 网络设备。

① OLT。OLT是配置多个PON接口的交换机,与普通以太网交换机不同的是下联端口——PON接口的工作机制。PON一是通过波分复用在单根光纤上实现全双工通信,二是下行传输方向(OLT至ONU传输方向)采用广播传输方式,每一个ONU通过PON报文中携带的ONU标识符确定自己是否是该PON报文的接收端。三是上行传输方向(ONU至OLT传输方向)采用时分多址复用(Time Division Multiple Address,TDMA),各个ONU通过分配给它的时隙向OLT传输PON报文。ONU PON接口与OLT PON接口之间传输PON报文,因此,终端或宽带路由器与宽带接入服务器之间传输的MAC帧封装成PON报文后,才能经过ODN实现ONU PON接口与OLT PON接口之间的传输过程。

② ONU。ONU是带有PON上联端口的交换机,一方面通过PON端口和ODN实现与OLT的连接,另一方面通过以太网端口连接终端或宽带路由器。

③ OBD。OBD实现1∶N的光分路功能,N可以是4～64。对于下行传输方向,OBD可以将OLT发送的光信号广播给多个ONU设备。对于上行传输方向,OBD可以合成多个ONU发送给OLT的光信号,当然,合成的前提是每一个ONU通过分配给它的时隙发送光信号。

1.2.2 安全系统

1. 安全系统功能

安全系统的功能一是保障两类信息的安全,这两类信息分别是存储在主机系统的信息和经过数据传输系统传输的信息。二是抵御拒绝服务(Denial of Service,DoS)攻击。由两类设备共同实现安全系统功能,一类是传统的网络设备,如交换机、路由器和接入控制设备等,另一类是专职网络安全设备,如主机入侵防御系统、网络入侵防御系统和防火墙等。

2. 网络设备安全功能

1) 交换机安全功能

交换机是终端接入设备,具有以下安全功能:一是通过802.1X或扩展认证协议(Extensible Authentication Protocol,EAP)实施终端接入控制功能;二是通过信任端口机制防止伪造的动态主机配置协议(Dynamic Host Configuration Protocol,DHCP)服务器接入;三是通过DHCP侦听或IP地址和MAC地址绑定机制防止地址解析协议(Address

Resolution Protocol,ARP)欺骗攻击;四是通过IP地址与端口绑定机制防止源IP地址欺骗攻击;五是通过VLAN技术控制终端之间的数据传输过程。

2）路由器安全功能

路由器是实现网络间IP分组转发功能的设备,具有以下安全功能：一是通过访问控制列表技术控制网络间IP分组传输过程;二是通过安全路由功能保证路由项的正确性;三是通过流量管制技术防止黑客实施DoS攻击。

3. 专职网络安全设备

1）防火墙

防火墙是对网络间数据传输过程实施控制的设备,具有以下安全功能：一是服务控制功能,通过制定相应的安全策略只允许网络间相互交换和特定服务相关的信息;二是方向控制功能,通过制定相应的安全策略不仅可以将允许网络之间相互交换的信息限制为和特定服务相关的信息,而且可以限制该特定服务的发起端,即只允许网络之间相互交换与由属于某个特定网络的终端发起的特定服务相关的信息;三是用户控制功能,通过制定相应安全策略设定每一个用户的访问权限,对每一个访问网络资源的用户进行身份鉴别,并根据鉴别结果确定该用户本次访问的合法性,从而实现对每一个用户每一次访问网络资源过程的控制;四是行为控制功能,通过制定相应安全策略对访问网络资源的行为进行控制,如过滤垃圾邮件,防止SYN泛洪攻击等。

2）主机入侵防御系统

主机入侵防御系统主要用于检测到达某台主机的信息流、监测对主机资源的访问操作。主机入侵防御系统具有以下安全功能：一是有效抵御恶意代码攻击,通过实时扫描主机中的文件和实时监测主机中运行的进程行为发现被恶意代码感染的文件并删除恶意代码。通过判别操作的合理性来确定是否是攻击行为,通过取消操作阻止恶意代码对主机系统造成伤害;二是有效管制信息传输过程,通过对主机发起建立或主机响应建立的TCP连接的合法性进行监控和对通过这些TCP连接传输的信息进行检测,发现主机中存在的后门或间谍软件,并对这些软件的攻击行为进行反制;三是强化对主机资源的保护,通过为主机资源建立访问控制阵列,根据访问控制阵列对主机资源的访问过程进行严格控制,以此实现对主机资源的保护。

3）网络入侵防御系统

网络入侵防御系统的功能是发现流经网络某段链路的异常信息流,通过对异常信息流实施反制操作,阻止各种攻击行为的发生和进行。异常信息包括包含恶意代码的信息、信息内容和指定应用不符的信息和实施攻击的信息。反制操作包括丢弃封装了异常信息的IP分组、释放传输异常信息的TCP连接和向用户示警等。

1.2.3 存储系统

1. 存储系统结构

早期的网络系统中并不存在存储系统,数据直接存储在服务器自身配置的存储设备中。由于服务器自身空间的限制,无法配置太多存储设备,因此限制了服务器本身具有的存储容量。这种服务器自身配置存储设备的方式称为直接附加存储(Direct Attached Storage, DAS)。为了提高存储容量,并使得多个服务器能够共享存储设备,将存储设备从服务器中分离出来，单独成为一个网络构件，如图 1.10 所示，服务器通过两种类型的网络结构和存储设备互连，一种是专用的光纤通道(Fiber Channel,FC)，另一种是普通的 TCP/IP 网络。对于采用光纤通道结构实现服务器和存储设备之间互连的方式，需要服务器和存储设备配置光纤通道接口，用光纤互连交换机或服务器的光纤通道接口与光纤通道交换机端口，由光纤通道交换机实现服务器与存储设备之间的数据交换过程。对于采用 TCP/IP 网络结构实现服务器与存储设备之间互连的方式，服务器和存储设备等同于普通的网络终端，连接某个传输网络，如图 1.10 所示的以太网，服务器和存储设备之间通过 TCP/IP 实现数据交换过程。

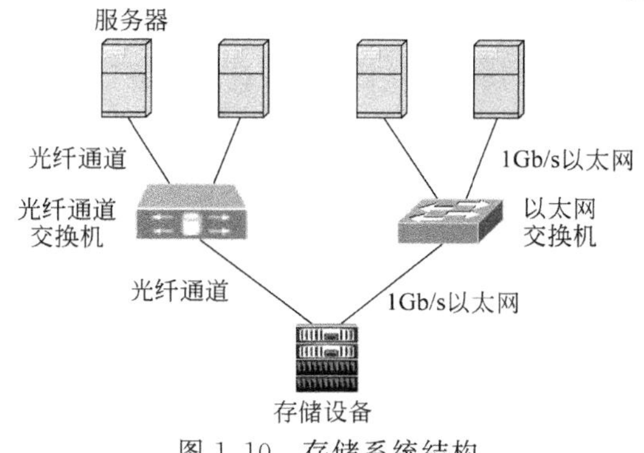

图 1.10　存储系统结构

图 1.10 所示存储系统中，服务器通过小型计算机系统接口(Small Computer System Interface,SCSI)协议访问存储设备，以数据块为单位读写和管理存储设备的方式称为存储区域网络(Storage Area Networking,SAN)，采用光纤通道结构实现服务器和存储设备之间互连的方式称为 FC SAN，采用 TCP/IP 网络结构实现服务器与存储设备之间互连的方式称为互联网小型计算机系统接口(internet Small Computer System Interface,iSCSI)。采用 TCP/IP 网络结构实现服务器与存储设备之间互连，服务器通过网络文件系统(Network File System,NFS)，或通用互联网文件系统(Common Internet File Systems,CIFS)访问存储设备，以文件为单位读写和管理存储设备的方式称为网络附加存储(Network Attached Storage,NAS)。

2. 存储系统设备

1) 存储设备

存储设备由控制器和磁盘阵列组成，控制器的功能是接收服务器发送的命令，完成对磁盘阵列的访问，并将访问结果传输给服务器。磁盘阵列由一组硬盘组成，完成数据存储功能。

2) 光纤通道交换机

光纤通道交换机与以太网交换机相似，属于链路层设备，完成光纤通道对应的链路层帧的转发操作。

3) 服务器

对于连接在 SAN 上的服务器，需要将对数据块的操作转换成 SCSI 命令，并将 SCSI 命令封装成光纤通道对应的链路层帧，传输给存储设备。能够从存储设备发送给它的光纤通道对应的链路层帧中分离出操作结果。

对于连接在 NAS 上的服务器，需要运行 NFS 或 CIFS 应用层进程，能够将存储设备上创建的某个目录加载到自己的目录结构中，并对其进行访问。

1.2.4　应用系统

所有网络应用系统一般都包括 Web、E-mail、FTP 等应用，其他应用随网络系统用途而定，如电子商务、VOIP 等。不同应用系统对网络系统中数据传输系统、安全系统和存储系统有着不同的要求，因此，设计网络系统时需要采用自上而下的设计方法，首先需要分析应用系统对数据传输系统、安全系统和存储系统的功能和性能要求，同时需要考虑可扩展性和其他制约因数，如技术和资金制约因数，最终形成数据传输系统、安全系统和存储系统的设计方案。

1.3 网络系统设计过程

网络系统设计采用自上而下的设计方法，首先需要确定用户需求、用户希望实现的技术目标和资金限制，对用户已有的网络系统进行评估，给出概念性的网络系统方案，并做出预算。然后进行逻辑设计，并对逻辑设计进行模拟、分析，在确定逻辑设计能够满足用户需求的前提下，进行物理设计，并实施网络系统。对网络系统的运行过程进行监控和性能评估，给出性能优化方案，并对网络系统进行优化。整个过程分为准备、规划、设计、实施、运行和优化等六个阶段。

1.3.1 准备阶段

准备阶段完成的任务是确定用户需求，了解用户对网络系统的设计目标，了解用户的资金投入计划、IT 技术人员状况及项目实施时间表等。其中最重要的是确定用户需求，并在综合考虑用户的资金限制和目前的技术限制的前提下，把用户需求转化为网络系统需要实现的网络应用、网络服务，网络系统的可用性、可扩展性、可管理性和安全性等技术指标。

1.3.2 规划阶段

规划阶段的第一步是评估，对现有网络系统的功能、性能进行评估，对网络系统的实施环境进行评估，对用户 IT 技术人员的网络系统应用和管理能力进行评估。规划阶段的第二步是分析评估结果：一是得出现有网络系统的功能和性能与准备阶段确定的网络系统需要实现的网络应用、网络服务，网络系统的可用性、可扩展性、可管理性等技术指标之间的差距；二是得出用户 IT 技术人员现有的网络系统应用和管理能力与负责满足用户需求的新的网络系统所需能力之间的差距。规划阶段的第三步是制定方案：一是制定现有网络系统的提升、改造方案；二是制定用户 IT 技术人员的培训方案；三是制定网络系统实施环境的电磁屏蔽、电源提供和设备、线缆位置设置方案。制定方案时必须综合考虑用户的资金限制、目前的技术限制和项目实施时间表。

1.3.3 设计阶段

设计阶段的第一步是逻辑设计，逻辑设计是设计一个能够满足特定功能和性能要求的网络系统，设计过程不涉及实际网络设备。逻辑设计的目的是设计一个实现准备阶段确定的网络应用和服务，满足准备阶段确定的可用性、可扩展性、可管理性和安全性等技术指标的网络系统。逻辑设计过程的作用是得出正确的网络拓扑结构，并验证该网络拓扑结构的功能和性能。设计阶段的第二步是物理设计，物理设计在逻辑设计过程得出的网络拓扑结构基础上，根据资金限制选择合适的网络设备，根据设备位置和设备之间的距离选择合适的网络设备端口类型。物理设计过程的作用是得出能够实施的网络系统设计方案。

1.3.4　实施阶段

实施阶段一是完成布线系统的施工，二是完成网络设备的安装、连接和配置，三是完成应用服务器的安装、调试和配置。

1.3.5　运行阶段

运行阶段一是维持网络系统的正常运行；二是监测网络系统的性能，验证网络系统是否满足准备阶段确定的可用性、可扩展性、可管理性和安全性等技术指标；三是观察网络系统能否支撑用户业务，尤其当业务快速增长时。

1.3.6　优化阶段

优化阶段一是通过监测网络的性能，发现网络设计过程中存在的缺陷，并弥补这些缺陷；二是发现网络系统技术目标与用户业务之间的差距，通过提升和改造网络系统消除这些差距；三是在用户业务发生变化的情况下，通过改进网络系统的功能和性能，使之适应用户变化后的业务。优化是一个持续不断的过程，通过不断改善网络系统的功能和性能，确保网络系统能够支撑用户业务的正常开展。

习　　题

1.1　分析所在学校校园网的结构和功能，提出改进意见。

1.2　通过分析校园网的功能，编写校园设计方案。

1.3　讨论根据用户需求得出网络系统应用方式和技术目标的途径。

1.4　简述网络系统组成及各个子系统的功能。

1.5　简述数据传输系统与安全系统之间的关系。

1.6　简述 DAS、SAN 和 NAS 之间的区别。

第2章　网络系统设计方法

网络系统设计中存在一些共性问题，如IP地址分配和聚合、路由协议选择、容错结构设计、安全功能实现等，成功设计网络系统的前提是找出这些共性问题的解决方法。

2.1　分层结构

2.1.1　平坦网络结构和分层网络结构

平坦网络结构如图2.1(a)所示，4台交换机串接在一起，每一台交换机的作用是相似的，一是实现连接在相同交换机上的终端之间的数据传输功能，二是实现交换机之间的数据传输功能。数据传输过程中需要经过的交换机跳数随着源和目的终端位置的不同而不同。对于图2.1(a)所示的平坦网络结构，最大跳数为4。

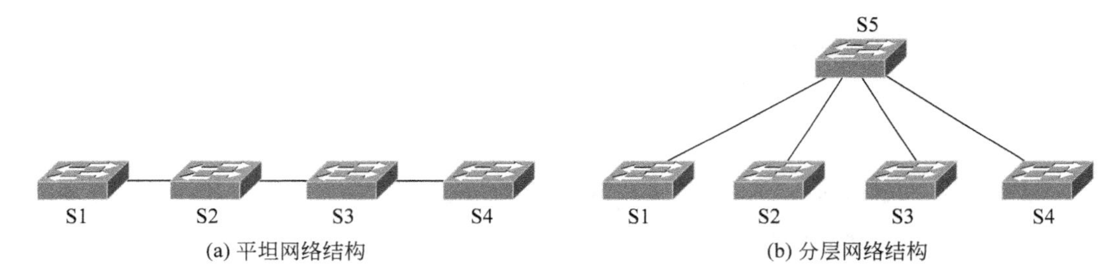

图2.1　交换式以太网结构

分层网络结构如图2.1(b)所示，交换机根据功能分为两类，一类交换机主要用于实现连接在相同交换机上的终端之间的数据传输功能，如图中的交换机S1～S4。一类交换机主要用于实现交换机之间的数据传输功能，如图中的交换机S5。不同功能的交换机位于网络拓扑结构中不同的层次。分层结构有三个好处：一是固定了数据传输过程中需要经过的交换机跳数，对于图2.1(b)所示的分层结构，连接在相同交换机上的终端之间的数据传输过程经过一跳交换机，连接在不同交换机上的终端之间的数据传输过程需要经过三跳交换机；二是通过由不同类型的交换机实现不同类型数据的传输功能，增强了交换机的数据传输能力；三是增强了网络的可靠性，图2.1(b)中交换机S5以外的其他交换机发生故障只能影响该交换机连接的终端与网络中其他终端之间的通信功能。

分层网络结构通过由不同类型的交换机实现不同类型的数据的传输功能，将不同类型的交换机放置在网络拓扑结构的不同层次，以此最大限度地提高网络的功能和性能。

2.1.2　园区网分层网络结构

1. 三层结构

园区网络结构如图2.2所示，是由接入层、汇聚层和核心层组成的三层结构。分层设计方法可以降低复杂网络系统的设计难度,分的层次越多,越能把一个复杂的网络系统分解为多个功能相对简单的模块,但分的层次越多,终端之间的传输时延越大,因此,层次数量必须综合考虑复杂网络系统的设计难度和终端之间的最大传输时延,三层结构被证明是平衡复杂网络系统的设计难度和终端之间的最大传输时延的最佳分层结构。

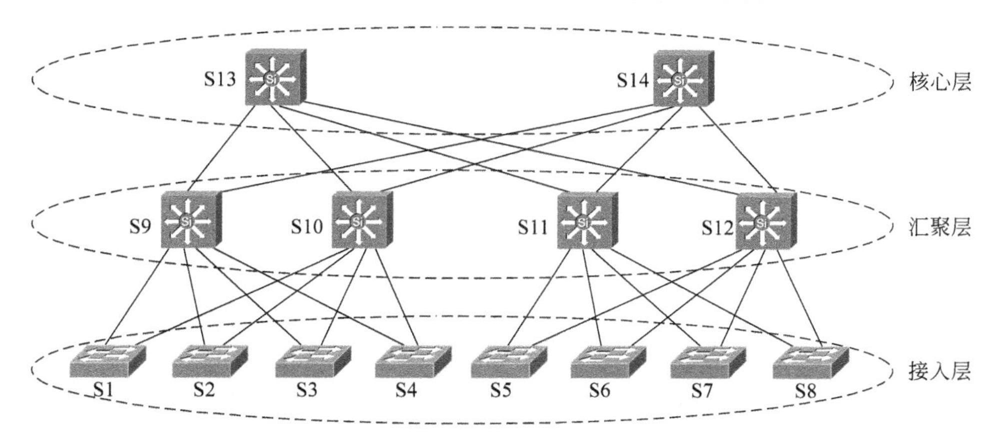

图 2.2 园区网分层网络结构

图 2.2 所示的分层网络结构存在三个等级的功能模块,每一台交换机是一个最低等级的功能模块,用于实现连接在相同交换机上的终端之间的通信功能。交换机 S1～S4 和交换机 S5～S8 分别构成两个中等等级的功能模块,在汇聚层交换机的作用下,用于实现连接在这 4 个交换机上的终端之间的通信功能,交换机 S1～S8 构成最高等级的功能模块,在核心层和汇聚层交换机的作用下实现连接在这 8 个交换机上的终端之间的通信功能。完成连接在相同交换机上的终端之间的通信过程需要经过一跳交换机。完成连接在交换机 S1～S4(或交换机 S5～S8)上的终端之间的通信过程最多需要经过三跳交换机。完成连接在交换机 S1～S8 上的终端之间的通信过程最多需要经过五跳交换机。

采用分层网络结构有三个原因:一是控制流量方便,不同功能模块之间的数据传输通路一目了然;二是可扩展性好,对于图 2.2 所示的园区网结构,增加任何等级的功能模块都非常方便;三是功能模块划分与路由协议的区域划分一致。

2. 接入层

接入层由二层交换机组成,用于直接连接终端。终端的 VLAN 划分过程与汇聚层和核心层设备有关,对于图 2.2 所示的园区网络结构,如果汇聚层由路由器组成,终端的 VLAN 划分必须局限在单个交换机内,如果汇聚层设备是三层交换机,终端的 VLAN 划分只需局限在中等等级的功能模块内,如交换机 S1～S4。如果核心层设备是三层交换机,终端的 VLAN 划分不受限制。

由于接入层直接连接终端,需要由接入层实现终端的接入控制。同时通过配置接入层交换机的安全功能实现对源 IP 地址欺骗攻击、ARP 欺骗攻击和伪造 DHCP 服务器攻击的防御。

3. 汇聚层

汇聚层由路由器或三层交换机组成,一是用于实现 VLAN 间 IP 分组传输过程,二是用于实现 VLAN 间 IP 分组传输控制,三是用于管控传输给核心层的流量,四是使得接入层变化不会对核心层发生影响。

汇聚层通过冗余链路使得每一个终端存在两个物理的默认网关，通过使用 VRRP 避免终端因为默认网关的单点故障而无法和其他 VLAN 通信。构成汇聚层的路由器或三层交换机通过分组过滤和流量管制器对经过汇聚层的流量实施控制和管制。

4. 核心层

核心层是网络流量的最终汇聚点和处理点，因此，构成核心层的设备必须具有高带宽和高可靠性的特点。核心层通常通过冗余设计避免单点故障问题。为了保证核心层设备能够高速转发分组，一般不在核心层设备进行分组传输控制和流量管控的操作。

5. 设计指南

分层网络结构的设计原则如下。

- 如果园区网接入的终端数有限，可以采用只有接入层，或者只具有接入层和汇聚层的分层网络结构，对于大型园区网，采用图 2.2 所示的三层网络结构。
- 从接入层开始设计，接入层要尽量避免构成环路。
- 汇聚层和核心层的性能取决于经过这两层的流量。
- 网络结构要保持清晰的层次结构。
- 功能模块划分要和路由协议的区域划分保持一致。

2.1.3 分层网络结构优势

分层网络结构具有以下优势。

- 分层网络结构中由于每一层设备的功能明确，因此，每一层设备只需具有该层设备应该具有的功能，避免了设备性能的浪费，总体上节省了网络系统的费用。
- 分层网络结构中，终端之间的传输延迟是固定的，通过合理划分功能模块，可以优化终端之间的传输延迟。
- 分层网络结构中，功能模块之间的物理界限清晰，不仅方便监控功能模块之间的流量，而且能够简化网络系统设计和故障管理，容易定位故障。
- 分层网络结构的可扩展性很好，接入层的变化不会影响核心层的结构，接入层、汇聚层和核心层的扩展比较容易。
- 分层网络结构是一种非常容易理解的网络结构。

2.2 编址

2.2.1 分类编址、VLSM 和 CIDR

1. 分类编址

图 2.3 给出了 IP 地址的分类方法。一般情况所指的 IP 地址是指 IPv4 所定义的 IP 地址，它由 32 位二进制数组成，为了表示方便，将 32 位二进制数分成 4 个 8 位二进制数，每个 8 位二进制数单独用十进制表示（0～255），4 个用十进制表示的 8 位二进制数用点分隔，如 32 位二进制数表示的 IP 地址为 01011101 10100101 11011011 11001001，表示成 93.165.219.201。

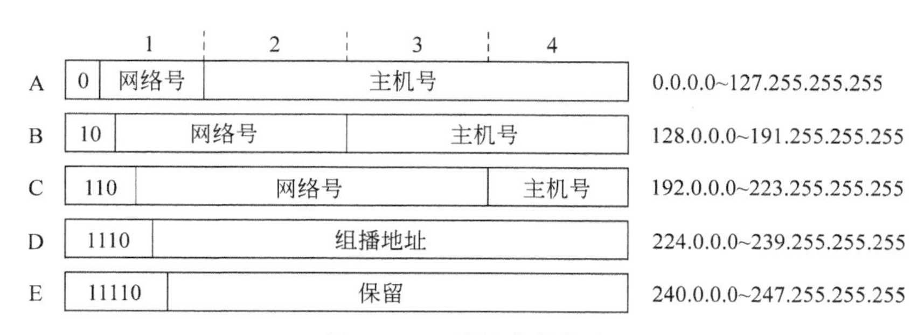

图2.3　IP地址分类方法

IP是网际协议，是用来实现网络间互联的协议，因此，用来标识互联网中终端设备的每一个IP地址由两部分组成：网络号和主机号。最高位为0，表示是A类地址，用7位二进制数标识网络号，24位二进制数标识主机号，A类地址中网络号全0和全1的IP地址有特别用途，不能作为普通地址使用。0.0.0.0表示IP地址无法确定，终端没有分配IP地址前，可以用0.0.0.0作为IP分组的源地址。127.X.X.X是环回地址。所有类型的IP地址中，主机号全0和全1的IP地址也有特别用途，也不能作为普通地址使用。如网络号为5的A类IP地址的范围为5.0.0.0～5.255.255.255，但IP地址5.0.0.0用于表示网络号为5的网络地址，而IP地址5.255.255.255作为在网络号为5的网络内广播的广播地址。A类地址的范围是0.0.0.0～127.255.255.255，但实际能用的网络号是1～126，每一个网络号下允许使用的主机号(有效主机号数量)为$2^{24}-2$，由此可以看出，A类地址适用于大型网络。

最高2位为10，表示B类地址，用14位二进制数标识网络号，用16位二进制数标识主机号，能够标识的网络号为2^{14}，每一个网络号下允许使用的主机号为$2^{16}-2$。B类地址的范围是128.0.0.0～191.255.255.255，适用于大、中型网络。

最高3位为110，表示是C类地址，用21位二进制数表示网络号，8位二进制数表示主机号，能够标识的网络号为2^{21}，每一个网络号下能够标识的主机号为$2^{8}-2$。很显然，C类地址只适用于小型网络。实际应用中并不使用B类和C类地址中网络号全0的IP地址。

A、B、C三类地址都称为单播地址，用于唯一标识IP网络中的某个终端，但任何网络内都有一个主机号全1的地址作为该网络内的广播地址，这种广播地址不能用于标识网络内的终端，只能在传输IP分组时作为目的地址，表明接收方是网络内的所有终端。

每一个单播IP地址具有唯一的网络号，因此，对应唯一的网络地址，根据单播IP地址求出对应的网络地址的过程如下：根据该IP地址的最高字节值确定该IP地址的类型，根据类型确定主机号字段位数，清零主机号字段得到的结果就是该IP地址对应的网络地址。如IP地址193.1.2.7对应的网络地址为193.1.2.0。

最高4位为1110，表示是组播地址，用28位二进制数标识组播组，同一个组播组内的终端可以任意分布在Internet中，因此，组播组是不受网络范围影响的。

最高5位为11110，表示是E类地址，目前没有定义。

IP地址分层的目的是希望用一项路由项指出通往该网络内所有终端的传输路径。IP地址分类的原因是不同单位的网络规模是不同的，有些单位的网络规模很大，可以采用B类，甚至A类地址，有些单位的网络规模较小，可以采用C类地址，使得IP地址分配更贴近实际需要。

2. VLSM

一个大型物理以太网往往需要划分为多个 VLAN，由于每一个 VLAN 逻辑上等同于一个独立的网络，因此，需要为每一个 VLAN 分配唯一的网络地址。由于无论是 VLAN 的数量，还是属于某个 VLAN 的终端数都是变化的，用分类编址解决 VLAN 的地址分配问题显得不够灵活和方便。针对 VLAN 数量和属于某个 VLAN 的终端数都是不断变化的特点，提出了变长子网掩码(Variable Length Subnet Mask，VLSM)编址。

可以将一个分类地址划分为多个子网地址，将原本用于标识主机号的一些二进制位用于标识子网号，为了指明用于标识子网号的二进制位，引进了子网掩码。子网掩码是一个32位的二进制数，和 IP 地址的表示方法一样，用4个点分隔的十进制数表示，每个十进制数表示8位二进制数，如 255.0.0.0，展开成二进制表示为 11111111 00000000 00000000 00000000。子网掩码中为1的二进制数对应 IP 地址中作为网络号和子网号的二进制数，因此，A 类地址对应的子网掩码的高8位必须为1，B 类地址对应的子网掩码的高16位必须为1，C 类地址对应的子网掩码的高24位必须为1。通过子网掩码可以确定主机号字段中用于标识子网号的二进制位数，并因此确定允许划分的子网数量和每一个子网可分配的 IP 地址数量。

假如单位分配的 C 类地址是 192.1.1.0，需要将该 C 类地址均匀分配给6个子网，这样，每一个子网的主机号字段位数为 8－3＝5，3 是子网号的位数，因为子网号的位数是满足 $2^n-2\geqslant$ 子网数的最小 n。之所以减2，是因为规定子网字段值全0和全1都不能作为子网号。这种情况下，每一个子网对应的子网掩码为 255.255.255.224，6个子网对应的子网地址分别是 192.1.1.32/255.255.255.224、192.1.1.64/255.255.255.224、192.1.1.96/255.255.255.224、192.1.1.128/255.255.255.224、192.1.1.160/255.255.255.224、192.1.1.192/255.255.255.224。每一个子网可分配的 IP 地址数为 $2^5-2=30$。

3. CIDR

无分类编址将 IP 地址结构变为<网络前缀，主机号>，用子网掩码给出网络前缀的位数，网络前缀的位数任意。将 IP 地址与指定该 IP 地址中网络前缀位数的子网掩码的组合称为无分类 IP 地址格式，用无分类 IP 地址格式确定一组有着相同网络前缀的 IP 地址，如 192.1.1.1/21 表示32位二进制数 192.1.1.1 中前21位相同的 IP 地址集合：192.1.0.0～192.1.7.255。这种有着相同网络前缀的 IP 地址集合称为无分类域间路由(Classless InterDomain Routing，CIDR)地址块，CIDR 地址块本身仅仅用于表示一组有着相同网络前缀的 IP 地址。在路由项中为了强调用无分类 IP 地址格式表示 CIDR 地址块，一般用主机号字段值清零的无分类 IP 地址格式表示 CIDR 地址块，如用 192.1.0.0/21 表示 IP 地址集合：192.1.0.0～192.1.7.255。

<网络前缀，主机号>的 IP 地址结构完全取消了原先定义的 A、B、C 三类 IP 地址的概念，因而称为无分类编址。N 位网络前缀的 CIDR 地址块可以分配给单个网络，这种情况下，N 位网络前缀就是该网络的网络号。也可以分配给多个网络，这种情况下，N 位网络前缀只是用来确定 CIDR 地址块的 IP 地址范围。

2.2.2 地址分配过程

图 2.4 所示的互联网结构中，NETi 表示网络，括号中的数字表示该网络要求的有效主

机地址数量，为了最大限度地减少路由项，分配给这些网络的 IP 地址集合最好构成一个 CIDR 地址块，同样，每一个路由器连接的网络的 IP 地址集合最好也构成一个 CIDR 地址块，这个 CIDR 地址块是总的 CIDR 地址块的子集。

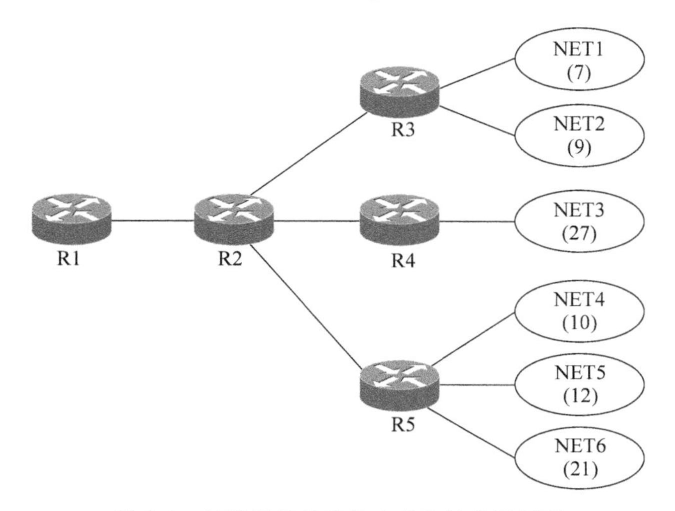

图 2.4　网络结构及有效主机地址分配原则

NET1 需要的有效主机地址数量为 7，求出满足 $2^n \geqslant 7+2$ 的最小 $n=4$，得出 NET1 需要网络前缀位数为 28 位，主机号字段位数为 4 位的 CIDR 地址块，同样，得出 NET2 的网络前缀位数为 28 位，NET3 的网络前缀位数为 27 位，NET4 的网络前缀位数为 28 位，NET5 的网络前缀位数为 28 位，NET6 的网络前缀位数为 27 位。

NET1 和 NET2 的 CIDR 地址块可以合并为一个网络前缀位数为 27 位的 CIDR 地址块，NET4 和 NET5 的 CIDR 地址块可以合并为一个网络前缀位数为 27 位的 CIDR 地址块，合并后的 CIDR 地址块又可以和 NET6 的 CIDR 地址块合并为一个网络前缀位数为 26 位的 CIDR 地址块，同样，NET1 和 NET2 合并后的 CIDR 地址块和 NET3 的 CIDR 地址块可以合并为一个网络前缀位数为 26 位的 CIDR 地址块，再进一步，NET1、NET2、NET3 合并后的 CIDR 地址块和 NET4、NET5、NET6 合并后的 CIDR 地址块可以合并为一个网络前缀位数为 25 位的 CIDR 地址块。CIDR 地址块合并和分解过程如图 2.5 所示。

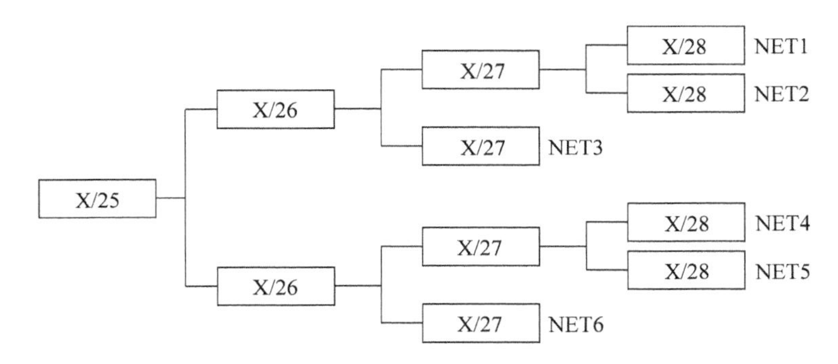

图 2.5　CIDR 地址块合并和分解过程

根据图 2.5 所示的 CIDR 地址块合并和分解过程，假定 IP 地址 X=192.1.2.65，得出主机号字段清零的 X/25=192.1.2.0/25(IP 地址低 8 位为 0 0000000),分解后产生的两个网络前缀为 26 位的 CIDR 地址块分别是 192.1.2.0/26(IP 地址低 8 位为 0 **0** 000000)和 192.1.2.64/26(IP 地址低 8 位为 0 **1** 000000)。192.1.2.0/26 分解后产生的两个网络前缀为 27 位的 CIDR 地址块分别是 192.1.2.0/27(IP 地址低 8 位为 00 **0** 00000)和 192.1.2.32/27(IP 地址低 8 位为 00 **1** 00000)。192.1.2.64/26 分解后产生的两个网络前缀为 27 位的 CIDR 地址块分别是 192.1.2.64/27(IP 地址低 8 位为 01 **0** 00000)和 192.1.2.96/27(IP 地址低 8 位为 01 **1** 00000)。192.1.2.0/27 分解后产生的两个网络前缀为 28 位的 CIDR 地址块分别是 192.1.2.0/28(IP 地址低 8 位为 000 **0** 0000)和 192.1.2.16/28(IP 地址低 8 位为 000 **1** 0000)。192.1.2.64/27 分解后产生的两个网络前缀为 28 位的 CIDR 地址块分别是 192.1.2.64/28(IP 地址低 8 位为 010 **0** 0000)和 192.1.2.80/27(IP 地址低 8 位为 010 **1** 0000)。根据分解后产生的各个网络的网络地址和 CIDR 地址块的合并分解过程,可以得出如图 2.6 所示的各个路由器的路由表。

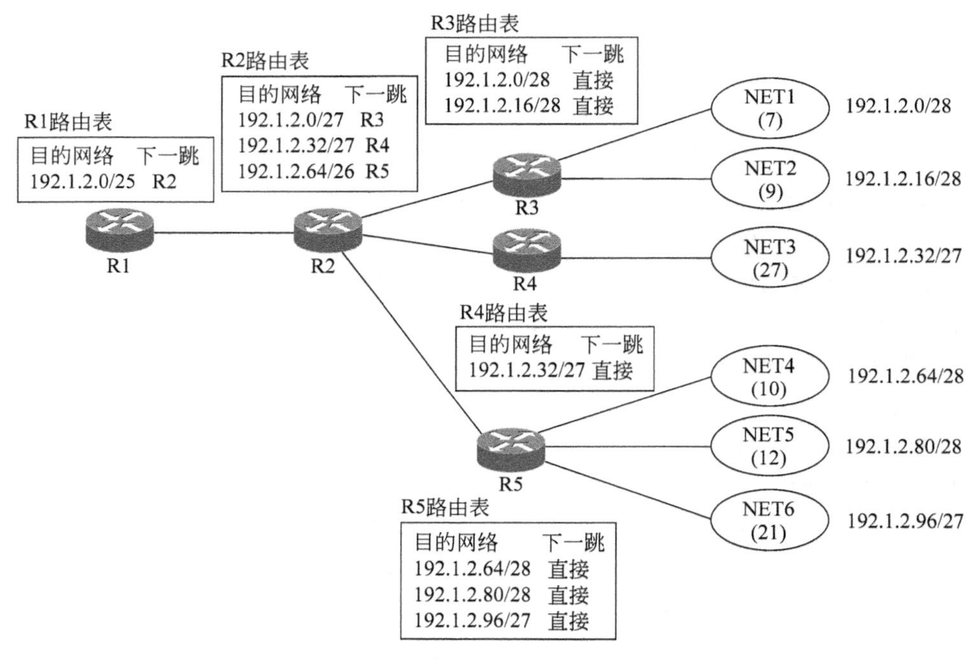

图 2.6 各个路由器的路由表

图 2.6 中路由器 R1 只需一项路由项就指出通往 6 个网络的传输路径的原因是 6 个网络的 IP 地址集合恰好构成 CIDR 地址块 192.1.2.0/25,且路由器 R1 通往 6 个网络的传输路径有着相同的下一跳——路由器 R2。同样,分配给 NET1 和 NET2 的 IP 地址集合构成 CIDR 地址块 192.1.2.0/27,路由器 R2 通往这两个网络的传输路径有着相同的下一跳——路由器 R3,因此,路由器 R2 只需一项路由项就指出通往这两个网络的传输路径。无分类编址为各个网络分配网络地址的原则是:如果某个路由器通往若干网络的传输路径有着相同的下一跳,则分配给这些网络的 CIDR 地址块可以合并为一个更大的 CIDR 地址块,使得该路由器可以用一项路由项指出通往这些网络的传输路径。

2.2.3 NAT和私有地址

1. NAT

如图2.7所示，由边界路由器R实现内部网络和外部网络的互联，但内部网络和外部网络本身可能是一个复杂的互联网络。由于受各种因素的限制，假定内部网络只能识别属于地址空间192.168.3.0/24和172.16.3.0/24的IP地址，外部网络只能识别属于地址空间202.3.3.0/24和202.7.7.0/24的IP地址。某个网络只能识别某个地址空间的含义是该网络中的路由器只能路由以属于该地址空间的IP地址为目的IP地址的IP分组。如果需要实现终端A与终端B之间通信，必须在内部网络为终端B分配一个属于地址空间192.168.3.0/24或172.16.3.0/24的IP地址，且内部网络能够将以该IP地址为目的IP地址的IP分组传输给边界路由器R，边界路由器R能够将该IP分组转发给外部网络，并以终端B在外部网络中的地址作为该IP分组的目的IP地址。同样，必须在外部网络为终端A分配一个属于地址空间202.3.3.0/24或202.7.7.0/24的IP地址，且外部网络能够将以该IP地址为目的IP地址的IP分组传输给边界路由器R，边界路由器R能够将该IP分组转发给内部网络，并以终端A在内部网络中的地址作为该IP分组的目的IP地址。这里假定为终端B在内部网络分配IP地址172.16.3.7，为终端A在外部网络分配IP地址202.7.7.3。这样终端A发送的、到达终端B的IP分组的源IP地址必须是外部网络分配给终端A的IP地址202.7.7.3，终端B发送的、到达终端A的IP分组的源IP地址必须是内部网络分配给终端B的IP地址172.16.3.7。这就存在4个IP地址，终端A在内部网络使用的地址和终端A在外部网络使用的地址，终端B在内部网络使用的地址和终端B在外部网络使用的地址。通常将内部网络使用的地址称为本地地址(或私有地址)，将外部网络使用的地址称为全球地址，因此，将位于内部网络的终端使用的本地地址称为内部本地地址，将位于内部网络的终端使用的全球地址称为内部全球地址，将位于外部网络的终端使用的本地地址称为外部本地地址，将位于外部网络的终端使用的全球地址称为外部全球地址。对于图2.7中的终端A和终端B，这4个地址如表2.1所示。

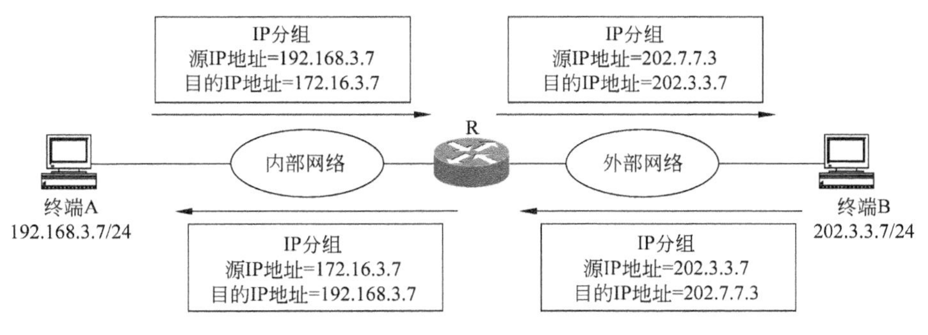

图2.7　NAT过程

表2.1　终端A和终端B的本地和全球地址

内部本地地址(终端A内部网络地址)	内部全球地址(终端A外部网络地址)	外部本地地址(终端B内部网络地址)	外部全球地址(终端B外部网络地址)
192.168.3.7	202.7.7.3	172.16.3.7	202.3.3.7

边界路由器 R 的网络地址转换(Network address translation,NAT)技术就是一种对从内部网络转发到外部网络的 IP 分组实现源 IP 地址内部本地地址至内部全球地址的转换、目的 IP 地址外部本地地址至外部全球地址的转换,对从外部网络转发到内部网络的 IP 分组实现源 IP 地址外部全球地址至外部本地地址的转换、目的 IP 地址内部全球地址至内部本地地址的转换的技术。图 2.7 给出了终端 A 和终端 B 之间实现双向通信时,边界路由器 R 实现的地址转换过程。

2. 私有地址空间

提出 NAT 的初衷是为了解决 IPv4 地址耗尽的问题,NAT 允许不同的内部网络分配相同的私有地址空间,且这些通过公共网络互联的、分配相同私有地址空间的内部网络之间可以实现相互通信。实现这一功能的前提是内部网络使用的私有地址空间和公共网络使用的全球地址空间之间不能重叠。为此,IETF 专门留出了三组 IP 地址作为内部网络使用的私有地址空间,公共网络使用的全球地址空间中不允许包含属于这三组 IP 地址的地址空间。这三组 IP 地址如下。

(1) 10.0.0.0/8

(2) 172.16.0.0/12

(3) 192.168.0.0/16

允许多个内部网络使用相同的私有地址空间的原因是内部网络使用的私有地址空间对所有尝试与该内部网络通信的其他网络是不可见的,因此,两个使用相同私有地址空间的内部网络相互通信时,看到的都是对方经过转换后的全球 IP 地址。

2.3 路由协议选择

2.3.1 路由项分类

1. 直连路由项

图 2.8 中每一个路由器连接三个网络,为路由器接口配置的 IP 地址和子网掩码确定了

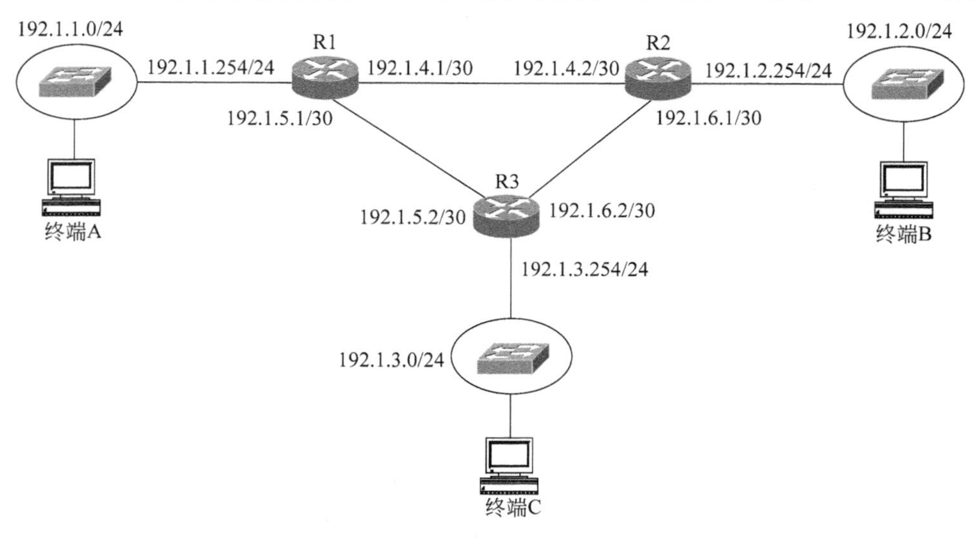

图 2.8 互联网络结构

该接口所连接的网络的网络地址。如果为路由器 R1 接口 1 配置 IP 地址和子网掩码 192.1.1.254/24，通过对 192.1.1.254 和 255.255.255.0 进行"与"操作，得到结果 192.1.1.0，因此得出路由器 R1 接口 1 所连接的网络的网络地址是 192.1.1.0/24。依此得出路由器 R1 接口 2 所连接的网络的网络地址是 192.1.4.0/30(192.1.4.1 和 255.255.255.252"与"操作结果)，接口 3 所连接的网络的网络地址是 192.1.5.0/30(192.1.5.1 和 255.255.255.252"与"操作结果)。路由器自动给出用于指明通往这些直接连接的网络的传输路径的路由项，这些路由项称为直连路由项。在为路由器接口配置 IP 地址和子网掩码后，路由器自动根据接口配置的 IP 地址和子网掩码生成直连路由项。对于路由器 R1，在完成接口的 IP 地址和子网掩码配置后，生成如表 2.2 所示的直连路由项。网络地址 192.1.4.0/30 只包含 4 个 IP 地址(192.1.4.0～192.1.4.3)，其中 192.1.4.0 是网络地址(主机字段为全 0)，192.1.4.3 是直接广播地址(主机字段为全 1)。因此，只包含两个有效 IP 地址 192.1.4.1 和 192.1.4.2，这种类型的网络地址是无分类编址中有效 IP 地址数最少的网络地址，一般用于用点对点链路互连两个路由器的连接方式中。

表 2.2　路由器 R1 直连路由项

目的网络	输出接口	下一跳
192.1.1.0/24	1	直接
192.1.4.0/30	2	直接
192.1.5.0/30	3	直接

2. 静态路由项

对于图 2.8 所示的网络结构，由于终端 B 连接的网络没有和路由器 R1 直接连接，因此，路由器 R1 的路由表中没有用于指明通往网络 192.1.2.0/24 的传输路径的直连路由项，在完成 IP 分组终端 A 至终端 B 的传输过程中，路由器 R1 将因为无法确定通往网络 192.1.2.0/24 传输路径上的下一跳，而丢弃所有目的 IP 地址属于网络地址 192.1.2.0/24 的 IP 分组。因此，对于所有没有和某个路由器直接连接的网络，该路由器必须生成用于指明通往这些网络的传输路径的路由项，否则，该路由器将丢弃以连接在这些网络上的终端为目的终端的 IP 分组。对于图 2.8 中的路由器 R1，没有和其直接连接的网络有三个，分别是网络 192.1.2.0/24、192.1.3.0/24 和 192.1.6.0/30。如果路由器 R1 需要转发以属于这些网络地址的 IP 地址为目的 IP 地址的 IP 分组，路由器 R1 必须在路由表中生成用于指明通往这三个网络的传输路径的路由项。如果采用手工配置静态路由项的方式，首先需要确定路由器 R1 至这三个网络的最短路径，然后求出路由器 R1 至这三个网络的最短路径上的下一跳路由器，及下一跳路由器连接路由器 R1 的接口的 IP 地址，根据这些信息得出路由器 R1 用于指明通往这三个网络的传输路径的路由项。对于网络 192.1.2.0/24，路由器 R1 通往该网络的最短路径是 R1→R2→192.1.2.0/24(传输路径经过的路由器跳数最少)，且路由器 R2 连接路由器 R1 的接口的 IP 地址是 192.1.4.2，得出用于指明通往网络 192.1.2.0/24 的传输路径的路由项为＜192.1.2.0/24，2，192.1.4.2＞，其中，192.1.2.0/24 是目的网络的网络地址，2 是输出接口编号，192.1.4.2 是下一跳地址。同样得出用于指明通往网络 192.1.3.0/24 的传输路径的路由项为＜192.1.3.0/24，3，192.1.5.2＞。由于路由器 R1 存在两条经过的路由器跳数相同的通往网络 192.1.6.0/30 的传输路径，可以在两条传输路径中任选一条，这里，选择传输路径 R1→R2→192.1.6.0/30 作为通往网络 192.1.6.0/30 的传输路径，并因此生成路由项＜192.1.6.0/30，2，192.1.4.2＞。由此可以得出表 2.3 所示的路由器 R1 用于指明通往所有六个网络的传输路径的路由项，类型 C 表示是路由器自动生成的直连路由项，类型 S 表示是手工配置的静态路由项。需要强调的是，如果下一跳 IP 地址是 192.1.4.2，则输出接口肯定是路由器 R1 连接网络 192.1.4.0/30 的接口。同样，如果下一跳 IP 地址是 192.1.5.2，输出接口肯定是路由器 R1 连接网络 192.1.5.0/30 的接口。

表 2.3 路由器 R1 完整路由表

路由项类型	目的网络	输出接口	下一跳	路由项类型	目的网络	输出接口	下一跳
C	192.1.1.0/24	1	直接	S	192.1.2.0/24	2	192.1.4.2
C	192.1.4.0/30	2	直接	S	192.1.3.0/24	3	192.1.5.2
C	192.1.5.0/30	3	直接	S	192.1.6.0/30	2	192.1.4.2

3. 动态路由项

在确定互联网拓扑结构和完成路由器接口 IP 地址和子网掩码配置的前提下，通过在路由器运行路由协议生成的、与互联网拓扑结构一致的、用于指明通往互联网中所有网络的传输路径的路由项称为动态路由项，使用动态路由项这一术语的主要目的是为了区别手工配置的静态路由项。

1）路由协议

每一个路由器通过和其他路由器相互交换路由消息，发现与互联网拓扑结构一致的、通往互联网中所有网络的最短路径，并据此生成用于指明通往互联网中所有网络的最短路径的路由项。路由协议就是一组用于规范路由消息的格式、路由器之间路由消息交换过程、路由器对路由消息的处理流程的规则。目前，存在多种路由协议，虽然所有路由协议的作用都是为互联网中的每一个路由器找出通往互联网中所有网络的最短路径，但不同路由协议对最短路径的定义，对路由消息格式和内容的约定等都是不同的。

2）路径距离

所谓最短路径，就是路径距离最小的传输路径，如果某个路由器存在多条通往某个网络的传输路径，如图 2.8 中，路由器 R1 存在两条通往网络 192.1.2.0/24 的传输路径，一是 R1→R2→192.1.2.0/24，另一条是 R1→R3→R2→192.1.2.0/24，在这些传输路径中选择路径距离最小的传输路径。路径距离可以是传输路径经过的路由器跳数，也可以是其他衡量传输路径的参数，如传输路径的物理距离、传输路径经过的物理链路的带宽等。如果以传输路径经过的路由器跳数作为传输路径距离，传输路径 R1→R2→192.1.2.0/24 的距离为 1（Cisco 计算跳数时不包含传输路径起始路由器，以后路由协议计算传输路径跳数时与此习惯一致），传输路径 R1→R3→R2→192.1.2.0/24 的距离为 2。距离最小的传输路径为最短路径。如果以传输路径经过的物理链路带宽作为传输路径距离，则首先需要定义将带宽换算成代价的计算公式，如计算公式：代价＝10^8/带宽，当带宽是 100Mb/s 时，得出代价是 1，当带宽是 10Mb/s 时，得出代价为 10。计算传输路径距离时，需要累计传输路径经过的物理链路的代价和，如果互连 R1 和 R3、R3 和 R2 的物理链路的带宽为 100Mb/s，互连 R1 和 R2 的物理链路的带宽为 10Mb/s，路由器 R2 连接网络 192.1.2.0/24 的物理链路的带宽为 100Mb/s，则传输路径 R1→R2→192.1.2.0/24 的距离为 11，传输路径 R1→R3→R2→192.1.2.0/24 的距离为 3。由于路由协议要求代价必须是整数，因此，当物理链路带宽大于 100Mb/s 时，不能使用计算公式：代价＝10^8/带宽，而是需要为物理链路定义一个能够反映物理链路带宽的距离值。

2.3.2　RIP

路由信息协议(Routing Information Protocol，RIP)是一种基于距离向量的路由协议，在路由器通过配置接口的 IP 地址和子网掩码而自动生成的直连路由项的基础上，通过相邻路由器之间不断交换路由消息，最终在所有路由器中建立通往所有网络的最短路径。

1. RIP 创建路由表过程

1）建立直连路由项

为图 2.8 中路由器 R1、R2 和 R3 的每一个接口配置 IP 地址和子网掩码后，路由器 R1、R2 和 R3 路由表中自动生成表 2.4～表 2.6 所示的直连路由项，直连路由项的距离为 0，表示直连路由项经过的路由器跳数为 0。

表 2.4　路由器 R1 直连路由项

类型	目的网络	输出接口	距离	下一跳
C	192.1.1.0/24	1	0	直接
C	192.1.4.0/30	2	0	直接
C	192.1.5.0/30	3	0	直接

表 2.5　路由器 R2 直连路由项

类型	目的网络	输出接口	距离	下一跳
C	192.1.2.0/24	1	0	直接
C	192.1.6.0/30	2	0	直接
C	192.1.4.0/30	3	0	直接

表 2.6　路由器 R3 直连路由项

类型	目的网络	输出接口	距离	下一跳
C	192.1.3.0/24	1	0	直接
C	192.1.5.0/30	2	0	直接
C	192.1.6.0/30	3	0	直接

2）定期交换路由消息

路由器 R1 分别与 R2 和 R3 相邻，因此，定期相互交换路由消息，路由器 R2 发送给路由器 R1 的路由消息如下{(192.1.2.0/24，0)(192.1.6.0/30，0)(192.1.4.0/30，0)192.1.4.2}，其中包含路由器 R2 的全部直连路由项和路由器 R2 连接路由器 R1 的接口的 IP 地址，直连路由项(192.1.2.0/24，0)中 192.1.2.0/24 是目的网络，0 是路由器 R2 通往目的网络 192.1.2.0/24 的传输路径的距离。由于路由器 R1 没有与网络 192.1.2.0/24 和网络 192.1.6.0/30 直接连接，且通过路由器 R2 发送的路由消息获知，路由器 R2 能够到达这些网络，因此，路由器 R1 发现经过路由器 R2 到达这些网络的传输路径，并在路由表中创建用于指明通往网络 192.1.2.0/24 和 192.1.6.0/30 的传输路径的路由项，对于路由器 R1，通往网络 192.1.2.0/24 和 192.1.6.0/30 的传输路径上的下一跳是路由器 R2，下一跳 IP 地址应该是路由消息给出的路由器 R2 连接路由器 R1 的接口的 IP 地址 192.1.4.2。路由器 R1 增加用于指明通往网络 192.1.2.0/24 和 192.1.6.0/30 的传输路径的路由项后的路由表如表 2.7 所示，表中用 D 表示路由项类型是路由协议创建的动态路由项。距离 1 是路由器 R1 到达网络 192.1.2.0/24 的传输路径经过的路由器跳数，由于路由器 R2 到达网络 192.1.2.0/24 的传输路径的距离为 0，而路由器 R1 到达网络 192.1.2.0/24 的传输路径是路由器 R1 至路由器 R2 传输路径＋路由器 R2 到达网络 192.1.2.0/24 的传输路径，需要在路由器 R2 到达网络 192.1.2.0/24 的传输路径的距离上加 1。同样，路由器 R3 向路由器 R1 发送路由消息{(192.1.3.0/24，0)(192.1.5.0/30，0)(192.1.6.0/30，0)192.1.5.2}，路由器

R1 根据路由器 R3 发送的路由消息生成用于指明通往网络 192.1.3.0/24 和 192.1.6.0/30 的传输路径的路由项，由于路由器 R1 的路由表中已经存在用于指明通往网络 192.1.6.0/30 的传输路径的路由项，根据最短路径原则，路由器 R1 选择距离最小的路由项作为最终路由项，在两项路由项距离相等的情况下，路由器 R1 任选一项路由项作为最终路由项，路由器 R1 生成的完整路由表如表 2.8 所示。同样路由器 R1 也向路由器 R2 和 R3 发送路由消息，在建立表 2.8 所示的完整路由表后，路由器 R1 发送给路由器 R2 和 R3 的路由消息分别如下{(192.1.1.0/24,0)(192.1.4.0/30,0)(192.1.5.0/30,0)(192.1.2.0/24,1)(192.1.3.0/24,1)(192.1.6.0/30,1)192.1.4.1}、{(192.1.1.0/24,0)(192.1.4.0/30,0)(192.1.5.0/30,0)(192.1.2.0/24,1)(192.1.3.0/24,1)(192.1.6.0/30,1)192.1.5.1}，两个路由消息中不同的是用于作为下一跳路由器地址的 IP 地址。路由器 R2 和 R3 也根据路由器 R1 发送的路由消息创建路由项。经过路由器之间多次相互交换路由消息，路由器 R1、R2 和 R3 最终生成用于指明通往所有网络的传输路径的路由项。这个时候，各个路由器的路由表已经收敛。

表 2.7　路由器 R1 路由表

类型	目的网络	输出接口	距离	下一跳	类型	目的网络	输出接口	距离	下一跳
C	192.1.1.0/24	1	0	直接	D	192.1.2.0/24	2	1	192.1.4.2
C	192.1.4.0/30	2	0	直接	D	192.1.6.0/30	2	1	192.1.4.2
C	192.1.5.0/30	3	0	直接					

表 2.8　路由器 R1 完整路由表

类型	目的网络	输出接口	距离	下一跳	类型	目的网络	输出接口	距离	下一跳
C	192.1.1.0/24	1	0	直接	D	192.1.2.0/24	2	1	192.1.4.2
C	192.1.4.0/30	2	0	直接	D	192.1.6.0/30	2	1	192.1.4.2
C	192.1.5.0/30	3	0	直接	D	192.1.3.0/24	3	1	192.1.5.2

2. 距离向量路由协议特性

1) 周期性广播全部路由项

每一个路由器必须向其相邻路由器定期发送路由消息，由于无法确定某个路由器接口连接的网络中存在哪些相邻路由器，因此，路由器在某个接口连接的网络上广播路由消息。路由消息中给出该路由器的全部路由项，发送路由消息的间隔时间决定收敛时间和路由消息传输开销，减小发送路由消息的间隔时间，会减小收敛时间，但会增加路由消息的传输开销，容易导致网络发生拥塞。加大发送路由消息的间隔时间，会增加收敛时间，但会减少路由消息的传输开销。

2) 容易发生路由环路

由于每一个路由器根据相邻路由器发送的路由消息来生成路由项，有可能导致路由环路。路由环路是指一条成环的传输路径，如图 2.8 中，路由器 R1 通往某个特定网络的传输路径的下一跳是路由器 R2，路由器 R2 通往该网络的传输路径的下一跳是路由器 R3，路由器 R3 通往该网络的传输路径的下一跳是路由器 R1。这种情况下，各个路由器通往该网络的传输路径构成环路。

3）实时性差

当网络拓扑结构发生变化时，重新收敛各个路由器的路由表的时间较长。

4）设置触发机制

除了周期性发送路由消息，必须在发现有路由项发生改变的情况下，立即向其相邻路由器发送路由消息，以此加快相邻路由器路由表的收敛速度。

5）设置无效定时器

如果某项路由项根据相邻路由器发送的路由消息创建，当该相邻路由器发生故障时，该路由项应该无效，无效定时器用于确定没有接收到该相邻路由器发送的路由消息的最长时间间隔，如果在无效定时器规定的时间间隔内，一直没有接收到该相邻路由器发送的路由消息，可以断定该相邻路由器已经发生故障的，该时间间隔一般是3×相邻路由器路由消息发送周期。

2.3.3　OSPF

开放最短路径优先（Open Shortest Path First，OSPF）协议是一种链路状态路由协议，OSPF将路由器每一个接口连接的网络称为链路，路由器通过和相邻路由器交换Hello报文确定每一条链路的状态，在确定了所有链路状态后，构建链路状态通告（Link state advertisement，LSA），通过泛洪链路状态通告将自身链路状态通告给互联网中的所有其他路由器，每一个路由器在接收互联网中所有其他路由器泛洪的链路状态通告后，建立链路状态数据库，链路状态数据库精确描述了互联网拓扑结构，互联网中每一个路由器建立的链路状态数据库是相同的，每一个路由器根据链路状态库构建的以自身为根的最短路径树是一致的。每一个路由器可以根据自身为根的最短路径树构建路由表。

1. OSPF创建路由表过程

1）建立各个路由器的链路状态

为图2.8中路由器R1、R2和R3的每一个接口配置IP地址和子网掩码后，路由器R1、R2和R3之间通过交换Hello报文获得每一个接口所连接的链路的状态。表2.9是每一个路由器建立的链路状态。Cost字段是根据路由器接口带宽换算出的代价，换算公式为Cost=10^8/接口传输速率，这里假定路由器R1连接路由器R2的链路的传输速率为10Mb/s，其他链路的传输速率为100Mb/s。

表2.9　路由器链路状态

Router ID	Neighbor	Cost	Router ID	Neighbor	Cost	Router ID	Neighbor	Cost
路由器R1链路状态			路由器R2链路状态			路由器R3链路状态		
R1	192.1.1.0/24	1	R2	192.1.2.0/24	1	R3	192.1.3.0/24	1
R1	192.1.4.2(R2)	10	R2	192.1.4.1(R1)	10	R3	192.1.5.1(R1)	1
R1	192.1.5.2(R3)	1	R2	192.1.6.2(R3)	1	R3	192.1.6.1(R2)	1

2）泛洪链路状态

每一个路由器将自身链路状态封装成链路状态通告后，以泛洪方式传输给互联网中的所有其他路由器。泛洪方式传输过程如下，始发路由器通过所有接口广播链路状态通告，某个路由器接收链路状态通告后，首先向广播该链路状态通告的路由器发送确认应答，然后判别是否已经接收过该链路状态通告，如果是第一次接收该链路状态通告，从除接收该链路状态通告接口以外的所有其他接口广播该链路状态通告。如果已经接收过该链路状态通告，丢弃该链路状态通告。链路状态通告中包含始发路由器标识符和序号，路由器每发送一个新的链路状态通告，递增序号，序号最大的链路状态通告是始发路由器发送的最新的链路状态通告。某个路由器接收某个始发路由器发送的链路状态通告，判别该链路状态通告中携带的序号是否大于该路由器为始发路由器保留的序号，如果条件成立，将链路状态通告携带的序号作为始发路由器保留的序号，表明该路由器第一次接收该链路状态通告。如果条件不成立，表明路由器已经接收过该链路状态通告。图 2.9 给出路由器 R1 泛洪链路状态通告过程，当路由器 R3 接收路由器 R2 转发的链路状态通告，由于路由器 R2 已经接收过路由器 R1 发送的链路状态通告，且这两个链路状态通告的始发路由器和序号都相同，路由器 R3 丢弃路由器 R2 转发的链路状态通告。

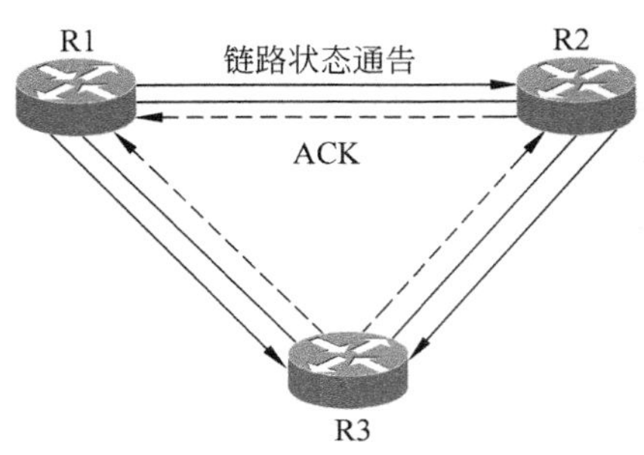

图 2.9　路由器 R1 泛洪链路状态通告过程

3）构建链路状态数据库

当所有路由器泛洪自身链路状态后，互联网中的每一个路由器建立表 2.9 所示的链路状态库，该链路状态库描述了互联网的拓扑结构。

4）计算最短路径树

下面以构建路由器 R1 为树根的最短路径树为例，讨论根据链路状态库构建最短路径树的算法。令 $D(v)$ 为源结点（路由器 R1）到达结点 v 的距离，它是从源结点沿着某一路径到达结点 v 所经过的链路的代价之和，$L(i,j)$ 为结点 i 至结点 j 的距离。

（1）以 R1 为树根，求出各个结点和根结点之间距离。

$$D(v)=\begin{cases}L(\mathrm{R1},v), & \text{若结点 } v \text{ 与 R1 直接相连}\\ \infty, & \text{若结点 } v \text{ 与 R1 不直接相连}\end{cases}$$

（2）找出与根结点距离最短的结点（假定为结点 w），将该结点连接到以 R1 为根的树上，并重新对剩下的结点计算到达根结点的距离，$D(v)=\mathrm{MIN}\{D(v),D(w)+L(w,v)\}$。

（3）重复步骤（2），直到所有结点都连接到以源结点为根的树上。

表 2.10 给出了构建路由器 R1 为根的最短路径树的每一步。将根 R1 连接到最短路径树上，R1 到达自身的距离为 0。找出与 R1 直接连接的结点和网络，将其放入备份结点和网络中，根据表 2.9 所示的链路状态库，与 R1 直接连接的结点和网络有 R2、R3 和 192.1.1.0/24。距离分别是 10、1 和 1。选择距离最小的结点或网络直接连接到根结点上。

选择了将结点 R3 直接连接到根结点后，重新计算各个结点和网络到达根结点的距离，计算出 R2 经过 R3 到达根结点的距离为 2。$D(2)=D(3)+L(3,2)=1+1=2$。由于 R2 直接到达 R1 的距离大于 R2 经过 R3 到达 R1 的距离，结点 R2 必须连接到最短路径树 R3 分支上。经过表 2.10 所示的步骤，最终生成图 2.10 所示的路由器 R1 为根的最短路径树。根据图 2.10 所示的最短路径树，得出表 2.11 所示的路由器 R1 路由表。

表 2.10　以路由器 R1 为根的最短路径树生成过程

最短路径树	备份结点和网络	说　明
(R1,R1,0)	(R1,192.1.1.0/24,1) (R1,R2,10) (R1,R3,1)	从备份结点和网络中选择到达 R1 距离最短的结点或网络连接到根结点上，第一步选择网络 192.1.1.0/24
(R1,R1,0) (R1,192.1.1.0/24,1)	(R1,R2,10) (R1,R3,1)	选择 R3 连接到根结点上
(R1,R1,0) (R1,192.1.1.0/24,1) (R1,R3,1)	(R1,R2,2)(根据(R3,R2,1)计算出 R2 到达 R1 的距离为 2) (R1,192.1.3.0/24,2)(根据(R3,192.1.3.0/24,1)计算出网络 192.1.3.0/24 到达 R1 的距离为 2)	根据 R3 重新计算各个结点和网络到达 R1 的距离。选择网络 192.1.3.0/24 连接到最短路径树的 R3 分支上
(R1,R1,0) (R1,192.1.1.0/24,1) (R1,R3,1) (R3,192.1.3.0/24,1)	(R1,R2,2)	选择 R2 连接到最短路径树的 R3 分支上
(R1,R1,0) (R1,192.1.1.0/24,1) (R1,R3,1) (R3,192.1.3.0/24,1) (R3,R2,1)	(R1,192.1.2.0/24,3)(根据(R3,R2,1)和(R2,192.1.2.0/24,1)计算出网络 192.1.2.0/24 到达 R1 的距离为 3)	根据 R2 重新计算各个结点和网络到达 R1 的距离。将网络 192.1.2.0/24 连接到最短路径树的 R2 分支上

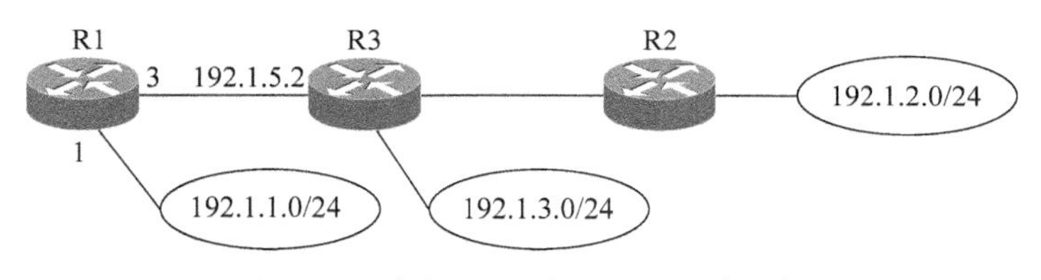

图 2.10　路由器 R1 为根的最短路径树

表 2.11　路由器 R1 完整路由表

类型	目的网络	输出接口	距离	下一跳	类型	目的网络	输出接口	距离	下一跳
C	192.1.1.0/24	1	0	直接	D	192.1.2.0/24	3	3	192.1.5.2
C	192.1.4.0/30	2	0	直接	D	192.1.3.0/24	3	2	192.1.5.2
C	192.1.5.0/30	3	0	直接					

2. OSPF 路由协议特性

1) 适合层次网络结构

OSPF 允许将一个大型互联网划分为多个区域，每一个区域分配一个区域标识符，LSA 只在同一个区域内部泛洪。这些区域中存在一个区域标识符为 0 的主干区域，所有其他区域必须通过区域边界路由器连接到主干区域。OSPF 的区域划分功能非常适合层次网络结构，图 2.11 展示了三层网络结构和对应的 OSPF 区域划分。接入层为交换层，不包含路由设备。汇聚层路由器连接的网络被分为多个区域，核心层路由器构成主干区域，连接汇聚层路由器的核心层路由器作为区域边界路由器。图 2.11 所示的 OSPF 区域划分极大地减少了 LSA 流量和路由器构建最短路径树的计算量。

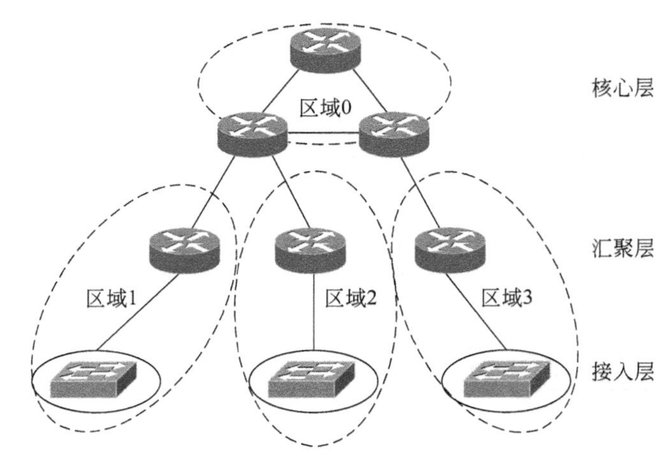

图 2.11　OSPF 划分区域过程

2）快速收敛

通过互联网中各个路由器泛洪链路状态通告，互联网中的每一个路由器很快建立链路状态库，并根据链路状态库构建以自己为根的最短路径树。

3）消除路由环路

由于每一个路由器有着相同的链路状态库，并根据链路状态库构建以自己为根的最短路径树，各个路由器根据以自己为根的最短路径树生成的路由表是不会产生路由环路的。

4）实时性好

一旦某个路由器的链路状态发生变化，该路由器通过泛洪链路状态通告及时向互联网中的所有其他路由器通报这种变化，使得其他路由器能够及时更新链路状态库，并重新构建以自己为根的最短路径树。

5）实现负载均衡

由于每一个路由器具有描述互联网拓扑结构的链路状态库，可以计算出到达某个特定网络的所有传输路径，并根据流量分配策略将传输给该特定网络的流量分配到多条不同的传输路径上。

6）传输开销较大

由于每一个路由器需要将自己的链路状态封装成链路状态通告，并以泛洪方式将链路状态通告传输给互联网中的所有其他路由器，这种传输链路状态通告的方式给网络增加较多流量。

7）计算复杂度高

根据链路状态库构建以自己为根的最短路径树的算法是一种计算复杂度很高的算法，因此，每一个路由器根据链路状态库构建以自己为根的最短路径树的过程会占用路由器大量的计算能力，会对路由器转发 IP 分组的能力造成影响。

2.3.4　BGP

1. 分层路由的原因

图 2.12 是由三个自治系统（Autonomous System，AS）组成的网络结构，每一个自治系

统分配全球唯一的16位自治系统号(Autonomous System Number,ASN),如AS1中的1,自治系统内部采用内部网关协议,如RIP和OSPF,自治系统之间采用外部网关协议,这里是边界网关协议(Border Gateway Protocol,BGP)。划分自治系统的目的不仅仅是为了解决互联网规模与路由消息传输开销及计算路由项的计算复杂度之间的矛盾,因为如果将图2.12所示的互联网结构作为单个自治系统,OSPF可以通过采用划分区域,将链路状态的泛洪范围控制在各个区域内的方法,解决网络规模过大的问题。之所以不能将不同的自治系统作为OSPF的不同区域处理,是因为下述原因,一是不同自治系统是由不同管理机构负责管理,因此,很难在代价的取值标准上取得一致,也就很难通过OSPF这样的最短路径路由协议求出不同自治系统之间的最佳路由。二是出于安全考虑,自治系统内部结构是不对外公布的,因此,没有人可以在了解各个自治系统的内部结构后,对由多个自治系统组成的互联网进行区域划分和配置。三是IP分组传输过程中选择自治系统时,更多考虑政策和安全因素,这一点和内部网关协议非常不同。四是对于Internet这样大规模的网络,用划分区域的方法很难解决互联网规模与路由消息传输开销及计算路由项的计算复杂度之间的矛盾。因此,自治系统之间需要的是这样一种路由协议:它可以在不了解各个自治系统内部结构、不需要统一各个自治系统的代价取值标准的情况下,在满足政策和安全的前提下建立自治系统之间的传输路径,而BGP就是这样一种路由协议。

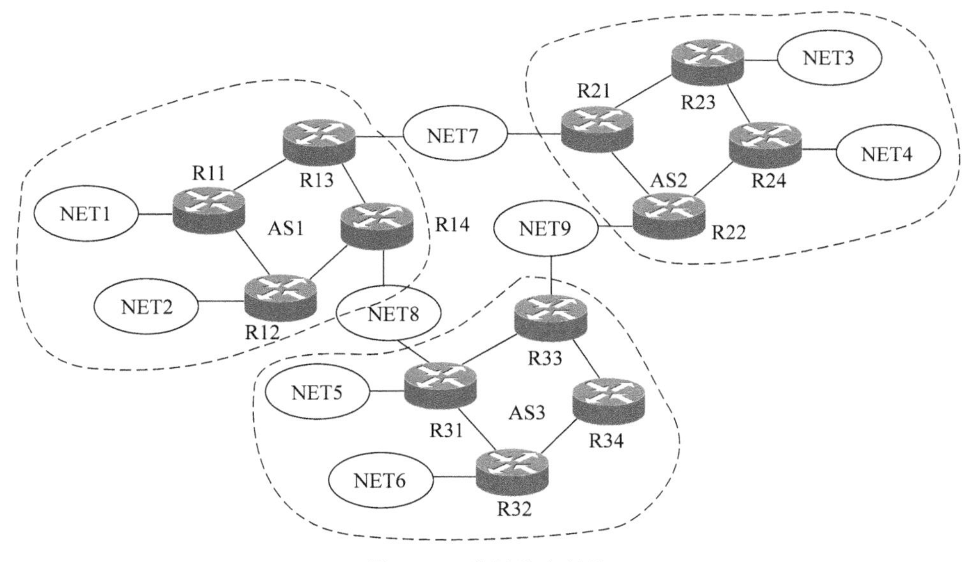

图2.12 分层路由结构

2. BGP工作机制

某个自治系统中,和其他自治系统直接相连的路由器称为自治系统边界路由器,简称AS边界路由器,所谓直接相连是指该路由器和属于另一个自治系统的AS边界路由器存在连接在同一个网络上的接口,如图2.12中的路由器R14和R31分别是自治系统AS1和AS3的AS边界路由器。一般情况下,选择AS边界路由器作为BGP发言人,两个相邻自治系统的BGP发言人往往是两个存在连接在同一个网络上的接口的AS边界路由器,如选择路由器R14和R31分别作为自治系统AS1和AS3的BGP发言人。每一个BGP发言人向其他自治系统中 BGP 发言人发送的路由消息是该自治系统可以到达的网络，及通往该网络的传输路径经过的自治系统序列，这样的路由消息称为路径向量，如路由器 R31 发送给路由器 R14 的路径向量可以是＜NET5：AS3＞、＜NET4：AS3，AS2＞，表明经过 AS3 可以到达网络 NET5，经过 AS3 和 AS1 可以到达网络 NET4。对于任何一个特定网络，每一个自治系统选择经过自治系统最少的传输路径作为通往该网络的传输路径。由于 BGP 对任何外部网络，即位于其他自治系统中的网络，选择经过自治系统最少的传输路径作为通往该外部网络的传输路径，因此，称 BGP 为路径向量路由协议，需要注意的是，选择经过自治系统最少的传输路径和选择距离最短的传输路径是不同的，计算距离需要统一度量，而且还需要知道自治系统内部拓扑结构，计算经过的自治系统不需要知道自治系统内部拓扑结构和每一个自治系统对度量的定义。下面通过 AS1 中路由器 R11 建立通往外部网络的传输路径为例，详细讨论 BGP 工作机制。

1）建立 BGP 发言人之间的邻居关系

BGP 发言人之间实现单播传输，因此，每一个 BGP 发言人都必须知道和其相邻的 BGP 发言人的 IP 地址。在图 2.12 中，由于需要在 AS1 中的 R13 和 AS2 中的 R21、AS1 中的 R14 和 AS3 中 R31 和 AS1 中的 R13 和 R14 之间相互交换 BGP 报文，必须在这些 BGP 发言人之间建立邻居关系。为了实现有着邻居关系的两个路由器之间的可靠传输，在通过打开报文建立这两个路由器之间的邻居关系前，须先建立这两个路由器之间的 TCP 连接，以此保证 BGP 报文的可靠传输。

2）自治系统各自建立内部路由

每一个自治系统通过各自的内部网关协议建立到达自治系统内各个网络的传输路径，表 2.12、表 2.13 和表 2.14 给出了 AS1 中路由器 R11，AS2 和 AS3 中 BGP 发言人（AS 边界路由器 R21、R31）通过内部网关协议建立的用于指明到达自治系统内各个网络的传输路径的路由项。

表 2.12 路由器 R11 路由表

目的网络	距离	下一跳路由器	目的网络	距离	下一跳路由器
NET1	1	直接	NET7	2	R13
NET2	2	R12	NET8	3	R12

表 2.13 R21 路由表

目的网络	距离	下一跳路由器	目的网络	距离	下一跳路由器
NET3	2	R23	NET7	1	直接
NET4	3	R23	NET9	2	R22

表 2.14 R31 路由表

目的网络	距离	下一跳路由器	目的网络	距离	下一跳路由器
NET5	1	直接	NET8	1	直接
NET6	2	R32	NET9	2	R33

3）BGP 发言人之间交换路由信息

如图 2.13 所示，建立邻居关系的 BGP 发言人之间相互交换更新报文，更新报文中给出通过它所在的自治系统能够到达的网络，通往这些网络传输路径经过的自治系统序列及下一跳路由器地址，如果交换更新报文的两个 BGP 发言人属于不同的自治系统，如 R13 和 R21，下一跳路由器地址给出的是 BGP 发言人发送更新报文的接口的 IP 地址，而这一接口通常和相邻自治系统的 BGP 发言人的其中一个接口连接在同一个网络上。如果交换更新报文的两个 BGP 发言人属于同一个自治系统，如 R13 和 R14，下一跳路由器地址是原始更新报文中给出的地址，本例中，R13 转发的来自 R21 的更新报文中的下一跳路由器地址仍然是路由器 R21 连接网络 NET7 的接口的 IP 地址，图 2.13(c)中用 R21 表示。当 AS1 中 BGP 发言人接收过相邻自治系统中 BGP 发言人发送的更新报文，同时，又在 AS1 中 BGP 发言人之间交换过各自接收的更新报文，AS1 中 BGP 发言人建立如表 2.15 所示的用于指明通往外部网络的传输路径的路由项，路由类型 E 表明目的网络位于其他自治系统。

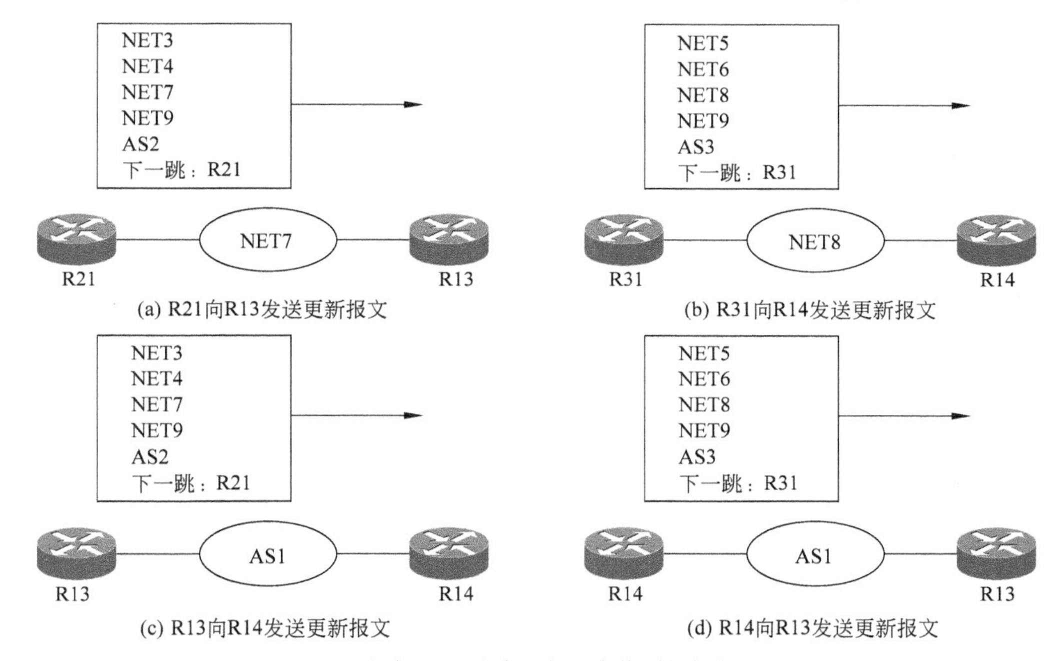

图 2.13　相邻 BGP 发言人相互交换更新报文的过程

表 2.15　AS1 中 BGP 发言人建立的对应外部网络的路由项

目的网络	距离	下一跳路由器	路由类型	经历的自治系统	目的网络	距离	下一跳路由器	路由类型	经历的自治系统
NET3		R21	E	AS2	NET6		R31	E	AS3
NET4		R21	E	AS2	NET9		R21	E	AS2
NET5		R31	E	AS3					

表 2.15 中路由项<NET3，R21，AS2>中下一跳路由器 R21 的作用是用于给出通往自治系统 AS2 的传输路径，为了建立自治系统 AS1 通往自治系统 AS2 的传输路径，当 AS2 中路由器 R21 向 AS1 中的 BGP 发言人 R13 发送路径向量时，还需给出自己连接网络 NET7 的

接口的 IP 地址，注意：NET7 是互连路由器 R13 和 R21 的网络，它既和自治系统 AS1 相连，又和自治系统 AS2 相连，由于 AS1 内部网关协议建立的路由表包含了用于指明通往属于 AS1 的所有网络的传输路径的路由项，自然包含目的网络为 NET7 的路由项，因此，在确定路由器 R21 连接网络 NET7 的接口的 IP 地址为 AS1 通往 AS2 传输路径上的下一跳 IP 地址后，能够结合 AS1 内部网关协议建立的路由表创建用于指明通往网络 NET3 的传输路径的路由项。

实际 BGP 操作过程中，所有建立相邻关系的 BGP 发言人之间不断交换更新报文，然后由 BGP 发言人选择经过的自治系统最少的传输路径作为通往某个外部网络的传输路径，并记录在路由表中。由于本例只讨论路由器 R11 建立完整路由表过程，和该过程无关的更新报文交换过程不再赘述。

4）路由器 R11 建立完整路由表过程

路由器 R11 通过内部网关协议建立表 2.12 所示的用于指明通往属于本自治系统的所有网络的传输路径的路由项，在本自治系统中的 BGP 发言人建立表 2.15 所示的目的网络为外部网络的路由项后，通过内部网关协议向本自治系统中的其他路由器公告表 2.15 所示的路由项，当路由器 R11 接收到本自治系统中的 BGP 发言人 R13 或 R14 公告的表 2.15 所示的目的网络为外部网络的路由项，结合表 2.12 所示的目的网络为内部网络（属于本自治系统的网络）的路由项，得出表 2.16 所示的完整的路由表，其中目的网络为外部网络的路由项中给出的下一跳路由器是路由器 R11 通往表 2.15 中给出的下一跳路由器的自治系统内传输路径上的下一跳路由器，如表 2.15 中目的网络为 NET3 的路由项中的下一跳路由器是 R21，实际表示的是 R21 连接 NET7 的接口的 IP 地址，路由器 R11 通往 NET7 的传输路径上的下一跳是 R13，距离是 2，因此，通往外部网络 NET3 的本自治系统内传输路径上的下一跳路由器是 R13，距离是 2。需要指出的是，自治系统中的 BGP 发言人选择通往外部网络的传输路径时，选择的依据是经过的自治系统最少的传输路径。自治系统内的其他路由器只是被动接受本自治系统中的 BGP 发言人选择的通往外部网络的传输路径，然后根据内部网关协议生成的路由项确定自治系统内通往外部网络的这一段传输路径，无论是路由项中的距离，还是下一跳路由器都是对应这一段传输路径的，这一段传输路径实际上是路由器通往本自治系统连接相邻自治系统的网络的传输路径，而该相邻自治系统是通往该外部网络的传输路径经过的第一个自治系统。

表 2.16　R11 完整路由表

目的网络	距离	下一跳路由器	路由类型	经历的自治系统	目的网络	距离	下一跳路由器	路由类型	经历的自治系统
NET1	1	直接	I		NET6	3	R12	E	AS3
NET2	2	R12	I		NET7	2	R13	I	
NET3	2	R13	E	AS2	NET8	3	R12	I	
NET4	2	R13	E	AS2	NET9	2	R13	E	AS2
NET5	3	R12	E	AS3					

2.3.5　路由协议选择原则

1. RIP 适用环境

园区网是一个简单的互联网，采用平坦的网络结构，无须通过设定链路代价来优化端到端传输路径，管理员不具备调试、故障诊断复杂网络的能力。对路由协议的收敛时间没有特别要求。

2. OSPF 适用环境

园区网是一个复杂的互联网，采用层次结构。由于网络复杂，需要限制路由协议的收敛时间。计算传输路径距离时需要考虑多种因数，必须保证网络的可扩展性。管理员具备丰富的网络技能，能够完成区域划分、链路代价设置等复杂配置。

3. BGP 适用环境

RIP 和 OSPF 是内部网关协议，用于建立自治系统内部端到端传输路径，BGP 是外部网关协议，用于建立自治系统间的传输路径。一个自治系统是一个能够自主决定采用何种路由协议的网络单位，这个网络单位通常是一个单独的、可管理的网络单元，如园区网。每一个自治系统需要分配称为自治系统号的全球唯一的号码。

2.4　容错网络结构

容错网络结构是一种在若干网络结点或链路失效的情况下仍能维持网络连通性的互联网结构。

2.4.1　核心层容错结构

图 2.14 所示网络结构是一种常见的局域网或城域网结构，核心层由高速交换机组成，实现各个子网间 IP 分组的线速转发，汇聚层由路由器(也可以是三层交换机)组成，主要完成信息流的管理和控制功能，如报文过滤、流量管制等。这种网络结构，核心层是整个网络

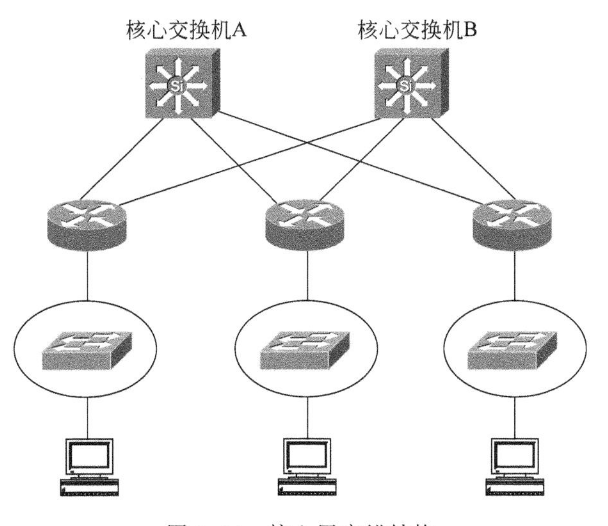

图 2.14　核心层容错结构

的中枢，一旦核心层交换机出现问题，整个网络将瘫痪，因此，核心层交换机必须采取冗余结构，如图 2.14 所示的双核心层交换机结构，而且，对于安全性要求较高的网络系统，双核心层交换机必须异地设置，避免火灾、断电这样的事故使双核心层交换机同时失效。

2.4.2 网状容错结构

网状拓扑结构导致路由器之间存在多条传输路径，路由协议动态生成传输路径的机制保证在某个路由器或某条链路失效的情况下，仍然能够产生新的端到端传输路径，如图 2.15 所示。正常情况下，终端 A 至终端 B 的传输路径是终端 A→路由器 R1→路由器 R3→终端 B，一旦路由器 R1 和 R3 之间链路失效，各个路由器通过交换路由消息，生成新的传输路径：终端 A→路由器 R1→路由器 R4→路由器 R3→终端 B，保证了两个终端之间的端到端连通性。

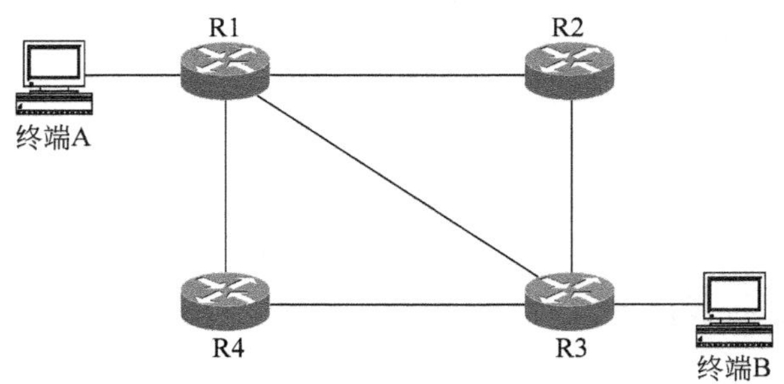

图 2.15 网状容错结构

2.4.3 生成树协议

以太网交换机的转发机制要求交换机之间不允许存在环路，因此，在以太网中，任何两个终端之间只允许存在一条传输路径，但这种网络结构的可靠性不高，任何一段链路发生故障，就有可能使一部分终端无法和网络中的其他终端通信。是否能够设计这样一种网络，它存在冗余链路，但在网络运行时，通过阻塞某些端口使整个网络没有环路，当某条链路因为故障无法通信时，通过重新开通原来阻塞的一些端口，使网络终端之间依然保持连通性，而又没有形成环路，这样，既提高了网络的可靠性，又消除了环路带来的问题。生成树协议（Spanning Tree Protocol，STP）就是这样一种机制，图 2.16 就是描述生成树协议作用过程的示意图。

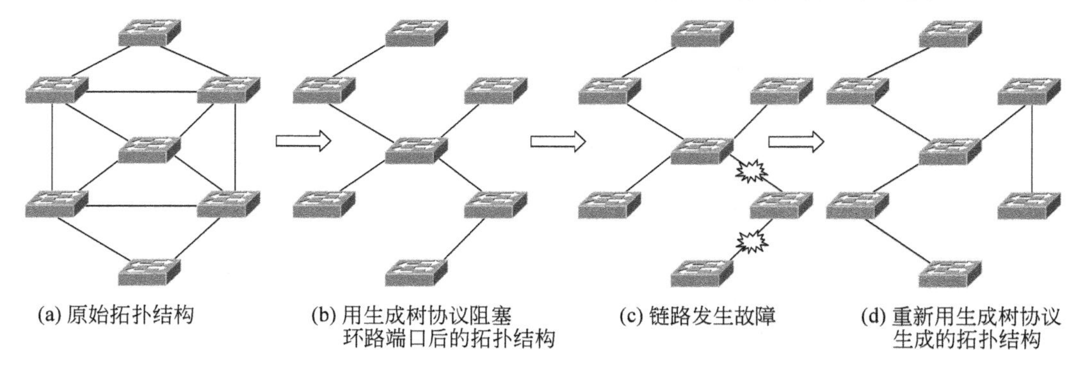

图 2.16 生成树协议容错机制

图 2.16(a)是原始网络拓扑结构，交换机之间存在环路，通过运行生成树协议，生成图 2.16(b)所示的既保持交换机之间连通性，又避免环路的网络拓扑结构，这种以太网结构能够保证 MAC 帧的正常转发。如果以太网结构由于交换机之间链路故障，导致交换机之间连通性被破坏，如图 2.16(c)所示，生成树协议通过重新启用被阻塞的冗余链路，再次保证新的以太网结构中交换机之间的连通性，如图 2.16(d)所示。

2.4.4　冗余链路

生成树协议能够解决以太网的容错问题，但一是以太网运行生成树协议的开销较大，二是从链路发生故障到通过生成树协议重新构建新的保证交换机之间连通性的以太网结构的时间较长，在这段时间内，可能因为故障链路导致以太网不能正常转发 MAC 帧。关键链路实施容错可以采用图 2.17 所示的冗余链路技术，交换机 C 同时和交换机 A 和交换机 B 相连，连接交换机 A 的链路为主链路，处于正常传输状态，连接交换机 B 的链路为备用链路，在主链路处于正常传输状态时，交换机 C 连接备用链路的端口处于阻塞状态，因此，图 2.17 所示的的网络结构等同于图 2.18(a)所示的以太网结构，交换机之间保证连通，且没有环路。一旦主链路发生故障，交换机 C 通过监测物理层信号检测到故障，立即阻塞连接主链路的端口，启用连接备用链路的端口，备用链路处于正常传输状态，如图 2.18(b)所示，以太网依然保持连通性且没有环路。

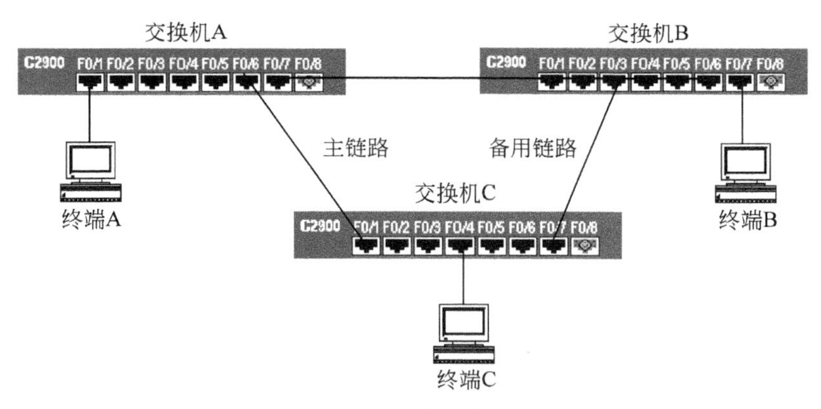

图 2.17　冗余链路结构

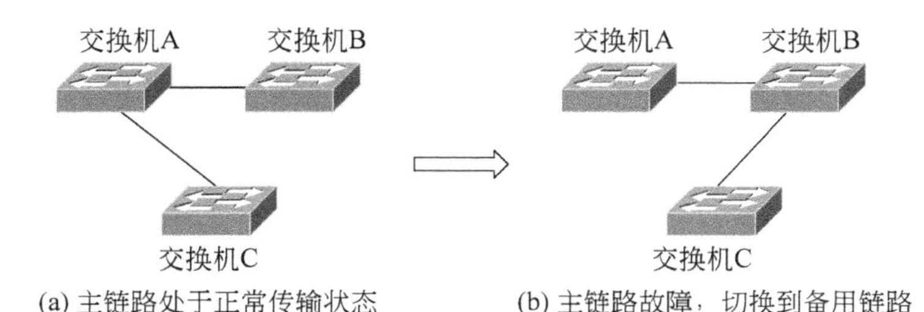

图 2.18　冗余链路容错机制

2.5 安全网络设计方法

2.5.1 安全网络设计目标

安全网络设计目标是实现信息的可用性、保密性、完整性、不可抵赖性和可控制性等。

1. 可用性

可用性是信息被授权实体访问并按需使用的特性。通俗地讲，就是做到有权使用信息的人任何时候都能使用已经被授权使用的信息，信息系统无论在何种情况下都要保障这种服务。而无权使用信息的人，任何时候都不能访问到没有被授权使用的信息。

2. 保密性

保密性是防止信息泄露给非授权个人或实体，只为授权用户使用的特性。通俗地讲，信息只能让有权看到的人看到，无权看到信息的人，无论在何时，用何种手段都无法看到信息。

3. 完整性

完整性是信息未经授权不能改变的特性。通俗地讲，当信息在计算机存储和网络传输过程中，非授权用户无论何时，用何种手段都不能删除、篡改、伪造信息。

4. 不可抵赖性

不可抵赖性是信息交互过程中，所有参与者不能否认曾经完成的操作或承诺的特性，这种特性体现在两个方面，一是参与者开始参与信息交互时，必须对其真实性进行鉴别。二是信息交互过程中必须能够保留下使其无法否认曾经完成的操作或许下的承诺的证据。

5. 可控制性

可控制性是对信息的传播及内容具有控制能力的特性。通俗地讲，就是可以控制用户的信息流向，对信息内容进行审查，对出现的安全问题提供调查和追踪手段。

2.5.2 网络安全机制

1. 加密

信息存储和传输过程中，存在被非法访问、嗅探和截获的可能，为了保障信息的保密性，最好办法是对信息进行加密，加密是指用加密算法(E)和密钥(K_1)对明文(P)进行运算，使其成为无法正常识别的密文(Y)的过程，如图 2.19 所示。而解密是加密的逆过程，是指用解密算法(D)和密钥(K_2)对密文(Y)进行运算，重新得到明文(P)的过程。

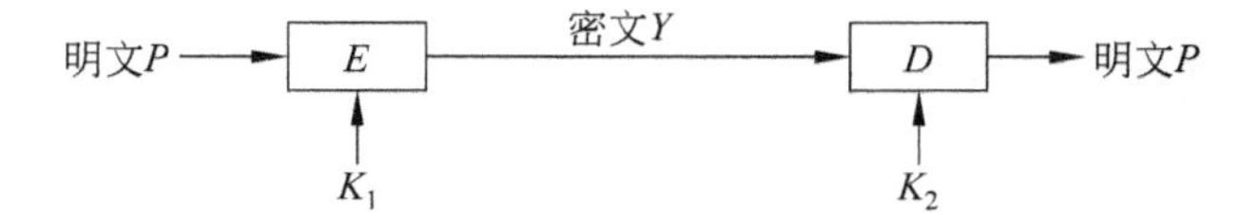

图 2.19　加密解密过程

$$Y=E_{K_1}(P) \tag{1.1}$$

$$P=D_{K_2}(Y) \tag{1.2}$$

$$D_{K_2}(E_{K_1}(P))=P \tag{1.3}$$

式(1.1)是加密公式，式(1.2)是解密公式，式(1.3)是还原明文过程。如果加密密钥 K_1＝解

密密钥 K_2，称加密解密算法为对称密钥算法，如果加密密钥 $K_1 \neq$ 解密密钥 K_2，称加密解密算法为不对称密钥算法。由于加密和解密运算都是改变信息内容的过程，只是改变过程互逆，因此，两者可以互换，即 $E_{K_1}(D_{K_2}(P)) = D_{K_2}(E_{K_1}(P)) = P$。

除非同时获悉密钥 K_2 和解密算法，否则，即使获得密文，也无法解读密文包含的内容，即无法还原密文对应的明文。

2. 身份鉴别

电子商务中，时常需要验证信息发送者的身份，鉴别就是验证发送者身份的过程，因此，为了实现鉴别，发送者发送的信息中需要包含用于确认其身份的内容，简单的鉴别通过检测封装信息的 IP 分组的源 IP 地址实现，由于存在源 IP 地址欺骗攻击，这种检测方法已经无法鉴别发送者身份，常见的鉴别机制是给发送者分配一个密钥 K，该密钥 K 只有发送者和鉴别发送者身份的鉴别者知道，当发送者给鉴别者发送信息 P 时，发送给鉴别者的是 $P \| E_K(P)$，$\|$ 表示串接操作符，用于将两串信息合并在一起，如 123456 ‖ ABCD＝123456ABCD，E 是对称密钥算法中的加密算法。鉴别者用加密算法 E 对应的解密算法 D 和密钥 K 对附在信息 P 后面的密文进行解密，如果解密结果等于信息 $P(D_K(E_K(P)) = P)$，表示发送者拥有密钥 K，发送者身份得到确认。

3. 完整性检测

为了防止信息传输过程中被篡改，接收端需要能够检测出信息是否被篡改的机制，这种机制称为完整性检测机制。在构成传输信息的帧结构(如 MAC 帧)时，通常附加检错码，检错码 C 是需要传输的信息 P 的函数运算结果，即 $C = F(P)$(F 是某种函数)，当 P 发生改变时，C 随之发生改变，好的检错码一是要求长度固定，和信息 P 长度无关，且为了减少开销，长度尽可能小。二是能够检测出信息 P 的任意改变，即只要 $P' \neq P$，$F(P') \neq F(P)$。事实上，这两个要求是向悖的，因此，好的检错码只是在两者之间取得较好的平衡。发送端发送的消息是 $P \| C(C = F(P))$，如果传输过程中 P 改变为 P'，但 C 没有改变，接收端根据 $F(P') \neq C$ 确定 P 或者 C 在传输过程中发生改变，这就是检错码的检错原理。单纯用检错码是无法检测出信息是否被篡改的，因为，篡改者将 P 改变为 P' 的同时，可以将 C 改变为 C'，且使得 $C' = F(P')$。保证接收端能够检测出被篡改的信息的前提是使得篡改者无法同时改变信息 P 和检错码 C，为了做到这一点，发送端发送的消息是 $P \| E_K(C)(C = F(P)$，密钥 K 只有发送端和接收端知道)，这样，接收端检测信息是否被篡改的过程如下：根据接收到的信息重新计算检错码，然后将重新计算的检错码和对密文解密运算后的结果比较，如果两者相等，表示信息没有被篡改，如果两者不相等，表示信息已经被篡改，由于篡改者无法知道密钥 K，因此，篡改者只能改变信息 P，无法重新根据改变后的信息 P'，计算 $E_K(C')$ $(C' = F(P'))$，导致接收端能够检测出被篡改的信息。当然，这种检测机制必须保证篡改者无法根据 P，产生 P'，且使得 $P \neq P'$，但 $F(P) = F(P')$，否则，篡改者如果将信息 P 改变为 P'，接收端是无法检测出这种改变的。简单的检错码算法很难做到这一点，因此，需要提出一种新的算法 F，根据目前的计算能力能够保证：对于任何长度的 P，无法得出 P'，$P \neq P'$，但 $F(P) = F(P')$。这种不同于检错码的算法称为报文摘要算法，也称哈希函数，用 MD(P)表示，其中 P 表示任意长度的信息。

4. 访问控制

访问控制保证每一个用户只能访问网络中授权他访问的资源。用户可以通过两种途径访问终端中的信息，一是物理接触终端，通过将信息复制到移动媒介实现信息的访问，二是通过网络实现信息的远程访问，访问控制主要限制后一种的访问过程。实现访问控制需要分两步进行，一是控制终端接入网络，二是控制用户对信息的访问。控制终端接入网络保证只允许授权用户终端接入网络，图 2.20 给出了控制用户终端接入以太网的实例。用户终端接入以太网前，先向鉴别者注册，由鉴别者对注册后的用户分配用户名和口令，同时在鉴别者的注册数据库中记录用户的注册信息与分配的用户名和口令。当某个用户终端接入以太网时，首先向鉴别者发送用户名和口令，鉴别者在注册数据库中检索接入用户发送的用户名和口令，如果检索到相同的用户名和口令对，表示接入用户是授权用户，允许他通过以太网访问网络中的信息资源；否则，予以拒绝。接入用户以明文方式向鉴别者传输用户名和口令是不可取的，因为，经过网络传输的任何信息都有可能被截获或嗅探，因此，必须通过一种安全的方式向鉴别者传输用户名和口令。图 2.20 中，接入用户先向鉴别者发送用户名，鉴别者如果在注册数据库中检索到该用户名，就用随机数生成器产生一个随机数，并将该随机数发送给接入用户，接入用户将该随机数和自己的口令串接，然后对串接操作后的结果进行报文摘要运算，并将运算结果发送给鉴别者，鉴别者根据保持的随机数和注册数据库中的口令进行同样的运算，并将运算结果和接入用户发送的运算结果进行比较，如果相等，表示是授权用户；否则，予以拒绝。以太网中往往由交换机充当鉴别者的角色。为了保证接入用户口令的传输安全，报文摘要算法必须是单向的，即无法通过 $C=\mathrm{MD}(P)$，导出 P。

终端为了控制信息访问过程，需要配置访问控制列表，对终端中的所有信息，指定允许访问的用户和访问方式，如表 2.17 中，对信息 1，允许用户 A 和用户 B 访问，访问方式是只读。

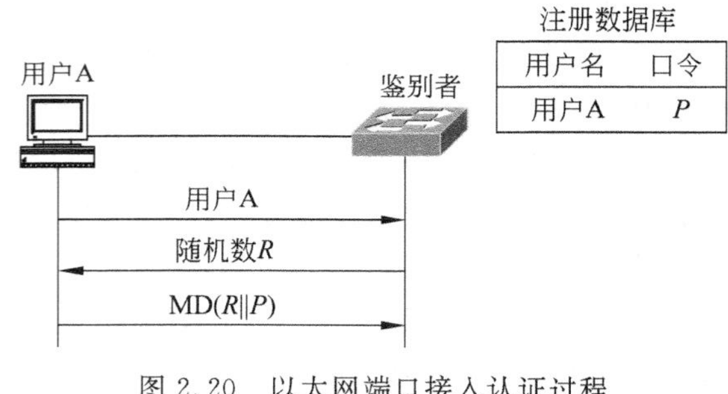

图 2.20 以太网端口接入认证过程

表 2.17 访问控制列表

信息名称	授权用户	访问方式
信息 1	用户 A	只读
	用户 B	只读
⋮		

当终端接收访问信息的请求消息时，用请求消息给出的访问对象、请求消息发送者和访问方式去匹配访问控制列表，当然，在匹配操作前，必须先对发送者身份进行鉴别。如果匹配成功，允许信息访问过程正常进行；否则，拒绝信息访问请求。

5. 数字签名

现实中的签名具有三个特性，一是唯一性，确认由签名者本人做出承诺，二是关联性，对特定信息做出承诺，三是可证明性，能够证明签名与签名者之间的关联。通过数字签名(Digital Signatures，DS)，使发送者在发送的信息中留下无法抵赖的痕迹，也必须使数字签名具有唯一性、信息关联性和可证明性这三个特性。假定能够证明只有发送者 A 拥有密钥 KS，则发送者 A 可以用 $E_{\mathrm{KS}}(\mathrm{MD}(P))$作为信息 P 的数字签名，用 $P \| E_{\mathrm{KS}}(\mathrm{MD}(P))$作为数字签名后的消息。这是因为，只能由发送者 A 实现密钥 KS 对应的加密运算，唯一性得到确

认，在当前的计算能力下，只能根据信息 P 计算出 MD(P)，即无法根据 P，导出 P'，$P \neq P'$，但 MD(P')=MD(P)，因此，MD(P)和信息 P 的关联性得到确认，可以说，只能由发送者 A 针对信息 P 计算出 E_{KS}(MD(P))。接收端为了验证发送端的数字签名，针对任何信息 P，需要确认发送端 A 附在信息 P 后面的是 E_{KS}(MD(P))。为了保证密钥 KS 的唯一性，需要采用不对称密钥算法，针对密钥 KS，存在密钥 KR，且密钥 KS 和密钥 KR 一一对应，如果能够用密钥 KR 和解密算法 D 解密密文，可以证明密文是由密钥 KS 和加密算法 E 加密运算的结果，因此，只要证明 D_{KR}(数字签名)=MD(P)，就可证明数字签名的正确性，即数字签名=E_{KS}(MD(P))。数字签名和验证过程如图 2.21 所示。

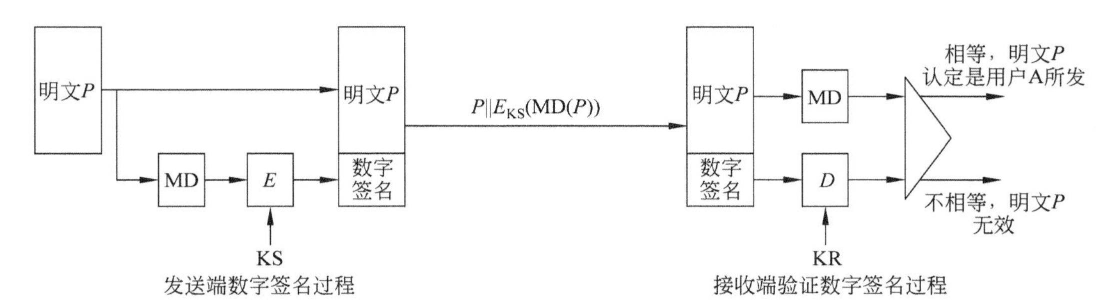

图 2.21　数字签名和验证过程

6. 安全路由

路由是 IP 网络实现 IP 分组端到端传输的关键，路由器中的路由项必须为每一个 IP 分组选择安全的传输路径，事实上，并不能保证路由器中路由项的可靠性，伪造路由消息攻击就说明了这一点，另外，如果敏感信息经过敌国控制的路由器进行转发，窃取敏感信息是轻而易举的事情，因此，安全路由必须保证，一是不允许黑客终端伪造的路由消息改变路由器的路由项，二是必须为敏感信息选择有安全保障的传输路径。由于路由器中路由项指定的传输路径往往是最短路径，并不考虑安全因素，因此，需要用特定的技术分离出封装敏感信息的 IP 分组，并为该 IP 分组选择一条并不是由路由项指定的、安全的传输路径。

7. 防火墙

防火墙通常位于内网和外网之间的连接点，对内网中的信息资源实施保护，目前作为防火墙的主要有分组过滤器(分为无状态和有状态两种)、电路层网关和应用层网关。

分组过滤器根据用户制定的安全策略对内网和外网间传输的信息实施控制，它对信息的发送端和接收端是透明的，因此，分组过滤器的存在无须改变终端访问网络的方式。随着有状态分组过滤器的应用，防火墙对内网和外网间传输的信息流的监控变得更加精致，因此，分组过滤器是目前应用最广泛的通用防火墙。

分组过滤器分为无状态和有状态两种类型，无状态分组过滤器基于单个 IP 分组进行操作，每一个 IP 分组都是独立的个体。有状态分组过滤器基于会话进行操作，对每一个 IP 分组，不仅需要根据 IP 分组自身属性，而且还需根据会话状态确定对其的操作。

8. 入侵防御系统

入侵防御系统(Intrusion Prevention System，IPS)是一种能够有效检测传输的信息是否异常并对异常信息的传输过程进行干预，或者能够确定对主机资源的访问是否合法并对非法访问进行管制的设备。入侵防御系统分为主机入侵防御系统(Host Intrusion

Prevention System,HIPS)和网络入侵防御系统(Network Intrusion Prevention System,NIPS)两大类,网络入侵防御系统主要用于检测流经网络某段链路的信息流,而主机入侵防御系统主要用于检测到达某台主机的信息流、监测对主机资源的访问操作。

9. 审计与追踪

网络时常遭受攻击,必须对攻击行为进行分析、统计,找出攻击特征,以免相同攻击再次影响网络运行,这样,需要记录网络中发生的所有事件,对事件进行归类、统计、分析,结合事件发生时网络的状况,确定事件的性质,如果是攻击事件,找出攻击轨迹和行为特征,并研究出对策,这些功能由审计和追踪完成。

10. 灾难恢复

灾难恢复通常指在遭受地震、火灾等自然灾害的情况下,快速恢复网络的正常服务功能的机制。在网络安全中,灾难恢复指在遭受网络攻击的情况下,快速终止网络攻击,清除网络攻击造成的不良后果,恢复网络的正常服务功能的机制。主要实现手段是备份和冗余,通过信息备份、设备冗余保证即使在网络因为遭受攻击而丧失部分通信和服务功能的情况下,仍然能够维持信息的可用性、完整性和网络的连通性。

2.5.3 安全网络设计过程

1. 资源评估

设计安全网络的第一步是了解网络中的资源,确定每一个资源在实现安全网络目标中所起的作用。网络中通常包含以下资源。

- 网络设备,如交换机、路由器等;
- 网络操作信息,如路由表、访问控制列表等控制网络设备进行数据传输操作的控制信息;
- 链路带宽;
- 存储在终端中的信息,如服务器中的数据库、文件等;
- 传输过程中的信息;
- 用户访问网络资源时使用的一些私密信息,如口令等。

根据网络特定用途对资源的重要性进行分类,如果网络用于提供公共服务,则可用性相对比较重要,因此,安全网络的重点是网络中用于保障可用性的资源,如链路带宽、网络设备、服务器等,由于信息用于提供公共服务,因此,信息的保密性要求相对较低,网络中用于实现访问控制的资源的重要性相对较弱。资源评估主要完成以下功能,一是理清网络中存在的资源,确定每一种资源在实现网络服务中所起的作用;二是根据网络用途对资源的重要性进行分类。由于网络安全的成本很高,不可能对网络中所有资源实施保护,因此,有必要通过资源评估,列出重点保护资源,有针对性地设计网络安全方案。

2. 网络威胁评估

知己知彼,百战不殆,由于技术和成本的限制,不可能构建一个能够抵御一切网络攻击的网络安全体系,因此,网络安全方案必须有针对性。网络威胁评估主要完成:一是对现有网络攻击手段进行分类;二是了解对本网络服务有致命影响的攻击类型和攻击机制。网络攻击根据其目的可以分为以下三类:

- 非法窃取网络中的信息;

- 非法篡改网络中的信息；
- 拒绝服务攻击。

不同用途的网络，重点防御的网络攻击也有所不同，对于提供公共服务的网络，需要重点防御拒绝服务攻击和非法篡改网络中信息的攻击，需要比较细致地研究属于这两种类型的网络攻击的攻击机制和实施过程。

3. 风险评估

网络安全体系一是无法保护所有网络资源，二是对任何特定网络资源，无法抵御所有网络攻击。因此，网络安全体系只能保护一部分网络资源免遭有限的网络攻击的破坏。这样，设计网络安全方案时需要解决：哪些网络资源最易遭受攻击，哪些攻击造成的后果最严重。风险评估就用于回答这两个问题。对于任何特定网络资源，风险评估需要回答以下两个问题：

- 遭受某种网络攻击的可能性；
- 如果某种网络攻击成功攻击了该网络资源，造成的损失有多大。

评估损失时既要考虑直接代价，如恢复系统的代价、中断服务的代价；同时也要考虑间接代价，如因为中断服务而使信誉受损，造成客户流失，服务收入减少等。越是可能遭受攻击且攻击成功后损失巨大的网络资源的风险系数越高，反之，不容易遭受攻击，即使被攻击成功，也不会造成巨大损失的网络资源的风险系数越低，显然，网络安全防护的重点是风险系数高的网络资源，抵御可能造成巨大损失的网络攻击。

4. 构建网络安全策略

网络安全策略规定了网络资源使用、访问过程，为用户和网络管理员构建、使用和审计网络提供指南，它是依据网络用途和风险评估结果，为保障网络服务所做的规定，对一切网络行为进行了规范。网络安全策略通常由以下几部分组成。

- 访问策略，详细规定了每一个用户的权限，网络允许或者禁止的信息交换过程；
- 职能策略，详细规定了用户、系统管理员和其他管理层的任务、责任，发生突发事件时的处理流程；
- 鉴别策略，详细规定了各种情况下使用的鉴别机制，用户注册信息的存放机制，口令和密码的分发机制；
- 可用性策略，详细规定了可用性指标，如最短无中断持续服务时间，平均故障修复时间，提出了通过信息备份和设备冗余提高网络可用性的要求，描述了遭受攻击后恢复系统的步骤；
- 违规报告策略，描述了各种必须报告的违规情况，以及对违规情况做出的反应；
- 审计策略，描述了应该记录的网络事件，网络事件的处理流程。

5. 实施网络安全策略

选择合适的网络安全技术、适当的网络安全设备，将网络安全设备放置在网络中合适的位置，对网络安全设备进行正确的配置，将各种网络安全技术有机集成，构成网络安全体系，使网络安全体系完全能够实现安全策略要求的各项功能。

6. 审计和改进

构建网络安全体系是一个反复调整的过程，在实施网络安全策略后，通过对网络审计，发现漏洞，调整安全设备配置，甚至修改网络安全策略，然后对调整后的网络安全体系进行审计,直到网络服务符合要求。

2.6 网络管理系统设计方法

2.6.1 网络管理系统功能

随着网络规模的扩大,接入主机的增多和复杂网络应用的开展,网络管理的重要性日益显现,网络管理功能主要包括故障管理、计费管理、配置管理、性能管理和安全管理。故障管理主要包括故障检测、故障隔离和故障修复这三个方面。计费管理用于记录网络资源使用情况,并根据用户使用网络资源的情况计算出需要付出的费用。配置管理包括两方面:一是统一对网络设备参数进行配置;二是为了使网络性能达到最优,采集、存储配置时需要参考的数据。性能管理是指用户通过对网络运行及通信效率等系统性能进行评价,对网络运行状态进行监测,发现性能瓶颈,经过重新对网络设备进行配置,使网络维持服务所需要的性能的过程。安全管理保证数据的私有性,通过身份鉴别、接入控制等手段控制用户对网络资源的访问。另外,安全管理还包括密钥分配,密钥、安全日志检查、维护等功能。

2.6.2 网络管理系统结构

对于目前这样大规模的网络,用人工监测的方法实施网络管理是不现实的,必须采用自动和分布式管理机制,自动意味着不需要人工监测就能完成网络管理功能,分布式意味着将网络管理功能分散到多个部件中,目前常将网络管理功能分散到网络管理工作站(Network Management Station,NMS)和路由器、交换机、主机等网络结点中,图 2.22 给出常见的网络管理系统结构。

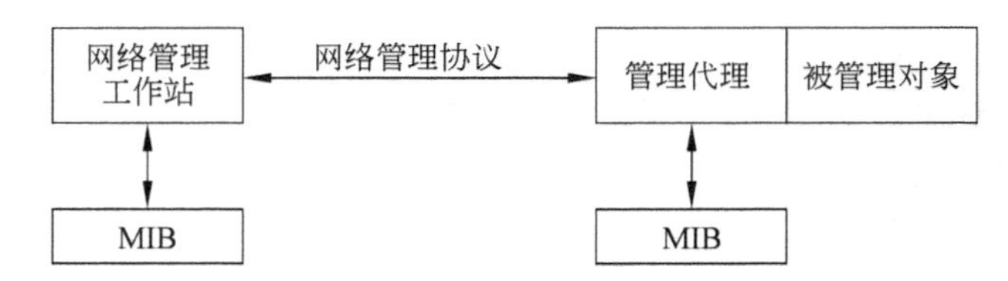

图 2.22 网络管理系统结构

图 2.22 所示的网络管理系统结构由网络管理工作站、管理代理、管理信息库(Management Information Base,MIB)、被管理对象和网络管理协议组成。

网络管理工作站是一台运行多个网络管理应用程序的主机系统,至少具有以下功能:

- 网络管理员和网络管理系统之间的接口,网络管理员通过网络管理工作站实现对网络系统的监测和控制;
- 运行一系列和网络管理功能相关的应用程序,如数据分析、故障恢复、设备配置、计费管理等;
- 将网络管理员的要求转换成对网络结点的实际监测和控制操作;
- 从网络结点的管理信息库(MIB)中提取出相应信息,构成综合管理数据库,并以用户方便阅读、理解的界面提供整个网络系统的配置、运行状态及流量分布情况。

显然,网络管理工作站实现上述功能的前提是可以和网络结点进行数据交换,能够从网络结点的管理信息库中获取相关信息，同时，可以向网络结点传输控制命令。

管理代理寄生在路由器、交换机、智能集线器、终端等网络结点中，它一方面负责这些设备的配置，运行时性能参数的采集及一些流量的统计，并将采集和统计结果存储在MIB中；另一方面实现和网络管理工作站之间的数据交换，接收网络管理工作站的查询和配置命令，完成信息查询和设备配置操作。对于查询命令，从MIB中检索相应信息，并通过网络管理协议传输给网络管理工作站。对于配置命令，按照命令要求，完成设备中某个被管理对象的配置操作。另外，当管理代理监测到某个被管理对象发生某个重大事件时，也可以通过陷阱，主动向网络管理工作站报告，以便网络管理工作站及时向网络管理员示警，督促网络管理员对网络系统进行干预。

网络管理的基本单位是被管理对象，一个网络结点可以分解为多个被管理对象，每一个被管理对象都有一组属性参数，所有被管理对象的属性参数集合就是管理信息库(MIB)，被管理对象是标准的，不同厂家生产的交换机由相同的一组被管理对象进行描述，网络管理工作站通过管理代理对管理信息库中和某个被管理对象相关的属性参数进行操作，如检索和配置，以此实现对该被管理对象的监测和控制。

网络管理协议实现网络管理工作站和网络结点中管理代理之间的通信过程，目前常见的网络管理协议是基于TCP/IP协议栈的简单网络管理协议(Simple Network Management Protocol,SNMP)，网络管理工作站通过SNMP，对网络系统进行集中监测和配置。

习　　题

2.1　分层网络的优势有哪些？

2.2　确立接入层、汇聚层和核心层功能的依据是什么？

2.3　无分类编址下IP地址的分配原则是什么？

2.4　简述无分类编址减少路由项的理由。

2.5　简述无分类编址减缓IP地址短缺问题的理由。

2.6　设计容错网络的原因是什么？

2.7　STP用于解决什么问题？

2.8　冗余IP传输路径如何实现容错？

2.9　RIP和OSPF的特点是什么？

2.10　选择RIP和OSPF的依据是什么？

2.11　为什么需要划分自治系统？

2.12　BGP适用于建立自治系统之间传输路径的依据是什么？

2.13　安全网络的设计目标是什么？

2.14　如何设计一个能够有效防御黑客攻击的网络系统？

2.15　如何设计一个能够遏制病毒快速传播的网络系统？

2.16　网络管理系统的重要性有哪些？

2.17　如何设计一个具有良好可管理性的网络？

第3章　校园网设计方法和实现过程

实施校园网的目的是将分布在校园范围内多个不同楼宇中的终端和服务器连接在一起，并实现终端之间、终端和服务器之间的安全通信功能。

3.1　校园布局和设计要求

3.1.1　校园布局

校园布局如图3.1所示，楼与楼之间距离在1～2km之间。要求通过校园网实现各个楼之间互连，为了简化起见，只要求将每一栋教室中的若干终端和数据中心中的若干服务器连接到校园网上，不考虑主楼和办公楼中的终端和服务器。

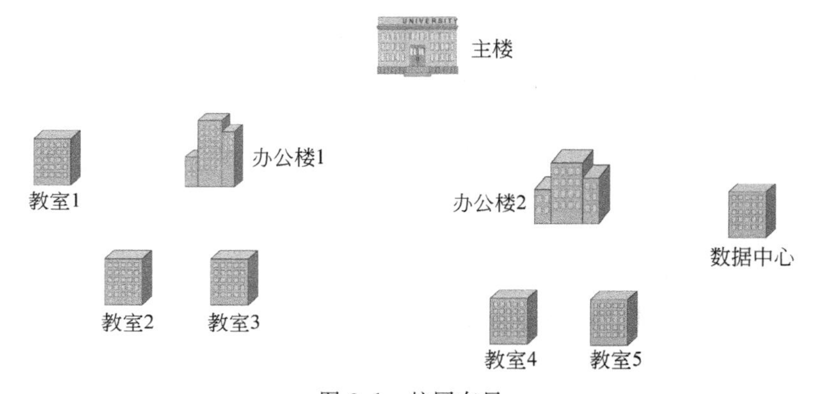

图3.1　校园布局

3.1.2　网络拓扑结构

网络拓扑结构设计一是需要考虑布线系统的实施难度和成本，二是需要考虑放置和管理网络设备的方便性，三是需要考虑数据传输系统的设计要求。根据图3.1所示的校园布局，设计出图3.2所示的校园网拓扑结构。接入层设备放置在各个教室和数据中心，接入层设备的功能是连接教室中的终端和数据中心的服务器。汇聚层设备放置在两个办公楼中，汇聚层设备的功能一是连接核心层设备，二是连接分布在教室和数据中心中的接入层设备。办公楼1的汇聚层设备连接教室1、教室2和教室3中的接入层设备。办公楼2的汇聚层设备连接教室4、教室5和数据中心的接入层设备。核心层设备放置在主楼中，核心层设备的功能是连接放置在办公楼1和办公楼2的汇聚层设备。

3.1.3　数据传输网络设计要求

- 全双工、100Mb/s链路连接终端；

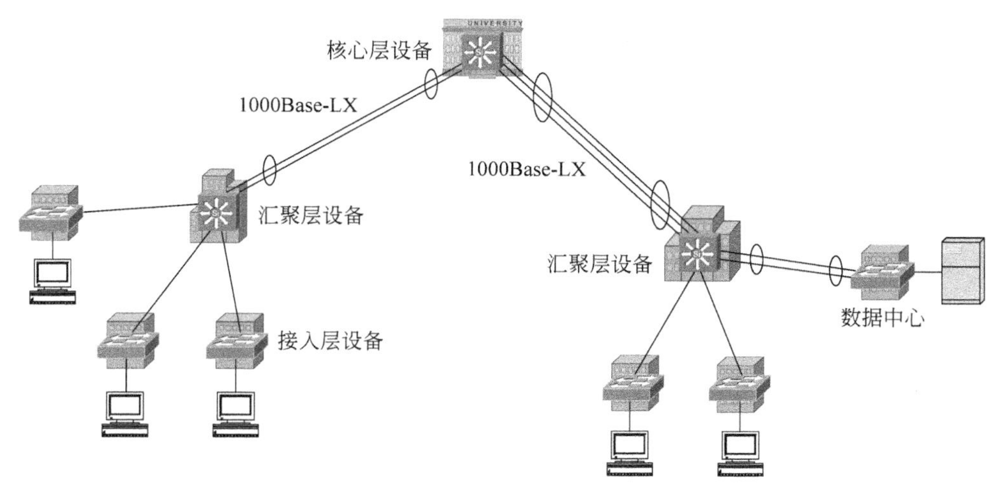

图 3.2　校园网拓扑结构

- 全双工、1000Mb/s 链路连接服务器；
- 教室与办公楼之间提供全双工、1000Mb/s 链路；
- 数据中心与办公楼 2 之间通过链路聚合技术提供全双工、2000Mb/s 物理连接；
- 办公楼 1 与主楼之间通过链路聚合技术提供全双工、2000Mb/s 物理连接；
- 办公楼 2 与主楼之间通过链路聚合技术提供全双工、3000Mb/s 物理连接；
- 允许跨教室划分 VLAN；
- 允许按照应用和安全等级为服务器分配 VLAN；
- 完成各个 VLAN 的 IP 地址分配；
- 选择 OSPF 作为路由协议，将校园网作为单个 OSPF 区域；
- 按照安全系统要求建立端到端传输路径。

3.1.4　安全系统设计要求

(1) 将交换机端口与 IP 地址和 MAC 地址对绑定，以此防止源 IP 地址欺骗攻击和 ARP 欺骗攻击；

(2) 通过将教员和学员接入不同的 VLAN、将不同的服务器接入不同的 VLAN，建立如下访问控制策略：

① 只允许学员访问 Web 服务器和 E-mail 服务器；

② 允许教员访问所有服务器。

(3) 启动 OSPF 的安全路由功能，防止路由项欺骗攻击；

(4) 通过限制终端与服务器之间未完成的 TCP 连接数量，防止对服务器的 DoS 攻击。

3.1.5　设备选型和配置

1. 设备选型依据

接入层设备选择二层交换机，汇聚层和核心层设备选择三层交换机。接入层设备选择二层交换机的依据如下。

- 接入层需要具有VLAN划分功能；
- 接入层需要具有接入控制和防御ARP欺骗攻击、源IP地址欺骗攻击、伪造DHCP服务器攻击等功能；
- 终端和服务器需要提供全双工通信方式；
- 接入层一般不需要提供VLAN间路由功能；
- 由于接入层设备的量比较大，采用相对比较便宜的设备。

汇聚层设备选择三层交换机的依据如下。

- 需要汇聚层设备支持跨接入层设备的VLAN划分；
- 需要汇聚层设备实现VLAN间路由功能；
- 需要汇聚层设备实现资源访问控制功能；
- 需要汇聚层设备灵活分配连接核心层设备和接入层设备的链路的带宽；
- 需要汇聚层设备生成端到端IP传输路径。

核心层设备选择三层交换机的依据如下。

- 需要核心层设备具有高速转发IP分组的功能；
- 需要核心层设备灵活分配连接汇聚层设备的链路的带宽。

2. 设备配置

各个交换机的端口配置如表3.1所示。假设每一个教室中的接入层交换机连接两个终端，根据数据传输网络设计要求，每一台接入层交换机需要提供2个100Base-TX端口，用于连接两个终端。需要提供1个1000Base-LX端口，用于连接与办公楼之间的1000Mb/s的光纤链路。数据中心中的接入层交换机需要提供3个1000Base-TX端口，用于连接三台服务器。需要提供2个1000Base-LX端口，这两个1000Base-LX端口通过端口聚合技术聚合为1个2000Mb/s的端口通道，用于实现与办公楼之间的2000Mb/s的物理连接。

表3.1 设备类型和配置

设备名称	类　　型	100Base-TX端口	1000Base-TX端口	1000Base-LX端口
S1	二层交换机	2		1
S2	二层交换机	2		1
S3	二层交换机	2		1
S4	二层交换机	2		1
S5	二层交换机	2		1
S6	二层交换机		3	2
S7	三层交换机			5
S8	三层交换机			7
S9	三层交换机			5

办公楼1中的汇聚层交换机需要提供5个1000Base-LX端口，其中3个1000Base-LX端口分别用于连接与教室1、教室2和教室3之间的1000Mb/s的光纤链路。2个

1000Base-LX 端口通过端口聚合技术聚合为 1 个 2000Mb/s 的端口通道，用于实现与主楼之间的 2000Mb/s 的物理连接。

办公楼 2 中的汇聚层交换机需要提供 7 个 1000Base-LX 端口，其中 2 个 1000Base-LX 端口分别用于连接与教室 4 和教室 5 之间的 1000Mb/s 的光纤链路。2 个 1000Base-LX 端口通过端口聚合技术聚合为 1 个 2000Mb/s 的端口通道，用于实现与数据中心之间的 2000Mb/s 的物理连接。3 个 1000Base-LX 端口通过端口聚合技术聚合为 1 个 3000Mb/s 的端口通道，用于实现与主楼之间的 3000Mb/s 的物理连接。

主楼中的核心层交换机需要提供 5 个 1000Base-LX 端口，其中 2 个 1000Base-LX 端口通过端口聚合技术聚合为 1 个 2000Mb/s 的端口通道，用于实现与办公楼 1 之间的 2000Mb/s 的物理连接。3 个 1000Base-LX 端口通过端口聚合技术聚合为 1 个 3000Mb/s 的端口通道，用于实现与办公楼 2 之间的 3000Mb/s 的物理连接。

3.2 数据传输网络实现过程

3.2.1 链路聚合过程

1. 链路聚合含义

假定图 3.3 中交换机 S8 和 S9 只有 1000Mb/s 端口，由于交换机之间不允许存在环路，如果需要提高交换机之间的带宽，不能简单地通过增加两台交换机之间的链路数量来提高交换机之间的带宽。链路聚合(Link Aggregation)(也称端口聚合)技术可以将多个端口聚合后作为单个端口使用。如图 3.4 所示，交换机 S8 和 S9 之间三条 1000Mb/s 链路通过链路聚合技术聚合在一起后，完全等同于一条 3000Mb/s 链路，为了做到这一点，要求：

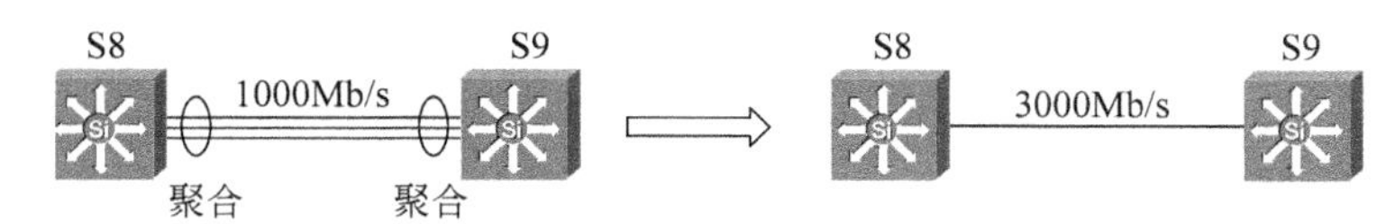

图 3.3　链路聚合含义

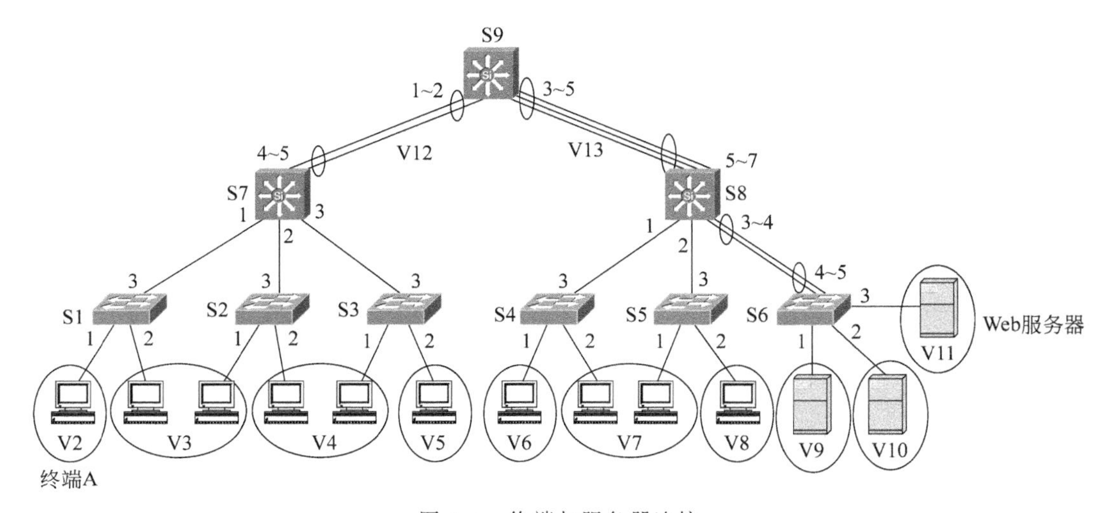

图 3.4　终端与服务器连接

- 从聚合在一起的多个端口中的某个端口接收的广播帧，不会从聚合在一起的其他端口转发出去；
- 其中一台交换机可以将传输给另一台交换机的流量均衡地分布到聚合在一起的多个端口连接的多条链路上；
- 聚合在一起的多个端口中，若干端口，或端口连接的链路发生故障，只会影响交换机之间的带宽，不会影响两台交换机之间的连通性。

每一台交换机中聚合在一起的、作为单个端口使用的一组端口称为聚合组(也称端口通道)，由于每一台交换机允许同时存在多个不同的聚合组，需要用标识符标识不同的聚合组，这种用于标识聚合组的标识符称为聚合组标识符。互连两台交换机聚合组的一组链路称为链路聚合组，同样需要用链路聚合组标识符标识不同的链路聚合组。需要强调的是，聚合组只涉及单个交换机，聚合链路组涉及一组链路互连的两个交换机，当然，一组链路两端设备除了交换机，还可以是路由器和终端。

2. 链路聚合方式

链路聚合方式有静态聚合和动态聚合两种，静态聚合方式需要手工在两台交换机上创建聚合组，并手工将交换机端口分配给聚合组，两台交换机上分配给同一聚合组的端口必须具有相同属性(如相同传输速率、相同通信方式等)，互连交换机的链路两端必须是属于同一聚合组的端口，并且链路两端的端口必须都是开通端口。某台交换机分配给某个聚合组的端口不会监测链路另一端端口的属性和状态，因此，一旦发生某条链路两端端口的属性和状态不一致的情况，可能丢失经过该链路传输的 MAC 帧。

动态聚合方式通过链路聚合控制协议(Link Aggregation Control Protocol，LACP)动态分配聚合组中的端口，通过交换 LACP 报文相互监测链路另一端端口的状态和属性，当 LACP 监测到链路两端端口具有相同属性和状态时，链路两端端口才被加入聚合组，当 LACP 监测到链路两端端口的属性和状态不一致时，链路两端端口将从聚合组中删除。

3.2.2 VLAN 划分

1. 端口 VLAN 分配

根据图 3.4 所示的终端和服务器 VLAN 划分过程，得出表 3.2 所示的交换机端口 VLAN 配置结果。如果端口 X 被属于 VLAN Y 的交换路径经过，需要将端口 X 配置给 VLAN Y，如果端口 X 仅仅被单条属于 VLAN Y 的交换路径经过，端口 X 作为非标记端口(也称接入端口)配置给 VLAN Y，如果端口 X 既被属于 VLAN Y 的交换路径经过，又被属于 VLAN Z 的交换路径经过，端口 X 作为标记端口(也称主干端口)配置给 VLAN Y 和 VLAN Z。

表 3.2 交换机端口 VLAN 配置

VLAN	非标记端口(接入端口)	标记端口(主干端口)
VLAN 2	S1.1	S1.3、S7.1
VLAN 3	S1.2、S2.1	S1.3、S2.3、S7.1、S7.2
VLAN 4	S2.2、S3.1	S2.3、S3.3、S7.2、S7.3

续表

VLAN	非标记端口(接入端口)	标记端口(主干端口)
VLAN 5	S3.2	S3.3、S7.3
VLAN 6	S4.1	S4.3、S8.1
VLAN 7	S4.2、S5.1	S4.3、S5.3、S8.1、S8.2
VLAN 8	S5.2	S5.3、S8.2
VLAN 9	S6.1	S6.Port-Channel-1、S8.Port-Channel-1
VLAN 10	S6.2	S6.Port-Channel-1、S8.Port-Channel-1
VLAN 11	S6.3	S6.Port-Channel-1、S8.Port-Channel-1
VLAN 12	S7.Port-Channel-1、S9.Port-Channel-1	
VLAN 13	S8.Port-Channel-2、S9.Port-Channel-2	

注：S1.1 指明是交换机 S1 的端口 1，S7.Port-Channel-1 指明是交换机 S7 的端口通道 1，该端口通道由端口 4 和端口 5 聚合而成。

如图 3.5 所示，虽然 VLAN 2(简写为 V2)只包含终端 A，但终端 A 需要建立与 VLAN 2 对应的 IP 接口之间的交换路径，VLAN 2 对应的 IP 接口等同于终端 A 的默认网关，它和终端 A 之间必须存在属于 VLAN 2 的交换路径。图 3.5 中，在三层交换机 S7 中创建 VLAN 2 对应的 IP 接口，因此，必须建立属于 VLAN 2 的交换路径：终端 A→S1.1→S1.3→S7.1。对于属于 VLAN 3 的终端 B 和终端 C，一是必须建立属于 VLAN 3 的终端 B 与终端 C 之间的交换路径，二是必须建立属于 VLAN 3 的终端 B 和终端 C 与 VLAN 3 对

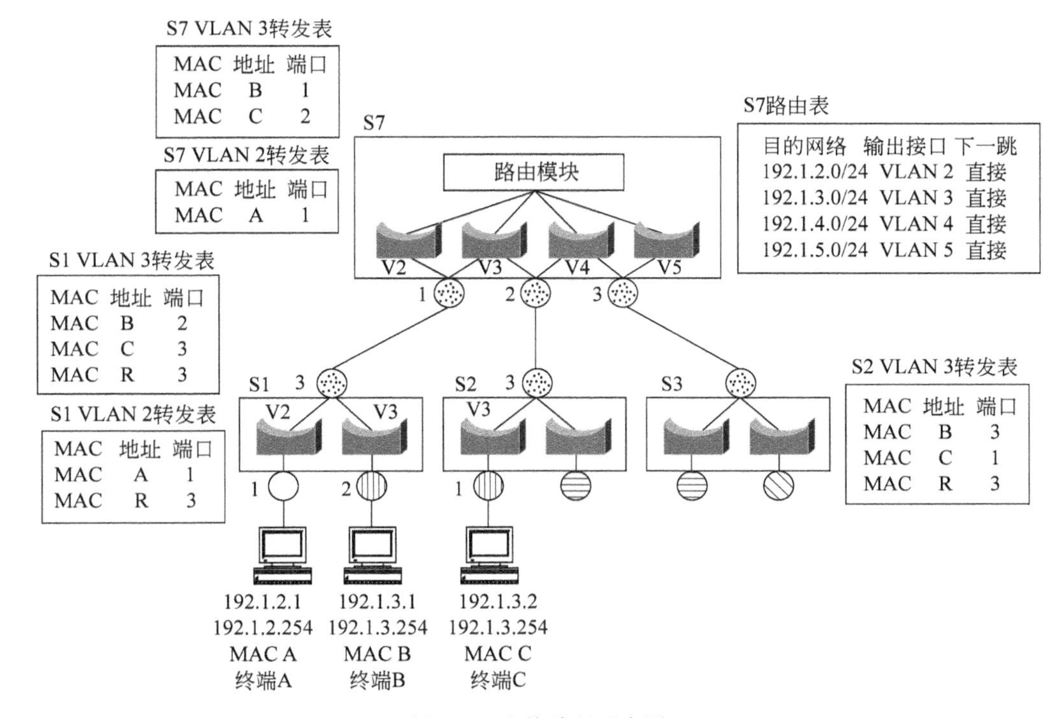

图 3.5　交换路径示意图

应的 IP 接口之间的交换路径。同样,在三层交换机 S7 中创建 VLAN 3 对应的 IP 接口,因此,必须建立属于 VLAN 3 的交换路径:终端 B→S1.2→S1.3→S7.1→S7.2→S2.3→S2.1→终端 C(终端 B 与终端 C 之间交换路径)、终端 B→S1.2→S1.3→S7.1(终端 B 与 VLAN 3 对应的 IP 接口之间的交换路径)和终端 C→S2.1→S2.3→S7.2(终端 C 与 VLAN 3 对应的 IP 接口之间的交换路径)。显然,交换机端口 S1.1 只被属于 VLAN 2 的交换路径经过,因而作为接入端口配置给 VLAN 2,交换机端口 S1.3 和 S7.1 被属于 VLAN 2 和 VLAN 3 的交换路径经过,作为标记端口分配给 VLAN 2 和 VLAN 3。根据上述分析方法,可以最终得出表 3.2 所示的交换机端口 VLAN 配置结果。

2. VLAN 内 MAC 帧传输过程

属于相同 VLAN 的两个终端之间能够通过 VLAN 内的交换路径实现以这两个终端的 MAC 地址为源和目的地址的 MAC 帧的传输过程。

图 3.5 中,每一个 VLAN 有单独的网桥转发属于该 VLAN 的 MAC 帧,每一个网桥有着独立的转发表,假定图 3.5 中各个与 VLAN 3 绑定的转发表已经通过地址学习过程建立了图 3.5 所示的转发表,终端 B 发送给终端 C 的 MAC 帧的传输过程如下。

终端 B 发送给终端 C 的 MAC 帧以终端 B 的 MAC 地址 MAC B 为源 MAC 地址、以终端 C 的 MAC 地址 MAC C 为目的 MAC 地址,该 MAC 帧经过交换机端口 S1.2 进入交换机 S1,由于交换机端口 S1.2 是配置给 VLAN 3 的非标记端口,所有通过该端口输入的、不携带 VLAN 标记的 MAC 帧被提交给与 VLAN 3 绑定的网桥(图 3.5 中用 V3 表示与 VLAN 3 绑定的网桥)。与 VLAN 3 绑定的网桥在自己的转发表中检索到 MAC 地址为 MAC C 的转发项,确定输出端口是端口 S1.3。由于端口 S1.3 是标记端口,从该端口输出的 MAC 帧携带 VLAN 3 对应的 VLAN 标记。

从端口 S1.3 输出的 MAC 帧经过端口 S7.1 进入交换机 S7,由于端口 S7.1 是被 VLAN 2 和 VLAN 3 共享的标记端口且 MAC 帧携带 VLAN 3 对应的 VLAN 标记,该 MAC 帧被提交给与 VLAN 3 绑定的网桥(图 3.5 中用 V3 表示与 VLAN 3 绑定的网桥)。与 VLAN 3 绑定的网桥在自己的转发表中检索到 MAC 地址为 MAC C 的转发项,确定输出端口是端口 S7.2。由于端口 S7.2 是标记端口,从该端口输出的 MAC 帧携带 VLAN 3 对应的 VLAN 标记。

从端口 S7.2 输出的 MAC 帧经过端口 S2.3 进入交换机 S2,由于端口 S2.3 是被 VLAN 3 和 VLAN 4 共享的标记端口且 MAC 帧携带 VLAN 3 对应的 VLAN 标记,该 MAC 帧被提交给与 VLAN 3 绑定的网桥(图 3.5 中用 V3 表示与 VLAN 3 绑定的网桥)。与 VLAN 3 绑定的网桥在自己的转发表中检索到 MAC 地址为 MAC C 的转发项,确定输出端口是端口 S2.1。由于端口 S2.1 是非标记端口,从该端口输出的 MAC 帧不携带 VLAN 标记。从端口 S2.1 输出的 MAC 帧到达终端 C,实现 MAC 帧终端 B 至终端 C 的传输过程。

3.2.3 VLAN IP 地址分配

1. IP 地址分配过程

一是需要为每一个 VLAN 分配一个网络地址,网络地址包含的有效 IP 地址数随 VLAN 不同而不同,如划分教室中的终端所产生的 VLAN,由于需要接入较大量的终端,因此,网络前缀位数取值 24,有效 IP 地址数$=2^8-2=254$。划分数据中心的服务器所产生的

VLAN，由于每一个 VLAN 只连接一台服务器，因此，只需要两个有效 IP 地址，一个用于分配给服务器，一个用于分配给该 VLAN 对应的 IP 接口，因此，网络前缀位数取值 30，有效 IP 地址数 $=2^2-2=2$。互连三层交换机的 VLAN，由于只需为分别在两个三层交换机上创建的 IP 接口分配 IP 地址，因此，网络前缀位数取值 30。图 3.6 给出为每一个 VLAN 分配的网络地址。二是需要为 IP 接口分配 IP 地址，对于划分教室中的终端和数据中心的服务器所产生的 VLAN，该 VLAN 对应的 IP 接口就是连接在该 VLAN 上的终端或服务器的默认网关地址。事实上是通过为某个 VLAN 对应的 IP 接口分配 IP 地址和子网掩码确定该 VLAN 的网络地址，如表 3.3 所示，一旦为 VLAN 2 对应的 IP 接口分配 IP 地址和子网掩码 192.1.2.254/24，VLAN 2 对应的网络地址为 192.1.2.0/24，连接在 VLAN 2 上的终端的默认网关地址为 192.1.2.254。各个 VLAN 对应的 IP 接口的 IP 地址和子网掩码如表 3.3 所示。在三层交换机 S7 中创建 VLAN 2、VLAN 3、VLAN 4、VLAN 5 和 VLAN 12 对应的 IP 接口，并分配 IP 地址和子网掩码后，三层交换机 S7 建立表 3.4 所示的直连路由项。三层交换机创建某个 VLAN 对应的 IP 接口的前提是，在该三层交换机中创建了该 VLAN，且至少有一个端口(或端口通道)被配置给该 VLAN，当然，该端口既可作为非标记端口，也可作为标记端口配置给该 VLAN。

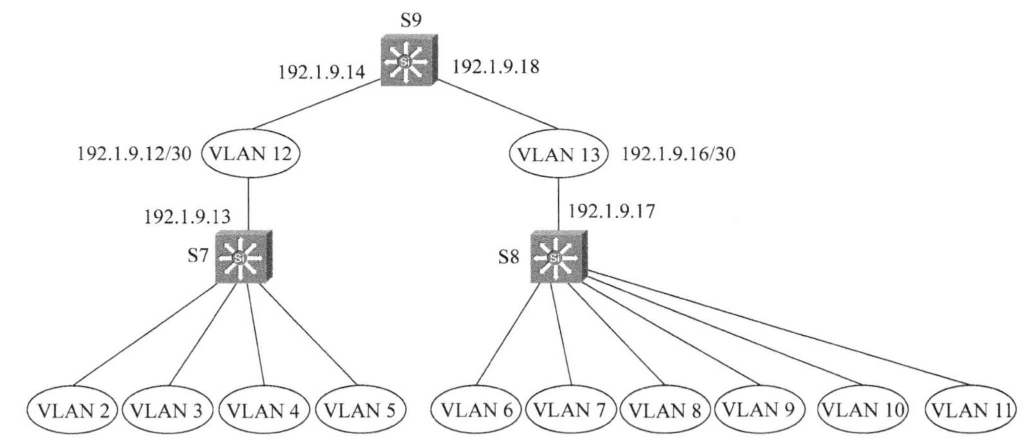

图 3.6　VLAN IP 地址分配结果

表 3.3　IP 接口分配的 IP 地址

设备名称	IP 接口	IP 地址	设备名称	IP 接口	IP 地址
S7	VLAN 2	192.1.2.254/24	S8	VLAN 8	192.1.8.254/24
S7	VLAN 3	192.1.3.254/24	S8	VLAN 9	192.1.9.2/30
S7	VLAN 4	192.1.4.254/24	S8	VLAN 10	192.1.9.6/30
S7	VLAN 5	192.1.5.254/24	S8	VLAN 11	192.1.9.10/30
S7	VLAN 12	192.1.9.13/30	S8	VLAN 13	192.1.9.17/30
S8	VLAN 6	192.1.6.254/24	S9	VLAN 12	192.1.9.14/30
S8	VLAN 7	192.1.7.254/24	S9	VLAN 13	192.1.9.18/30

2. VLAN 间数据传输过程

VLAN 间数据传输过程是指两个连接在不同 VLAN 上的终端之间的数据传输过程，如图 3.5 中终端 A 和终端 B 之间的数据传输过程。

(1) 源和目的终端配置网络信息。每一个连接在 VLAN 上的终端和服务器需要配置 IP 地址、子网掩码和默认网关地址，IP 地址和子网掩码确定的网络地址必须和分配给该 VLAN 的网络地址相同，且 IP 地址没有分配给连接在同一 VLAN 中的其他终端和服务器。默认网关地址是分配给该 VLAN 对应的 IP 接口的 IP 地址，如图 3.5 中终端 A 分配的 IP 地址、子网掩码和默认网关地址 192.1.2.1/24 和 192.1.2.254。

(2) 发送终端获取接收终端的 IP 地址。如终端 A 至终端 B 数据传输过程，终端 A 必须获得终端 B 的 IP 地址 192.1.3.1。

(3) 发送终端确定和接收终端不在同一个 VLAN 上。发送终端通过用自己的子网掩码与接收终端的 IP 地址进行“与”操作求出接收终端的网络地址，如果确定接收终端的网络地址与自己的网络地址不同，确定接收终端与自己不在同一个 VLAN 上。终端 A 的网络地址为 192.1.2.0/24，用子网掩码 255.255.255.0 与终端 B 的 IP 地址 192.1.3.1 进行“与”操作得到结果 192.1.3.0，由于 192.1.3.0/24 不等于 192.1.2.0/24，因此确定终端 A 和终端 B 不在同一个 VLAN 上。

(4) 发送终端解析出 IP 接口的 MAC 地址。对于 VLAN 间数据传输过程，发送终端首先把 IP 分组发送给自己的默认网关，由于默认网关是发送终端所连接的 VLAN 所对应的 IP 接口，因此，发送给默认网关的 IP 分组必须封装成以发送终端的 MAC 地址为源 MAC 地址、以默认网关的 MAC 地址为目的 MAC 地址的 MAC 帧，发送终端连接的 VLAN 必须将这样的 MAC 帧传输给该 VLAN 对应的 IP 接口。图 3.5 中，终端 A 发送给三层交换机 S7 VLAN 2 对应的 IP 接口的 MAC 帧必须转发给 S7 中的路由模块，每一个三层交换机用一个(或若干个)特殊的 MAC 地址表示接收端是三层交换机中的路由模块，因此，如果三层交换机接收到解析 IP 接口地址的 ARP 请求帧，用该特殊 MAC 地址作为该 IP 接口的 MAC 地址，图 3.5 中，统一用 MAC 地址 MAC R 作为三层交换机 S7 的特殊 MAC 地址，因此，终端 A 解析 IP 地址 192.1.2.254 得到的 MAC 地址是 MAC R。

(5) 发送终端向 IP 接口传输 IP 分组。发送终端构建以自己的 IP 地址为源 IP 地址、以接收终端的 IP 地址为目的 IP 地址的 IP 分组，并将 IP 分组封装成以发送终端的 MAC 地址为源 MAC 地址、以 IP 接口的 MAC 地址为目的 MAC 地址的 MAC 帧，通过连接 IP 接口的 VLAN，将 MAC 帧发送给 IP 接口。对于终端 A 至终端 B 数据传输过程，终端 A 构建以 192.1.2.1 为源 IP 地址、以 192.1.3.1 为目的 IP 地址的 IP 分组，并将 IP 分组封装成以 MAC A 为源 MAC 地址、以 MAC R 为目的 MAC 地址的 MAC 帧，并将该 MAC 帧发送给交换机 S1。交换机 S1 通过接收该 MAC 帧的端口 S1.1 确定该 MAC 帧属于 VLAN 2，将其提交给与 VLAN 2 绑定的网桥，与 VLAN 2 绑定的网桥在自己的转发表中检索到 MAC 地址为 MAC R 的转发项，确定输出端口是端口 S1.3。由于端口 S1.3 是标记端口，从该端口输出的 MAC 帧携带 VLAN 2 对应的 VLAN 标记。从端口 S1.3 输出的 MAC 帧经过端口 S7.1 进入交换机 S7，由于该 MAC 帧的目的地址是三层交换机 S7 表示接收端是路由模块的特殊 MAC 地址，S7 将其提交给路由模块。

(6) 路由模块转发 IP 分组。三层交换机 S7 路由模块从 MAC 帧中分离出 IP 分组，用

IP分组的目的IP地址192.1.3.1检索路由表，找到匹配的路由项＜192.1.3.0/24，VLAN 3，直接＞，确定通过VLAN 3将IP分组发送给终端B。路由模块通过ARP地址解析过程获取终端B的MAC地址MAC B，重新将IP分组封装成以IP接口的MAC地址MAC R为源MAC地址、以终端B的MAC地址MAC B为目的MAC地址的MAC帧，并将该MAC帧提交给与VLAN 3绑定的网桥。

(7) IP接口向目的终端发送IP分组。三层交换机S7中与VLAN 3绑定的网桥在自己的转发表中检索到MAC地址为MAC B的转发项，确定输出端口是端口S7.1。由于端口S7.1是标记端口，从该端口输出的MAC帧携带VLAN 3对应的VLAN标记。从端口S7.1输出的MAC帧经过端口S1.3进入交换机S1，由于端口S1.3是被VLAN 2和VLAN 3共享的标记端口且MAC帧携带VLAN 3对应的VLAN标记，该MAC帧被提交给与VLAN 3绑定的网桥。与VLAN 3绑定的网桥在自己的转发表中检索到MAC地址为MAC B的转发项，确定输出端口是端口S1.2。由于端口S1.2是非标记端口，从该端口输出的MAC帧不携带VLAN标记。从端口S1.2输出的MAC帧到达终端B，终端B从MAC帧中分离出IP分组，实现IP分组终端A至终端B的传输过程。

值得强调的是三层交换机S7的作用，在终端B至终端C MAC帧传输过程中，三层交换机S7完全等同于二层交换机，根据MAC帧携带的VLAN ID和MAC帧的目的MAC地址完成MAC帧端口1至端口2的交换过程。在终端A至终端B IP分组传输过程中，三层交换机S7既实现IP分组路由功能，又实现MAC帧转发功能，当S7通过端口1接收到MAC帧，由于MAC帧的目的MAC地址是用于表明接收端是路由模块的特殊MAC地址，S7直接将MAC帧提交给路由模块。由路由模块从以表明接收端是路由模块的特殊MAC地址为目的MAC地址、以VLAN 2为VLAN ID的MAC帧中分离出IP分组，并重新将IP分组封装成以MAC B为目的MAC地址、以VLAN 3为VLAN ID的MAC帧，由S7二层交换功能完成根据MAC帧携带的VLAN ID和MAC帧的目的MAC地址确定MAC帧输出端口，并将MAC帧通过端口1转发出去的过程。

3.2.4　OSPF建立路由表过程

1. 直连路由项

根据表3.3所示的内容为各个IP接口分配IP地址和子网掩码后，分配给各个VLAN的网络地址如图3.6所示。三个三层交换机S7、S8和S9中自动生成的直连路由项如表3.4～表3.6所示。三层交换机自动生成直连路由项后，可以实现直接连接的VLAN之间的通信过程，如三层交换机S7实现的VLAN 2和VLAN 3之间的通信过程。如果需要实现两个连接在不同三层交换机上的VLAN之间的通信过程，各个三层交换机需要通过路由协议建立用于指明通往没有与其直接连接的VLAN的传输路径的路由项。

表3.4　三层交换机S7直连路由项

目的网络	输出接口	下一跳	目的网络	输出接口	下一跳
192.1.2.0/24	VLAN 2	直接	192.1.5.0/24	VLAN 5	直接
192.1.3.0/24	VLAN 3	直接	192.1.9.12/30	VLAN 12	直接
192.1.4.0/24	VLAN 4	直接			

表 3.5　三层交换机 S8 直连路由项

目的网络	输出接口	下一跳	目的网络	输出接口	下一跳
192.1.6.0/24	VLAN 6	直接	192.1.9.4/30	VLAN 10	直接
192.1.7.0/24	VLAN 7	直接	192.1.9.8/30	VLAN 11	直接
192.1.8.0/24	VLAN 8	直接	192.1.9.16/30	VLAN 13	直接
192.1.9.0/30	VLAN 9	直接			

表 3.6　三层交换机 S9 直连路由项

目的网络	输出接口	下一跳	目的网络	输出接口	下一跳
192.1.9.12/30	VLAN 12	直接	192.1.9.16/30	VLAN 13	直接

2. OSPF 配置

其配置一是在各个三层交换机的 IP 接口上启动 OSPF 路由进程；二是为各个三层交换机的 IP 接口分配相同的区域标识符，表明所有三层交换机的 IP 接口属于同一个 OSPF 区域；三层交换机完成上述配置后，通过发现与其直接连接的网络(VLAN)和其他三层交换机的 IP 接口，建立自身链路状态，如表 3.7 所示的三层交换机 S7 的链路状态，内容包括直接连接的网络 192.1.2.0/24、192.1.3.0/24、192.1.4.0/24 与 192.1.5.0/24 和 IP 地址为 192.1.9.14 的 IP 接口。一般情况下，传输速率小于等于 100Mb/s 的链路的链路代价采用默认值，端口通道及传输速率大于 100Mb/s 的链路的链路代价通过手工配置确定。

表 3.7　链路状态数据库

S7 链路状态		
邻居	邻居接口 IP 地址	链路代价
S9	192.1.9.14	1
192.1.2.0/24		1
192.1.3.0/24		1
192.1.4.0/24		1
192.1.5.0/24		1
S8 链路状态		
S9	192.1.9.18	1
192.1.6.0/24		1
192.1.7.0/24		1
192.1.8.0/24		1
192.1.9.0/30		1
192.1.9.4/30		1
192.1.9.8/30		1
S9 链路状态		
S7	192.1.9.13	1
S8	192.1.9.17	1

各个三层交换机建立自身链路状态后，通过泛洪链路状态通告(LSA)向其他三层交换机发送自身链路状态，使得每一个三层交换机建立表 3.7 所示的链路状态数据库，链路状态数据库给出同一 OSPF 区域内所有 IP 接口连接的网络和相邻的其他 IP 接口。

3. 最终路由表

每一个三层交换机根据表 3.7 所示的链路状态数据库，构建用于指明通往没有与其直接连接的网络的传输路径的路由项，生成最终路由表，三层交换机 S7、S8 和 S9 的最终路由表如表 3.8～表 3.10 所示。

表 3.8　三层交换机 S7 路由表

目的网络	输出接口	下一跳	链路代价	目的网络	输出接口	下一跳	链路代价
192.1.2.0/24	VLAN 2	直接	0	192.1.7.0/24	VLAN 12	192.1.9.14	3
192.1.3.0/24	VLAN 3	直接	0	192.1.8.0/24	VLAN 12	192.1.9.14	3
192.1.4.0/24	VLAN 4	直接	0	192.1.9.0/30	VLAN 12	192.1.9.14	3
192.1.5.0/24	VLAN 5	直接	0	192.1.9.4/30	VLAN 12	192.1.9.14	3
192.1.9.12/30	VLAN 12	直接	0	192.1.9.8/30	VLAN 12	192.1.9.14	3
192.1.6.0/24	VLAN 12	192.1.9.14	3	192.1.9.16/30	VLAN 12	192.1.9.14	2

表 3.9　三层交换机 S8 路由表

目的网络	输出接口	下一跳	链路代价	目的网络	输出接口	下一跳	链路代价
192.1.6.0/24	VLAN 6	直接	0	192.1.9.16/30	VLAN 13	直接	0
192.1.7.0/24	VLAN 7	直接	0	192.1.2.0/24	VLAN 13	192.1.9.18	3
192.1.8.0/24	VLAN 8	直接	0	192.1.3.0/24	VLAN 13	192.1.9.18	3
192.1.9.0/30	VLAN 9	直接	0	192.1.4.0/24	VLAN 13	192.1.9.18	3
192.1.9.4/30	VLAN 10	直接	0	192.1.5.0/24	VLAN 13	192.1.9.18	3
192.1.9.8/30	VLAN 11	直接	0	192.1.9.12/30	VLAN 13	192.1.9.18	2

表 3.10　三层交换机 S9 路由表

目的网络	输出接口	下一跳	链路代价	目的网络	输出接口	下一跳	链路代价
192.1.9.12/30	VLAN 12	直接	0	192.1.6.0/24	VLAN 13	192.1.9.17	2
192.1.9.16/30	VLAN 13	直接	0	192.1.7.0/24	VLAN 13	192.1.9.17	2
192.1.2.0/24	VLAN 12	192.1.9.13	2	192.1.8.0/24	VLAN 13	192.1.9.17	2
192.1.3.0/24	VLAN 12	192.1.9.13	2	192.1.9.0/30	VLAN 13	192.1.9.17	2
192.1.4.0/24	VLAN 12	192.1.9.13	2	192.1.9.4/30	VLAN 13	192.1.9.17	2
192.1.5.0/24	VLAN 12	192.1.9.13	2	192.1.9.8/30	VLAN 13	192.1.9.17	2

需要强调的是，由于 CIDR 地址块 192.1.6.0/24 和 192.1.7.0/24 可以合并为 CIDR 地址块 192.1.6.0/23，当通往网络 192.1.6.0/24 和 192.1.7.0/24 的传输路径有着相同的输出接口和下一跳时，S7 路由表中分别以 192.1.6.0/24 和 192.1.7.0/24 为目的网络的两项路由项可以合并为一项以 192.1.6.0/23 为目的网络的路由项。同理，S7 路由表中分别以 192.1.9.0/30 和 192.1.9.4/30 为目的网络的两项路由项可以合并为一项以 192.1.9.0/29 为目的网络的路由项。S8 路由表中分别以 192.1.2.0/24 和 192.1.3.0/24 为目的网络的两项路由项可以合并为一项以 192.1.2.0/23 为目的网络的路由项。分别以 192.1.4.0/24 和 192.1.5.0/24 为目的网络的两项路由项可以合并为一项以 192.1.4.0/23 为目的网络的路由项。S9 路由表的相关路由项可以依照上述方法合并。这是将相邻网络地址分配给同一区域中多个 VLAN 的原因。

4. 端到端传输过程

终端 A 分配图 3.5 所示的 IP 地址、子网掩码和默认网关地址，如果各个 IP 接口分配了表 3.3 所示的 IP 地址，Web 服务器只能分配 IP 地址、子网掩码和默认网关地址 192.1.9.9/30 和 192.1.9.10。终端 A 如果向 Web 服务器发送数据，终端 A 构建以 192.1.2.1 为源 IP 地址、以 192.1.9.9 为目的 IP 地址的 IP 分组，并将 IP 分组封装成以终端 A 的 MAC 地址为源 MAC 地址、以表明接收端是 S7 路由模块的特殊 MAC 地址为目的 MAC 地址的 MAC 帧。通过 VLAN 2 内交换路径将 MAC 帧发送给 VLAN 2 对应的 IP 接口，S7 路由模块根据该 IP 分组的目的 IP 地址检索路由表，确定与路由项＜192.1.9.8/30，VLAN 12，192.1.9.14＞匹配，将 IP 分组重新封装成以表明发送端是 S7 路由模块的特殊 MAC 地址为源 MAC 地址、以表明接收端是 S9 路由模块的特殊 MAC 地址为目的 MAC 地址的 MAC 帧，通过 VLAN 12 内的交换路径将 MAC 帧发送给交换机 S9 中 VLAN 12 对应的 IP 接口。确定目的 IP 地址 192.1.9.9 与路由项＜192.1.9.8/30，VLAN 12，192.1.9.14＞匹配的依据是 192.1.9.9&&255.255.255.252 等于 192.1.9.8&&255.255.255.252（&& 表示“与”操作）。S9 和 S8 路由模块依此转发，最终将 IP 分组送达 Web 服务器。

3.3 安全系统实现过程

3.3.1 端口安全机制

图 3.7 中终端 B 实施 ARP 欺骗攻击过程如下，终端 B 故意发送将 IP 地址 192.1.1.1 与 MAC 地址 00-46-78-37-22-73 绑定的 ARP 响应报文，使得网络中其他终端的 ARP 缓冲区中建立 IP 地址 192.1.1.1 与 MAC 地址 00-46-78-37-22-73 的绑定项，一旦这些终端向 IP 地址为 192.1.1.1 的终端 A 发送 MAC 帧，MAC 帧的目的 MAC 地址错误地设置为 00-46-78-37-22-73，该 MAC 帧被交换式以太网转发给终端 B。

终端 B 实施源 IP 地址欺骗攻击的过程如下，终端 B 构建向外发送的 IP 分组时，将源 IP 地址设置为终端 A 的源 IP 地址 192.1.1.1，而不是自身 IP 地址 192.1.1.2。

交换机端口安全机制解决上述安全问题的方法是在接入交换机中建立交换机端口绑定信息列表，列表中的每一项给出端口、IP 地址与 MAC 地址之间的绑定，如图 3.7 所示的端口 F0/1 与 IP 地址 192.1.1.1 和 MAC 地址 00-46-78-11-22-33 之间的绑定，建立如图 3.7

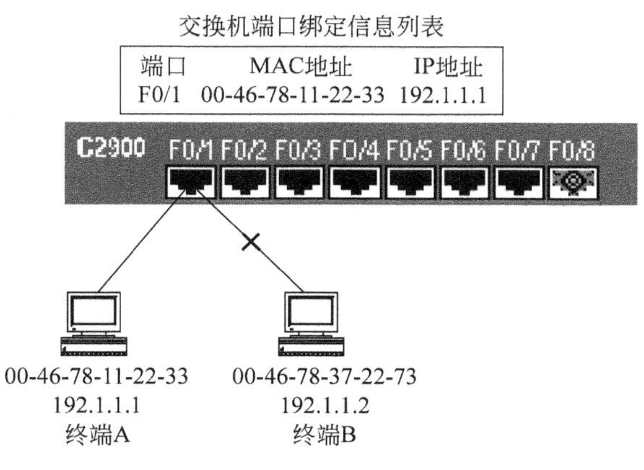

图 3.7　端口安全机制

所示的交换机端口绑定信息列表后，如果交换机接收终端 B 发送的将 IP 地址 192.1.1.1 与 MAC 地址 00-46-78-37-22-73 绑定的 ARP 响应报文，交换机在端口绑定信息列表中检索 IP 地址为 192.1.1.1、MAC 地址为 00-46-78-37-22-73 的项，如果在交换机端口绑定信息列表中检索不到对应项，交换机将丢弃该 ARP 响应报文，因此，由于交换机端口绑定信息列表中不存在 IP 地址为 192.1.1.1、MAC 地址为 00-46-78-11-22-33 的项，终端 B 发送的用于实施 ARP 欺骗攻击的 ARP 响应报文将被交换机丢弃，无法到达网络中的其他终端。

如果交换机通过某个端口接收 MAC 帧，交换机将在端口绑定信息列表中检索 MAC 地址为 MAC 帧源 MAC 地址的项，如果端口绑定信息列表中不存在 MAC 地址为 MAC 帧源 MAC 地址的项，或者虽然端口绑定信息列表中存在 MAC 地址为 MAC 帧源 MAC 地址的项，但该项中的端口不是交换机接收该 MAC 帧的端口，交换机丢弃该 MAC 帧。如果 MAC 帧封装的是 IP 分组，且该项中的 IP 地址不是 MAC 帧封装的 IP 分组的源 IP 地址，交换机也丢弃该 MAC 帧。这就意味着针对图 3.7 所示的端口绑定信息列表，交换机只正常转发通过端口 F0/1 接收的源 MAC 地址为 00-46-78-11-22-33MAC 帧，如果 MAC 帧的净荷是 IP 分组，则 IP 分组的源 IP 地址必须为 192.1.1.1。否则，交换机将丢弃该 MAC 帧。通过上述安全机制，交换机可以为每一个端口指定允许接入的终端，及允许接入的终端所配置的 IP 地址，防止终端非法接入和实施源 IP 地址欺骗攻击。

3.3.2　安全路由机制

图 3.8 是黑客实施路由欺骗攻击的过程，如果某个黑客想截获连接在 LAN(Local Area Network，局域网)1 上终端发送给连接在 LAN 4 上终端的 IP 分组，通过接入 LAN 2 中的黑客终端发送一个以黑客终端 IP 地址为源地址、组播地址 224.0.0.5 为目的地址的 LSA，该 LSA 伪造了一项黑客终端直接和 LAN 4 连接的链路状态信息，路由器 R1 和 R2 均接收该 LSA，由于路由器 R1 通过伪造的 LSA 计算出的到达 LAN 4 的距离最短，将通往 LAN 4 传输路径的下一跳路由器改为黑客终端，如图 3.8 中路由器 R1 错误路由表所示，并导致路由器 R1 将所有连接在 LAN 1 上终端发送给连接在 LAN 4 上终端的 IP 分组错误地转发给黑客终端。如图 3.8 中终端 A 发送给终端 B 的 IP 分组，经过路由器 R1 用错误的路由表转发后，不是转发给正确传输路径上的下一跳路由器 R2，而是直接转发给黑客终端。

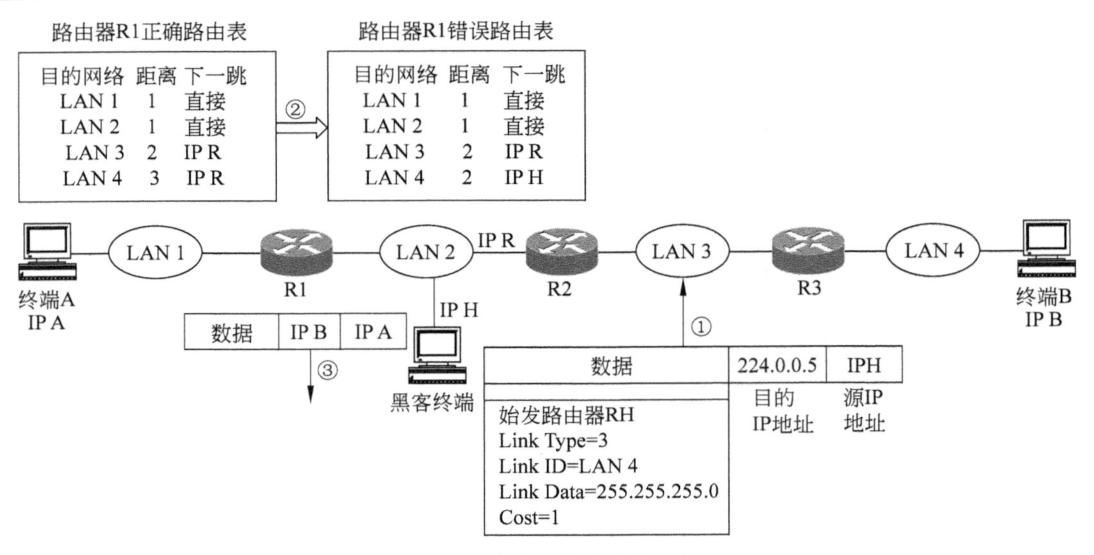

图 3.8 路由项欺骗攻击过程

解决图 3.8 所示的路由项欺骗攻击的机制是路由器和路由项鉴别,路由器接收到路由消息后,必须确认是合法路由器发送,且路由消息包含的 LSA 没有被篡改后,才将该路由消息包含的 LSA 加入链路状态数据库,并根据链路状态数据库计算路由项。鉴别机制是在需要交换路由消息的路由器中配置共享密钥 K,如图 3.8 中的路由器 R1 和 R2 之间,R2 和 R3 之间,当某个路由器组播路由消息时,路由器根据路由消息和密钥 K 生成基于密钥的报文摘要——散列消息鉴别码(Hashed Message Authentication Codes,HMAC),并将报文摘要附在路由消息后面一起组播给其他路由器,当某个路由器接收到路由消息,首先根据路由消息和密钥 K 计算基于密钥的报文摘要,然后将计算结果和附在路由消息后面的报文摘要比较,如果相同,表明发送者和接收者具有相同密钥,且路由消息在传输过程中没有被篡改,路由器对路由消息进行处理,否则,丢弃路由消息,整个过程如图 3.9 所示。

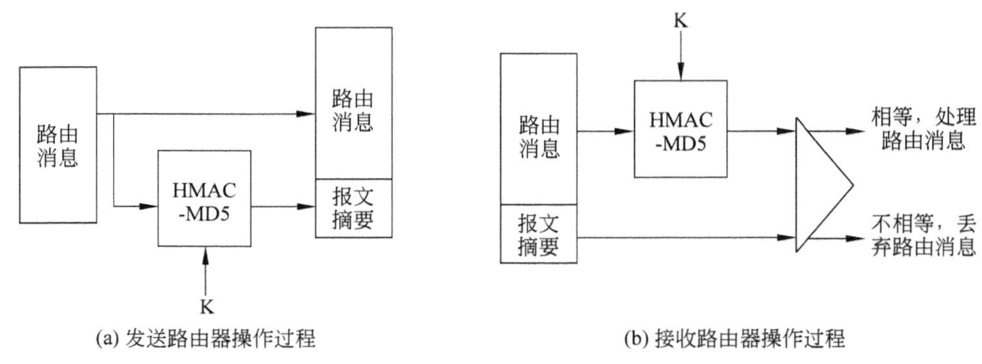

图 3.9 路由器和路由项鉴别过程

为实施安全路由,配置 OSPF 时,一是指定该区域所采用的源端鉴别和完整性检测算法是 HMAC-MD5,二是要求属于该区域的接口发送的路由消息必须携带 HMAC,三是为每一个属于该区域的接口分配相同的 HMAC 密钥。

3.3.3　分组过滤器

1. 无状态分组过滤器工作原理

无状态分组过滤器通过规则从IP分组流中签别出一组IP分组，然后对其实施规定的操作。

规则由一组属性值组成，如果某个IP分组携带的信息和构成规则的一组属性值匹配，意味着该IP分组和该规则匹配，对该IP分组实施相关操作，相关操作有正常转发和丢弃。

构成规则的属性值通常由下述字段组成：

源IP地址，用于匹配IP分组IP首部中的源IP地址字段值。

目的IP地址，用于匹配IP分组IP首部中的目的IP地址字段值。

源和目的端口号，用于匹配作为IP分组净荷的传输层报文首部中源和目的端口号字段值。

协议类型，用于匹配IP分组首部中的协议字段值。

一个过滤器可以由多个规则构成，IP分组只有和当前规则不匹配时，才继续和后续规则进行匹配操作，如果和过滤器中的所有规则都不匹配，对IP分组进行默认操作。IP分组一旦和某个规则匹配，则对其实施相关操作，不再和其他规则进行匹配操作，因此，IP分组和规则的匹配操作顺序直接影响该IP分组所匹配的规则，也因此确定了对该IP分组实施的操作。

无状态分组过滤器可以作用于端口的输入或输出方向，输入或输出方向针对无状态分组过滤器而言，从外部进入无状态分组过滤器称为输入，离开无状态分组过滤器称为输出。如果作用于输入方向，每一个输入IP分组都和过滤器中的规则进行匹配操作，如果和某个规则匹配，则对其实施相关操作，如果实施的操作是丢弃，不再对该IP分组进行后续的转发处理。如果过滤器作用于输出方向，则只有当该IP分组确定从该端口输出时，才将该IP分组和过滤器中的规则进行匹配操作。

2. 学员和服务器VLAN分配

允许学员接入VLAN 2、3、4和5，FTP服务器接入VLAN 9，E-MAIL服务器接入VLAN 10，Web服务器接入VLAN 11，学员和服务器接入VLAN情况及分配的IP地址范围如表3.11所示。

表3.11　学员和服务器VLAN分配

学员或服务器	VLAN	IP地址范围	学员或服务器	VLAN	IP地址范围
学员	VLAN 2	192.1.2.0/24	FTP服务器	VLAN 9	192.1.9.1/32
学员	VLAN 3	192.1.3.0/24	E-mail服务器	VLAN 10	192.1.9.5/32
学员	VLAN 4	192.1.4.0/24	Web服务器	VLAN 11	192.1.9.9/32
学员	VLAN 5	192.1.5.0/24			

3. 分组过滤器配置

三层交换机S7 VLAN 2对应的IP接口输入方向上配置的分组过滤器如下。

(1) 协议=IP，源IP地址=192.1.2.0/24，目的IP地址=192.1.9.1/32；丢弃。

(2) 协议＝IP，源 IP 地址＝192.1.2.0/24，目的 IP 地址＝0.0.0.0/0；正常转发。
(3) 协议＝IP，源 IP 地址＝0.0.0.0/0，目的 IP 地址＝0.0.0.0/0；丢弃。
三层交换机 S7 VLAN 3 对应的 IP 接口输入方向上配置的分组过滤器如下。
(1) 协议＝IP，源 IP 地址＝192.1.3.0/24，目的 IP 地址＝192.1.9.1/32；丢弃。
(2) 协议＝IP，源 IP 地址＝192.1.3.0/24，目的 IP 地址＝0.0.0.0/0；正常转发。
(3) 协议＝IP，源 IP 地址＝0.0.0.0/0，目的 IP 地址＝0.0.0.0/0；丢弃。
三层交换机 S7 VLAN 4 对应的 IP 接口输入方向上配置的分组过滤器如下。
(1) 协议＝IP，源 IP 地址＝192.1.4.0/24，目的 IP 地址＝192.1.9.1/32；丢弃。
(2) 协议＝IP，源 IP 地址＝192.1.4.0/24，目的 IP 地址＝0.0.0.0/0；正常转发。
(3) 协议＝IP，源 IP 地址＝0.0.0.0/0，目的 IP 地址＝0.0.0.0/0；丢弃。
三层交换机 S7 VLAN 5 对应的 IP 接口输入方向上配置的分组过滤器如下。
(1) 协议＝IP，源 IP 地址＝192.1.5.0/24，目的 IP 地址＝192.1.9.1/32；丢弃。
(2) 协议＝IP，源 IP 地址＝192.1.5.0/24，目的 IP 地址＝0.0.0.0/0；正常转发。
(3) 协议＝IP，源 IP 地址＝0.0.0.0/0，目的 IP 地址＝0.0.0.0/0；丢弃。

三层交换机 S7 VLAN 2 对应的 IP 接口输入方向上配置的分组过滤器不允许连接在 VLAN 2 上的终端访问 FTP 服务器，但允许连接在 VLAN 2 上的终端访问其他服务器和所有其他终端，一旦连接在 VLAN 2 上的终端没有配置属于网络地址 192.1.2.0/24 的 IP 地址，该终端将被禁止和其他网络通信，以此阻止连接在 VLAN 2 上的终端实施源 IP 地址欺骗攻击。

习　题

3.1 校园网核心层、汇聚层和接入层设备的设置需要考虑什么情况？

3.2 交换机之间链路类型和链路带宽如何确定？

3.3 增加交换机之间链路带宽的机制有哪些？

3.4 校园网采用三层交换机的原因是什么？

3.5 确定 VLAN 范围的依据是什么？是否允许存在跨核心交换机的 VLAN？为什么？

3.6 如何建立三层交换机的直连路由项和动态路由项？简述建立表 3.10 所示的三层交换机 S9 路由表的过程。

3.7 接入交换机的安全机制有哪些？各有什么功能？

3.8 解决安全路由问题的核心技术是什么？

3.9 假定只允许学员访问 Web 服务器和 E-mail 服务器，重新设置分组过滤器。

3.10 如果办公楼 1、办公楼 2 和主楼都有需要接入校园网的终端，如何实现？假定办公楼和主楼的接入终端需要属于多个不同的 VLAN，如何实现？办公楼接入终端的 VLAN 划分过程和 VLAN 间路由过程与主楼接入终端的 VLAN 划分过程和 VLAN 间路由过程有何不同，为什么？

第4章 企业网设计方法和实现过程

企业网的设计目标是开放和安全，开放要求企业网能够与外部网络实现相互通信，安全要求对外部网络访问企业网的过程实施严格控制，因此，企业网是一个内部网与外部网界限分明，且能够对内部网与外部网之间的通信过程实施严格控制的互联网结构。

4.1 企业网结构

4.1.1 内部网、DMZ和外部网

企业网结构如图4.1所示，由内部网、非军事区(Demilitarized Zone，DMZ)和外部网组成，内部网主要用于实现内部终端与内部服务器之间互连，基于安全角度，内部网中的终端与服务器对于其他网络中的用户是透明的，其他网络中的用户无法发起对内部网中资源(包括内部终端和内部服务器)的访问过程。DMZ是企业网向外发布信息及实现与外部网之间信息交换的窗口，其他网络中的用户允许发起对DMZ中Web服务器的访问过程，DMZ中的邮件服务器需要与其他网络中的邮件服务器交换信件。外部网通常是Internet。

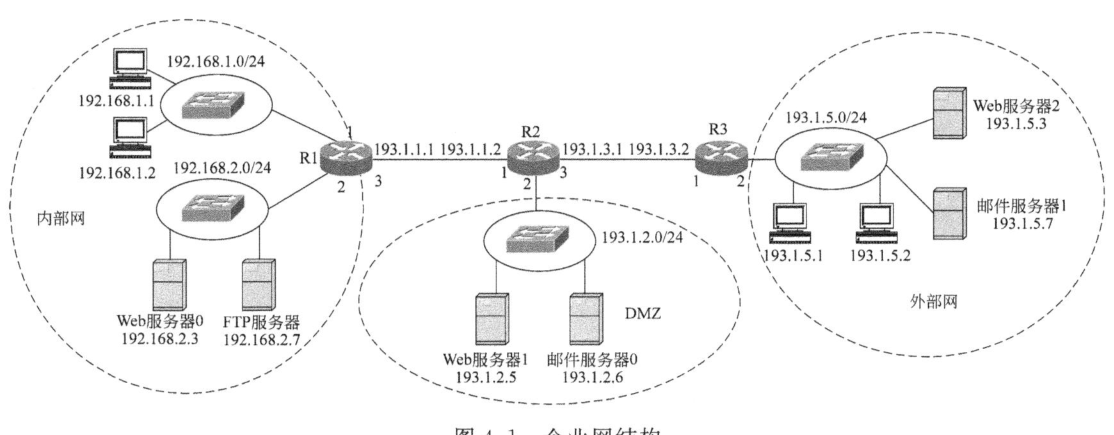

图4.1 企业网结构

1. 内部网

内部网实现内部终端和内部服务器之间的互连，内部终端和内部服务器分配私有IP地址，如图4.1中的192.168.1.0/24和192.168.2.0/24，私有IP地址对外部网中的终端是透明的，外部网中的终端无法通过私有IP地址与内部终端和内部服务器通信，除连接内部网络的路由器外，其他路由器无法路由以私有IP地址为目的IP地址的IP分组。如果不采用NAT技术，内部网逻辑上与DMZ和外部网是隔离的。

内部终端之间、内部终端与内部服务器之间可以相互通信，一般也允许内部终端访问DMZ和外部网中的服务器，但不允许外部网中的终端访问内部终端和内部服务器，因此，必须通过有状态分组过滤器实现上述访问控制策略。

2. DMZ

DMZ 是企业网向外发布信息及实现与外部网之间信息交换的窗口，因此，允许内部终端读写 DMZ 中的 Web 服务器，但只允许外部网中的终端访问 DMZ 中的 Web 服务器。为实现内部终端与外部网中的终端之间的邮件交换，允许 DMZ 中的邮件服务器与外部网中的邮件服务器相互交换简单邮件传输协议(Simple Mail Transfer Protocol,SMTP)报文，同时，允许内部终端与 DMZ 中的邮件服务器相互交换 SMTP 报文和 POP3(Post Office Protocol 3,邮局协议第 3 版)报文。但不允许外部网中的终端访问 DMZ 中的邮件服务器。DMZ 中的 Web 服务器和邮件服务器配置全球 IP 地址。

3. 外部网

实际的企业网中，外部网通常就是 Internet，这里为方便起见，采用图 4.1 所示的外部网结构。外部网中的终端和服务器分配全球 IP 地址，限制外部网中的终端对内部网资源的访问。内部网分配的私有 IP 地址对外部网中的终端是透明的，因此，外部网中的路由器不存在以内部网私有 IP 地址为目的地址的路由项。外部网中的路由器因此也无法路由以私有 IP 地址为目的 IP 地址的 IP 分组。

允许内部终端访问外部网中的资源，配置私有 IP 地址的内部终端通过 NAT 技术实现与外部网中的终端和服务器之间的通信过程。

4.1.2 私有 IP 地址和内部网路由项

1. 私有 IP 地址

提出 NAT 的初衷是为了解决 IPv4 地址耗尽的问题，NAT 允许不同的内部网分配相同的私有 IP 地址空间，且这些通过公共网络互联的、分配相同私有地址空间的内部网之间可以实现相互通信。实现这一功能的前提是内部网使用的私有 IP 地址空间和公共网络使用的全球 IP 地址空间之间不能重叠。为此，IETF 专门留出了三组 IP 地址作为内部网使用的私有 IP 地址空间，公共网络使用的全球 IP 地址空间中不允许包含属于这三组 IP 地址的地址空间。这三组 IP 地址如下。

(1) 10.0.0.0/8。

(2) 172.16.0.0/12。

(3) 192.168.0.0/16。

允许多个内部网使用相同的私有 IP 地址空间的原因是内部网使用的私有 IP 地址空间对所有尝试与该内部网通信的其他网络是不可见的，因此，两个使用相同私有 IP 地址空间的内部网相互通信时，看到的都是对方经过转换后的全球 IP 地址空间。

2. 内部网子网划分和私有 IP 地址分配

实际内部网本身是一个复杂的互联网，为方便讨论，图 4.1 将其简化为由两个直接与路由器 R1 相连的子网组成的互联网，不同的子网需要分配不同的网络地址，当然，这些网络地址必须属于私有 IP 地址空间。图 4.1 中，分别为构成内部网的两个子网分配网络地址 192.168.1.0/24 和 192.168.2.0/24。为了简化内部网中各个路由器的路由表，内部网各个子网的网络地址分配必须最大限度满足聚合路由项的要求。

3. 内部网路由项

用于实现内部网终端之间、终端与服务器之间通信的内部网路由项如表 4.1 所示，由于构成内部网的两个子网与路由器 R1 直接连接，只有路由器 R1 中存在内部网路由项。表 4.1 所示的内部网路由项在配置了路由器 R1 连接构成内部网的两个子网的接口的 IP 地址和子网掩码后自动产生，这里假定配置给路由器 R1 接口 1 和接口 2 的 IP 地址和子网掩码分别为 192.168.1.254/24 和 192.168.2.254/24。

表 4.1　路由器 R1 内部网路由项

目的网络	输出接口	下一跳	距离	目的网络	输出接口	下一跳	距离
192.168.1.0/24	1	直接	0	192.168.2.0/24	2	直接	0

路由器 R1 路由表中一旦生成如表 4.1 所示的内部网路由项，内部网中的终端之间、终端与服务器之间可以实现 IP 分组传输过程。

4.1.3　全球 IP 地址分配过程

路由器 R1 连接 DMZ 的接口需要配置全球 IP 地址，因此，路由器 R1 的路由表中有了表 4.2 所示的目的网络为 193.1.1.0/30 的直连路由项，路由器 R2 和 R3 同样因为接口配置的全球 IP 地址和子网掩码有了表 4.3 和表 4.4 所示的直连路由项。需要强调的是，一是仅仅根据这些直连路由项无法实现 DMZ 和外部网络之间的通信，必须通过路由协议在各个路由器中建立用于指明通往没有与其直接连接的网络的传输路径的路由项。二是在创建动态路由项的过程中，内部网配置的私有 IP 地址不参与动态路由项创建过程，因此，路由器 R2 和 R3 的路由表中不会创建目的网络为内部网私有 IP 地址的路由项，这些路由器也不可能路由以分配给内部网的私有 IP 地址为目的 IP 地址的 IP 分组。三是内部终端必须通过 NAT 技术实现与外部网中的终端和服务器之间的通信过程，用于实现私有 IP 地址与全球 IP 地址之间转换的全球 IP 地址必须出现在路由器 R2 和 R3 的路由表中，即路由器 R2 和 R3 的路由表中必须存在以这些全球 IP 地址为目的地址的路由项，且路由项给出的传输路径是通往路由器 R1 的传输路径。

表 4.2　路由器 R1 全球路由项

目的网络	输出接口	下一跳	距离
193.1.1.0/30	3	直接	0

表 4.3　路由器 R2 全球路由项

目的网络	输出接口	下一跳	距离
193.1.1.0/30	1	直接	0
193.1.2.0/24	2	直接	0
193.1.3.0/30	3	直接	0

表 4.4　路由器 R3 全球路由项

目的网络	输出接口	下一跳	距离	目的网络	输出接口	下一跳	距离
193.1.3.0/30	1	直接	0	193.1.5.0/24	2	直接	0

4.2　NAT

动态 NAT 用于动态建立内部网私有 IP 地址与全球 IP 地址之间的映射，动态 NAT 需要分配给内部网一组，而不是一个全球 IP 地址，所有需要访问 Internet 的终端必须先建立该终端私有 IP 地址与某个全球 IP 地址之间的映射。

实现动态 NAT，首先需要定义全球 IP 地址池，如图 4.2 中定义的全球 IP 地址池：193.1.4.1～193.1.4.14，然后，定义连接内部网和外部网的路由器接口与允许和全球 IP 地址池中全球 IP 地址建立映射的私有 IP 地址范围。完成这些定义后，当某个分配了私有 IP 地址的终端发起访问外部网过程时，该终端发送以分配给该终端的私有 IP 地址为源 IP 地址的 IP 分组，路由器 R1 通过连接内部网的接口接收该 IP 分组且确定该 IP 分组的输出接口是路由器连接外部网的接口后，如果在地址转换表中检索不到本地地址与该 IP 分组的源 IP 地址相同的地址转换项，且 IP 分组源 IP 地址属于允许和全球 IP 地址池中全球 IP 地址建立映射的私有 IP 地址范围，路由器 R1 在全球 IP 地址池中选择一个未分配的全球 IP 地址，在地址转换表中创建内部本地地址为该 IP 分组的源 IP 地址、内部全球地址为全球 IP 地址池中选择的全球 IP 地址的地址转换项，并用内部全球 IP 地址取代该 IP 分组的私有 IP 地址。如果全球 IP 地址池中的全球 IP 地址已经分配完毕，路由器 R1 将丢弃该 IP 分组。如果路由器 R1 通过连接外部网的接口接收 IP 分组，在地址转换表中检索内部全球地址与该 IP 分组的目的 IP 地址相同的地址转换项，并用该地址转换项给出的内部本地地址取代该 IP 分组的目的地址。如果地址转换表中检索不到内部全球地址与该 IP 分组的目的 IP 地址相同的地址转换项，路由器 R1 丢弃该 IP 分组。

如图 4.2 所示，当私有 IP 地址为 192.168.1.1 的内部终端发送用于访问外部网中资源的第一个 IP 分组时，路由器 R1 从还没有分配的全球 IP 地址中选择一个全球 IP 地址（假定是 193.1.4.1）分配给该终端，并创建内部本地地址为 192.168.1.1、内部全球地址为 193.1.4.1 的地址转换项。以后，所有通过路由器 R1 连接内部网接口接收的源 IP 地址为内部本地地址 192.168.1.1 的 IP 分组，源 IP 地址一律用内部全球地址 193.1.4.1 替代。同样，路由器 R1 一旦通过连接外部网的接口接收目的 IP 地址为 193.1.4.1 的 IP 分组，用内部本地地址 192.168.1.1 取代该 IP 分组的目的 IP 地址。

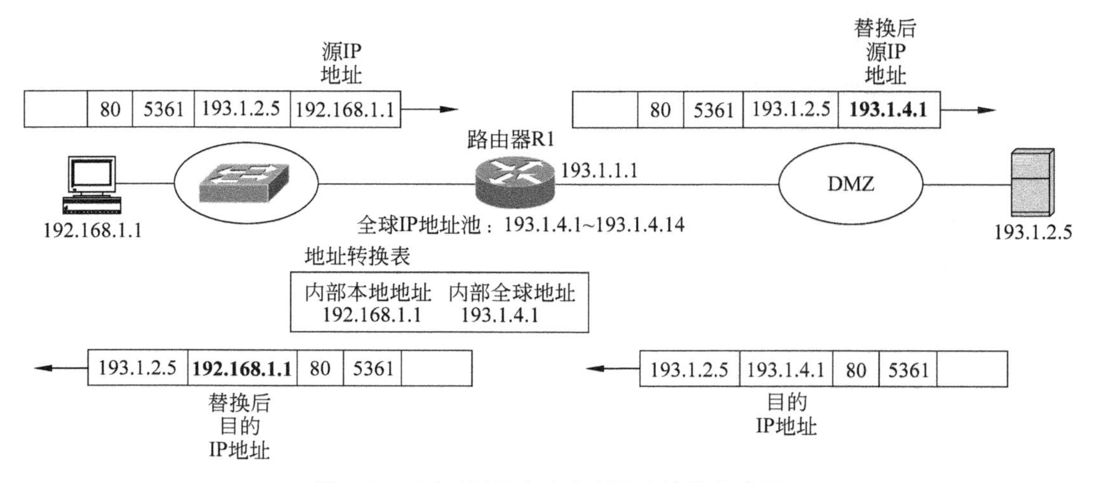

图 4.2　动态 NAT 方法实现地址转换的过程

地址转换表中的每一项地址转换项都关联一个定时器，每当通过路由器 R1 连接内部网的接口接收源 IP 地址为该地址转换项中内部本地地址的 IP 分组，刷新与该地址转换项关联的定时器，一旦关联的定时器溢出，将删除该地址转换项，路由器可以重新分配该地址转换项中的内部全球 IP 地址。

4.3　创建动态和静态路由项

4.3.1　OSPF 配置

图 4.1 中路由器 R1 配置 OSPF 时，只允许接口 3 及接口 3 连接的网络参与 OSPF 创建动态路由项的过程，图 4.1 中路由器 R2 和 R3 配置 OSPF 时，要求所有接口及接口所连接的网络参与 OSPF 创建动态路由项过程，因此，路由器创建的动态路由项中，不包括目的网络为 192.168.1.0/24 和 192.168.2.0/24 的路由项。除了路由器 R1 路由表中包括目的网络为 192.168.1.0/24 和 192.168.2.0/24 的直连路由项，其他路由器的路由表中没有目的网络为 192.168.1.0/24 和 192.168.2.0/24 的路由项，因此，网络 192.168.1.0/24 和 192.168.2.0/24 对路由器 R2 和 R3 是透明的。

4.3.2　创建动态路由项

路由器路由表中包含直连路由项和 OSPF 创建的动态路由项，表中类型字段用 C 表示直连路由项，用 O 表示 OSPF 创建的动态路由项，动态路由项中只包含用于指明通往配置 OSPF 时指定参与 OSPF 创建动态路由项的路由器接口所连接的网络的传输路径的路由项。

表 4.5～表 4.7 给出了路由器 R1～R3 包含动态路由项的全球路由项，路由器 R1 的完整路由表还需包含表 4.1 所示的目的网络为 192.168.1.0/24 和 192.168.2.0/24 的直连路由项。值得指出的是，由于内部终端发送的 IP 分组，经过路由器 R1 接口 3 输出后，源 IP 地址转换为全球 IP 地址池中的某个全球 IP 地址，外部网和 DMZ 发送给该内部终端的 IP 分组以该全球 IP 地址为目的 IP 地址，这就意味着路由器 R2 和 R3 必须将目的 IP 地址属于全球 IP 地址池(193.1.4.0/28)的 IP 分组转发给路由器 R1，但表 4.6 和表 4.7 所示的路由器 R2 和 R3 全球路由项并不包含目的网络为 193.1.4.0/28 的路由项。

表 4.5　路由器 R1 全球路由项

类型	目的网络	输出接口	下一跳	距离	类型	目的网络	输出接口	下一跳	距离
C	193.1.1.0/30	3	直接	0	O	193.1.3.0/30	3	193.1.1.2	2
O	193.1.2.0/24	3	193.1.1.2	2	O	193.1.5.0/24	3	193.1.1.2	3

表 4.6　路由器 R2 全球路由项

类型	目的网络	输出接口	下一跳	距离	类型	目的网络	输出接口	下一跳	距离
C	193.1.1.0/30	1	直接	0	C	193.1.3.0/30	3	直接	0
C	193.1.2.0/24	2	直接	0	O	193.1.5.0/24	3	193.1.3.2	2

表 4.7 路由器 R3 全球路由项

类型	目的网络	输出接口	下一跳	距离	类型	目的网络	输出接口	下一跳	距离
O	193.1.1.0/30	1	193.1.3.1	2	C	193.1.3.0/30	1	直接	0
O	193.1.2.0/24	1	193.1.3.1	2	C	193.1.5.0/24	2	直接	0

4.3.3 配置静态路由项

OSPF 创建的动态路由项的目的网络中只包含配置 OSPF 时指定参与 OSPF 创建动态路由项的路由器接口所连接的网络，由于网络 193.1.4.0/28 只是为路由器 R1 配置的全球 IP 地址池，没有与某个路由器接口直接连接，因此，无法通过指定参与 OSPE 创建动态路由项的路由器接口使得 OSPF 创建的动态路由项中包含目的网络为 193.1.4.0/28 的路由项。路由器 R2 和 R3 中用于指明通往网络 193.1.4.0/28 的传输路径的路由项只能手工配置，这种手工配置的路由项称为静态路由项，以区别于通过配置路由器接口 IP 地址和子网掩码自动生成的直连路由项和由路由协议创建的动态路由项。当然，可以只在路由器 R2 中配置静态路由项，在路由器 R2 公告给路由器 R3 的 LSA 中包含该静态路由项，使得路由器 R3 能够创建目的网络为 193.1.4.0/28 的动态路由项，但这需要在路由器 R2 中通过配置指定这一 LSA 公告策略。路由器 R1～R3 完整路由表如表 4.8～表 4.10 所示，类型 S 表示是静态路由项，静态路由项的距离通过手工配置获得。

表 4.8 路由器 R1 路由表

类型	目的网络	输出接口	下一跳	距离	类型	目的网络	输出接口	下一跳	距离
C	192.168.1.0/24	1	直接	0	O	193.1.2.0/24	3	193.1.1.2	2
C	192.168.2.0/24	2	直接	0	O	193.1.3.0/30	3	193.1.1.2	2
C	193.1.1.0/30	3	直接	0	O	193.1.5.0/24	3	193.1.1.2	3

表 4.9 路由器 R2 路由表

类型	目的网络	输出接口	下一跳	距离	类型	目的网络	输出接口	下一跳	距离
C	193.1.1.0/30	1	直接	0	O	193.1.5.0/24	3	193.1.3.2	2
C	193.1.2.0/24	2	直接	0	S	193.1.4.0/28	1	193.1.1.1	—
C	193.1.3.0/30	3	直接	0					

表 4.10 路由器 R3 路由表

类型	目的网络	输出接口	下一跳	距离	类型	目的网络	输出接口	下一跳	距离
O	193.1.1.0/30	1	193.1.3.1	2	C	193.1.5.0/24	2	直接	0
O	193.1.2.0/24	1	193.1.3.1	2	S	193.1.4.0/28	1	193.1.3.1	—
C	193.1.3.0/30	1	直接	0					

4.4　端到端传输过程

4.4.1　终端 A 至 Web 服务器传输过程

1. 终端 A 至路由器 R1 传输过程

终端 A 向 Web 服务器 2 发送 IP 分组前，必须先获取 Web 服务器 2 的 IP 地址 193.1.5.3，构建以终端 A 的 IP 地址 192.168.1.1 为源 IP 地址、以 Web 服务器 2 的 IP 地址 193.1.5.3 为目的 IP 地址的 IP 分组，根据配置的默认网关地址确定第一跳路由器 R1，经过内部网将 IP 分组传输给路由器 R1，参见图 4.3。

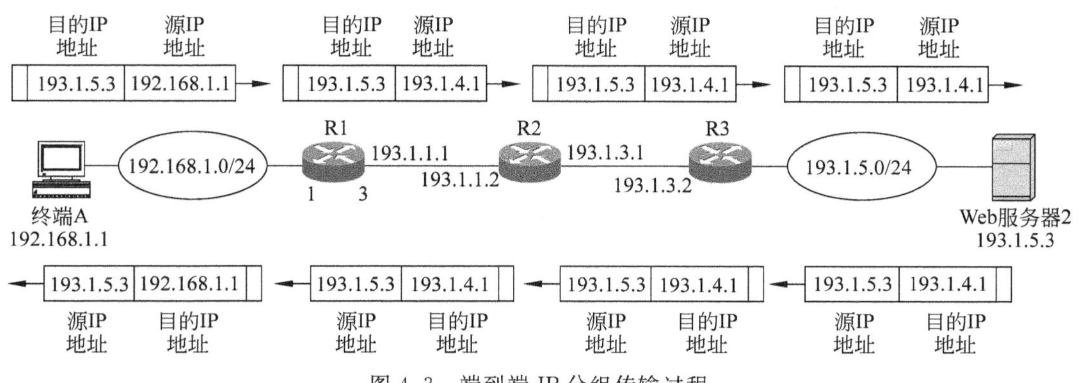

图 4.3　端到端 IP 分组传输过程

2. 路由器 R1 NAT 过程

路由器 R1 通过接口 1 接收 IP 分组，用 IP 分组的目的 IP 地址 193.1.5.3 检索路由表，发现与表 4.8 中目的网络为 193.1.5.0/24 的路由项匹配，确定该 IP 分组的输出接口为接口 3。由于配置 R1 NAT 功能时指定接口 1 为连接内部网接口、接口 3 为连接外部网接口，允许进行 NAT 的私有 IP 地址范围为 192.168.1.0/24 和 192.168.2.0/24。全球 IP 地址池为 193.1.4.0/28。路由器 R1 确定：

(1) 该 IP 分组通过连接内部网的接口(接口 1)输入；

(2) 该 IP 分组通过连接外部网的接口(接口 3)输出；

(3) 该 IP 分组的源 IP 地址 192.168.1.1 属于允许进行 NAT 的私有 IP 地址范围 192.168.1.0/24。

路由器 R1 从全球 IP 地址池中选择一个未分配的全球 IP 地址 193.1.4.1，建立私有 IP 地址 192.168.1.1(内部本地地址)和全球 IP 地址 193.1.4.1(内部全球地址)之间映射，在地址转换表中创建如表 4.11 所示的反映该地址映射关系的地址转换项。用内部全球地址 193.1.4.1 替换 IP 分组中的源 IP 地址 192.168.1.1，将完成 NAT 操作后的 IP 分组转发给下一跳路由器 R2。

表 4.11　地址转换表

内部本地地址	内部全球地址
192.168.1.1	193.1.4.1

3. 逐跳转发过程

路由器 R2 根据 IP 分组的目的 IP 地址 193.1.5.3 和路由项<193.1.5.0/24,3,193.1.3.2>确定下一跳路由器 R3，并将 IP 分组转发给路由器 R3。

路由器 R3 根据 IP 分组的目的 IP 地址 193.1.5.3 和路由项＜193.1.5.0/24,2,直接＞确定下一跳是目的终端本身，通过接口 2 连接的传输网络将 IP 分组转发给 Web 服务器 2，完成 IP 分组终端 A 至 Web 服务器 2 的传输过程。

4.4.2 Web 服务器至终端 A 传输过程

1. Web 服务器至路由器 R3 传输过程

Web 服务器 2 向终端 A 发送 IP 分组时，构建以 Web 服务器 2 的 IP 地址 193.1.5.3 为源 IP 地址、以终端 A 的全球 IP 地址 193.1.4.1 为目的 IP 地址的 IP 分组，根据配置的默认网关地址确定第一跳路由器 R3，并将 IP 分组传输给路由器 R3。

2. 逐跳转发过程

路由器 R3 接收该 IP 分组后，用该 IP 分组的目的 IP 地址 193.1.4.1 检索路由表，找到匹配的路由项＜193.1.4.0/28,1,193.1.3.1＞，确定路由器 R2 为下一跳路由器，并把 IP 分组转发给路由器 R2。

路由器 R2 根据 IP 分组的目的 IP 地址 193.1.4.1 和路由项＜193.1.4.0/28,1,193.1.1.1＞确定下一跳路由器 R1，并将 IP 分组转发给路由器 R1。

3. 路由器 R1 NAT 过程

路由器 R1 通过接口 3 接收该 IP 分组，由于接口 3 被定义为连接外部网的接口，首先在表 4.11 所示的地址转换表中检索内部全球地址与该 IP 分组的目的 IP 地址相同的地址转换项，在地址转换表中检索到匹配的地址转换项＜192.168.1.1,193.1.4.1＞后，用内部本地地址 192.168.1.1 替换 IP 分组的目的 IP 地址。如果在地址转换表中检索不到匹配的地址转换项，不对该 IP 分组实施 NAT 操作，直接对该 IP 分组进行路由操作。

路由器用完成 NAT 操作后的 IP 分组的目的 IP 地址 192.168.1.1 检索路由表，找到匹配的路由项＜192.168.1.0/24,1,直接＞，确定下一跳是目的终端本身，通过接口 1 连接的内部网络将 IP 分组转发给终端 A，完成 IP 分组 Web 服务器 2 至终端 A 的传输过程。

4.5 安全策略实现机制

4.5.1 安全策略配置

制定安全策略的目的是为了保证企业网的开放和安全，为了实现开放，允许内部终端访问外部网中的 Web 服务器，允许内部终端与外部终端之间交换邮件，允许外部终端访问 DMZ 中的 Web 服务器。为了实现安全，只允许内部终端访问内部网中的服务器，不允许外部终端直接与内部终端通信。为此，配置如下安全策略。

(1) 允许内部终端发起访问外部网中的 Web 服务器；

(2) 允许内部终端发起访问 DMZ 中的 Web 服务器；

(3) 允许内部终端通过 SMTP 和 POP3 发起访问 DMZ 中的邮件服务器；

(4) 允许 DMZ 中的邮件服务器通过 SMTP 发起访问外部网中的邮件服务器；

(5) 允许外部网中的终端以只读方式发起访问 DMZ 中的 Web 服务器；

(6) 允许外部网中的邮件服务器通过 SMTP 发起访问 DMZ 中的邮件服务器。

4.5.2 有状态分组过滤器

配置有状态分组过滤器需要给出以下信息。

(1) 启动访问过程时的信息流动方向。如配置允许内部终端发起访问外部网中的Web服务器的有状态分组过滤器时,因为由内部终端发起访问外部网中的Web服务器的过程,信息流动方向是内部网至外部网。

(2) 允许启动信息交换过程的源终端地址范围和被动响应信息交换过程的目的终端地址范围。如配置允许内部终端发起访问外部网中的Web服务器的有状态分组过滤器时,由于任何内部终端都可发起访问外部网中的Web服务器的过程,源终端地址范围为192.168.1.0/24和192.168.2.0/24。但如果在路由器R2配置有状态分组过滤器,由于到达路由器R2的由内部终端发送的IP分组的源IP地址已经被替换为全球IP地址池中的全球IP地址,因此,源终端地址范围为193.1.4.0/28。允许被动响应信息交换过程的目的终端只能是外部网络中的Web服务器,因此,目的终端地址范围为193.1.5.3/32。

(3) 以服务方式定义的整个信息交换过程。如配置允许内部终端发起访问外部网中的Web服务器的有状态分组过滤器时,定义的服务是HTTP GET,该服务表明只允许与由内部终端发起的、以只读方式访问外部网中的Web服务器相关的信息交换过程进行。

针对4.5.1配置的安全策略,路由器R2配置如下有状态分组过滤器。

① 从内部网到外部网:源IP地址=193.1.4.0/28,目的IP地址=193.1.5.3/32,HTTP GET服务。

② 从内部网到非军事区:源IP地址=193.1.4.0/28,目的IP地址=193.1.2.5/32,HTTP服务。

③ 从内部网到非军事区:源IP地址=193.1.4.0/28,目的IP地址=193.1.2.6/32,SMTP+POP3服务。

④ 从非军事区到外部网:源IP地址=193.1.2.6/32,目的IP地址=193.1.5.7/32,SMTP服务。

⑤ 从外部网到非军事区:源IP地址=193.1.5.0/24,目的IP地址=193.1.2.5/32,HTTP GET服务。

⑥ 从外部网到非军事区:源IP地址=193.1.5.7/32,目的IP地址=193.1.2.6/32,SMTP服务。

对于路由器R2而言,内部网到外部网传输路径涉及接口1输入方向和接口3输出方向,内部网到非军事区传输路径涉及接口1输入方向和接口2输出方向,非军事区到外部网传输路径涉及接口2输入方向和接口3输出方向,外部网到非军事区传输路径涉及接口3输入方向和接口2输出方向。

4.5.3 信息交换控制过程

1. 规则与信息交换控制

下面以有状态分组过滤器规则①为例,讨论一下有状态分组过滤器实施信息交换控制的过程。

规则①表明允许由内部终端发起对外部网中的Web服务器的访问，源IP地址范围表明内部终端中有权发起对外部网中的Web服务器访问的终端范围，由于私有地址属于192.168.1.0/24和192.168.2.0/24的内部终端均可实现NAT，且实现NAT操作后的源IP地址范围为193.1.4.0/28，因此，规则①源IP地址范围表明允许所有内部终端发起对外部网中的Web服务器的访问。目的IP地址表明允许访问的外部网中的Web服务器范围，193.1.5.3/32指定唯一的IP地址，因此，规则①目的IP地址范围表明只允许访问图4.1中的Web服务器2。在讨论规则①的信息交换控制实现机制前，先给出如图4.4所示的由内部终端发起的访问外部网中Web服务器的过程中所涉及的信息交换过程。

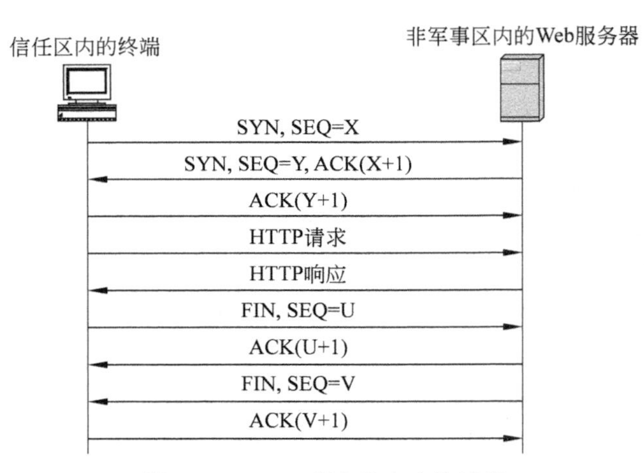

图4.4　HTTP服务信息交换过程

正确的信息交换过程是首先由内部终端发起与外部网中的Web服务器之间的TCP连接建立过程。TCP连接建立过程中，首先是由内部终端发出的源IP地址＝193.1.4.0/28、目的IP地址＝193.1.5.3、目的端口号＝80，且TCP首部中SYN＝1、ACK＝0的TCP连接建立请求报文，其次是来自外部网中Web服务器的源IP地址＝193.1.5.3、目的IP地址＝193.1.4.0/28，源端口号＝80，且TCP首部中SYN＝1、ACK＝1的同意建立TCP连接的响应报文，最后是由内部终端发送的确认报文。了解了建立TCP连接的信息交换过程后，可以讨论一下有状态分组过滤器规则①控制上述信息交换过程的机制。有状态分组过滤器为每一个TCP连接在连接表中建立一项，并且记录TCP连接的状态，TCP连接提供服务的对象。

当路由器R2从接口1接收IP分组（确定来自内部网），它首先根据IP分组首部字段值（源IP地址和目的IP地址），TCP报文首部字段值（源端口和目的端口号）去检索TCP连接表，确定TCP连接表中是否存在和上述字段值匹配的连接项，如果没有，就去检索有状态分组过滤器，看有状态分组过滤器中是否存在允许建立该TCP连接的规则。在本例中，规则①允许建立由内部终端发起的与外部网中的Web服务器之间的TCP连接，因此，在TCP连接表中检索不到对应连接项的情况下，根据规则①，路由器R2接口1接收的IP分组中，只有符合源IP地址＝193.1.4.0/28、目的IP地址＝193.1.5.3、目的端口号＝80，TCP报文首部中SYN＝1、ACK＝0的条件且转发接口为接口3的IP分组，才是允许继续传输的IP分组，同时在TCP连接表中建立一项，如表4.12所示。

表4.12 防火墙TCP连接表

源终端	目的终端	源端口号	目的端口号	状 态	服务对象
193.1.4.1	193.1.5.3	1307	80	等待响应	HTTP

可以说，在TCP连接表中建立对应连接项前，根据规则①，当且仅当由内部终端发出的、请求与外部网络中的Web服务器建立TCP连接的TCP连接建立请求报文允许继续传输。

当路由器R2从接口3(确定来自外部网)接收源IP地址＝193.1.5.3、目的IP地址＝193.1.4.1、源端口号＝80、目的端口号＝1307的TCP报文，根据报文中的多个特征字段值(如源和目的IP地址、源和目的端口号)去匹配TCP连接表，匹配到的连接项指出：该TCP连接是由IP地址＝193.1.4.1终端发起的，而且该TCP连接的后续报文应该是从IP地址为193.1.5.3的服务器发出的同意建立TCP连接的响应报文。路由器R2检查该TCP报文首部中的SYN和ACK标志位是否为1，若为1，表明是响应报文，允许继续传输，否则，予以拒绝。在检测到响应报文后，TCP连接转为等待确认，这种状态下，当且仅当IP地址＝193.1.4.1的终端发出的TCP连接确认报文，才能继续传输，其他类型TCP报文都予以拒绝。在路由器R2通过接口1接收IP地址＝193.1.4.1的终端发出的确认报文后，TCP连接状态转变为建立。在这种情况下，路由器R2从接口1接收的TCP报文只有符合下述条件才允许继续传输：

- 和该TCP连接匹配；
- 是HTTP请求报文；
- 序号在合理范围内。

同样，路由器R2从接口3接收到的TCP报文也只有符合下述条件才能继续传输：

- 和该TCP连接匹配；
- 是HTTP响应报文；
- 确认序号和另一方向发送的TCP报文的序号有合理关系。

2. 服务的本质含义

为了理解服务的本质含义，需要深入分析规则③、规则④和规则⑥之间的差异。一是需要弄清楚为什么规则③的服务是SMTP＋POP3，而规则⑥只是SMTP服务？二是需要弄清楚为什么要用规则④和规则⑥分别定义从非军事区到外部网，从外部网到非军事区的SMTP服务，而只需用规则③给出从内部网到非军事区的SMTP＋POP3服务。

对内部终端而言，非军事区中的E-mail服务器是本地的邮件服务器，需要完成发送邮件和接收邮件的功能，而SMTP是用户向E-mail服务器发送邮件时使用的协议，POP3是用户通过E-mail服务器接收邮件时使用的协议，因此，对内部终端而言，非军事区内的邮件服务器必须提供SMTP＋POP3服务。而邮件服务器之间只需要相互发送邮件，因此，只需要用到SMTP。

无状态分组过滤器是根据规则对指定方向传输的IP分组逐个鉴别，并根据鉴别结果实现相关动作，因此，如果需要实现某类IP分组的双向传输，需要在两个方向定义用于分别鉴别各自方向传输的IP分组的规则，并把相关动作设置为正常转发，因此，刚从无状态分组过滤器转到有状态分组过滤器的读者，很容易把规则③定义的从内部网到非军事区的

SMTP＋POP3 服务，看作是路由器 R2 接口 1 输入方向和接口 2 输出方向允许来自内部网的、和通过 SMTP 或 POP3 访问非军事区的 E-mail 服务器相关的 IP 分组继续传输，否则，予以丢弃的过滤规则。为了达成双向传输，必须在路由器 R2 接口 2 输入方向和接口 1 输出方向定义从非军事区的 E-mail 服务器到内部终端的 SMTP＋POP3 服务。其实把规则③定义的服务看作是分组过滤规则是完全抹杀了有状态分组过滤器通过服务来定义整个访问过程的能力。规则③实际允许在内部网和非军事区之间产生 2 个访问过程，如图 4.5 所示。这两个访问过程包含了在内部网和非军事区之间相互通信的 IP 分组，但路由器 R2 只允许按照图 4.5 所示的访问过程进行交换的 IP 分组经过路由器 R2，否则予以丢弃。有状态分组过滤器的本质在于路由器 R2 记录下访问过程中每一个阶段的状态，以此决定哪些 IP 分组是完成下一阶段操作所需要的，只有用于完成下一阶段操作的 IP 分组才能通过路由器 R2。如图 4.5(a)中，在第一个阶段开始时，只允许来自内部终端的、用于发起建立与非军事区中 E-mail 服务器之间的 TCP 连接的 TCP 连接建立请求报文通过路由器 R2 接口 1 进入路由器 R2，并通过路由器 R2 接口 3 进入非军事区，随后，除了来自非军事区内的 E-mail 服务器的同意建立 TCP 连接的响应报文可以通过路由器 R2，其他 IP 分组一律予以拒绝。

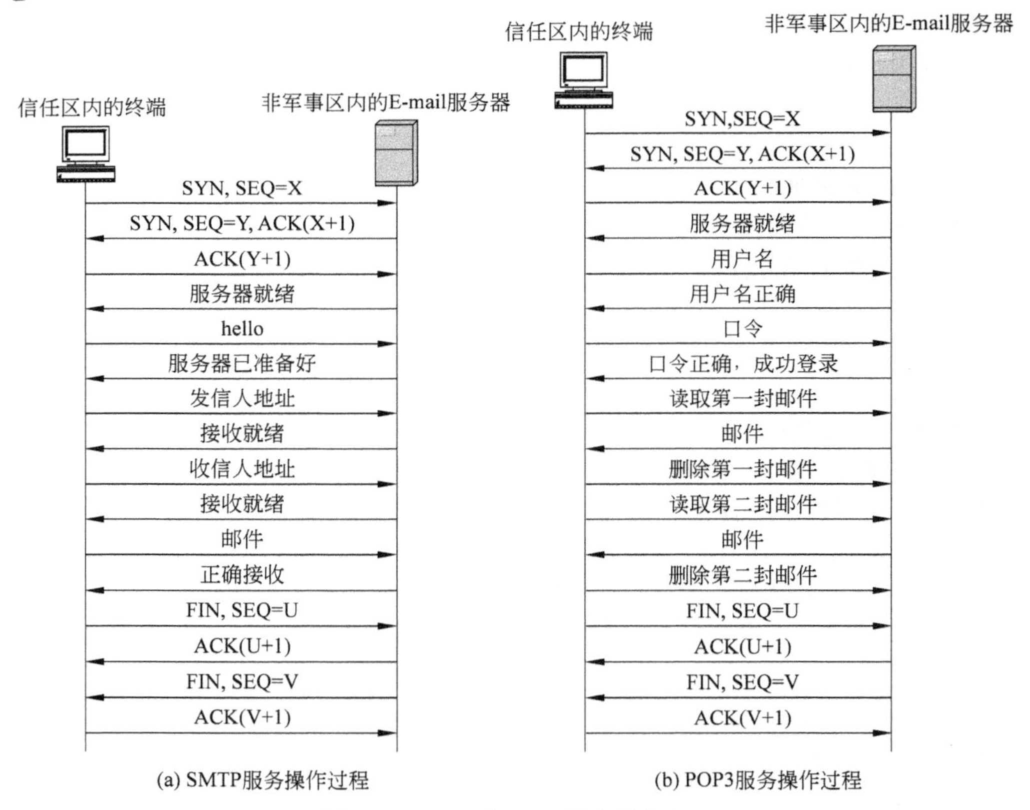

图 4.5　SMTP＋POP3 服务操作过程

至于为什么在非军事区和外部网之间定义双向 SMTP 服务，是因为非军事区中的 E-mail 服务器可能发起向外部网中的 E-mail 服务器发送邮件的操作，同样，外部网中的 E-mail 服务器也可能发起向非军事区中的 E-mail 服务器发送邮件的操作。

4.6 内部网之间通信过程

4.6.1 网络结构

存在两种实现两个分配私有IP地址的内部网之间通信的机制，一是采用第7章讨论的VPN技术。二是采用如图4.6所示的网络结构，两个内部网通过公共网络互联，由于这两个内部网相互独立，可以分配相同的私有地址块192.168.1.0/24。

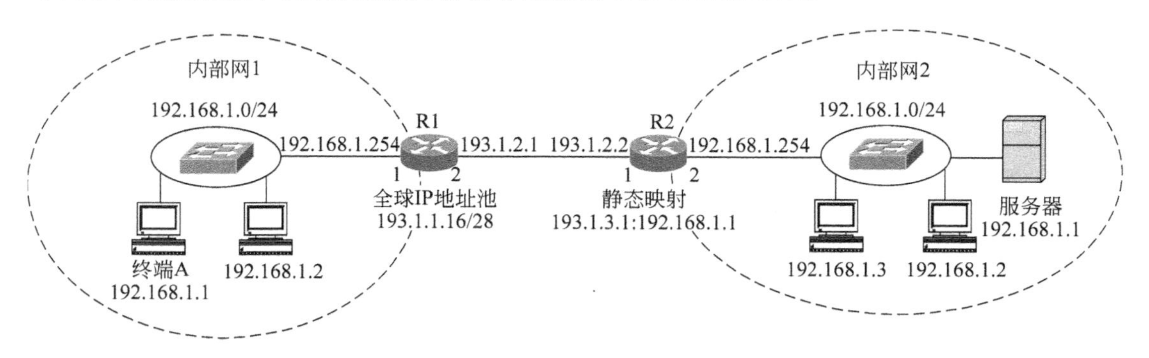

图4.6 网络结构

在建立私有地址与全球地址之间映射前，其他网络中的终端无法用某个终端的私有地址访问该终端，因此，必须由内部网中分配私有地址的终端发起访问公共网络中分配全球IP地址的终端的过程。因此，如果需要实现内部网1中配置私有IP地址192.168.1.1的终端访问内部网2中配置私有IP地址192.168.1.1的服务器，必须在路由器R2建立私有IP地址192.168.1.1和全球IP地址193.1.3.1之间的静态映射，内部网1中终端必须通过全球IP地址193.1.3.1访问内部网2中的服务器。另外，路由器R2看到的内部网1的地址也是在路由器R1定义的全球IP地址池193.1.1.16/28。因此，路由器R1中必须建立用于指明通往目的网络193.1.3.0/28的传输路径的路由项。路由器R2中必须建立用于指明通往目的网络193.1.1.16/28的传输路径的路由项。当内部网1中的终端发起访问内部网2中服务器时，需由路由器R1完成该IP分组源IP地址私有地址至全球地址的转换，并建立地址转换项，由路由器R2根据私有地址192.168.1.1和全球地址193.1.3.1之间的静态映射将该IP分组的目的IP地址转换成私有地址192.168.1.1。

4.6.2 基本配置

1. 路由器路由表

在为路由器接口分配IP地址和子网掩码后，路由器R1和R2中自动生成直连路由项。对于内部网1中的终端，内部网2中的服务器的IP地址属于全球地址193.1.3.0/28。对于内部网2中的服务器，内部网1中的终端的IP地址属于全球地址193.1.1.16/28。因此，路由器R1中需要配置用于指明通往网络193.1.3.0/28的传输路径的路由项，路由器R2中需要配置用于指明通往网络193.1.1.16/28的传输路径的路由项。路由器R1和R2最终生成如表4.13、表4.14所示的路由表。

表 4.13 路由器 R1 路由表

目的网络	下一跳
192.168.1.0/24	直接
193.1.2.0/30	直接
193.1.3.0/28	193.1.2.2

表 4.14 路由器 R2 路由表

目的网络	下一跳
192.168.1.0/24	直接
193.1.2.0/30	直接
193.1.1.16/28	193.1.2.1

2. 路由器 R1 动态 NAT 配置

(1) 配置全球 IP 地址池 193.1.1.16/28。

(2) 配置路由器连接内部网和外部网接口。

(3) 指定使用动态 NAT,并配置允许进行地址转换的内部网本地地址(私有地址)范围。

3. 路由器 R2 静态 NAT 配置

(1) 配置路由器连接内部网和外部网接口。

(2) 指定使用静态 NAT,并建立私有地址 192.168.1.1 与全球地址 193.1.3.1 之间的静态映射。

4.6.3 IP 分组传输过程

下面以内部网 1 中的终端 A 访问内部网 2 中的服务器为例,讨论两个内部网之间的 IP 分组传输过程。内部网 1 中的终端 A 向内部网 2 中的服务器传输 IP 分组的过程如下。

- 终端 A 构建以本地地址 192.168.1.1 为源 IP 地址、以全球地址 193.1.3.1 为目的 IP 地址的 IP 分组,值得强调的是,对于内部网 1 中的终端,内部网 2 中的服务器的 IP 地址是全球 IP 地址 193.1.3.1。因此,路由器 R2 必须事先建立本地地址 192.168.1.1(内部本地地址)与全球地址 193.1.3.1(内部全球地址)之间的映射。
- 终端 A 通过配置的默认网关地址将该 IP 分组传输给路由器 R1,路由器 R1 确定通过连接内部网的接口接收该 IP 分组,用该 IP 分组的目的 IP 地址 193.1.3.1 检索路由表,找到匹配的路由项,发现该路由项中的输出接口是连接外部网的接口,并且该 IP 分组的源 IP 地址属于允许进行 NAT 操作的本地地址范围(192.168.1.1∈192.168.1.0/24),对该 IP 分组实施 NAT 操作,在全球地址 IP 地址池中选择一个未分配的全球 IP 地址(这里假定是 193.1.1.17)作为该 IP 分组的源 IP 地址,在地址转换表中创建一项用于建立内部本地地址与内部全球地址之间映射的地址转换项 192.168.1.1(内部本地地址):193.1.1.17(内部全球地址)。
- 路由器 R1 根据匹配的路由项,将该 IP 分组传输给路由器 R2,由于路由器 R2 确定通过连接外部网的接口接收该 IP 分组,在地址转换表中检索内部全球地址与该 IP 分组的目的 IP 地址相同的地址转换项,并用该地址转换项中的内部本地地址作为该 IP 分组的目的 IP 地址。由于路由器 R2 的地址转换表中存在静态地址转换项 193.1.3.1(内部全球地址):192.168.1.1(内部本地地址),该 IP 分组的目的 IP 地址转换为 192.168.1.1。路由器 R2 用该目的 IP 地址检索路由表,找到匹配的路由项,根据该路由项,将该 IP 分组传输给服务器。值得强调的是,该 IP 分组到达服务器时,源 IP 地址是全球 IP 地址 193.1.1.17,目的 IP 地址是本地地址 192.168.1.1。

即目的IP地址是服务器的本地地址，源IP地址是内部网2标识终端A的全球IP地址。

内部网2中的服务器向内部网1中的终端A传输IP分组的过程如下。

- 服务器构建以本地地址192.168.1.1为源IP地址、以全球地址193.1.1.17为目的IP地址的IP分组，这意味着内部网2用全球IP地址193.1.1.17标识终端A，这是以路由器R1已经建立内部本地地址192.168.1.1与内部全球地址193.1.1.17之间映射为前提的。
- 服务器通过配置的默认网关地址将该IP分组传输给路由器R2，路由器R2确定通过连接内部网络的接口接收该IP分组，用该IP分组的目的IP地址193.1.1.17检索路由表，找到匹配的路由项，发现该路由项中的输出接口是连接外部网的接口，并且该IP分组的源IP地址属于允许进行NAT操作的本地地址范围(192.168.1.1∈192.168.1.0/24)，对该IP分组实施NAT操作。由于地址转换表中已经存在地址转换项192.168.1.1(内部本地地址)：193.1.3.1(内部全球地址)，路由器R2用内部全球IP地址193.1.3.1作为该IP分组的源IP地址。
- 路由器R2根据匹配的路由项，将该IP分组传输给路由器R1，由于路由器R1确定通过连接外部网的接口接收该IP分组，在地址转换表中检索内部全球地址与该IP分组的目的IP地址相同的地址转换项，并用该地址转换项中的内部本地地址作为该IP分组的目的IP地址。由于路由器R1的地址转换表中已经存在地址转换项192.168.1.1(内部本地地址)：193.1.1.17(内部全球地址)，该IP分组的目的IP地址转换为192.168.1.1。路由器R1用该目的IP地址检索路由表，找到匹配的路由项，根据该路由项，将该IP分组传输给终端A。

习　　题

4.1 为什么企业网通常分为内部网、DMZ和外部网三部分？

4.2 企业网中的内部网采用私有IP地址的原因是什么？有什么副作用？

4.3 为什么企业网地址转换过程通常采用动态NAT，而不是动态PAT？

4.4 有状态分组过滤器与无状态分组过滤器的本质区别是什么？

4.5 为什么企业网内部网与外部网之间采用有状态分组过滤器？

4.6 以全球IP地址池为目的地址的路由项为什么是静态路由项？

4.7 是否所有外部网中的路由器都需配置以全球IP地址池为目的地址的静态路由项？如何解决？

4.8 如何保证内部网中以私有IP地址为目的地址的路由项不扩散到外部网的路由器中？

4.9 内部网中的路由器如何生成用于指明指向通往外部网的传输路径的路由项？

4.10 外部网中的路由器能否用默认路由项给出通往内部网的传输路径？

第5章　ISP网络设计方法和实现过程

ISP网络设计涉及广域网技术和自治系统划分，因此，ISP网络设计过程主要包括广域网实现路由器互连的过程与分层路由设计和实现过程。

5.1　ISP网络结构

5.1.1　自治系统

Internet服务提供者(Internet Service Provider，ISP)网络结构如图5.1所示，由4个自治系统组成，每一个自治系统分配全球唯一的16位自治系统号，如AS1中的1，自治系统内部采用内部网关协议，如RIP和OSPF，自治系统之间采用外部网关协议，如BGP。将ISP网络划分成多个自治系统是因为下述原因：一是不同自治系统是由不同管理机构负责管理，因此，很难在代价的取值标准上取得一致，也就很难通过OSPF这样的最短路径路由协议求出不同自治系统之间的最佳路由；二是出于安全考虑，自治系统内部结构是不对外公布的，因此，没有人可以在了解各个自治系统的内部结构后，对由多个自治系统组成的互联网进行区域划分和配置；三是IP分组传输过程中选择自治系统时，更多考虑政策因素和安全因素，这一点和内部网关协议非常不同；四是对于Internet这样大规模的网络，用划分区域的方法很难解决互联网规模与路由信息传输开销及计算路由项的计算复杂度之间的矛盾。

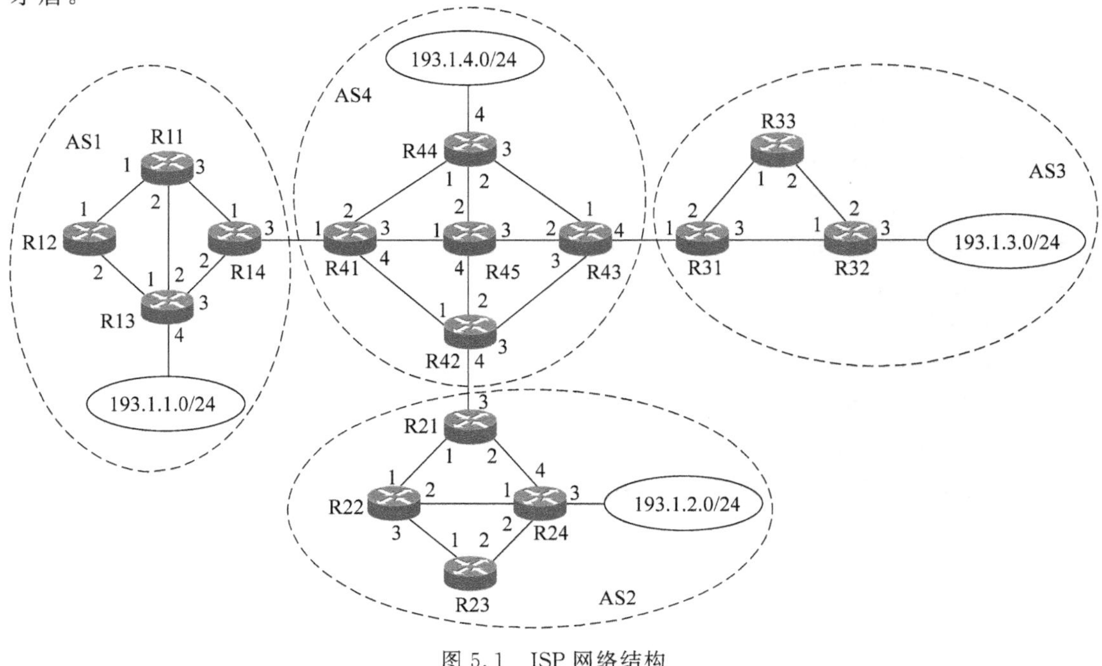

图5.1　ISP网络结构

实现自治系统互连的路由器称为自治系统边界路由器(Autonomous System Boundary Router,ASBR),图 5.1 中,路由器 R14 和 R41 分别是自治系统 AS1 和自治系统 AS4 中的自治系统边界路由器,它们的功能是实现自治系统 AS1 和自治系统 AS4 的互连。一般情况下,需要路由器 R14 接口 3 和路由器 R41 接口 1 连接在同一个网络上,因此,通过路由器 R14 和路由器 R41 因为配置接口 IP 地址和子网掩码而自动生成的直连路由项就可实现路由器 R14 和路由器 R41 之间的 IP 分组传输过程。

5.1.2　广域网技术

对于 ISP 网络,路由器之间的间隔可能很远,因此,互连路由器的链路常采用远距离点对点链路,目前常见的远距离点对点链路有 ATM 网络提供的虚电路和 SDH 网络提供的物理链路。因此,需要通过 IP over ATM 或 IP over SDH 技术实现路由器之间的 IP 分组传输过程。

IP over ATM 需要实现以下三个功能,一是根据下一跳 IP 地址确定连接下一跳路由器的虚电路,二是需要将 IP 分组封装成 ATM 信元,三是通过路由器之间已经建立的 ATM 虚电路实现封装 IP 分组的信元当前跳至下一跳的传输过程。

IP over SDH 需要实现以下四个功能,一是根据 IP 分组的输出接口确定连接下一跳路由器的点对点物理链路,二是通过 PPP 建立与下一跳路由器之间的 PPP 链路,其中包括双向路由器身份鉴别过程,三是需要将 IP 分组封装成 PPP 帧,四是通过与下一跳路由器之间的 PPP 链路实现 PPP 帧当前跳至下一跳的传输过程。

5.1.3　分层路由结构

每一个自治系统中的路由器通过两层路由协议创建用于指明通往其他自治系统中网络的传输路径的路由项,如自治系统 AS1 中路由器 R12 创建用于指明通往自治系统 AS3 中网络 193.1.3.0/24 的传输路径的路由项的过程如下。

1. 内部网关协议创建自治系统内部路由项

每一个自治系统通过内部网关协议创建用于指明通往该自治系统内所有网络的传输路径的路由项,如自治系统 AS1 中路由器 R12 创建用于指明通往路由器 R14 接口 3 连接的网络(这里假定为 NET9)的传输路径的路由项＜NET9,R11,3＞,其中目的网络为路由器 R14 接口 3 连接的网络 NET9,下一跳路由器为 R11,距离为 3。同样,自治系统 AS4 中路由器 R41 创建用于指明通往路由器 R43 接口 4 连接的网络(这里假定为 NET11)的传输路径的路由项＜NET11,R45,3＞。自治系统 AS3 中路由器 R31 创建用于指明通往网络 193.1.3.0/24 的传输路径的路由项＜193.1.3.0/24,R32,2＞。

2. 自治系统边界路由器交换路由消息

通过配置,确定 R43 为自治系统 AS4 中的边界路由器,R31 为自治系统 AS3 中的边界路由器,且 R43 和 R31 互为相邻路由器。R43 和 R31 通过外部网关协议交换路由消息,R31 发送给 R43 的路由消息中给出目的网络 193.1.3.0/24、所在自治系统的自治系统号 AS1 和 R31 接口 1 的 IP 地址,需要指出的是,由于 R31 接口 1 和 R43 接口 4 连接在同一个网络上,因此,AS4 中路由器建立通往 R43 接口 4 连接的网络的传输路径时,也建立了通往 R31 接口 1 的传输路径。一般情况下,R43 通过 BGP 将 R31 发送给它的有关目的网络

193.1.3.0/24 的路由消息转发给 R41。

同样，通过配置确定 R41 为自治系统 AS4 中的边界路由器，R14 为自治系统 AS1 中的边界路由器，且 R41 和 R14 互为相邻路由器。R41 和 R14 通过外部网关协议交换路由消息，R41 发送给 R14 的路由消息中给出目的网络 193.1.3.0/24、通往目的网络传输路径经过的自治系统：AS1 和 AS4 及 R41 接口 1 的 IP 地址。R14 通过内部网关协议将用于指明通往外部网络 193.1.3.0/24 的传输路径的路由项＜类型＝外部网，目的网络＝193.1.3.0/24，下一跳＝R41 接口 1 的 IP 地址＞扩散到 AS1 中的所有其他路由器，路由器 R12 根据内部网关协议建立的用于指明通往 R14 接口 3 连接的网络的传输路径的路由项＜类型＝内部网，目的网络＝NET9，下一跳＝R11＞和路由项＜类型＝外部网，目的网络＝193.1.3.0/24，下一跳＝R41 接口 1 的 IP 地址(属于网络地址 NET9)＞建立用于指明通往外部网 193.1.3.0/24 的传输路径的路由项＜类型＝外部网，目的网络＝193.1.3.0/24，下一跳＝R11＞。同样，R41 或 R43 在 AS4 中通过内部网关协议扩散用于指明通往外部网 193.1.3.0/24 的传输路径的路由项＜类型＝外部网，目的网络＝193.1.3.0/24，下一跳＝R31 接口 1 的 IP 地址＞，AS4 中的路由器通过内部网关协议建立的用于指明通往 R43 接口 4 连接的网络的传输路径的路由项和路由项＜类型＝外部网，目的网络＝193.1.3.0/24，下一跳＝R31 接口 1 的 IP 地址＞建立用于指明通往外部网 193.1.3.0/24 的传输路径的路由项。

3. 通往外部网的传输路径

在 AS1 中建立的 R12 通往外部网 193.1.3.0/24 的传输路径为 R12→R11→R14→R41，该传输路径由路由器 R12、R11 和 R14 通过内部网关协议建立的通往 R14 接口 3 连接的网络 NET9 的传输路径和路由项＜类型＝外部网，目的网络＝193.1.3.0/24，下一跳＝R41 接口 1 的 IP 地址＞创建。

在 AS4 中建立的 R12 通往外部网 193.1.3.0/24 的传输路径为 R41→R45→R43→R31，该传输路径由路由器 R41、R45 和 R43 通过内部网关协议建立的通往 R43 接口 4 连接的网络(NET11)的传输路径和路由项＜类型＝外部网，目的网络＝193.1.3.0/24，下一跳＝R31 接口 1 的 IP 地址＞创建。

在 AS3 中建立的 R12 通往外部网 193.1.3.0/24 的传输路径为 R31→R32→网络 193.1.3.0/24，该传输路径由路由器 R31 和 R32 通过内部网关协议建立。

5.2 IP over ATM 和 IP over SDH

5.2.1 SDH

1. 产生 SDH 的原因

通过分析 PSTN 可以发现，PSTN 实际上是由数字传输系统互连 PSTN 交换机而成的一个网络系统，如图 5.2 所示。当然，可以直接用一对点对点光纤(或优质同轴电缆)来互连 PSTN 交换机，但这种互连方式比较复杂，如互连 N 台 PSTN 交换机需要 $N\times(N-1)/2$ 对光纤，因此，互连 PSTN 交换机的 E 系列链路采用复用和交换技术。图 5.3 中，需要用两条 E3 链路分别互连 PSTN 交换机 1 和 3、PSTN 交换机 2 和 4，但不需要单独铺设这两条 E3 链路，而是通过复用一条 E4 链路实现。PSTN 交换机 1 连接的复用/分离器需要将 E4 帧中

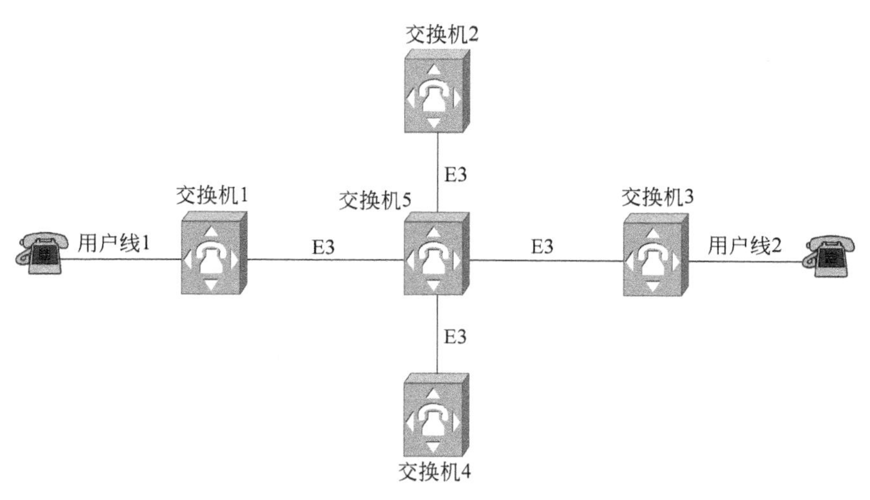

图 5.2　PSTN 结构

某个位置的 E3 信号和连接 PSTN 交换机 1 的 E3 链路绑定在一起，同样，PSTN 交换机 3 连接的复用/分离器需要将 E4 帧中同一位置的 E3 信号和连接 PSTN 交换机 3 的 E3 链路绑定在一起。复用技术要求参与复用的 E 链路两端的终端设备位于同一物理区域，如图 5.3 中的 PSTN 交换机 1、2 和 PSTN 交换机 3、4。如果参与复用的 E 链路两端的终端设备位于不同的物理区域，如图 5.4 中，连接 PSTN 交换机 3 的 E3 链路的另一端是 PSTN 交换机 7，连接 PSTN 交换机 4 的 E3 链路的另一端是 PSTN 交换机 5，虽然 PSTN 交换机 3 和 4 位于相同的物理区域，但 PSTN 交换机 5 和 8 位于不同的物理区域，这种情况下，如果要求将两条 E3 链路复用到同一条 E4 链路，需要交叉连接交换设备实现不同 E4 链路之间 E3 信号的交换，这种交换过程和 PSTN 交换机的时隙交换过程相似，即从一条 E4 链路中分离出 E3 信号，然后将 E3 信号重新复用到另一条 E4 链路中，转接项用于指明 E3 信号在这两条 E4 链路中的对应关系。E4 链路由 4 个 E3 信号复用而成，每一个 E3 信号在 E4 帧中都有固定位置，这一点和每一个时隙在 E1 帧中有固定位置是一样的，转接项给出同一 E3 信号在不同 E4 帧中的位置关系，如转接项＜1.1：3.1＞表明端口 1 连接的 E4 链路中位置 1 中 E3 信号和端口 3 连接的 E4 链路中位置 1 中的 E3 信号是对应的，即需要从端口 1 连接的 E4 链路中分离出位置 1 中 E3 信号，然后将其复用到端口 3 连接的 E4 链路的位置 1 中，反之亦然。PSTN 交换机中的转接项在建立呼叫连接时生成，在释放呼叫连接时删除，而交叉连接交换设备中的转接项往往由人工静态配置。PSTN 交换机间通过复用和交换技术建立的 E3 链路是专用的点对点链路，是电路交换路径。

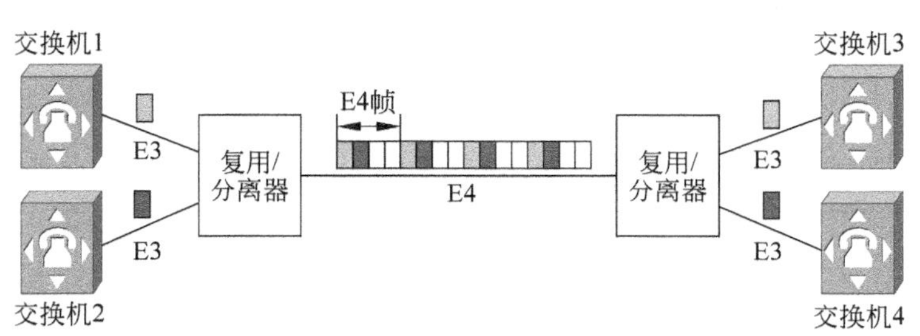

图 5.3　复用技术

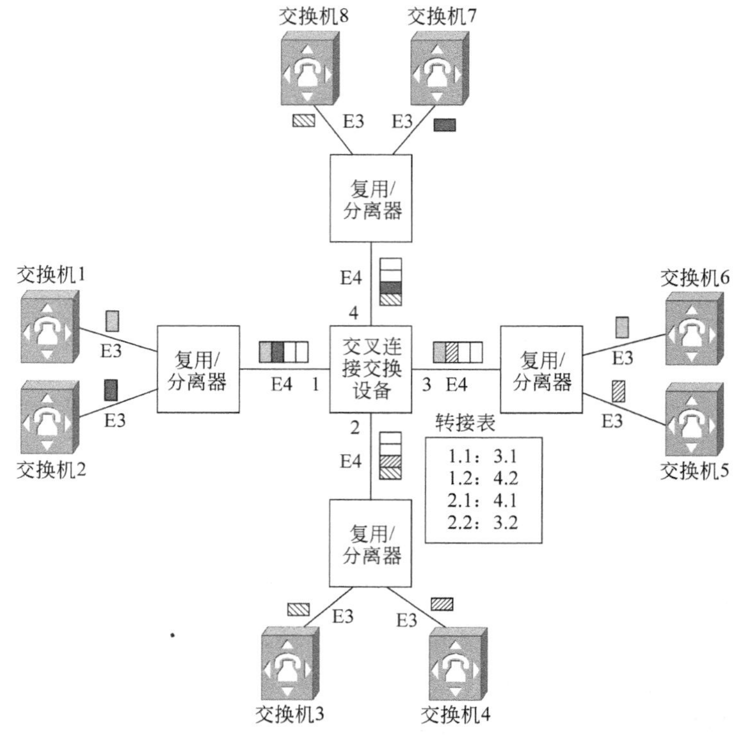

图 5.4 复用和交换技术

目前世界上常用的数字传输系统有两大系列：E 系列和 T 系列，中国和欧洲使用的是 E 系列，北美和日本使用的是 T 系列，这两个系列并不兼容，表 5.1 和表 5.2 分别给出 E 系列和 T 系列链路传输速率与支持同时通信的语音路数。从中可以发现，不同系列数字传输系统之间不能直接相互通信，需要进行转换，这对全球通信带来困扰。另外，从高次群帧中提取低次群信号的过程也十分困难，必须逐次分离，如果需要从 E4 帧中提取 E1 信号，首先需要分离出 E4 帧中 4 个 E3 信号，然后从包含 E1 信号的 E3 帧中分离出 4 个 E2 信号，再从包含 E1 信号的 E2 帧中分离出该 E1 信号。为了解决数字传输系统的不兼容问题，简化信号复用、分离和交换过程，需要提供一种标准的数字传输系统，这种标准的数字传输系统就是同步数字体系(Synchronous Digital Hierarchy，SDH)。

表 5.1 E 系列传输速率和语音路数

速率类型	一次群(E1)	二次群(E2)	三次群(E3)	四次群(E4)	五次群(E5)
传输速率(Mb/s)	2.048	8.448	34.368	139.264	565.148
语音路数	30	120	480	1920	7680

表 5.2 T 系列链路传输速率和语音路数

速率类型	一次群(T1)	二次群(T2)	三次群(T3)	四次群(T4)
传输速率(Mb/s)	1.544	6.312	44.736	274.176
语音路数	24	96	672	4032

2. SDH帧结构

既然同步数字体系是一种通用的数字传输系统，它的帧结构必须是非常灵活的，就像是一条滚装船，必须能够同时搭乘旅客、汽车、货物、甚至火车，而且应该比滚装船更加灵活。可以把SDH帧结构想象成具有这样一种功能的滚装船：如果只搭乘旅客，可以搭乘5000名旅客。只搭乘汽车，可以搭乘500辆汽车。只搭乘货物，可以搭乘100吨货物。如果只搭乘火车，可以搭乘10节车厢。如果混装，按照500旅客：50辆汽车：10吨货物：1节车箱这样的比例，任意安排旅客、汽车、货物和火车的数量。

基于这样的思路，提出图5.5所示的SDH STM-1(Synchronous Transfer Module：同步传递模块)帧结构，SDH每一帧的传输时间为125μs，这完全是为了和PSTN中8kHz的采样频率相吻合。SDH STM-1每一帧共有9×270=2430字节，这2430字节在传输时是逐字节、逐位传输，但在表示其帧结构时，将2430字节安排成9行，每行270列的矩阵格式。由于每125μs传输2430字节，算出其传输速率=2430×8000×8=155.52Mb/s。155.52Mb/s传输速率包含9列开销字节，实际净荷传输速率=261×9×8000×8=150.336Mb/s。净荷传输速率是实际为网络结点提供的数字传输速率，就像滚装船中真正用于搭乘旅客、汽车、货物和火车的空间，而开销字节数就像滚装船中一些服务设施所占用的空间。不同网络结点要求的传输速率是不同的，如PSTN交换机X要求E2传输速率(8.448Mb/s)，而PSTN交换机Y要求E3传输速率(34.368Mb/s)，就像多个用户同时通过某条滚装船运送物品时，不同用户有不同的运输要求，如用户X要求运送20辆汽车，而用户Y要求运送2节火车车厢。对滚装船而言，需要用一种方法将不同尺寸、不同类型的物品混装在一起，而且，为了方便装卸，需要将滚装船的空间分隔成不同类型的标准子空间，以对应不同尺寸、不同类型的物品，当然，这种子空间的分隔可以动态改变。很显然，每一标准子空间的大小肯定不会和实际物品尺寸完全一致，应该是稍大于实际物品尺寸，并将实际物品放入对应标准子空间的过程称之为封装，将标准子空间尺寸称之为封装空间尺寸。同样，当SDH汇聚不同传输速率要求的数字传输服务请求时，也需要将这些不同的传输速率要求封装成对应的标准的子速率，这些标准的子速率是实际的传输速率要求+作为开销的传输速率，因此，图5.5中，当净荷传输速率用于提供VC-4标准子速率时，真正可以为网络结点提供数字传输服务的传输速率只有260×9×8000×8=149.760Mb/s。这个传输速率可以支持E4传输速率，但如果要求支持E5传输速率，就需要更高速的数字传输系统。实

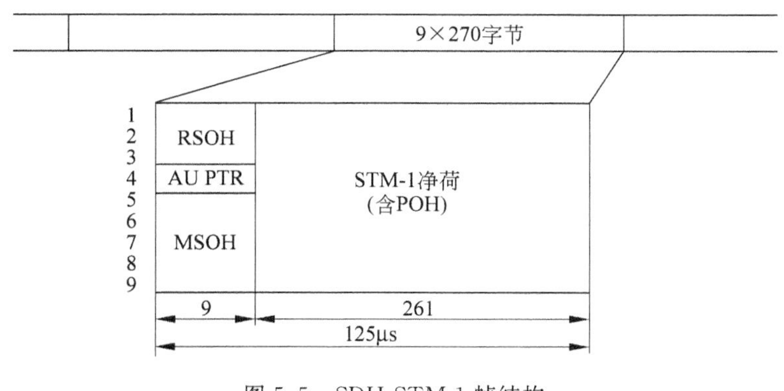

图5.5 SDH STM-1帧结构

际上，155.52Mb/s 传输速率只是 SDH 的基本传输速率（STM-1），有点类似于 PSTN 中的 E1 传输速率，SDH 可以提供更高速的传输速率，这些高速传输速率必须是基本传输速率的整数倍，表 5.3 是目前 SDH 可以提供的传输速率。

表 5.3　SDH 信号结构

信　　号	速率(Mb/s)	容　　量
STM-1，OC-3	155.520	1E4 或 84 T1 或 3 T3
STM-4，OC-12	622.080	4E4 或 336 T1 或 12 T3
STM-16，OC-48	2488.320	16E4 或 1344 T1 或 48 T3
STM-64，OC-192	9953.280	64E4 或 5376 T1 或 192 T3

SDH STM-1 的传输速率是由 STM-1 帧结构决定的，那么 STM-4 的帧结构又该如何？图 5.6 是 STM-4 帧结构。STM-4 帧结构表明 STM-4 每 125μs 传输 4×270×9＝9720 字节，算出其传输速率＝4×2430×8000×8＝622.08Mb/s。从图 5.6 中也可以看出，STM-4 的开销也是 STM-1 的 4 倍。通过 STM-4，不难得出 STM-N 帧结构及 STM-N 的传输速率。

3. SDH 复用结构

SDH 作为标准的数字传输系统必须能够同时支持 E 系统和 T 系列信号结构，当然，STM-1 只能支持 E1、E2、E3、E4 和 T1、T2、T3，STM-4 才能支持 E5 和 T4。

SDH 复用过程就是将多个 E 系列或 T 系列信号复用成单一的 STM-1 或 STM-N 信号的过程，对于 STM-1 信号，根据它的传输速率，可以得出表 5.4 所示的对应关系。

从表 5.4 中可以看出，目前能够复用为 STM-1 信号的 E 系列和 T 系列信号只能是 E1、E3、E4 和 T1、T2、T3，E2 由于在实际应用中并不常见，因此，SDH 目前不支持 E2 信号的复用。

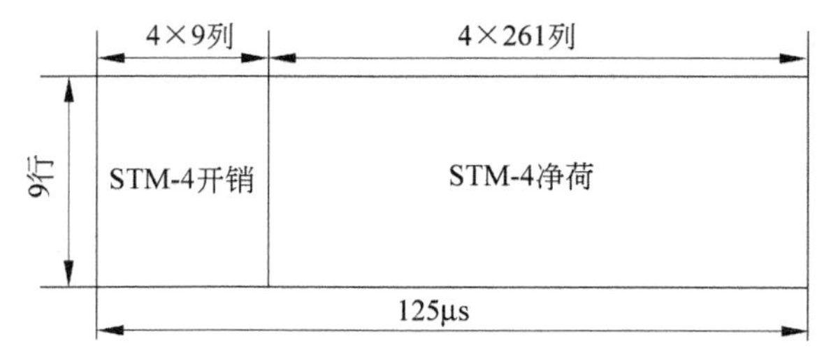

图 5.6　STM-4 帧结构

表 5.4　STM-1 信号能够支持的 E 系列和 T 系列信号

信号类型	E1	E3	E4	T1	T2	T3
数量	63	3	1	84	21	3

表 5.4 列出的数量是单一将该信号复用为 STM-1 信号时支持的信号数量，即可以将 63 个 E1 信号复用为一个 STM-1 信号，但实际应用中，往往是将多种信号复用成单一 STM-1 信号，图 5.7 给出了多种信号复用为 STM-1 信号的过程。从图 5.7 中可以看出，当多种信号复用成单一 STM-1 信号时，每一种信号的数量并不是任意分配的，当 T1 信号参与复用过程时，它的数量必须是 4 的整数倍（图中用×4 表示），而当 E1 信号参与复用过程时，它的数量必须是 3 的整数倍。

在讨论滚装船装卸过程时也讲过，不可能在一个毫无分割的大空间内将人、汽车、货物及火车车厢堆放在一起，应该分别为人、货物、汽车、火车车厢分割出独立的子空间，一方面

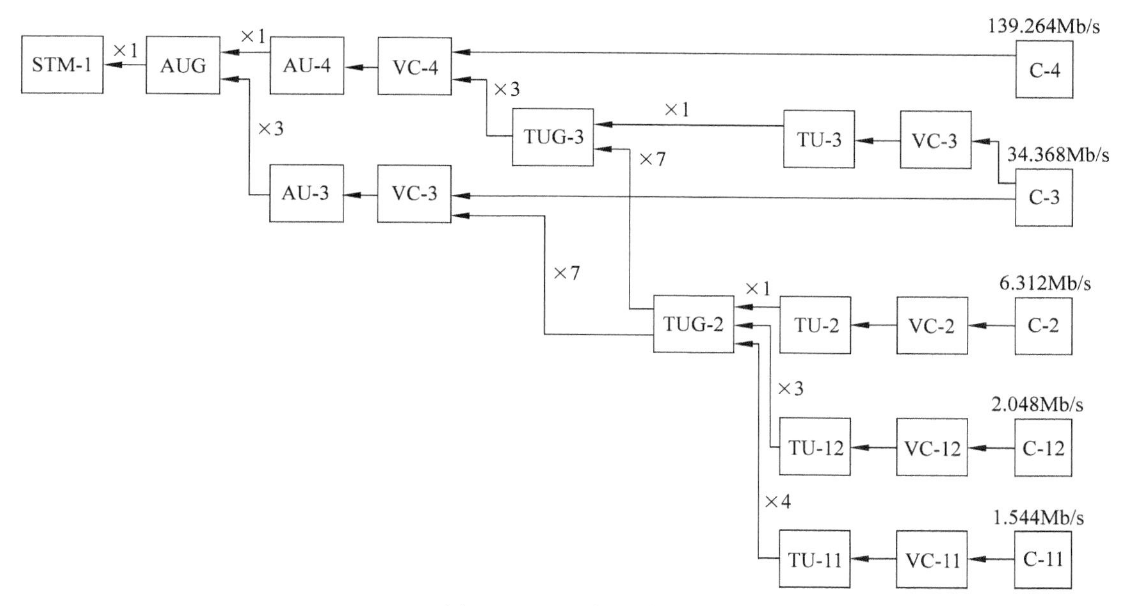

图 5.7　SDH 复用结构

这种分割是动态的，另一方面，这种分割是有基本单位的，如分隔出的旅客房间是 4 个人的，则旅客人数最好是 4 的倍数，否则就会造成浪费，对于汽车、货物、火车车厢也同样。因此，当确定旅客、汽车、货物、火车车厢数量后，首先对滚装船进行空间分割（当然目前的滚装船是固定分割好的，但为了和 SDH 结构相一致，才要求滚装船具有动态分割功能），然后再将旅客、汽车、货物、火车车厢装入对应的子空间。将多种信号复用为单一 STM-1 信号的过程也是相似的。

在 SDH 结构中，对应每一种信号的基本装载结构为容器（C），对应 T1、E1，T2、E3，T3、E4 的容器分别为 C11、C12、C2、C3（E3 和 T3）和 C4，容器应该有一定的伸缩性，因为不同设备的 T 系列或 E 系列信号存在一定的传输速率误差，容器必须能够装载下误差范围内的对应信号。

虚容器（VC）由容器和通道开销（Path Overhead，POH）组成（VCn＝Cn＋VCn POH），通道开销的作用在于能够更方便地插入或取出信号。容器和 POH 对应图 5.5 中一定数量的字节数，字节数的多少，决定了容器的传输速率和 POH 占用的带宽。

支路单元（TU）由低阶虚容器（VC-11、VC-12、VC-2、VC-3）和支路单元指针（TU-n PTR）组成（TU-n＝VC-n＋TU-n PTR），支路单元指针用于指出虚容器在图 5.5 所示矩阵中的位置。将虚容器（VC）变成支路单元（TU）的目的是为了更方便地存取对应信号，支路单元组（TUG）由若干支路单元组成。

管理单元（AU）由高阶虚容器（VC-n n＝3，4）和管理单元指针（AU-n PTR）组成（AU-n＝VC-n＋AU-n PTR），管理单元组（AUG）由若干管理单元组成。

以滚装船为例，可以简单说明一下管理单元组、管理单元、支路单元组、支路单元、虚容器、容器之间的关系。一般情况下，将滚装船划分成若干层，每一层的面积相等，位置固定，如管理单元组。在每一层，为了充分使用该层空间，将该层分隔成若干独立的子空间（管理单元),这些子空间用于装载对应的物品或旅客,不同类型的物品利用子空间的方式不同,如用于装载火车车厢的子空间,单个子空间只能装载一节火车车厢,类似 VC-3 或 VC-4 构成 AU-3 或 AU-4。有的子空间可能需要进一步分割,如装载旅客的子空间可能需要进一步分成二等舱区、三等舱区(支路单元组),每一个舱区又需要分割成多个房间(支路单元),每一个房间又分成若干床位(虚容器),床的大小又能适应不同身高的旅客。床位和床的区别在于床位是指房间中用于固定存放床并使旅客能够方便上、下床的一个空间范围。滚装船如此组织空间的目的在于既有效地利用空间,又方便装卸货物(或上、下旅客)。同样,SDH 如此组织帧结构的目的也在于既要充分利用传输速率,又要方便信号的存取。

图 5.8 是基于 SDH 实现的 PSTN,它和图 5.2 所示的基于 E 系列数字传输系统实现的 PSTN 结构十分相似,PSTN 交换机间的 E3 链路首先被复用到 STM-N 帧中,传输给交叉连接交换设备,交叉连接交换设备通过转接表在各个 STM-N 帧间完成 VC-3(E3 信号的虚容器封装格式)交换,图 5.8 所示的转接项＜1.1VC-3：3.1VC-3＞表明将端口 1 连接的 STM-N 帧中位置 1 的 VC-3 交换到端口 3 连接的 STM-N 帧中位置 1 的 VC-3。同样,PSTN 交换机 6 连接的复用/分离器将 STM-N 帧中位置 1 的 VC-3 和连接 PSTN 交换机 6 的 E3 链路关联在一起。从 SDH 帧结构和复用过程中可以看出,SDH 一是解决了统一传输 E 系列和 T 系列信号的问题,二是解决了直接在 STM-N 帧中分插、交换任何群次 E 系列和 T 系列信号的问题。

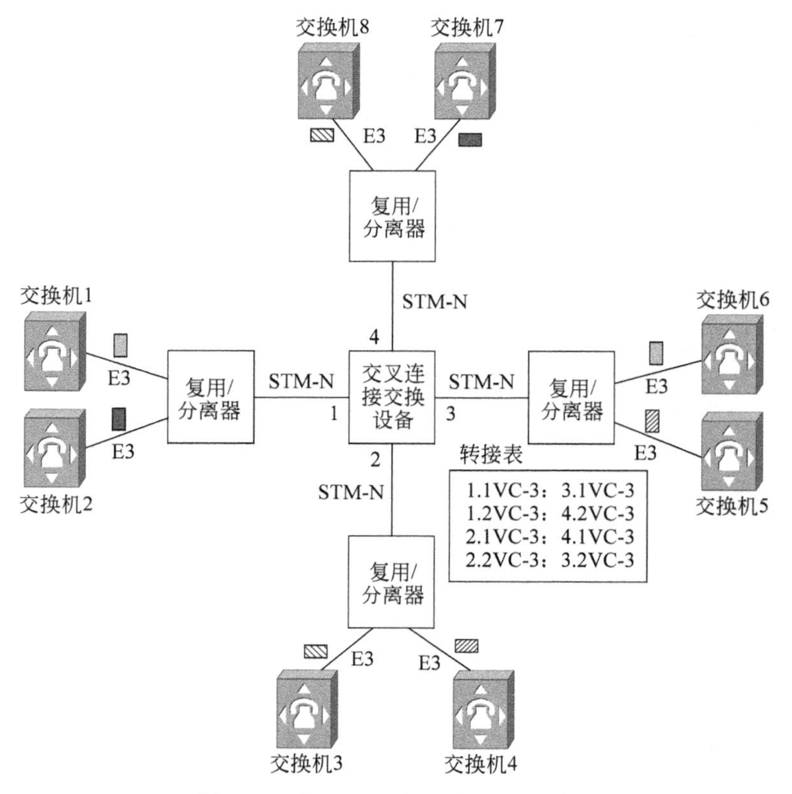

图 5.8　基于 SDH 实现的 PSTN 结构

5.2.2 ATM

1. 引出 ATM 的原因

目前,许多国家通常由不同的公司经营 PSTN 和 SDH,这种情况下,选择 PSTN 交换机间用于传输语音信号的数字信号结构显得十分重要,如果数字信号速率太低,而跨 PSTN 交换机呼叫很密集,则大量呼叫不能连接成功,影响用户通信,反之,如果数字信号速率太高,而跨 PSTN 交换机呼叫没有密集到充分利用数字信号传输能力的程度,导致 PSTN 交换机间传输通路的带宽浪费,经营成本增大。选择合适的 PSTN 交换机间传输通路带宽的困难之处在于跨 PSTN 交换机的呼叫密度不是恒定的,而是变化的。

为了提高互连 PSTN 交换机的 E 系列链路的传输效率,应该由另一种复用设备,而不是由 PSTN 交换机直接占用 SDH 提供的 E3 链路传输带宽,PSTN 交换机和其他终端设备,如路由器,通过该复用设备共享 E3 链路传输带宽,当然,为了保证用户的语音通信质量,语音信号优先占用 E3 链路传输带宽。图 5.9 是这种应用的结构图。

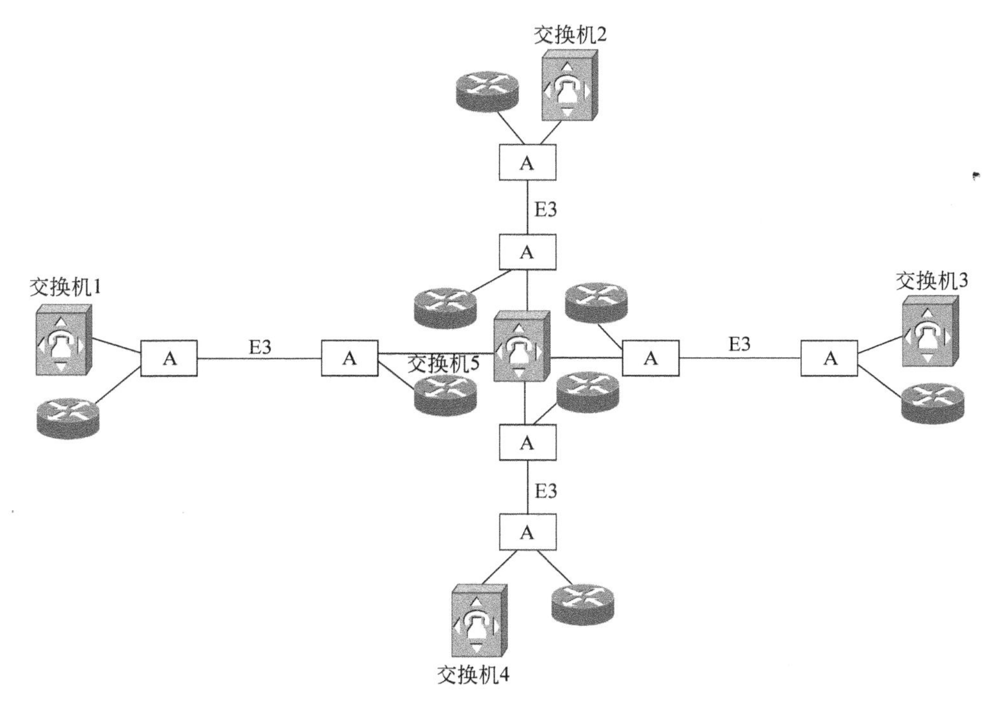

图 5.9 多种终端设备共享 E3 信号带宽结构图

在图 5.9 中,标为 A 的复用设备之间是传输速率恒定的 E3 链路,而 PSTN 交换机和标为 A 的复用设备之间是速率变化的数字信号,正常情况下,标为 A 的复用设备的输入数字信号的速率之和不能大于 E3 信号传输速率,但如果标为 A 的复用设备具有缓冲器,能够临时将不能及时通过 E3 链路发送出去的数据存放起来,就允许短时间内输入数字信号的速率之和大于 E3 链路的速率。显然,每一条 E3 链路并没有固定分配带宽给两端的 PSTN 交换机或路由器,它们按需占用 E3 链路带宽,这种按需分配输出链路带宽的复用方式,其实就是分组交换方式,因此,也将分组交换方式称为统计复用方式。

读者此时应该想到，通过占用SDH固定带宽，为PSTN交换机和其他终端设备提供传输服务的网络就是异步传输方式(Asynchronous Transfer Mode，ATM)。

实际的ATM网络结构如图5.10所示，由ATM网络而非SDH实现PSTN交换机间通信的结构图如图5.11所示，图中网关的作用是实现PSTN和ATM互连。

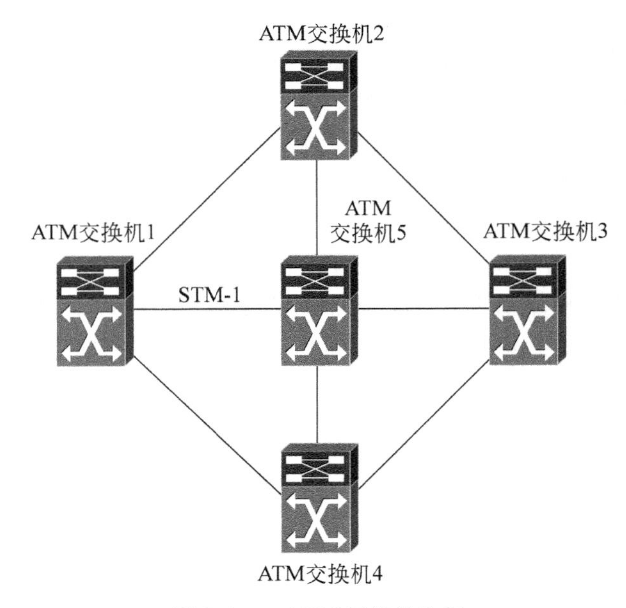

图5.10　ATM网络结构图

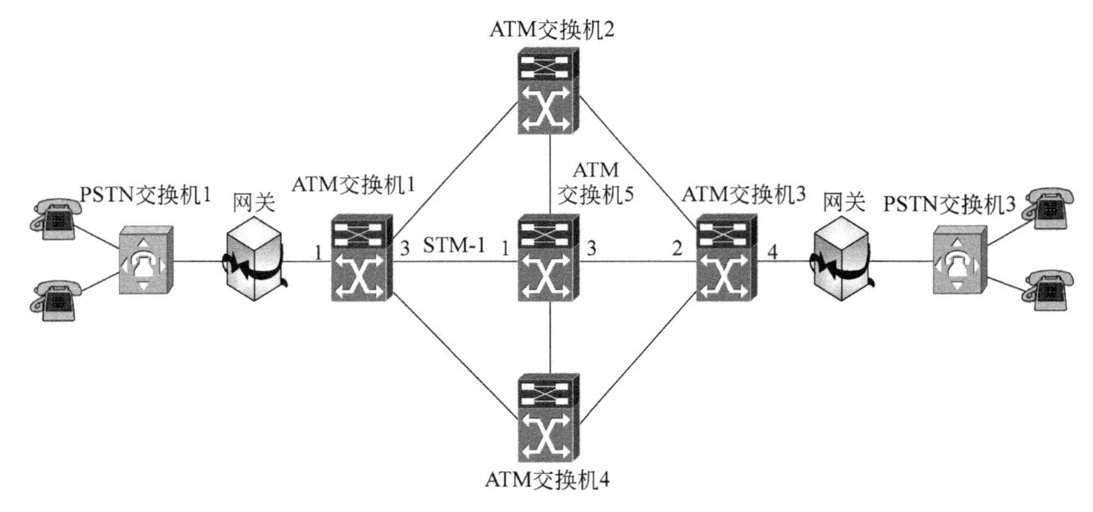

图5.11　ATM网络实现交换机间数字通信通路的结构图

2. 虚电路和信元交换

ATM网络开始在源和目的终端设备之间传输数据(信元)之前，必须在源和目的终端设备之间建立虚电路，在建立虚电路过程中，创建转发表，转发表中给出输入链路和输出链路之间的对应关系(在ATM网络中用端口号标识该端口所连接的链路)及用于标识虚电路的虚电路标识符。在图 5.12 中，每一段虚电路（直接互连两个 ATM 交换机的链路为一段）的虚电路标识符是不同的，这主要因为当某个 ATM 交换机开始建立虚电路时，由它为该虚电路分配一个整个 ATM 网络中唯一的标识符是做不到的，因为它不知道该虚电路经过的其他交换机已经分配了那些标识符，因此，它只能为直接和其相连的那一段分配一个标识符，使得每一段都有单独分配的标识符。在 ATM 网络中，标识虚电路的标识符由两部分组成：虚通道标识符（Virtual Path Identifier，VPI）和虚通路标识符（Virtual Channel Identifier，VCI）。ATM 网络中存在两种类型的虚电路，分别是永久虚电路（Permanent Virtual Circuit，PVC）和交换虚电路（Switched Virtual Circuit，SVC），永久虚电路由人工（或专用配置软件）进行配置，一旦配置完成，便永久存在。交换虚电路建立过程和 PSTN 建立呼叫连接的过程大致相同，也通过在源和目的终端设备之间交换信令消息完成交换虚电路的建立和释放过程。

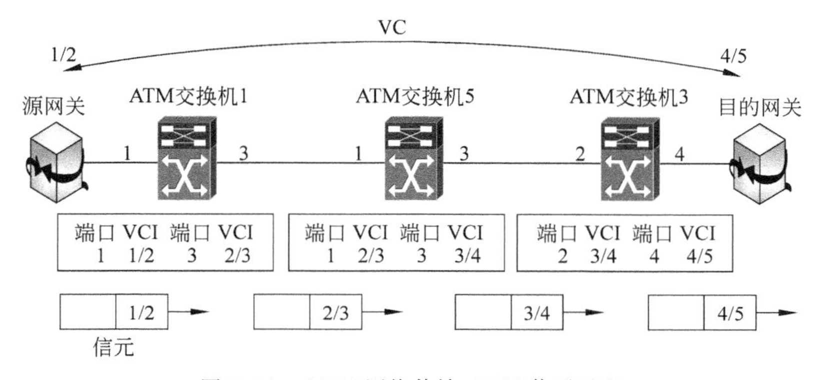

图 5.12　ATM 网络传输 ATM 信元过程

对 ATM 交换机而言，STM-1 链路等同于传输速率为 149.760Mb/s（STM-N＝N×149.760Mb/s）的专用物理信道，ATM 信元的长度是固定的，为 53 字节，因此，ATM 交换机通过 STM-1 链路每秒可以传输的信元数＝$(149.760\times10^6)/(53\times8)$＝353207。图 5.12 中，源网关将数据封装成虚电路标识符 VPI/VCI＝1/2 的信元，并通过连接 ATM 交换机 1 的 STM-1 链路发送给 ATM 交换机 1，ATM 交换机 1 转发 ATM 信元的过程如图 5.13 所示，从端口 1 接收的 STM-1 信号中分离出该信元，根据信元的虚电路标识符 VPI/VCI＝1/2 检索转发表，找到对应项，将该信元的虚电路标识符从 VPI/VCI＝1/2 改为 VPI/VCI＝2/3，并将虚电路标识符 VPI/VCI＝2/3 的信元经过端口 3 所连的 STM-1 链路发送出去，该信元经过 ATM 交换机逐跳转发，最终到达目的网关。

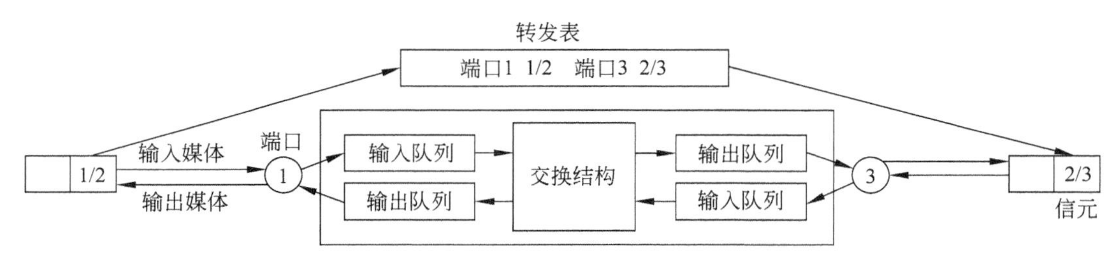

图 5.13　ATM 交换机转发 ATM 信元过程

5.2.3 IP over ATM

1. 网络结构

ATM 网络实现路由器互连的网络结构如图 5.14 所示，路由器 R1 和 R2 之间通过虚电路实现相互通信。每一跳路由器确定需要通过虚电路将 IP 分组传输给下一跳路由器时，需要通过 IP over ATM 技术实现 IP 分组当前跳至下一跳的传输过程。IP over ATM 技术需要解决三个问题，一是确定连接下一跳的虚电路的虚电路标识符；二是完成将 IP 分组封装成 ATM 信元的过程；三是封装 IP 分组的 ATM 信元经过 ATM 网络实现当前跳至下一跳的传输过程。

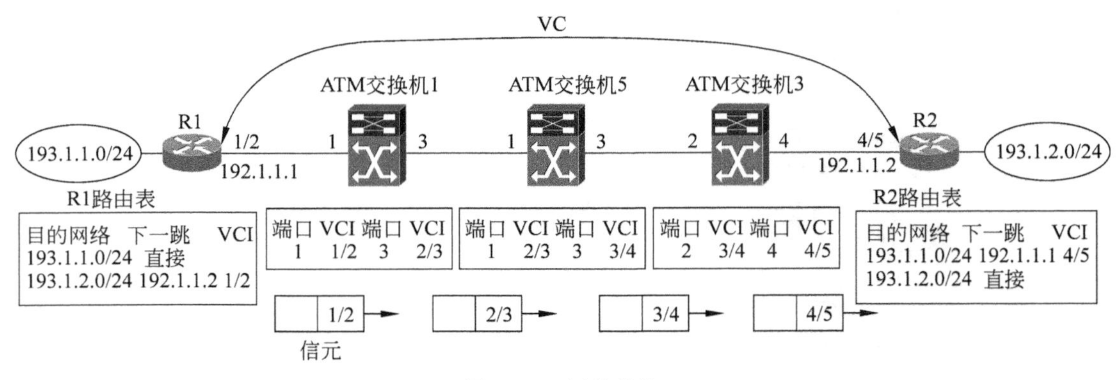

图 5.14 网络结构

如图 5.14 所示，路由器路由表中针对某个特定目的网络的路由项直接给出连接下一跳的虚电路的虚电路标识符（VCI），因此，当前跳可以通过路由项确定连接下一跳的虚电路的虚电路标识符。由于每一个 ATM 信元只能封装 48 字节净荷，一旦 IP 分组长度大于 48 字节，需要进行分片操作。分片操作要求将 IP 分组中的数据分片，每一个分片后产生的数据片加上 IP 分组首部后，构成独立的 IP 分组，且保证该 IP 分组的长度小于 48 字节。IP 分组首部中固定部分的长度为 20 字节，如果存在可选项的话，IP 分组首部长度最大可以达到 60 字节，已经超出 ATM 信元的净荷长度，因此，对于只有 48 字节净荷长度的 ATM 信元，通过将 IP 分组中的数据分片，且将分片后的数据片序列构成 IP 分组序列，以此保证每一个 IP 分组的总长小于 48 字节的方法是行不通的。因为这种方法在 IP 分组首部长度大于等于 48 字节时，是无法实施的，在 IP 分组首部长度小于 48 字节时，传输效率也非常低。

2. AAL 的作用

前面已经讲过，提出 ATM 网络的目的是希望在电路交换网络（SDH）上为各种应用提供分组交换（更确切地说是信元交换）服务，以提高 SDH 传输带宽的利用率，但各种应用产生的数据并不是 48 字节长度的数据块，而是各种形式的位流或字节流，如语音传输应用中每一路语音所产生的数字语音数据是每秒钟 8 千个时间间隔相等的字节流，IP 分组传输应用中，是字节长度最大可达 64KB 的 IP 分组，需要解决如何将这样的字节流封装成 ATM 信元，经过 ATM 网络传输后，又在另一端还原成同样的字节流的问题。ATM 网络通过适配层解决这一问题，图 5.15 所示的是增加 ATM 适配层（ATM Adaptation Layer，AAL）后的 ATM 网络协议结构。

语音	MPEG4	…	IP分组
AAL1	AAL2	…	AAL5
ATM			
SDH			

图5.15 ATM协议结构

适配层对于不同应用,有着不同的解决字节流传输和同步的方法,因此有了针对不同应用的适配层,如ATM适配层1(AAL 1)、ATM适配层2(AAL 2)等。

3. AAL 5

和传输IP分组对应的ATM适配层是ATM适配层5(AAL 5),那么ATM适配层5(AAL 5)是如何实现将IP分组分割成48字节长度的数据块,然后将这些数据块封装成ATM信元,经过ATM网络传输后,重新还原成IP分组的功能的呢?

读者一开始会认为AAL5非常简单,就是把IP分组划分成多个48字节长度的数据块,然后,在ATM网络的另一端再把这些48字节长度的数据块重新拼接成IP分组。但事实并非如此:

(1) 如果IP分组长度不是48字节的整数倍怎么办?

(2) ATM网络的另一端如何辨认属于同一IP分组的ATM信元?因为同一源和目的端之间可能通过ATM网络连续传输多个IP分组,需要从一组ATM信元中划分出属于不同IP分组的信元。

(3) 如果某个ATM信元传输错误,接收端如何知晓?为了解决上述问题,AAL5先由汇聚子层(Convergence Sublayer,CS)将IP分组封装成CS-PDU,协议数据单元(Protocol Data Unit,PDU)是网络中的一个专有名词,在计算机网络中,把数据按照某一层协议要求格式封装后产生的结果称为这一层的协议数据单元。

IP分组封装成CS-PDU后的格式如图5.16所示,它包含一个8字节的尾部、用户数据字段和填充字段(PAD)。填充字段把最后一个SAR_PDU填充成48字节。CPCS_UU字段用于汇聚子层两端实体之间传输用户信息,公共部分指示符(CPI)目前并没有定义,这两个字段内容对经过ATM网络传输IP分组的过程没有影响。长度字段(L)给出用户数据字段长度。循环冗余检验(Cyclic Redundancy Check,CRC)字段负责对CS_PDU检错。

1~65 536字节	0~47字节	1字节	1字节	2字节	4字节
用户数据	PAD	CPCS_UU	CPI	L	CRC

图5.16 AAL 5 CS_PDU

图5.16所示的AAL 5 CS_PDU没有类型字段,这表明或者AAL 5 CS_PDU的用户数据字段只允许包含IP分组,或者和无线局域网一样,将数据放入AAL 5 CS_PDU用户数据字段前用LLC层封装形式给出数据类型。显然,AAL 5 CS_PDU不会只允许承载IP分组,因此,需要用LLC封装形式给出数据的类型。实际上,ATM网络作为宽带综合业务数字网,不仅可以传输IP分组这样的网络层分组,还允许传输以太网MAC帧这样的链路层帧,因此,LLC封装形式需要给出网络层分组类型和链路层帧类型。图5.17和图5.18分别给出LLC封装网络层分组和以太网MAC帧的形式。

1B	1B	1B	1B	1B	1B	2B	
AA	AA	03	00	00	00	以太网类型字段	数据字段

图 5.17 LLC 封装网络层分组形式

1B	1B	1B	1B	1B	1B	1B	1B	1B	1B	
AA	AA	03	00	80	C2	00	01	00	00	以太网MAC帧

图 5.18 LLC 封装以太网 MAC 帧形式

LLC 层在这里只用于给出数据类型，因此，在讨论 LLC 封装形式时，可以只把 LLC 层封装形式中前面若干字节的固定内容当作标识符，用于表明所封装的数据类型。

拆装子层(Segmentation And Reassembly，SAR)将 CS_PDU 分割成 48 字节长度的 SAR_PDU，在每一个 SAR_PDU 中加上 5 字节的 ATM 信元首部后，构成 ATM 信元，分割过程如图 5.19 所示。

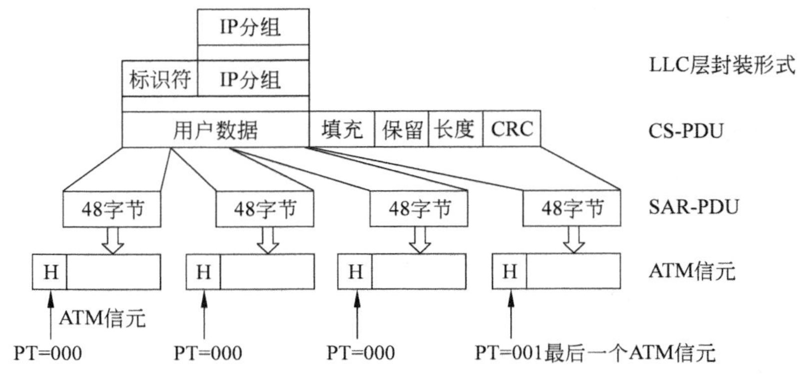

图 5.19 AAL5 将 IP 分组分割成 SAR_PDU 的过程

下面讨论一下 AAL5 解决上述 3 个问题的过程。

(1) 先将 IP 分组封装成 LLC 层封装形式，在将 LLC 层封装形式封装成 CS_PDU 时，在用户数据字段后面加入了填充字段，加入填充字段的目的就是使 CS_PDU 的长度成为 48 字节的倍数，但为了使接收端能够区分用户数据和填充数据，用长度字段给出用户数据的实际长度。

(2) 由于经过 ATM 虚电路(Virtual Circuit，VC)能够保证 ATM 信元的按序传输，因此，属于同一 IP 分组的 ATM 信元肯定是相邻的一组 ATM 信元，问题是如何确定属于某个 IP 分组的第一个 ATM 信元和最后一个 ATM 信元。从图 5.19 中可以看出，属于某个 IP 分组的最后一个 ATM 信元的首部的 PT 字段值为 001，而其他 ATM 信元的首部的 PT 字段值为 000，这就可以确定 PT=001 的 ATM 信元是当前 IP 分组的最后一个 ATM 信元，而紧随该 ATM 信元且 PT=000 的 ATM 信元是下一个 IP 分组的第一个 ATM 信元，这样，就可以把属于每一个 IP 分组的 ATM 信元鉴别出来。

(3) 如果属于某个 IP 分组的 ATM 信元在传输过程中出错，或丢失其中某个 ATM 信元，在接收端对重新拼接后的 CS_PDU 用 CRC 字段进行校验时，肯定发现错误，因此，通过 CRC 字段对由鉴别出来的属于同一 IP 分组的 ATM 信元拼接而成的 CS_PDU 进行校验，就可发现ATM信元传输过程中发生的错误。

4. IP over ATM的缺陷

引申出ATM网络的目的是解决专用物理信道的传输效率问题，使得路由器之间的虚电路可以和PSTN交换机之间的虚电路共享SDH提供的点对点物理信道，但随着IP网络的发展和多媒体应用的开发，路由器之间物理信道的传输能力逐渐成为网络的瓶颈，网络设计更多需要考虑如何提高路由器之间物理信道的传输能力，而不是路由器之间物理信道的传输效率。

由于路由器必须在经过ATM网络传输IP分组前，将IP分组分割、封装成信元，而在接收端，路由器又必须重新把信元拼装成IP分组，这种分割、拼装（总称为拆装）处理耗掉路由器大部分处理能力，当单个STM-1接口满负荷时，每秒就需要处理353 207×2个信元（输入、输出各353 207信元），当路由器有多个STM-N接口（N=1,16,64）时，已有的处理能力根本无法支撑这种拆装（SAR）处理，因此，路由器的ATM接口数量和传输速率都受到路由器处理能力的限制。IP over ATM的上述缺陷使得网络设计者逐渐放弃用ATM网络互连路由器的设计方法，而直接用SDH提供的点对点物理信道互连路由器。

5.2.4 IP over SDH

IP over SDH直接用SDH提供的点对点物理信道互连路由器，路由器之间传输的IP分组封装成PPP帧后，经过SDH提供的点对点物理信道完成传输过程，PPP帧直接作为SDH物理帧的净荷，由SDH实现物理信道一端至另一端的传输过程。

1. 网络结构

图5.20(a)展示了IP over SDH的物理连接过程，通过静态配置SDH，建立两个路由器之间的STM-3物理信道。由ADM完成将PPP帧插入SDH帧中该STM-3信号对应的净荷，或从SDH帧中该STM-3信号对应的净荷中分离出PPP帧的功能。

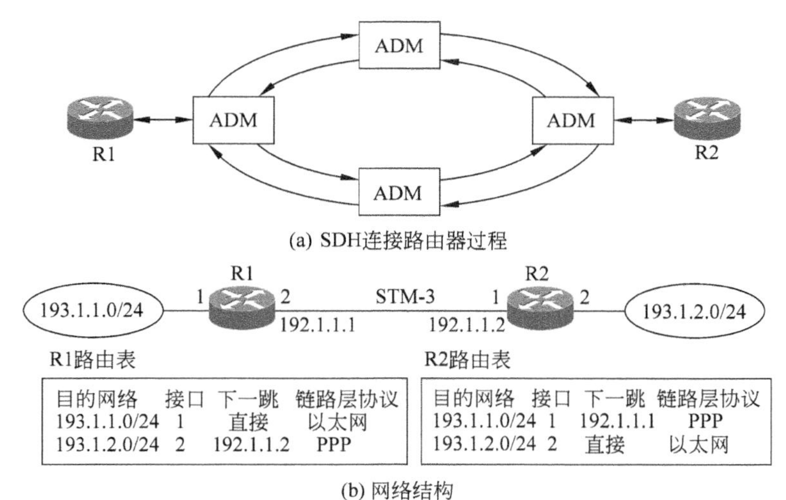

目的网络	接口	下一跳	链路层协议
193.1.1.0/24	1	直接	以太网
193.1.2.0/24	2	192.1.1.2	PPP

目的网络	接口	下一跳	链路层协议
193.1.1.0/24	1	192.1.1.1	PPP
193.1.2.0/24	2	直接	以太网

(b) 网络结构

图5.20 IP over SDH网络结构

图5.20(b)展示了IP over SDH的网络结构，路由器R1与R2之间通过等同于传输速率为STM-3的点对点物理链路实现互连。IP over SDH中，SDH的作用仅仅是提供两个

路由器之间的点对点专用物理信道。

2. PPP

点对点协议(Point-to-Point Protocol,PPP)主要实现两个功能,一是将 IP 分组封装成适合通过点对点物理信道传输的帧格式,二是实现点对点物理信道互连的两个路由器之间的身份鉴别。

1) PPP 帧结构

图 5.21 展示了适合通过点对点物理信道传输的帧格式——PPP 帧结构,各字段功能如下。

标志	地址	控制	协议	数据	CRC	标志
7E	FF	03		可变长		7E
1B	1B	1B	2B		2B	1B

图 5.21 PPP 帧结构

- 帧开始标志和帧结束标志:1B,用于标识帧的开始和结束。
- 协议:2B,给出数据字段所包含的数据的类型。
- 数据:作为 PPP 帧的净荷字段,用于承载需要经过 PPP 帧传输的数据,如 IP 分组等上层协议数据单元。
- 帧检验序列:2B,循环冗余校验码(CRC),用于检测 PPP 帧传输过程中发生的错误。地址和控制字段为固定值,表示 PPP 帧传输过程中不需要用到这两个字段信息。

所有需要经过点对点物理链路传输的数据,均需封装成 PPP 帧后,才能发送到点对点物理信道。

2) 帧定界

如果直接在点对点物理链路上传输 IP 分组,将无法在连续的字节流中正确地区分出每一个 IP 分组的首、尾字节,因此需要将 IP 分组封装成 PPP 帧后,通过点对点物理信道传输。由此可以发现,PPP 帧结构的主要作用在于实现帧定界,即在经过物理信道传输的连续的字节流中区分出每一帧 PPP 帧,并因此分离出每一个 IP 分组。

由 SDH 完成字节同步,因此,链路层接收到是一组字节流,帧定界就是在一组字节流中确定每一帧的开始、结束字节。从图 5.21 中可以看出,PPP 用 7EH(十六进制值 7E)作为每一个 PPP 帧的开始、结束标志字节,也就是说,只要检测到值为 7EH 的字节,标志当前 PPP 帧结束,下一个 PPP 帧开始。由于 7EH 已经作为帧的开始、结束标志,因此 PPP 帧中的其他字段就不允许出现值为 7EH 的字节,在所有出现值为 7EH 字节的地方,用其他值的字节代替,为了说明该字节是用来代替值为 7EH 的字节,而不是真正具有该值的数据字节,必须在替换字节前面插入一个转义符,用来表示紧跟转义符后面的字节是值为 7EH 的替代字节。在 PPP 帧结构定义中,规定转义符的值为 7DH,这样一来,除标志字段外,所有其他字段中出现 7EH 和 7DH 的字节均须以 7DH+替代字节这样的字节组合代替。替代字节值和源字节值的关系如下:将源字节值的第六位求反(假定字节的最高位为第八位),即为替代字节的值,因此 7EH=7DH+5EH,7DH=7DH+5DH。

3) 双向身份鉴别

属于不同自治系统的路由器之间需要相互鉴别对方身份,以防止非法路由器接入。每一个接入的路由器需要配置用户名和口令,同时配置用于鉴别允许接入的路由器身份的用户名和口令，判别对方路由器是否是授权路由器的依据是对方路由器是否拥有与其相同的口令。如图5.22所示，两个需要相互建立连接的路由器的用户名分别为R1和R2，共享口令为PASSR，对于路由器R1而言，只有确定对方路由器的用户名为R2，且口令为PASSR时，才允许和对方路由器建立PPP链路，并传输PPP帧，路由器R2也同样。目前常用的用于鉴别路由器身份的协议是挑战握手鉴别协议(Challenge Handshake Authentication Protocol，CHAP)。CHAP鉴别路由器身份的过程如图5.22所示。由鉴别者R2向被鉴别者R1发送一个随机数C1(该随机数被称为挑战)，被鉴别者R1将随机数C1和口令串接在一起，对串接结果进行MD5运算，将用户名R1和MD5运算结果传输给鉴别者R2。鉴别者R2同样将随机数C1和口令串接在一起，对串接结果进行MD5运算，如果运算结果和被鉴别者发送的MD5运算结果相同，表明被鉴别者拥有和鉴别者相同的口令，鉴别者向被鉴别者发送鉴别成功帧；否则，发送鉴别失败帧。在路由器R2完成对路由器R1的身份鉴别后，只有当路由器R1作为鉴别者确定被鉴别者路由器R2的用户名为R2，且拥有与其相同的口令PASSR时，成功建立两者之间的PPP链路，并允许经过PPP链路相互传输PPP帧。

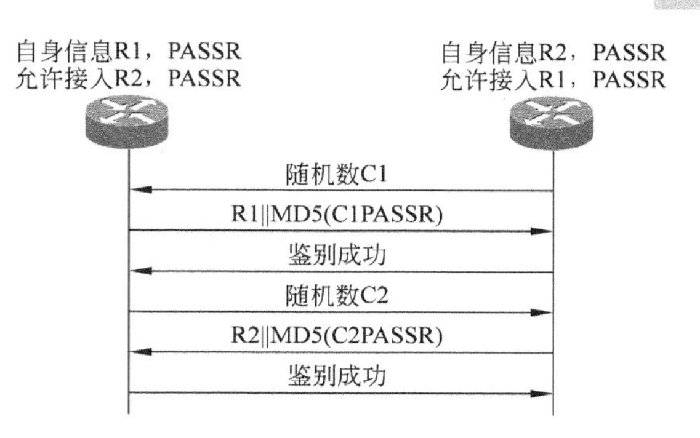

图5.22 CHAP鉴别过程

5.3 BGP和分层路由结构

图5.1中路由器建立完整路由表的过程分为以下几个步骤：一是各个自治系统通过内部网关协议建立用于指明通往自治系统内所有网络的传输路径的路由项(称为内部路由项)；二是自治系统边界路由器之间通过外部网关协议交换各自通过内部网关协议建立的路由项；三是自治系统边界路由器将通过外部网关协议获得的用于指明通往其他自治系统中网络的传输路径的路由项(称为外部路由项)扩散到自治系统内的所有其他路由器，扩散外部路由项过程通过内部网关协议实现；四是自治系统内的每一个路由器结合内部路由项和外部路由项建立用于指明通往所有网络的传输路径的路由项(完整路由表)。

5.3.1 基本配置

1. 路由器接口配置

四个自治系统中的路由器的接口配置如表5.5～表5.8所示，值得指出的是，一是由于路由器之间用点对点物理信道互连，因此，将只有两个有效IP地址的网络地址作为实现路由器互连的网络的网络地址。二是相邻的两个属于不同自治系统的自治系统边界路由器要求存在连接在同一个网络上的接口，如AS1中路由器R14的接口3和AS4中路由器R41的接口1都连接在网络193.1.9.0/30上。为了简化起见，路由协议只创建用于指明通往末端网络和互连两个属于不同自治系统的自治系统边界路由器的网络的传输路径的路由项，末端网络是指不是用于实现路由器互连的网络，如AS1中的网络193.1.1.0/24。

表 5.5　AS1 路由器接口地址

路由器	接口	IP 地址和子网掩码	路由器	接口	IP 地址和子网掩码
R11	1	193.1.5.1/30	R13	2	193.1.5.6/30
	2	193.1.5.5/30		3	193.1.5.17/30
	3	193.1.5.9/30		4	193.1.1.254/24
R12	1	193.1.5.2/30	R14	1	193.1.5.10/30
	2	193.1.5.13/30		2	193.1.5.18/30
R13	1	193.1.5.14/30		3	193.1.9.1/30

表 5.6　AS2 路由器接口地址

路由器	接口	IP 地址和子网掩码	路由器	接口	IP 地址和子网掩码
R21	1	193.1.6.1/30	R23	1	193.1.6.14/30
	2	193.1.6.5/30		2	193.1.6.17/30
	3	193.1.10.1/30	R24	1	193.1.6.10/30
R22	1	193.1.6.2/30		2	193.1.6.18/30
	2	193.1.6.9/30		3	193.1.2.254/24
	3	193.1.6.13/30		4	193.1.6.6/30

表 5.7　AS3 路由器接口地址

路由器	接口	IP 地址和子网掩码	路由器	接口	IP 地址和子网掩码
R31	1	193.1.11.1/30	R32	2	193.1.7.9/30
	2	193.1.7.1/30		3	193.1.3.254/24
	3	193.1.7.5/30	R33	1	193.1.7.2/30
R32	1	193.1.7.6/30		2	193.1.7.10/30

表 5.8　AS4 路由器接口地址

路由器	接口	IP 地址和子网掩码	路由器	接口	IP 地址和子网掩码
R41	1	193.1.9.2/30	R43	3	193.1.8.18/30
	2	193.1.8.1/30		4	193.1.11.2/30
	3	193.1.8.5/30	R44	1	193.1.8.2/30
	4	193.1.8.9/30		2	193.1.8.29/30
R42	1	193.1.8.10/30		3	193.1.8.22/30
	2	193.1.8.13/30		4	193.1.4.254/24
	3	193.1.8.17/30	R45	1	193.1.8.6/30
	4	193.1.10.2/30		2	193.1.8.30/30
R43	1	193.1.8.21/30		3	193.1.8.26/30
	2	193.1.8.25/30		4	193.1.8.14/30

2. 路由协议配置

1）OSPF 配置

其配置一是每一个自治系统需要分配不同的区域号；二是路由器所有接口连接的网络，包括互连自治系统边界路由器的网络都需参加 OSPF 创建动态路由项的过程，因此，如果某个自治系统边界路由器与某个网络连接，该自治系统边界路由器所在的自治系统将创建用于指明通往该网络的传输路径的路由项；三是指定自治系统边界路由器将通过 BGP 获得的用于指明通往其他自治系统中网络的传输路径的路由项（外部路由项）通过 OSPF 扩散到自治系统内的其他路由器。

2）BGP 配置

其配置一是为每一个自治系统分配唯一的自治系统号；二是建立自治系统边界路由器之间的邻居关系，对于图 5.1 所示的 ISP 网络结构，确定 R14 和 R41、R21 和 R42、R31 和 R43 为相邻自治系统边界路由器；三是指定自治系统边界路由器将通过 OSPF 获得的用于指明通往自治系统中所有网络的传输路径的路由项（内部路由项）通过 BGP 扩散到它的相邻自治系统边界路由器。

5.3.2 内部路由项

一旦完成路由器接口 IP 地址和子网掩码配置，路由器自动创建直连路由项。完成 OSPF 配置后，路由器通过 OSPF 创建用于指明通往自治系统中没有与其直接连接的网络的传输路径的动态路由项，这两种路由项构成内部路由项。表 5.9～表 5.13 给出路由器 R12、R14、R21、R31 和 R41 的内部路由项，为了简化起见，内部路由项只包含直连路由项和用于指明通往末端网络和互连自治系统边界路由器的网络的传输路径的动态路由项。表中类型字段用 C 表示直连路由项，用 O 表示 OSPF 创建的动态路由项。

表 5.9　路由器 R12 内部路由项

类型	目的网络	输出接口	下一跳	类型	目的网络	输出接口	下一跳
C	193.1.5.0/30	1	直接	O	193.1.1.0/24	2	193.1.5.14
C	193.1.5.12/30	2	直接	O	193.1.9.0/30	1	193.1.5.1

表 5.10　路由器 R14 内部路由项

类型	目的网络	输出接口	下一跳	类型	目的网络	输出接口	下一跳
C	193.1.5.8/30	1	直接	C	193.1.9.0/30	3	直接
C	193.1.5.16/30	2	直接	O	193.1.1.0/24	2	193.1.5.17

表 5.11　路由器 R21 内部路由项

类型	目的网络	输出接口	下一跳	类型	目的网络	输出接口	下一跳
C	193.1.6.0/30	1	直接	C	193.1.10.0/30	3	直接
C	193.1.6.4/30	2	直接	O	193.1.2.0/24	2	193.1.6.6

表 5.12 路由器 R31 内部路由项

类型	目的网络	输出接口	下一跳	类型	目的网络	输出接口	下一跳
C	193.1.11.0/30	1	直接	C	193.1.7.4/30	3	直接
C	193.1.7.0/30	2	直接	O	193.1.3.0/24	3	193.1.7.6

表 5.13 路由器 R41 内部路由项

类型	目的网络	输出接口	下一跳	类型	目的网络	输出接口	下一跳
C	193.1.9.0/30	1	直接	O	193.1.4.0/24	2	193.1.8.2
C	193.1.8.0/30	2	直接	O	193.1.10.0/30	4	193.1.8.10
C	193.1.8.4/30	3	直接	O	193.1.11.0/30	3	193.1.8.6
C	193.1.8.8/30	4	直接				

5.3.3 外部路由项

下面以图 5.1 中 AS1 的自治系统边界路由器 R14 通过 BGP 获取用于指明通往其他自治系统中末端网络的传输路径的外部路由项为例，讨论 BGP 工作过程。

如图 5.23(a)所示，AS2 中的自治系统边界路由器 R21 通过内部网关协议获取用于指明通往 AS2 中末端网络 193.1.2.0/24 的传输路径的路由项，通过 BGP 向其相邻路由器 R42 公告路径向量，其中目的网络为 193.1.2.0/24，下一跳地址是 R21 连接相邻路由器 R42 的接口(接口 3)的 IP 地址，经历的自治系统给出经过 R21 到达目的网络需要经历的自治系统序列。路由器 R42 接收到路由器 R21 公告的路径向量，建立如表 5.14 所示的用于指明通往 AS2 中末端网络 193.1.2.0/24 的传输路径的外部路由项，表中类型 B 表示该外部路由项通过 BGP 获得。通过同样的方式，路由器 R43 建立如表 5.15 所示的用于指明通往 AS3 中末端网络 193.1.3.0/24 的传输路径的外部路由项。

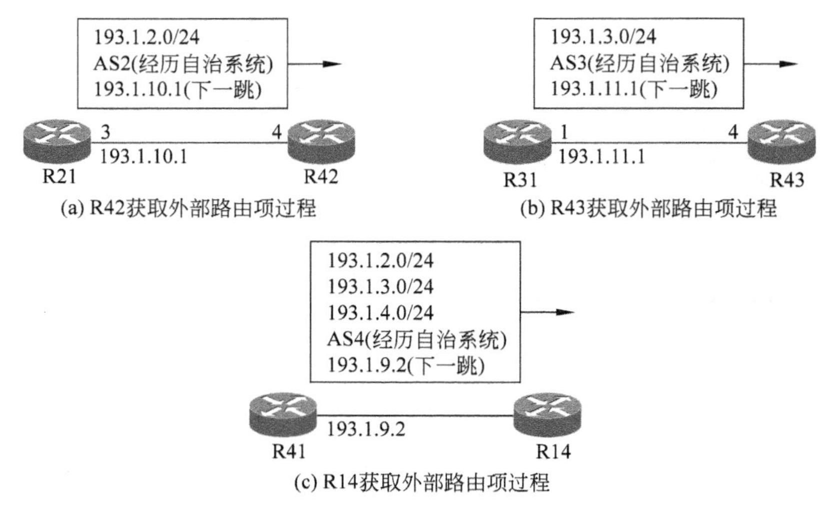

图 5.23 R14 获取完整外部路由项过程

表 5.14　路由器 R42 外部路由项

类型	目的网络	输出接口	下一跳	经历的自治系统
B	193.1.2.0/24	4	193.1.10.1	AS2

表 5.15　路由器 R43 外部路由项

类型	目的网络	输出接口	下一跳	经历的自治系统
B	193.1.3.0/24	4	193.1.11.1	AS3

R42 和 R43 通过 OSPF 公告 LSA 时，包括外部路由项对应的 LSA，当路由器 R41 接收到 R42 和 R43 公告的外部路由项对应的 LSA 后，建立如表 5.16 所示的外部路由项，类型 E 表示该路由项用于指明通往其他自治系统中网络的传输路径，下一跳地址用于指定 R41 所在自治系统通往目的网络所在自治系统的传输路径所经过的下一个自治系统，且 R41 通过内部网关协议建立的内部路由项中给出通往下一跳地址所属网络的传输路径。因此，下一跳地址是 R41 所在自治系统的自治系统边界路由器获取该路径向量时得到的下一跳地址，对于目的网络 193.1.2.0/24，下一跳地址是 R21 接口 3 的 IP 地址，对于 193.1.3.0/24，下一跳地址是 R31 接口 1 的 IP 地址。R41 通过内部网关协议建立的内部路由项中包含用于指明通往这两个 IP 地址所属网络的传输路径的路由项。

路由器 R41 结合外部路由项和内部网关协议建立的如表 5.14 所示的内部路由项生成如表 5.17 所示的用于指明通往末端网络 193.1.2.0/24、193.1.3.0/24 和 193.1.4.0/24 内部路由项，目的网络 193.1.2.0/24 和 193.1.3.0/24 对应的内部路由项中的下一跳地址是路由器 R41 自治系统 AS4 内通往 IP 地址 193.1.10.1(外部路由项中目的网络 193.1.2.0/24 对应的下一跳地址)和 193.1.11.1(外部路由项中目的网络 193.1.3.0/24 对应的下一跳地址)所属网络 193.1.10.0/30 和 193.1.11.0/30 的传输路径上的下一跳地址。

表 5.16　路由器 R41 外部路由项

类型	目的网络	下一跳
E	193.1.2.0/24	193.1.10.1
E	193.1.3.0/24	193.1.11.1

表 5.17　路由器 R41 内部路由项

类型	目的网络	输出接口	下一跳
O	193.1.2.0/24	4	193.1.8.10
O	193.1.3.0/23	3	193.1.8.6
O	193.1.4.0/24	2	193.1.8.2

5.3.4　完整路由表建立过程

如图 5.23(c)所示，AS4 中的自治系统边界路由器 R41 通过 BGP 向其相邻路由器 R14 公告路径向量，由于只讨论 R12 生成用于指明通往其他自治系统中的末端网络的传输路径的路由项的过程，因此，目的网络只包含 193.1.2.0/24、193.1.3.0/24 和 193.1.4.0/24，下一跳地址是 R41 连接相邻路由器 R14 的接口(接口 1)的 IP 地址。路由器 R14 接收到路由器 R41 公告的路径向量，建立如表 5.18 所示的用于指明通往末端网络 193.1.2.0/24、193.1.3.0/24 和 193.1.4.0/24 的传输路径的外部路由项。

表 5.18 路由器 R14 外部路由项

类型	目的网络	输出接口	下一跳	经历的自治系统
B	193.1.2.0/24	3	193.1.9.2	AS4
B	193.1.3.0/24	3	193.1.9.2	AS4
B	193.1.4.0/24	3	193.1.9.2	AS4

R14 通过 OSPF 公告 LSA 时，包括外部路由项对应的 LSA，当路由器 R12 接收到 R14 公告的外部路由项对应的 LSA 后，建立如表 5.19 所示的外部路由项，这些外部路由项的下一跳地址都是 R41 接口 1 的 IP 地址 193.1.9.2。

表 5.19 路由器 R12 外部路由项

类型	目的网络	下一跳
E	193.1.2.0/24	193.1.9.2
E	193.1.3.0/24	193.1.9.2
E	193.1.4.0/24	193.1.9.2

路由器 R12 结合外部路由项和内部网关协议建立的如表 5.9 所示的内部路由项生成如表 5.20 所示的完整路由表，完整路由表中包含用于指明通往自治系统 AS1 内末端网络 193.1.1.0/24 和其他自治系统中末端网络 193.1.2.0/24、193.1.3.0/24 和 193.1.4.0/24 的传输路径的路由项，目的网络 193.1.2.0/24、193.1.3.0/24 和 193.1.4.0/24 对应的路由项中的下一跳地址是路由器 R12 自治系统 AS1 内通往 IP 地址 193.1.9.2 所属网络 193.1.9.0/30 的传输路径上的下一跳地址。

表 5.20 路由器 R12 完整路由表

类型	目的网络	输出接口	下一跳	类型	目的网络	输出接口	下一跳
C	193.1.5.0/30	1	直接	O	193.1.2.0/24	1	193.1.5.1
C	193.1.5.12/30	2	直接	O	193.1.3.0/24	1	193.1.5.1
O	193.1.1.0/24	2	193.1.5.14	O	193.1.4.0/24	1	193.1.5.1
O	193.1.9.0/30	1	193.1.5.1				

5.3.5 端到端传输路径

路由器 R12 至末端网络 193.1.3.0/24 传输路径由三部分组成：一是 AS1 内传输路径 R12→R11→R14→网络 193.1.9.0/30，该传输路径是 AS1 内路由器根据目的网络为 193.1.3.0/24 的外部路由项的下一跳地址 193.1.9.2 和 AS1 内路由器通过内部网关协议建立的目的网络为 193.1.9.0/30 的内部路由项创建的；二是 AS4 内传输路径 R41→R45→R43→网络 193.1.11.0/30，该传输路径是 AS4 内路由器根据目的网络为 193.1.3.0/24 的外部路由项的下一跳地址 193.1.11.1 和 AS4 内路由器通过内部网关协议建立的目的网络为 193.1.11.0/30 的内部路由项创建的；三是 AS3 内传输路径 R31→R32→网络 193.1.3.0/24，该传输路径是 AS3 内路由器通过内部网关协议建立的目的网络为 193.1.3.0/24 的内部路由项创建的。

习　题

5.1 划分自治系统的原因是什么？
5.2 自治系统间路由协议有哪些特殊要求？
5.3 广域网有哪些特性？
5.4 提出 IP over ATM 的因素有哪些？
5.5 IP over ATM 如何实现路由器间 IP 分组传输？
5.6 为什么 IP over ATM 不适合路由器之间互连？
5.7 提出 IP over SDH 的因素有哪些？
5.8 IP over SDH 如何实现路由器间 IP 分组传输？
5.9 PPP 的作用是什么？
5.10 建立路由器间 PPP 链路时为什么需要双向身份鉴别？
5.11 BGP 对自治系统间相邻路由器有什么要求？
5.12 路径向量中下一跳地址设置有什么考虑？
5.13 BGP 如何建立自治系统间的传输路径？
5.14 自治系统内的路由器如何建立通往相邻自治系统的传输路径？
5.15 简述建立图 5.1 中 R12 至网络 193.1.3.0/24 传输路径的步骤。

第6章　接入网设计方法和实现过程

由于大量用户通过接入网接入 Internet，因此，接入网已经成为 ISP 网络中的一个重要组成部分，接入网主要解决用户终端与 Internet 之间传输通路的建立、接入用户的身份鉴别及用户终端的 IP 地址分配等问题。

6.1　接入网结构

6.1.1　接入网组成

接入网(Access Network，AN)一般结构如图 6.1 所示，用户终端通过接入网和接入控制设备相连，接入控制设备互连接入网和 Internet。为了实现基于用户接入控制，并允许用户漫游，统一由鉴别服务器完成用户的身份鉴别功能。

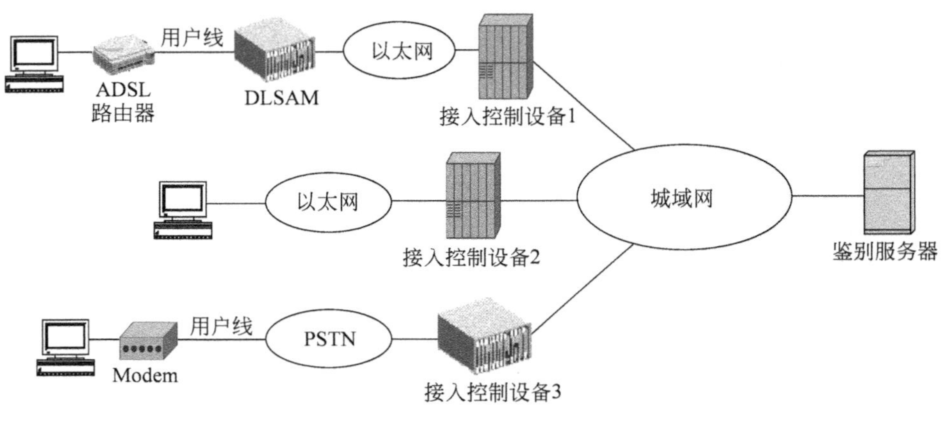

图 6.1　接入网结构

1. 接入网

接入网的主要功能是提供用户终端和接入控制设备之间的数据传输通路，不同类型接入网络所提供的数据传输通路是不同的，拨号接入方式下的接入网络是 PSTN，通过用户终端和接入控制设备之间的呼叫连接建立过程，建立用户终端和接入控制设备之间全双工点对点物理链路(语音信道)；以太网接入方式下的接入网络是以太网，由它提供用户终端和接入控制设备之间的交换路径，ADSL 接入方式下的接入网是一个由 ATM 网络实现中继的以太网，网络结构如图 6.2 所示，两个物理上分隔的以太网各自通过桥设备和 ATM 网络相连，这里的 ATM 网络对物理上分隔的两个以太网而言，等同于虚拟线路，即实际传输通路是 ATM PVC，但其功能等同于互连以太网交换设备的物理线路，因此，对于互连在物理上分隔的两个以太网上的用户终端和接入控制设备，图 6.2 所示的接入网等同于一个以太网，同样为用户终端和接入控制设备提供用于实现 MAC 帧传输的交换路径，只是实际交换路径包含 ATM PVC，但这一点对用户终端和接入控制设备是透明的。

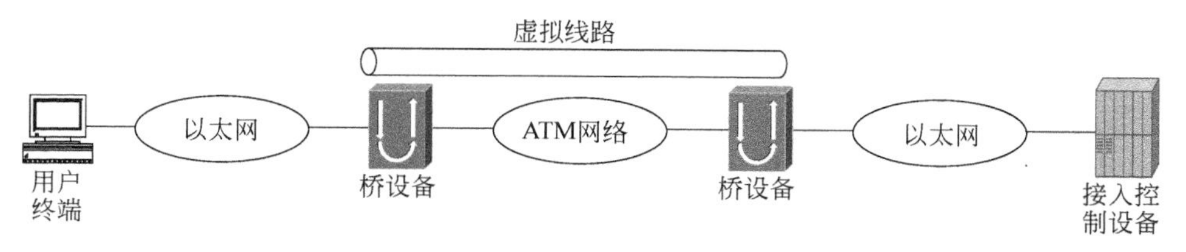

图 6.2　ADSL 接入方式下的接入网结构

2. 接入控制设备

接入控制设备首先是一个实现接入网和 Internet 互联的路由器，但除了普通路由器的功能外，接入控制设备必须具有以下功能。

1）接入用户身份鉴别

由 ISP 提供接入网，并通过接入网实现用户终端对 Internet 的访问，但 ISP 提供这样的服务是有偿的，因此，ISP 在确定提供接入服务的对象，并保证能够收取该对象的服务费用后，才提供接入服务。通常情况下，用户先到 ISP 申请注册，在 ISP 确认用户身份，并相信用户有能力支付服务费用的情况下，完成注册，提供用于在网上标识用户身份的用户名和口令。只有授权用户才能通过用户终端访问 Internet。

一种方法是由接入控制设备完成对用户的身份鉴别过程，确定用户能够提供有效的用户名和口令后，继续后续的 IP 地址分配操作；否则，终止用户接入过程。

但对于如图 6.1 所示的接入网络结构，一是 ISP 接入网设置了多个接入点，提供多种接入方式，允许同一用户通过不同的接入方式接入 Internet，这种情况下，接入用户和接入控制设备之间无法建立绑定关系。二是为了便于统一管理，设置了鉴别服务器，由鉴别服务器统一管理用户，完成对用户的身份鉴别、授权和计费操作。因此，对于如图 6.1 所示的接入网络结构，接入控制设备不再进行具体的鉴别操作，它只作为中继系统，向鉴别服务器转发用户发送的响应报文，或向用户转发鉴别服务器发送的请求报文。

2）动态分配 IP 地址

接入控制设备完成接入用户的身份鉴别后，为其分配一个全球 IP 地址。每一个接入 Internet 的终端，只有分配全球 IP 地址后，才能和其他终端进行通信。但用户终端接入 Internet 必须经历如下步骤：

（1）建立和接入控制设备之间数据传输通路；

（2）接入用户身份鉴别；

（3）全球 IP 地址分配；

（4）Internet 访问；

（5）终止接入。

一旦用户终端终止接入，接入控制设备可以收回分配给该用户终端的全球 IP 地址，并将其分配给其他接入用户终端，因此，用户终端和全球 IP 地址之间映射是动态的，用户终端只在接入 Internet 期间分配全球 IP 地址，同一用户终端不同接入过程所分配的全球 IP 地址可以不同。为了实现全球 IP 地址的动态分配，一个用户终端必须通过启动接入和终止接入的操作完成一次接入 Internet 过程。

3）动态建立指向用户终端的路由项

用户终端首先建立和接入控制设备之间的数据传输通路，然后由接入控制设备为用户终端分配一个全球 IP 地址，接入控制设备必须将该全球 IP 地址与已经建立的用户终端和接入控制设备之间的数据传输通路绑定在一起，这样，接入控制设备才能根据 IP 分组的目的 IP 地址找到连接用户终端的数据传输通路，并通过该数据传输通路将 IP 分组传输给用户终端。如图 6.3 所示，接入网络是 PSTN，用户终端 A 和接入控制设备之间建立的数据传输通路是点对点语音信道：语音信道 1，当接入控制设备为用户终端 A 分配全球 IP 地址：IP A，必须将语音信道 1 和 IP A 绑定在一起，如图 6.3 动态路由项所示。当接入控制设备接收到目的 IP 地址为 IP A 的 IP 分组时，通过检索动态路由项，获知连接 IP 地址为 IP A 的用户终端的语音信道是语音信道 1，通过语音信道 1 将 IP 分组传输给用户终端 A。

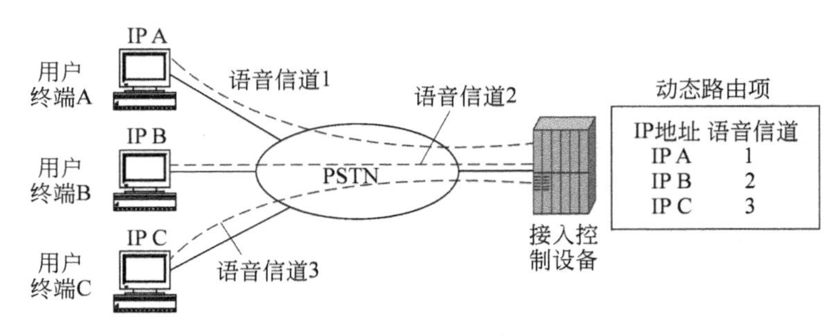

图 6.3　动态路由项建立过程

3. 鉴别服务器

鉴别服务器统一存储授权用户信息，当某个用户建立与接入控制设备之间的传输通路后，由接入控制设备发起对接入用户的身份鉴别过程，但接入控制设备只是将用户提供的用于标识其身份的身份标识信息（通常是用户名和口令）转发给鉴别服务器，由鉴别服务器完成该接入用户的身份鉴别过程，并把身份鉴别结果传输给接入控制设备。只有确定该接入用户是授权用户时，接入控制设备继续后续操作；否则，撤销已经建立的与该接入用户之间的传输通路，终止接入控制过程。

6.1.2　接入控制过程和接入控制协议

1. 接入控制过程

用户接入 Internet 的过程如图 6.4 所示，用户使用的终端（称为用户终端）通过接入网连接接入控制设备，由接入控制设备完成用户终端与接入控制设备之间的传输通路和 Internet 的连接。接入控制设备实现用户终端与接入控制设备之间的传输通路和 Internet 的连接的前提是确定用户为授权用户，通过为用户终端分配一个全球 IP 地址，并在路由表中动态建立用于绑定分配给用户终端的全球 IP 地址和用户终端与接入控制设备之间传输

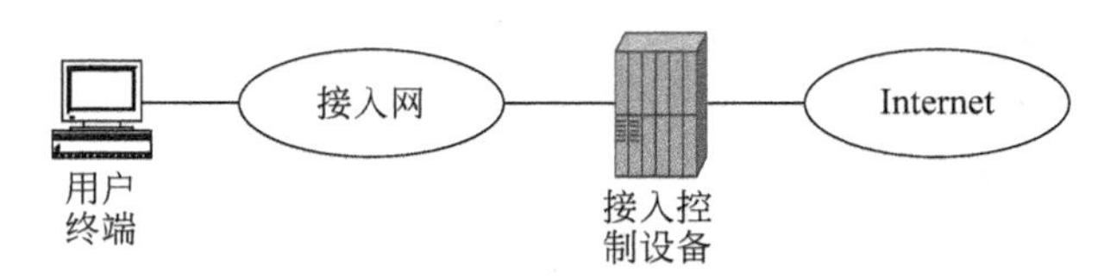

图 6.4　用户接入 Internet 方式

通路的路由项完成用户终端与接入控制设备之间的传输通路和 Internet 的连接的过程，因而实现 IP 分组接入网与 Internet 之间的转发。由此可以得出：用户接入 Internet 过程分为如下 4 个步骤：

（1）建立用户终端与接入控制设备之间的传输通路；

（2）接入控制设备完成对用户的身份鉴别；

（3）接入控制设备为用户终端动态分配全球 IP 地址；

（4）接入控制设备在路由表中动态建立用于绑定分配给用户终端的全球 IP 地址和用户终端与接入控制设备之间传输通路的路由项。

1）建立数据传输通路

建立数据传输通路就是建立能够传输链路层帧的数据链路，不同类型的接入网络，建立数据链路的过程不同，如果 PSTN 作为接入网络，则建立数据链路的过程就是建立用户终端与接入控制设备之间的点对点语音信道，并通过点对点协议（Point-to-Point Protocol，PPP）的链路控制协议（Link Control Protocol，LCP）建立传输 PPP 帧的 PPP 链路。如果是以太网，只要确定了两端的 MAC 地址，就可建立用于传输 MAC 帧的交换路径，但由于目前采用 PPPoE（PPP over Ethernet，基于以太网的 PPP）作为宽带接入控制协议，因此，需要通过 PPPoE 建立类似用户终端与接入控制设备之间点对点语音信道的 PPP 会话，然后用 PPP 的 LCP 建立 PPP 链路。

2）鉴别用户身份

通过鉴别协议实现对用户身份的鉴别，但鉴别协议实现用户身份鉴别过程中需要交换的协议数据单元必须封装成数据链路对应的帧格式才能相互传输，因此，鉴别协议的协议数据单元只有作为 PPP 帧的净荷，才能在用户终端与接入控制设备之间相互传输。接入控制设备用于实现用户身份鉴别的鉴别协议主要有口令鉴别协议（Password Authentication Protocol，PAP）和挑战握手鉴别协议（Challenge Handshake Authentication Protocol，CHAP）。

根据授权用户信息配置方式可以将鉴别方式分为本地鉴别和统一鉴别。本地鉴别方式如图 6.5(a)所示，接入控制设备为了鉴别用户身份需要本地配置授权用户信息（用户名和

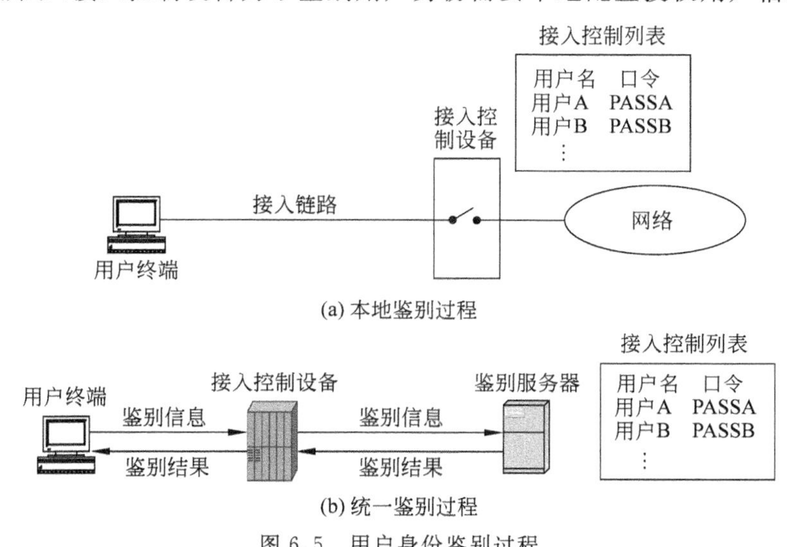

图 6.5　用户身份鉴别过程

口令)，只有用户提供的鉴别信息与本地配置的某个授权用户的信息一致(相同用户名和口令)，该用户才被允许接入 Internet。本地鉴别的好处是配置简单，不需要其他与接入控制有关的设备。但也有以下坏处，一是某个用户如果需要通过多种不同的接入控制设备接入 Internet，需要在这些接入控制设备中重复配置该用户的信息，如某个用户需要通过图 6.1 中的以太网和 ADSL 接入 Internet，则需要在接入控制设备 1 和接入控制设备 2 中重复配置该用户的信息。二是接入用户信息需要分散到多个不同的接入控制设备，无法对接入用户集中管理。

对于图 6.1 所示的 ISP 接入网络结构，本地鉴别方式的坏处是显而易见的，授权用户信息必须分散到多个不同的接入控制设备中，不利于对接入用户的集中管理。实际的接入控制过程一般采用统一鉴别方式，这种鉴别方式下，授权用户信息统一配置在鉴别服务器中，当用户向接入控制设备提供鉴别信息时，接入控制设备只是作为中继设备向鉴别服务器转发用户提供的鉴别信息。由鉴别服务器根据统一配置的授权用户信息完成对该用户的身份鉴别。

统一鉴别过程如图 6.5 所示，由于接入控制设备与鉴别服务器之间是公共数据传输网，接入控制设备与鉴别服务器之间相互交换的又是比较私密的用户鉴别信息，因此，一是需要对用户鉴别信息加密，二是需要相互鉴别对方身份。为实现这一功能，为每一对接入控制设备和鉴别服务器配置共享密钥，该共享密钥只有这一对接入控制设备和鉴别服务器知道，在接入控制设备中配置鉴别服务器的 IP 地址，并将该鉴别服务器标识信息与该共享密钥关联在一起。在鉴别服务器中配置接入控制设备的设备名和 IP 地址，并将这些设备标识信息与该共享密钥关联在一起。接入控制设备向鉴别服务器通过 RADIUS(Remote Authentication Dial In User Service，远程鉴别拨入用户服务)报文转发用户鉴别信息时，用明文方式给出设备名，用共享密钥和对称密钥加密算法加密用户鉴别信息。当鉴别服务器接收到该 RADIUS 报文，用该 RADIUS 报文的源 IP 地址和报文中明文方式给出的设备名检索设备标识信息，如果与某项设备标识信息匹配，用该项设备标识信息关联的共享密钥解密用户鉴别信息。一旦解密成功，接入控制设备的身份得到确认。由于只有与该共享密钥关联的鉴别服务器才能解密用户鉴别信息，因此，一旦解密用户鉴别信息成功，鉴别服务器的身份也得到确认。所以，在鉴别服务器回送给接入控制设备的鉴别结果中，一是同样需要用共享密钥加密一些信息，二是必须在鉴别结果中包含证明其已经成功解密用户鉴别信息的证据。

对于图 6.1 所示的 ISP 接入网络结构，需要单独为＜接入控制设备 1，鉴别服务器＞、＜接入控制设备 2，鉴别服务器＞和＜接入控制设备 3，鉴别服务器＞分配共享密钥，在鉴别服务器中分别将这三个不同的共享密钥与这三个接入控制设备的设备名和 IP 地址关联在一起。

3) 动态分配 IP 地址

动态分配 IP 地址过程通过 IP 控制协议(IP Control Protocol，IPCP)实现，同样，IPCP 协议数据单元只有作为 PPP 帧的净荷，才能在用户终端与接入控制设备之间相互传输。

4) 建立动态路由项

接入控制设备为了实现 IP 分组接入网络和 Internet 之间转发，必须建立用于绑定分配给用户终端的全球 IP 地址和用户终端与接入控制设备之间传输通路的路由项，传输通路可以是基于PSTN点对点语音信道的PPP链路，也可以是基于PPP会话的PPP链路。

2. 接入控制协议

1) PPP

PPP作为基于PSTN的接入控制协议，除了一般链路层协议要求的功能外，还需要具有物理连接监测、PPP链路参数协商、用户身份鉴别和用户终端IP地址分配等接入控制功能，PPP实现接入控制的过程如图6.6所示，图中方框给出PPP接入控制过程需要经过的几个状态，箭头线旁边的注释是状态转换条件，如建立语音信道是终止物理链路状态转换为建立PPP链路状态的条件。

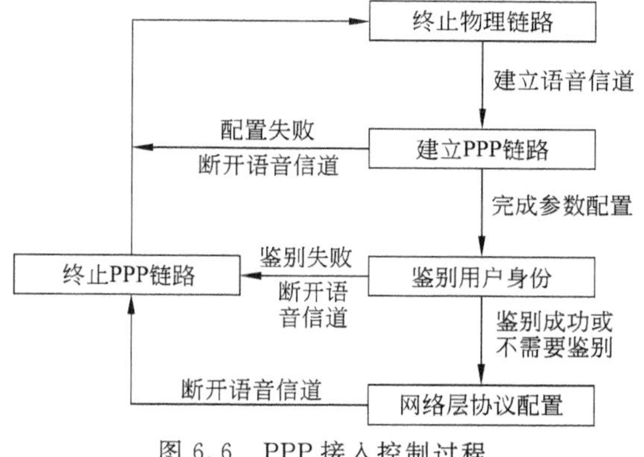

图6.6　PPP接入控制过程

(1) 物理连接监测。PPP开始操作的前提是已经建立用户终端与接入控制设备之间的点对点语音信道，任何时候，只要用户终端与接入控制设备之间的语音信道断开，PPP也将终止操作过程，关闭用户终端和接入控制设备之间建立的PPP链路，接入控制设备收回分配给用户终端的IP地址，从路由表中删除对应路由项。因此，PPP必须能够监测用户终端和接入控制设备之间的物理连接状态，针对不同的状态采取相应的操作。

(2) LCP协商参数。一方面在开始用户身份鉴别前，需要用户终端和接入控制设备之间通过协商指定用于鉴别用户身份的鉴别协议。另一方面，双方在开始进行数据传输前，也必须通过协商，约定一些参数，如是否采用压缩算法，PPP帧的最大传送单元(Maximum Transfer Unit，MTU)等，这种协商过程就是PPP链路建立过程。因此，在建立物理连接后，必须通过建立PPP链路完成双方的协商过程。PPP用于建立PPP链路的协议是链路控制协议(Link Control Protocol，LCP)，建立PPP链路时双方交换的是LCP帧。

(3) 用户身份鉴别。用户首先向ISP(Internet Service Provider，Internet服务提供者)注册，完成注册后由ISP分配用户名和口令，同时，ISP也将用户名和口令对写入接入控制设备(本地鉴别方式)或鉴别服务器(统一鉴别方式)的接入控制列表，在建立PPP链路后，由接入控制设备或鉴别服务器对接入用户进行身份鉴别。目前常用的用于鉴别用户身份的协议是挑战握手鉴别协议(Challenge Handshake Authentication Protocol，CHAP)。接入控制设备用CHAP鉴别用户身份的过程如图6.7所示。在建立PPP链路后，由接入控制设备向用户终端发送一个随机数C(该随机数被称为挑战)，用户终端将随机数C和口令串

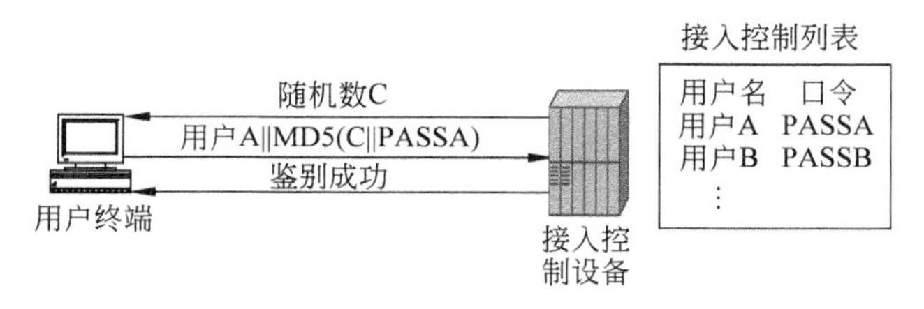

图6.7　CHAP鉴别过程

接在一起，对串接结果进行 MD5 运算，将用户名和 MD5 运算结果传输给接入控制设备。接入控制设备根据用户名检索出对应的口令，同样将随机数 C 和口令串接在一起，对串接结果进行 MD5 运算，如果运算结果和用户终端发送的 MD5 运算结果相同，表明用户终端拥有接入控制列表中的用户名和口令对，向用户终端发送鉴别成功帧；否则，发送鉴别失败帧，并终止 PPP 链路。

（4）分配全球 IP 地址。由于用户终端通过 PSTN 访问 Internet 是动态的，因此，ISP 也采用动态分配 IP 地址的方法。当用户终端和接入控制设备之间建立语音信道，并完成用户身份鉴别后，由接入控制设备为用户终端临时分配一个全球 IP 地址，用户终端可以利用该 IP 地址访问 Internet。接入控制设备在为用户终端分配 IP 地址后，必须在路由表中增加一项路由项，将该 IP 地址与用户终端与接入控制设备之间的点对点语音信道绑定在一起。在用户终端结束 Internet 访问后，接入控制设备收回原先分配给用户终端的 IP 地址，并在路由表删除相关路由项，收回的全球 IP 地址可以再次分配给其他用户终端。

2）RADIUS

（1）客户/服务器模式。RADIUS 采用客户/服务器模式，接入控制设备作为客户，鉴别服务器作为服务器，由接入控制设备向鉴别服务器发送鉴别请求，同时提供鉴别用户身份所需的用户标识信息。鉴别服务器根据接入控制设备提供的用户标识信息完成用户身份鉴别，并把鉴别结果传输给接入控制设备。

（2）安全机制。由于经过公共网络传输 RADIUS 报文，为了安全，一是需要实现双向鉴别，鉴别服务器需要鉴别接入控制设备的身份，同样，接入控制设备需要鉴别鉴别服务器的身份。二是需要实现保密传输，RADIUS 通过为每一个接入控制设备配置唯一的共享密钥和采用对称加密解密算法实现这一功能。

（3）应用过程。用户、接入控制设备和鉴别服务器协调完成用户身份鉴别的操作过程如图 6.8 所示。当用户 C 和接入控制设备之间建立物理连接，接入控制设备向用户 C 发送随机数 challenge(称之为挑战)。Challenge 封装成 PPP 帧后传输给用户 C。用户 C 根据 CHAP 规定的鉴别操作过程，计算 MD5(标识符 ‖ challenge ‖ PASS)，并将计算结果传输给接入控制设备。接入控制设备通过接入请求报文向鉴别服务器发送用户名：用户 C、随机数：challenge 和计算结果：MD5(标识符 ‖ challenge ‖ PASS)，鉴别服务器根据用户名：用户 C 检索鉴别数据库，得到与用户 C 关联的口令 PASS，根据接入请求报文中给出的随机数 challenge，重新计算结果，并将计算所得的结果和接入报文中给出的结果比较，如果相同，向接入控制设备发送允许接入报文；否则，向接入控制设备发送拒绝接入报文。接入控制设备根据鉴别服务器发送的鉴别结果，向用户 C 发送鉴别成功或鉴别失败报文。

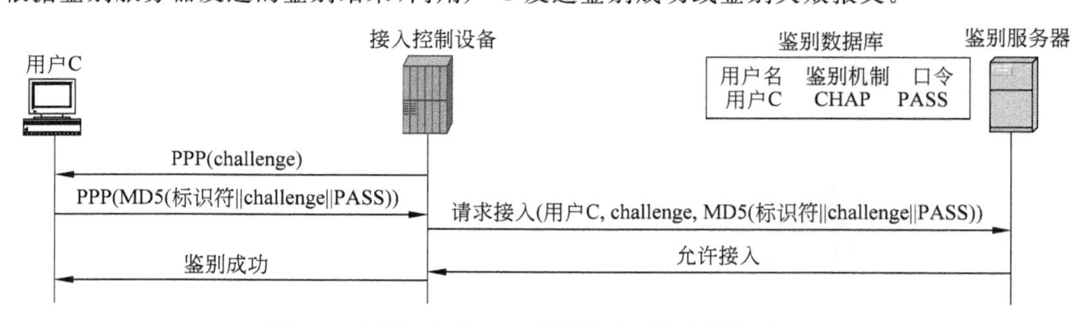

图 6.8 RADIUS 和 PPP 协调完成用户身份鉴别过程

6.2　ADSL 接入技术

6.2.1　接入网结构

非对称数字用户线(Asymmetric Digital Subscriber Line, ADSL)技术是一种通过 PSTN 用户线实现用户终端接入 Internet 的技术,图 6.9 给出了用户终端通过 ADSL 接入 Internet 的过程。用户终端通过以太网接口和 ADSL 调制设备相连,ADSL 调制设备通过电话分路器和 PSTN 的用户线相连,而且话机也可通过电话分路器和 PSTN 的用户线相连,这样就实现了一对用户线同时满足用户语音通信和通过 ADSL 接入 Internet 的要求。用户线在本地局也通过电话分路器分出 2 对线路,一对接入本地局 PSTN 交换机,另一对接入 DSLAM(Digital Subscriber Line Access Multiplexer: 数字用户线接入复用器),DSLAM 通过以太网和宽带接入服务器相连,宽带接入服务器和 Internet 相连,这里的宽带接入服务器就是图 6.1 中的接入控制设备。

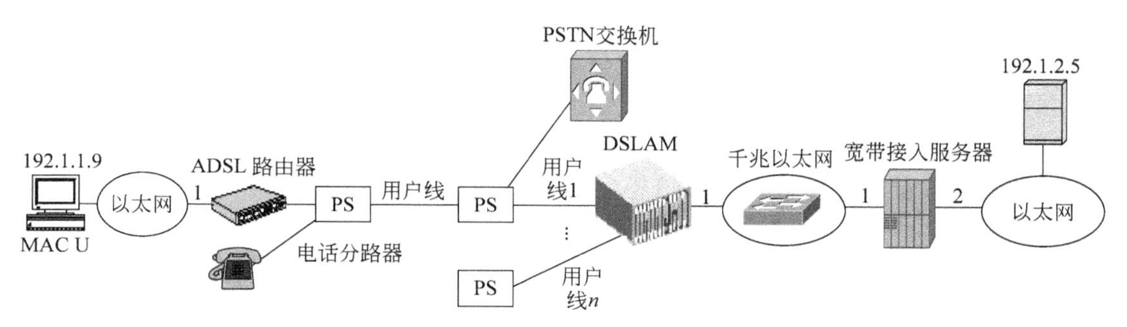

图 6.9　用户终端用 ADSL 技术接入 Internet 的过程

6.2.2　ADSL 调制技术

1. 用户线的带宽由线路的频率特性和传输距离决定

ADSL 接入技术被称为宽带接入技术,其下行速率为 1～2Mb/s,上行速率为 64～128kb/s(称为非对称数字用户线的原因在于其上行、下行速率不同)。本来宽带是和基带相对应的,直接在物理链路上传输数字信号的方式称为基带传输,在物理链路上传输模拟信号的方式称为宽带传输。而这里的宽带接入显然不只指传输模拟信号的方式,是将它经过用户线传输模拟信号的带宽(0～1.2MHz)和 PSTN 经过用户线传输模拟信号的带宽(0～4kHz)比较后得出的,所以在这里,将宽带理解成以远高于语音信号的带宽传输模拟信号的方式,比较合适。有时将 ADSL 接入和以太网接入都称为宽带接入,这种情况下,宽带的含义就等同于高速了。

2. 带宽分配

为了在一对由铜质双绞线构成的用户线上实现全双工数据通信,并且允许用户在一对用户线上同时进行语音和数据通信,ADSL 将用户线的带宽分成了 3 部分: 低频部分带宽(0～4kHz)用于传输语音信号。中间一部分带宽(30～140kHz)用于上行传输。最高一部分带宽(150kHz～1.2MHz)用于下行传输,带宽分配如图 6.10 所示。

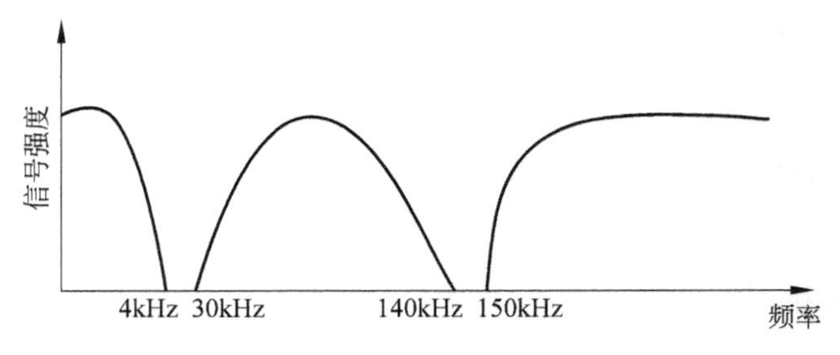

图 6.10　ADSL 带宽分配过程

图 6.9 中的电话分路器实际上是一个低通滤波器，它只将 0～4kHz 范围内的信号送给话机或本地局 PSTN 交换机，避免用于传输数据的高频信号影响语音通信质量。

3. DMT 调制过程

ADSL 将数据调制成模拟信号的方法有两种，无载波振幅相位调制（Carrierless Amplitude Phase，CAP）和离散多音调制（Discrete Multi-Tone，DMT）。DMT 是标准所推荐的调制技术，下面对 DMT 调制过程作一简要介绍。

离散多音调制（DMT）把分配的带宽分割成多个音频范围的信道，每个信道的频率带宽为 4kHz。由于不同信道的频率不同，每一个信道都采用相应频率的载波信号来调制分配给该信道的二进制位流，因此，DMT 是采用多个不同频率的载波信号进行调制的技术，如图 6.11 所示。对每一信道的调制仍然采用传统的正交幅度调制（Quadrature Amplitude Modulation，QAM）技术，用户设备送来的二进制位流被分组后，分别分配给每一个信道进行调制，不同信道是相互独立的。虽然每个信道的带宽是一样的，但由于频率不同，线路对不同信道上的载波信号所产生的噪声、衰减也不同，因此，每一信道的通信容量并不相同。在对每一信道分配实际二进制位流时，容量大的信道多分配一些，容量小的信道就少分配一些，以此最大限度地提高线路的传输速率。二进制位流分配方式如图 6.12 所示，每一信道的通信容量由两端设备通过信号测试获得。

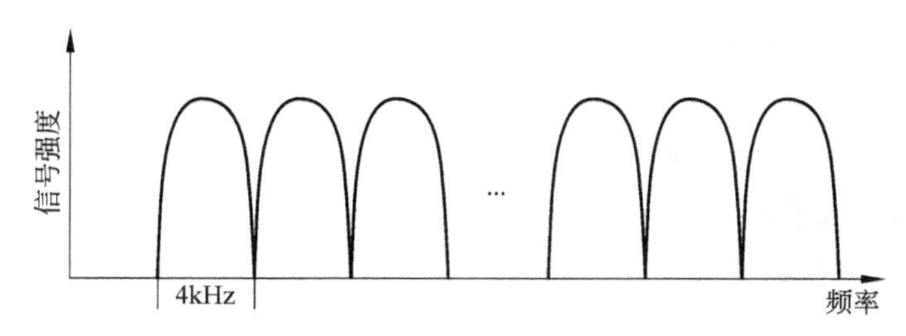

图 6.11　DMT 信道划分

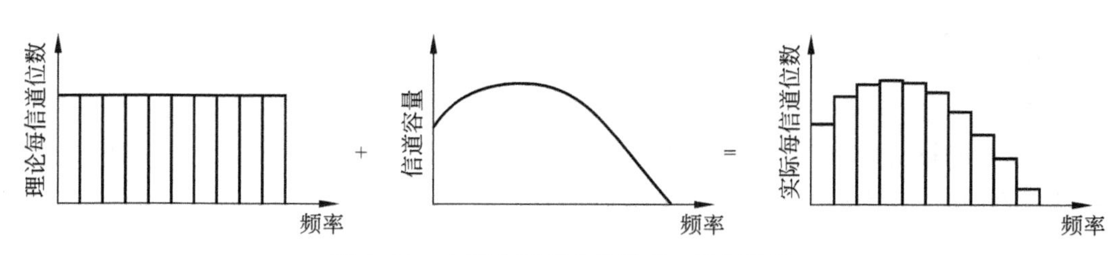

图 6.12　合理分配每个信道的二进制位流

根据图6.10的带宽分配范围，可以用V.34标准的传输速率大致计算出最大上行、下行传输速率。V.34标准采用的调制技术已经可以在4kHz带宽的模拟信号上达到33.6kb/s的传输速率，而ADSL分配给上行传输的带宽范围为30～150kHz=120kHz，大约可以划分为30个音频范围的信道，如果采用V.34标准的调制技术，最大上行速率=30×33.6kb/s=1.008Mb/s。而分配给下行传输的带宽范围为1.15MHz～150kHz=1MHz，大约可以划分为250个音频范围的信道，推算出最大下行速率=250×33.6kb/s=8.4Mb/s。需要强调的是，V.34标准将传输速率限制为33.6kb/s的原因在于A/D转换引入了量化噪声，但量化噪声在ADSL的用户线上是不存在的，因此，ADSL的上行、下行速率可以突破根据V.34标准计算所得的速率。因此，ADSL接入技术的传输速率还有很大的提高空间，目前的速率限制并不是ADSL技术自身的原因。

6.2.3 PPPoE

1. PPPoE的作用

当ADSL路由器工作在桥方式时，用户终端和宽带接入服务器之间的传输通路如图6.13所示。ADSL路由器和DSLAM作为桥接设备，其逻辑功能等同于网桥，用于实现以太网互联，而连接ADSL路由器和DSLAM的用户线，其功能等同于双绞线或光纤这样的传输线路(实际上通过基于用户线的ATM PVC实现ADSL路由器和DSLAM之间的MAC帧传输，为了简单起见，可以将基于用户线的ATM PVC作为虚拟线路)，因此，从逻辑功能上看，用户终端和宽带接入服务器之间通过以太网实现互连。作为接入网络，宽带接入服务器也同样需要通过PPP对用户终端进行身份鉴别、IP地址分配以及在宽带接入服务器的路由表中建立用于指明通往用户终端的传输路径的路由项的操作。完成这些操作后，宽带接入服务器和用户终端之间才算成功建立PPP连接，它们之间才可以通过交换PPP IP分组帧实现双向数据传输。但PPP是基于点对点物理链路的链路层协议，宽带接入服务器对用户终端通过PPP完成上述操作的前提是已经建立宽带接入服务器和用户终端之间的点对点物理链路。但已经存在的传输通路，显然不是由点对点物理链路构成的，而是由多个传输网络互联而成的。因此，必须在这样的传输通路的基础上构建功能等同于点对点物理链路的虚拟链路。用于在由以太网组成的传输通路的基础上构建这样的虚拟链路的协议是PPPoE(PPP over Ethernet，基于以太网的PPP)，这种功能等同于点对点物理链路的虚拟链路称为点对点虚拟链路。

2. PPPoE发现过程

PPPoE在由以太网组成的传输通路的基础上构建功能等同于点对点物理链路的点对点虚拟链路的思路是在传输通路上建立隧道，隧道用传输通路两端的MAC地址标识。PPP帧封装成隧道格式后，能够像通过点对点物理链路传输一样在隧道两端之间正确传输。

在拨号接入方式中，用户终端通过分配给远程用户接入设备的电话号码完成和远程用户接入设备之间的呼叫连接建立过程，并因此建立和远程用户接入设备之间的点对点物理链路。在ADSL接入方式中，用户终端通过PPPoE发现过程确定宽带接入服务器，获取宽带接入服务器的MAC地址，并因此建立和宽带接入服务器之间的基于以太网的隧道，这种隧道在PPPoE中称为PPP会话(也称为点对点虚拟链路)。

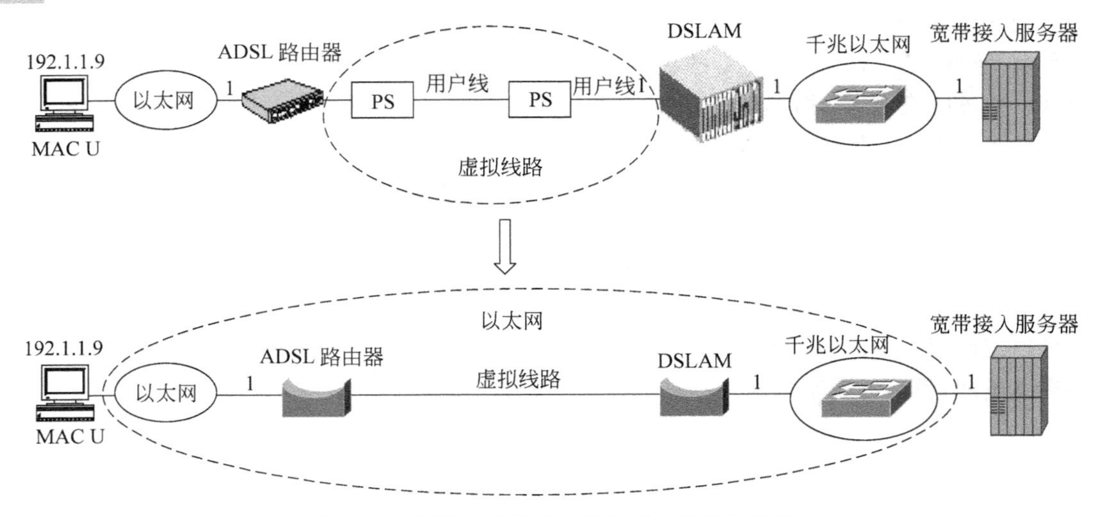

图 6.13 终端和宽带接入服务器之间传输通路

如图 6.14 所示，用户终端启动 PPPoE 后，广播一个发现启动报文，用于寻找宽带接入服务器。发现启动报文封装在以用户终端的 MAC 地址为源地址，全 1 广播地址为目的地址的 MAC 帧中，由于是广播帧，连接在以太网中的所有其他结点都能接收到发现启动报文。接收到发现启动报文的结点中只有配置成宽带接入服务器且接收到发现启动报文的端口支持 PPPoE 的结点才回送发现应答报文。发现应答报文是源地址为宽带接入服务器连接以太网端口的 MAC 地址，目的地址为用户终端的 MAC 地址的单播帧，内容包含有关宽带接入服务器的一些信息。如果接入网络中存在多个这样的宽带接入服务器，则用户终端可能接收到多个来自不同宽带接入服务器的发现应答报文。用户终端选择其中一个宽带接入服务器作为建立 PPP 会话的宽带接入服务器，向其发送发现请求报文。宽带接入服务器接收到发现请求报文，为该 PPP 会话分配 PPP 会话标识符，向用户终端回送会话确认报文。用户终端接收到会话确认报文，表明已成功建立 PPP 会话。用户终端和宽带接入服务器用 PPP 会话两端的 MAC 地址和 PPP 会话标识符唯一标识该 PPP 会话。

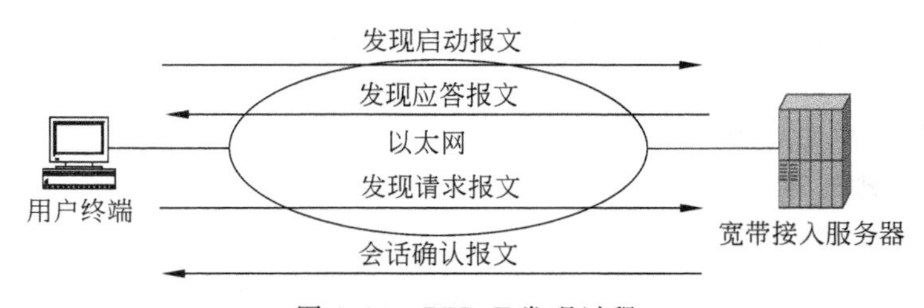

图 6.14 PPPoE 发现过程

PPP 会话的目的是通过以太网实现用户终端和宽带接入服务器之间的 PPP 帧传输，通过将 PPP 帧作为以用户终端和宽带接入服务器的 MAC 地址为源和目的 MAC 地址的 MAC 帧的净荷，可以实现用户终端和宽带接入服务器之间的 PPP 帧传输。但在图 6.15 所示的应用方式中，网桥 1 和网桥 2 之间必须建立两个 PPP 会话，分别对应两对终端之间的点对点虚拟链路，因此，除了 PPP 会话两端的 MAC 地址，还需用会话标识符区分两端相同的多个不同 PPP 会话。

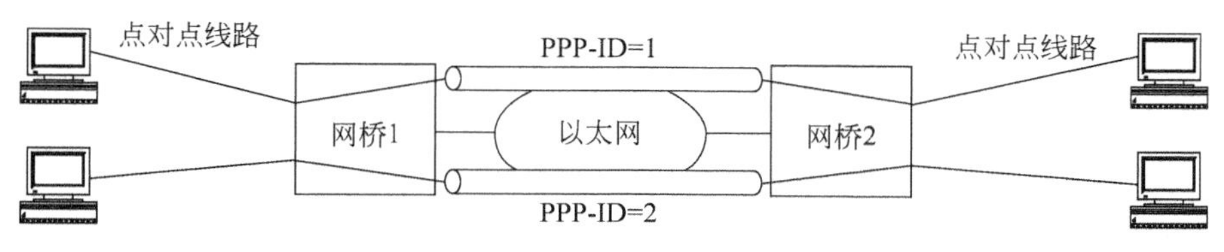

图 6.15　两端相同的多个 PPP 会话

3. PPP 会话传输 PPP 帧机制

对于 PPP 会话两端的设备，PPP 会话等同于点对点物理链路，如图 6.16 所示 ADSL 接入网络结构。所有需要在两端设备之间传输的 PPP 帧，如用于建立 PPP 链路的 LCP 帧，用于鉴别用户身份的 PAP 或 CHAP 帧，用于为用户终端分配 IP 地址的 NCP 帧及用于传输 IP 分组的 IP 分组帧，首先被封装成如图 6.17 所示的基于以太网的隧道格式(或称 PPP 会话格式)，然后通过 PPP 会话进行传输。

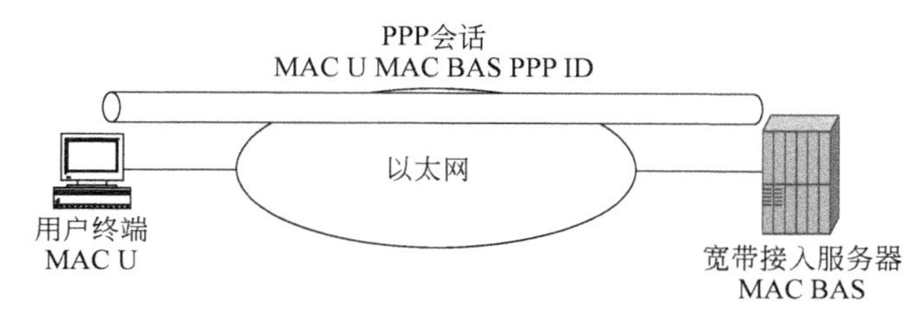

图 6.16　ADSL 点对点虚拟链路

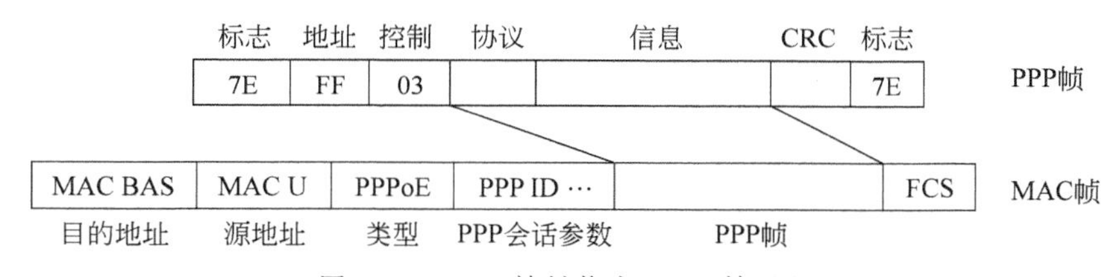

图 6.17　PPP 帧封装成 MAC 帧过程

根据图 6.17 所示的封装过程，只要解决 MAC 帧的帧定界问题，就自然解决了 PPP 帧的帧定界问题，因此，PPP 帧不再需要用于帧定界的帧开始、结束标志字节。PPP 帧中的地址和控制字段本来就没有实际意义，只是为了和 HDLC 帧结构兼容，在这里也可省略。已经由 MAC 帧的帧检验序列(Frame Check Sequence，FCS)字段对 MAC 帧传输过程中发生的错误进行检验，因此，PPP 帧不再需要帧检验序列字段。但 MAC 帧的数据字段中除了 PPP 帧，还需包含会话标识符等与 PPP 会话有关的一些参数。

6.2.4　ADSL 路由器网桥工作方式

1. 网桥设备建立转发表

用户终端通过启动 PPPoE 客户软件建立和宽带接入服务器之间的 PPP 会话，并通过建立用户终端和宽带接入服务器之间的 PPP 会话的过程，在 ADSL 路由器的转发表中建立对应项。从图 6.18 中可以看出，ADSL 路由器建立的转发表有两项，一项是用户终端的 MAC 地址和对应的以太网端口，另一项是宽带接入服务器的 MAC 地址和对应的连接

DSLAM 的用户线。当 ADSL 路由器接收到 MAC 帧，如果目的 MAC 地址等于用户终端的 MAC 地址，就从以太网端口转发该 MAC 帧，如果目的 MAC 地址是宽带接入服务器（Broadband Access Server，BAS）的 MAC 地址，就将该 MAC 帧通过连接 DSLAM 的用户线发送出去。同样，DSLAM 的转发表中也有两项，分别对应用户终端和宽带接入服务器的 MAC 地址，一旦在 ADSL 路由器和 DSLAM 中建立如图 6.18 所示的转发表，用户终端和宽带接入服务器之间可以相互传输以两端 MAC 地址为源和目的 MAC 地址的 MAC 帧。

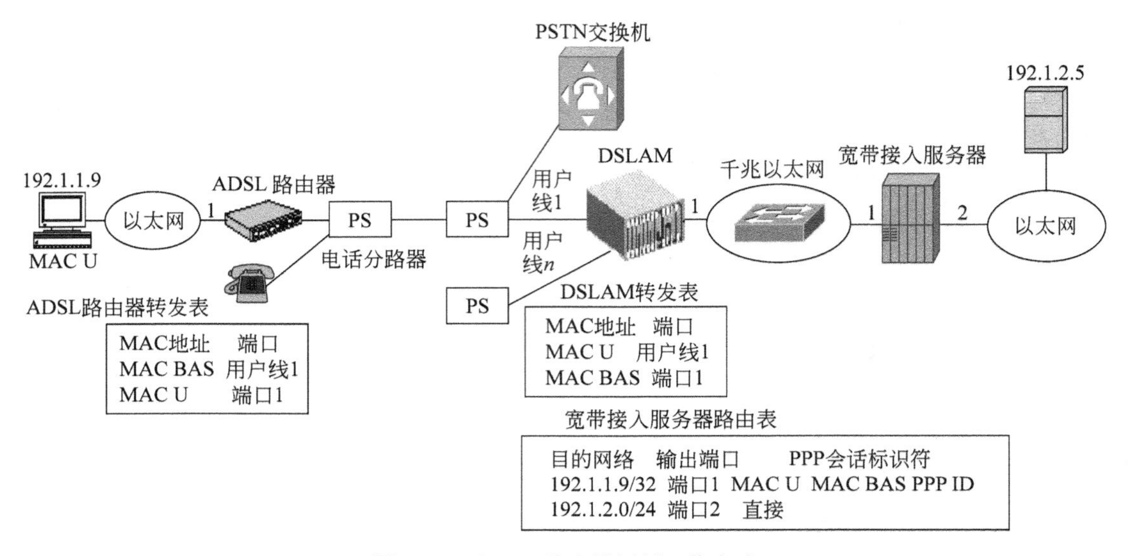

图 6.18 ADSL 路由器网桥工作方式

2. PPP 操作过程

通过用户终端和宽带接入服务器之间进行的 PPP 操作过程，宽带接入服务器完成对用户的身份鉴别，在 IP 地址池中为用户终端选择一个未分配的 IP 地址（这里是 192.1.1.9），同时在路由表中将为用户终端分配的 IP 地址（192.1.1.9）和用户终端与宽带接入服务器之间的 PPP 会话绑定在一起，PPP 会话用用户终端的 MAC 地址（MAC U）、宽带接入服务器的 MAC 地址（MAC BAS）及宽带接入服务器在建立 PPP 会话时为该 PPP 会话分配的会话标识符（PPP ID）唯一标识，如图 6.18 所示。

3. 用户终端访问 Internet 过程

当用户终端需要向服务器发送 IP 分组时，用户终端构建一个以自身 IP 地址（192.1.1.9）为源 IP 地址，服务器 IP 地址（192.1.2.5）为目的 IP 地址的 IP 分组，并将该 IP 分组封装在 PPP IP 分组帧中。由于通过 PPPoE 建立的点对点虚拟链路是以以太网为物理承载通路，而且在建立点对点虚拟链路时已经确定了点对点虚拟链路两端的 MAC 地址。因此，PPP IP 分组帧被封装在以用户终端的 MAC 地址（MAC U）为源 MAC 地址，宽带接入服务器的 MAC 地址（MAC BAS）为目的 MAC 地址的 MAC 帧中，并将该 MAC 帧通过用户终端的以太网端口发送出去。该 MAC 帧经过用户终端和 ADSL 路由器之间的以太网到达 ADSL 路由器，ADSL 路由器用该 MAC 帧的目的 MAC 地址去检索转发表，找到对应项，确定输出链路为连接 DSLAM 的用户线。同样，当 DSLAM 接收到该 MAC 帧，用该 MAC 帧的目的 MAC 地址去检索转发表，找到对应项，确定输出端口，并通过互连宽带接入服务器的以太网将 MAC 帧发送给宽带接入服务器。

宽带接入服务器先从 MAC 帧中分离出 PPP IP 分组帧，然后从 PPP IP 分组帧中分离出 IP 分组，根据 IP 分组的目的 IP 地址检索路由表，找到转发端口，将 IP 分组转发给服务器。

当服务器需要向用户终端传输数据时，就构建一个以服务器 IP 地址(192.1.2.5)为源 IP 地址，用户终端 IP 地址(192.1.1.9)为目的 IP 地址的 IP 分组，并将 IP 分组发送给宽带接入服务器。宽带接入服务器根据 IP 分组的目的 IP 地址去检索路由表，发现输出链路是点对点虚拟链路，而且该点对点虚拟链路建立在以太网基础上，并已获知点对点虚拟链路两端的 MAC 地址。同样将 IP 分组封装成 PPP IP 分组帧，再将 PPP IP 分组帧封装在以宽带接入服务器的 MAC 地址为源 MAC 地址，用户终端的 MAC 地址为目的 MAC 地址的 MAC 帧中。MAC 帧经过宽带接入服务器和用户终端之间的以太网到达用户终端，用户终端从 MAC 帧中分离出 PPP IP 分组帧，再从 PPP IP 分组帧中分离出 IP 分组，完成了服务器至用户终端的数据传输过程。

6.2.5 ADSL 路由器路由器工作方式

1. ADSL 路由器接入 Internet 过程

以上讨论的用户终端接入 Internet 过程是将 ADSL 路由器作为桥设备使用，如果希望将一个局域网通过 ADSL 路由器接入 Internet，就需要将 ADSL 路由器作为路由器使用，接入过程如图 6.19 所示。

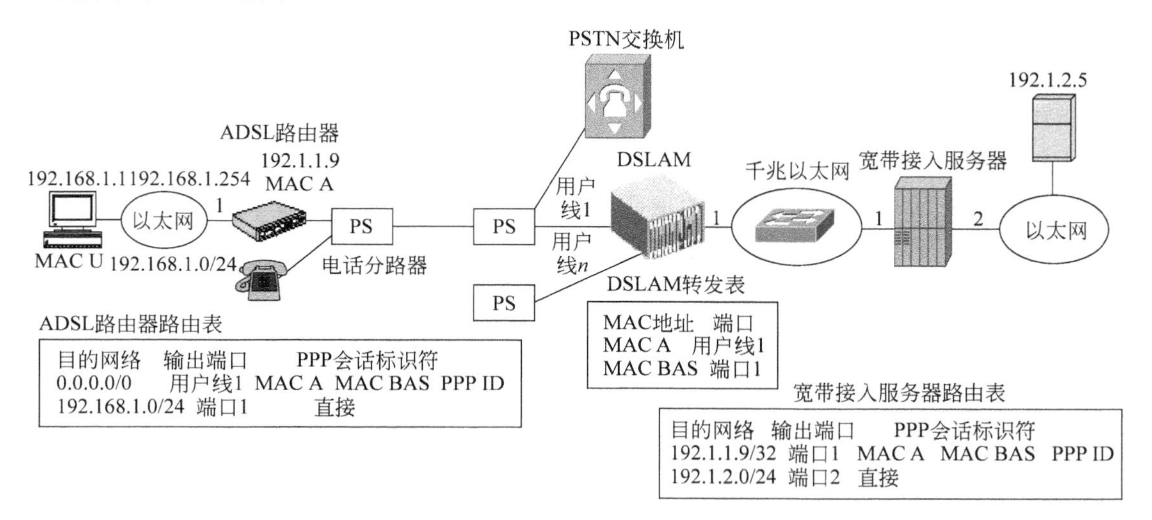

图 6.19 将局域网通过 ADSL 路由器接入 Internet 的过程

当 ADSL 路由器作为路由器使用时，宽带接入服务器对 ADSL 路由器进行 PPP 操作，因此，一旦 ADSL 路由器作为路由器使用，它就成了双端口路由器，一个端口连接以太网，另一个端口通过点对点虚拟链路连接宽带接入服务器，和宽带服务器之间的点对点虚拟链路，通过 PPPoE 的发现过程建立。当宽带接入服务器通过 PPP 操作过程完成对 ADSL 路由器的身份鉴别和 IP 地址分配，宽带接入服务器在路由表中增添对应的路由项，该路由项中给出分配给 ADSL 路由器的 IP 地址和已经建立的宽带接入服务器与 ADSL 路由器之间的点对点虚拟链路的绑定关系。

2. ADSL 路由器的地址转换过程

当 ADSL 路由器作为路由器使用时,ISP 只给 ADSL 路由器连接用户线的端口分配了 IP 地址,该 IP 地址是 ISP 认可的,可在 Internet 中使用的 IP 地址,即全球 IP 地址。但 ADSL 路由器连接的局域网中的每一个终端也需要分配 IP 地址,这些 IP 地址由于不是 ISP 分配的,不能在 Internet 中使用,被称为本地地址或内部地址。那么,局域网内终端如何分配本地 IP 地址?又如何用本地 IP 地址访问 Internet 呢?局域网内终端须分配相同的网络地址,如图 6.19 所示的 192.168.1.0/24,ADSL 路由器以太网端口分配的本地 IP 地址,就是局域网内终端的默认网关地址,如图 6.19 所示的 192.168.1.254。在确定了局域网的网络地址和终端的默认网关地址后,就可采用手工配置或自动获取 IP 地址的方式为每一个终端分配 IP 地址。如果采用手工配置 IP 地址的方式,必须为每一个终端分配一个属于本地网络地址的、唯一的 IP 地址,如 192.168.1.1。如果采用自动获取 IP 地址方式,就需要启动 ADSL 路由器的 DHCP(Dynamic Host Configuration Protocol,动态主机配置协议)服务器功能,由 ADSL 路由器内嵌的 DHCP 服务器自动为每一个终端分配属于本地网络地址的唯一的 IP 地址。

当分配了本地 IP 地址的终端想访问 Internet 中的服务器(192.1.2.5)时,就构建一个以本地 IP 地址(192.168.1.1)为源 IP 地址,服务器 IP 地址(192.1.2.5)为目的 IP 地址的 IP 分组。由于配置终端时,默认网关地址为 192.168.1.254,终端将这样的 IP 分组发送给 ADSL 路由器。ADSL 路由器用 IP 分组的目的 IP 地址检索路由器,找到对应项,但在通过已经建立的点对点虚拟链路将 IP 分组转发给下一跳路由器(宽带接入服务器)之前,必须先对源 IP 地址进行地址转换(Network Address Translation,NAT)。因为分配给终端的本地地址只在局域网内有效,Internet 并不认可这种地址分配,如果服务器以此地址作为目的 IP 地址向局域网内终端发送 IP 分组的话,Internet 是无法正确地将该 IP 分组转发给局域网内终端的。因此,须用 ISP 分配给 ADSL 路由器的全球 IP 地址作为 IP 分组的源 IP 地址。但由于 ISP 分配给 ADSL 路由器的全球 IP 地址只有一个,如果同时有多个局域网内终端访问 Internet 的话,这些局域网内终端用于访问 Internet 的 IP 分组经过 ADSL 路由器转发后,就有了相同的源 IP 地址(192.1.1.9),导致服务器回复给这些局域网内终端的 IP 分组的目的 IP 地址都是相同的,ADSL 路由器如何能够从这些目的 IP 地址都相同的 IP 分组中鉴别出分属于不同局域网内终端的 IP 分组呢?ADSL 路由器采用端口地址转换(Port Address Translation,PAT)机制,在用 ISP 分配给它的全球 IP 地址取代 IP 分组中的源 IP 地址时,用唯一的源端口号取代 IP 分组中原来的源端口号,然后在地址转换表中记录一项,把 IP 分组的原来源端口号、源 IP 地址和 ADSL 路由器取代的唯一的源端口号和全球 IP 地址绑定在一起。当服务器回送的 IP 分组到达 ADSL 路由器时,用该 IP 分组的目的端口号去检索地址转换表,找到对应项,用对应项中的源 IP 地址、原来源端口号取代该 IP 分组的目的 IP 地址、目的端口号,然后将取代后的 IP 分组转发给局域网。整个过程如图 6.20 所示。

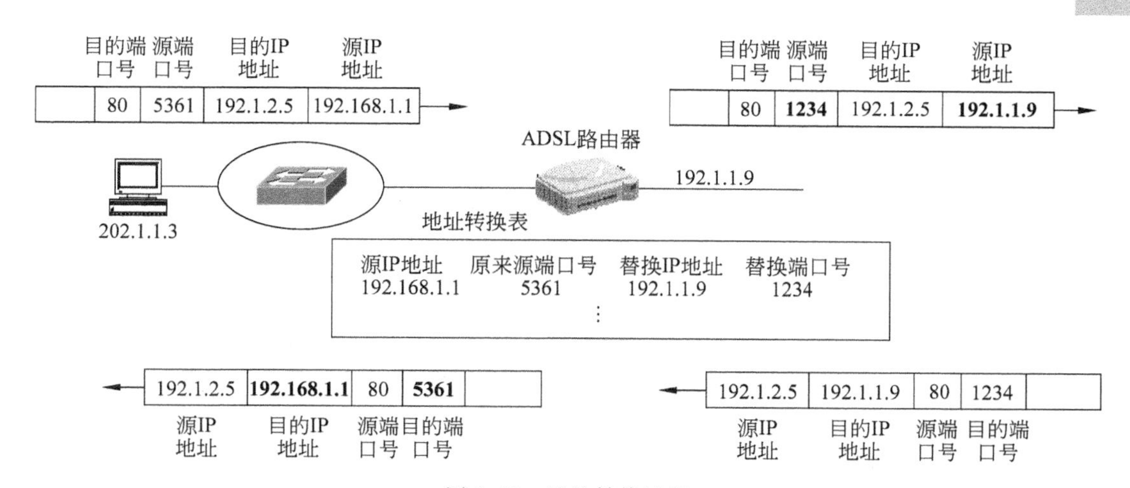

图 6.20 地址转换过程

ADSL 路由器和 Internet 中服务器交换 IP 分组过程和 ADSL 路由器网桥工作方式下用户终端和 Internet 中服务器交换 IP 分组过程相似，这里不再赘述。

6.2.6 ADSL 路由器作为桥设备和路由设备使用的不同之处

图 6.21 是 ADSL 路由器作为桥设备的逻辑结构图，从图 6.21 可以看出，由于用户终端和宽带接入服务器之间是点对点虚拟链路，因此，在采用 PPPoE 时，需要将 PPP 帧封装在以用户终端的 MAC 地址和宽带接入服务器的 MAC 地址为源和目的 MAC 地址的 MAC 帧中。

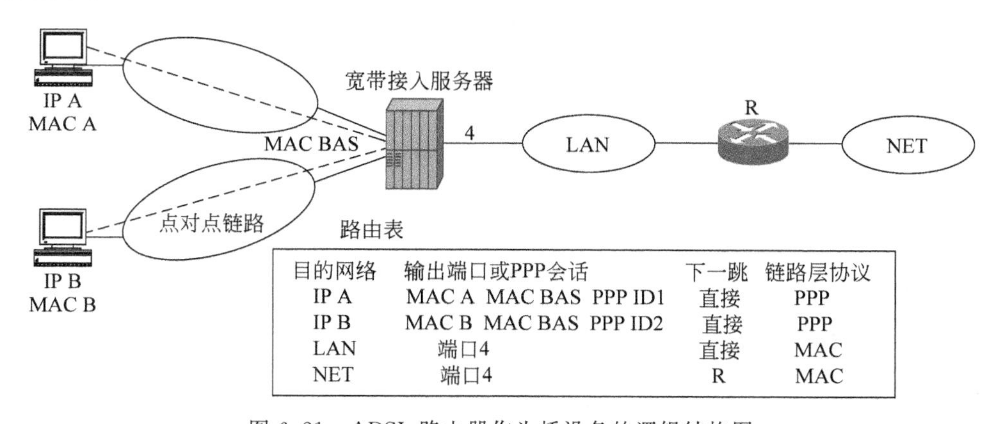

图 6.21 ADSL 路由器作为桥设备的逻辑结构图

图 6.22 是 ADSL 路由器作为路由设备的逻辑结构图，对宽带接入服务器而言，图 6.21 和图 6.22 没有任何区别，图 6.22 中的 ADSL 路由器完全等同于图 6.21 中的用户终端。对用户终端而言，这两种接入方式有很大不同，图 6.22 是一种将局域网接入 Internet 的接入方式，对于连接在本地局域网(BLAN)的用户终端，ADSL 路由器既是默认网关，又是边界路由器，实现将局域网接入 Internet 的功能。

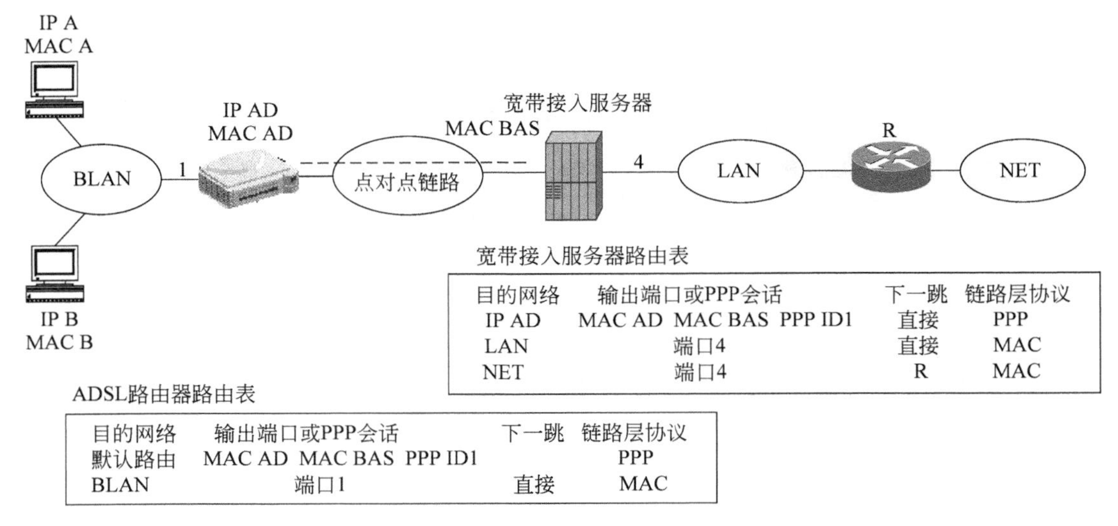

图 6.22　ADSL 路由器作为路由设备的逻辑结构图

6.3　以太网接入技术

随着交换式以太网和全双工通信方式的普及，以太网交换机之间的无中继传输距离已达到 70km，而且，随着以太网交换机和光缆的价格不断下降，构建交换式以太网的成本也在不断降低，以太网的高传输速率（10Mb/s）更是其成为人们首选的接入技术的主要原因。目前的宽带接入技术中，ADSL 由于可以借助已有的用户线实现宽带接入过程，而且其传输速率已达到 2Mb/s，随着将互连 DSLAM 和宽带接入服务器的区域网升级至千兆，甚至万兆以太网，ADSL 接入技术的传输速率还可以进一步提高，这些优势使 ADSL 成为目前广泛使用的接入技术。借助已有的用户线实现宽带接入的方便性和较高的传输速率是 ADSL 接入技术大量占据市场的主要因素。以太网接入技术虽然需要重新铺设光缆和电缆（光缆到小区中的每一幢楼，电缆到楼内的每一户），但其传输速率方面的强大优势正越来越多地吸引着用户，随着 Internet 上的多媒体应用日益增多，如 IPTV、VOIP、VOD 等，用户对接入技术的传输速率的要求越来越高，而 ADSL 接入技术的传输速率限制势必成为其挑战以太网接入技术的主要障碍，可以预计，虽然在目前阶段，ADSL 和以太网接入技术都是被用户广泛采用的接入技术，但随着 Internet 应用的不断深入，具有传输速率优势的以太网接入技术将最终胜出。

6.3.1　接入网结构

图 6.23 是用户终端通过以太网接入技术接入 Internet 的过程，在图 6.23 中，中心交换机通过双绞线缆构成的 1Gb/s 以太网链路直接和宽带接入服务器相连，通过光缆构成的 100Mb/s 以太网链路连接小区中的分区交换机，而分区交换机也通过光缆构成的 100Mb/s 以太网链路连接每一栋楼内的交换机，楼内交换机用双绞线缆构成的 10Mb/s 以太网链路

连接楼内每一户家中的终端。

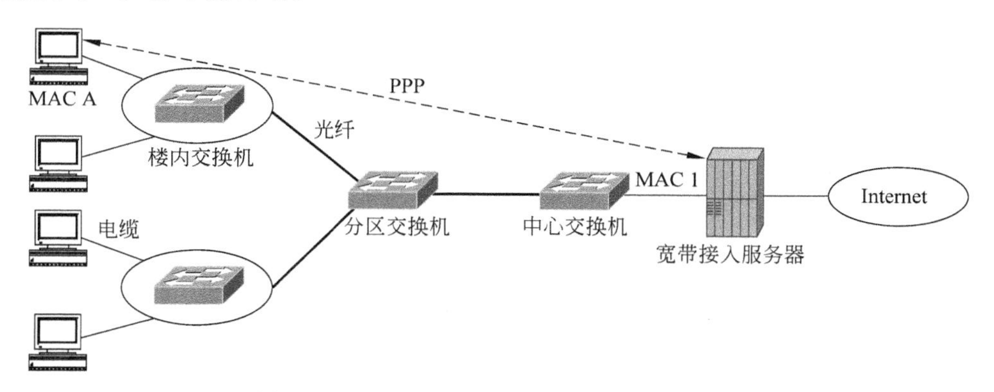

图 6.23　用户通过以太网接入 Internet 的过程

6.3.2　PPP 接入控制机制

从以太网工作原理而言，图 6.23 中任何一个接入楼内交换机的用户均可直接访问 Internet，但对 ISP 而言，必须对每一个用户终端接入 Internet 的过程进行监控，因此，在用户访问 Internet 前，必须先由 ISP 对其进行身份鉴别、IP 地址分配等，目前最常见的用于对接入用户进行身份鉴别、IP 地址分配的协议是点对点协议(PPP)。

图 6.24 是用户终端用 PPP 和 PPPoE 实现接入过程的例子。用户终端通过启动 PPPoE 客户软件，建立和宽带接入服务器之间的点对点虚拟链路(PPP 会话)，用户终端和宽带接入服务器通过建立的点对点虚拟链路交换 PPP LCP 帧、PPP PAP 或 CHAP 帧和 PPP NCP 帧完成用户身份鉴别和 IP 地址分配，并在宽带接入服务器的路由表中将分配给用户终端的 IP 地址与用户终端和宽带接入服务器之间的点对点虚拟链路绑定在一起。获取宽带接入服务器的 MAC 地址的 PPPoE 发现过程，一方面让用户终端获得了宽带接入服务器的 MAC 地址，另一方面也在用户终端和宽带接入服务器之间的交换路径所经过的交换机的转发表中建立了对应项。当用户终端希望和 IP 地址为 192.1.2.5 的服务器交换数据时，用户终端构建以 192.1.1.9 为源 IP 地址，以 192.1.2.5 为目的 IP 地址的 IP 分组，由于源和目的终端不属于同一个网络，用户终端首先将 IP 分组传输给宽带接入服务器(默认网关)，又由于用户终端和宽带接入服务器之间的传输通路是点对点虚拟链路，用户终端需要将 IP 分组封装在 PPP IP 分组帧中进行传输，而用户终端和宽带接入服务器之间的点对点虚拟链路又以以太网为物理承载通路，因此，PPP IP 分组帧必须封装在以用户终端的 MAC 地址(MAC A)为源 MAC 地址，以宽带接入服务器的 MAC 地址(MAC 1)为目的 MAC 地址的 MAC 帧中，封装过程如图 6.25 所示。然后将该 MAC 帧通过用户终端和宽带接入服务器之间的交换路径传输给宽带接入服务器。宽带接入服务器从中分离出 IP 分组，用 IP 分组的目的 IP 地址检索路由表，找到转发端口，重新将 IP 分组封装在 MAC 帧中，通过连接服务器的以太网，将 IP 分组传输给服务器，完成了用户终端和服务器之间的数据传输。

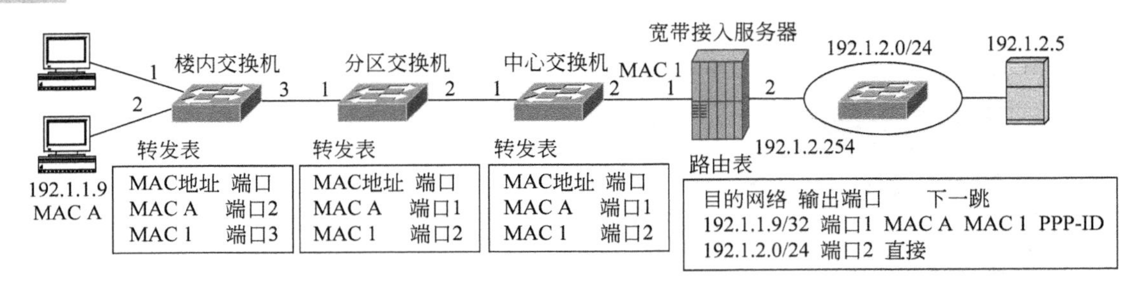

图 6.24 用户终端用 PPP 和 PPPoE 实现接入过程

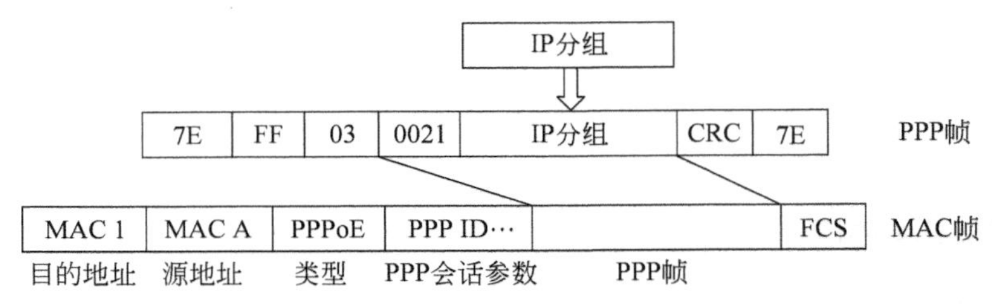

图 6.25 IP 分组封装成 MAC 帧的过程

6.3.3 EPON

1. EPON 结构

以太网无源光网络(Ethernet Passive Optical Network,EPON)结构如图 6.26 所示,由局侧光线路终端(Optical Line Terminal,OLT)、用户侧的光网络单元(Optical Network Unit,ONU)和光分配网络(Optical Distribution Network,ODN)组成,为单纤双向系统。OLT 至 ONU 传输通路是点对多点传输通路,OLT 以广播方式向 ONU 发送数据,ONU 至 OLT 传输通路是点对点传输通路,通过时分复用技术建立各个 ONU 至 OLT 的传输通路。单根光纤通过波分复用(Wavelength Division Multiplexing,WDM)技术建立上行和下行信道。

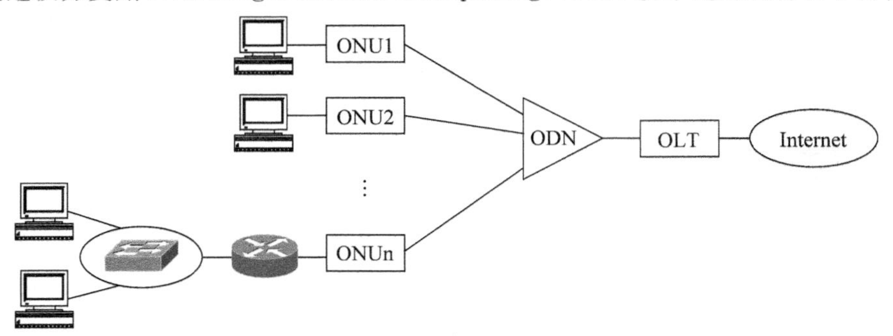

图 6.26 EPON 结构

OLT 广播方式向 ONU 传输数据的过程如图 6.27(a)所示,每一个接入 EPON 的 ONU 分配唯一的逻辑链路标识符(Logical Link Identifier,LLID),发送给 ONU 的帧携带 LLID,虽然每一个 ONU 都接收到 OLT 广播的帧,但每一个 ONU 只接收携带的 LLID 与分配给自己的 LLID 相同的帧。

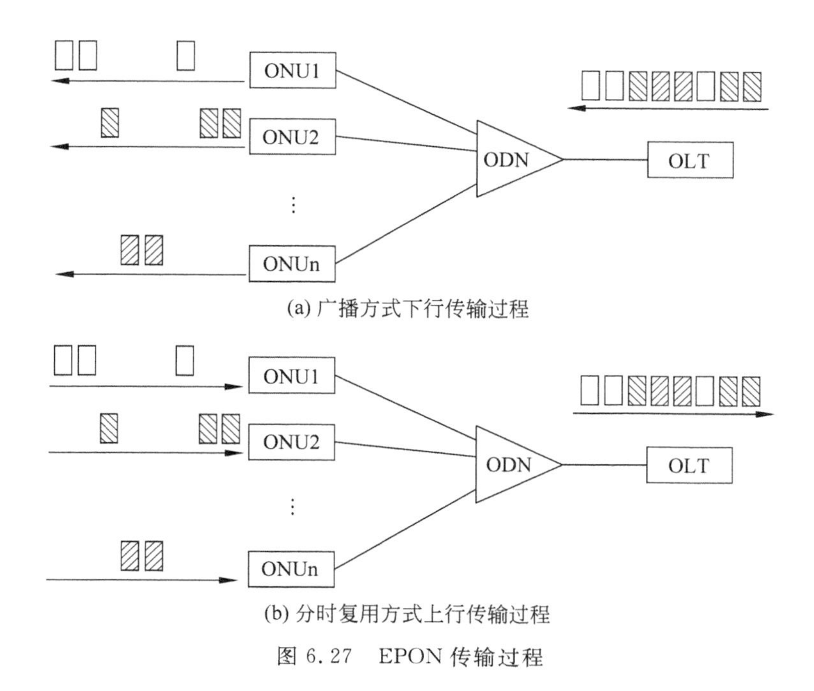

图 6.27　EPON 传输过程

为了保证不发生冲突，每一个 ONU 只允许在分配给它的时隙发送数据，分配给不同 ONU 的时隙不允许重叠，由于不同距离有着不同的光信号传播时延，因此，为 ONU 分配时隙时，必须考虑每一个 ONU 与 OLT 之间的距离。

光分配网络采用无源器件，无论是方便性，还是可靠性都比其他有源接入网络要好。

2. 主要设备功能

OLT 是 EPON 的核心设备，具有以下功能。

- 控制 ONU 接入；
- 为每一个 ONU 分配唯一的 LLID；
- 为每一个 ONU 动态分配时隙；
- 以广播方式向 ONU 传输数据。

ONU 具有以下功能。

- 发起注册过程；
- 接收 OLT 广播的数据；
- 根据 OLT 分配的时隙发送数据；
- 缓存发送给 OLT 的数据。

3. 工作原理

ONU 与 OLT 之间通过多点控制协议(Multi Point Control Protocol，MPCP)实现注册过程和时隙分配过程，MPCP 引入 5 种控制消息，分别是 GATE、REGISTER REQ、REGISTER、REGISTER ACK 和 REPORT。GATE 消息通过指定起始时间和持续发送时间(时间窗口)为 ONU 分配时隙。REGISTER REQ 消息用于 ONU 向 OLT 发起注册过程。REGISTER 消息用于 OLT 向 ONU 指明已经完成注册过程。REGISTER ACK 消息用于 ONU 向 OLT 通报已经接收到 OLT 发送的 REGISTER 消息，并对 OLT 注册过程予以确认。REPORT 消息用于 ONU 向 OLT 通报状态，主要状态信息是 ONU 等待发送的字节数。

1）自动发现过程

ONU 必须完成注册过程后，才能由 OLT 分配时隙，并通过 OLT 分配的时隙完成数据的上行传输过程。ONU 通过图 6.28 所示的自动发现过程完成注册过程。每一个 ONU 发送上行数据前，必须接收到 OLT 发送给它的 GATE 消息，该 GATE 消息指定该 ONU 发送上行数据的起始时间和授权持续发送数据的时间间隔。对于请求注册的 ONU，OLT 不可能向它发送授权发送上行数据的单播 GATE 消息。为了保证请求注册的 ONU 有机会向 OLT 发送注册请求消息，OLT 定时广播一个 GATE 消息，并在该广播 GATE 消息中指定一个发现窗口。请求注册的 ONU 必须在发现窗口内向 OLT 发送注册请求消息，为了防止多个 ONU 同时发送注册请求消息，每一个接收到广播 GATE 消息，且请求注册的 ONU 随机延迟一段时间后向 OLT 发送注册请求消息。OLT 接收到某个 ONU 发送的注册请求消息后，为其分配一个 LLID，并建立该 ONU 的 MAC 地址与分配的 LLID 之间的绑定。然后，向该 ONU 发送注册消息。此时，OLT 可以通过向该 ONU 发送单播 GATE 消息为该 ONU 发送上行数据分配时隙，该 ONU 接收到单播 GATE 消息后，通过指定时隙向 OLT 发送注册确认消息，完成该 ONU 的注册过程。

虽然每一个请求注册的 ONU 接收到广播 GATE 消息后，随机延迟一段时间后发送注册请求消息，但仍然存在多个请求注册的 ONU 发送的注册请求消息发生冲突的可能，这种情况下，由于 OLT 没有接收到正确的注册请求消息，无法继续进行图 6.28 所示的自动发现过程，请求注册的 ONU 需要等待下一个发送窗口的到来。

2）测距过程

由于不同 ONU 与 OLT 之间的距离不同，为了避免多个 ONU 之间发生冲突，OLT 为每一个 ONU 分配时隙时，必须考虑光信号 ONU 至 OLT 的传播时延。图 6.29 是 OLT 测试与 ONU 之间距离的过程。

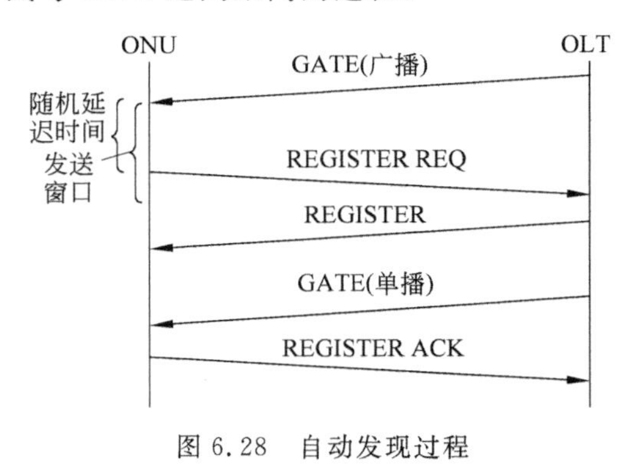

图 6.28　自动发现过程

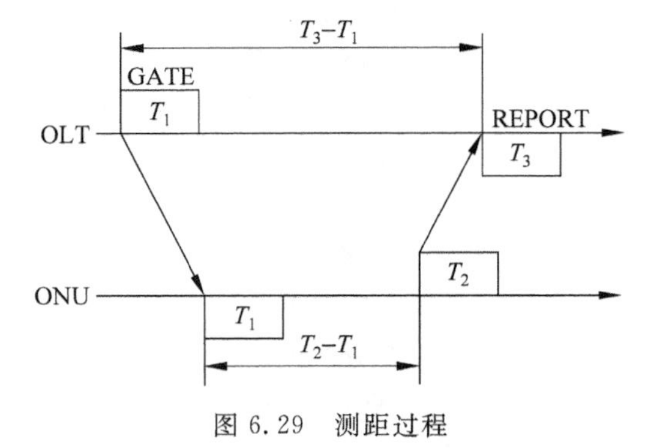

图 6.29　测距过程

OLT 和每一个 ONU 都维持一个本地计时器，本地计时器每 16ns 增 1，因此，本地计时器的精度是很高的。如图 6.29 所示，OLT 向指定 ONU 发送 GATE 消息时，携带 OLT 本地计时器值 T_1。ONU 接收到 OLT 发送给它的 GATE 消息后，将本地计时器值置为 T_1。ONU 在本地计时器值为 T_2 时向 OLT 发送 REPORT 消息，并在 REPORT 消息中携带本地计时器值 T_2，如果 OLT 在本地计时器值为 T_3 时接收到 ONU 发送的 REPORT 消息，OLT 测出与该 ONU 之间的往返时延 $RTT=(T_3-T_1)-(T_2-T_1)=T_3-T_2$。

如果 OLT 希望在时间 T 接收到某个 ONU 发送的数据，在发送给该 ONU 的 GATE 消息中将起始时间设为 T-RTT，其中 RTT 是 OLT 与该 ONU 之间的往返时延。该 ONU 在本地计时器值等于起始时间（T-RTT）时，开始发送数据，该 ONU 发送的数据在 OLT 本地计时器值为 T 时到达 OLT。OLT 为不同 ONU 分配的时隙不能重叠，分配给每一个 ONU 的时隙由起始时间 T 和时间间隔 ΔT 确定。

3）上行数据传输及带宽分配过程

ONU 上行数据传输过程如图 6.30 所示，首先 OLT 需要测出与每一个 ONU 之间的往返时延 RTT，如图中 ONU1、ONU2 和 ONU3 对应的往返时延 120、170 和 200。每一个 ONU 需要向 OLT 传输数据时，通过 REPORT 消息给出请求传输的字节数，如图中 ONU1、ONU2 和 ONU3 对应的初始字节数 6000、3200 和 2200。OLT 为每一个 ONU 分配所需的时隙，如果带宽允许，为每一个 ONU 分配的时隙允许该 ONU 完成数据传输过程，因此，如果 OLT 为 ONU1 分配时隙 $T_1 \sim T_1+\Delta T_1$，ΔT_1 必须大于 ONU1 传输 6000B 数据所需时间。如果为 ONU2 分配时隙 $T_2 \sim T_2+\Delta T_2$，一是 ΔT_2 必须大于 ONU2 传输 3200B 数据所需时间，二是 T_2 必须大于 $T_1+\Delta T_1$。

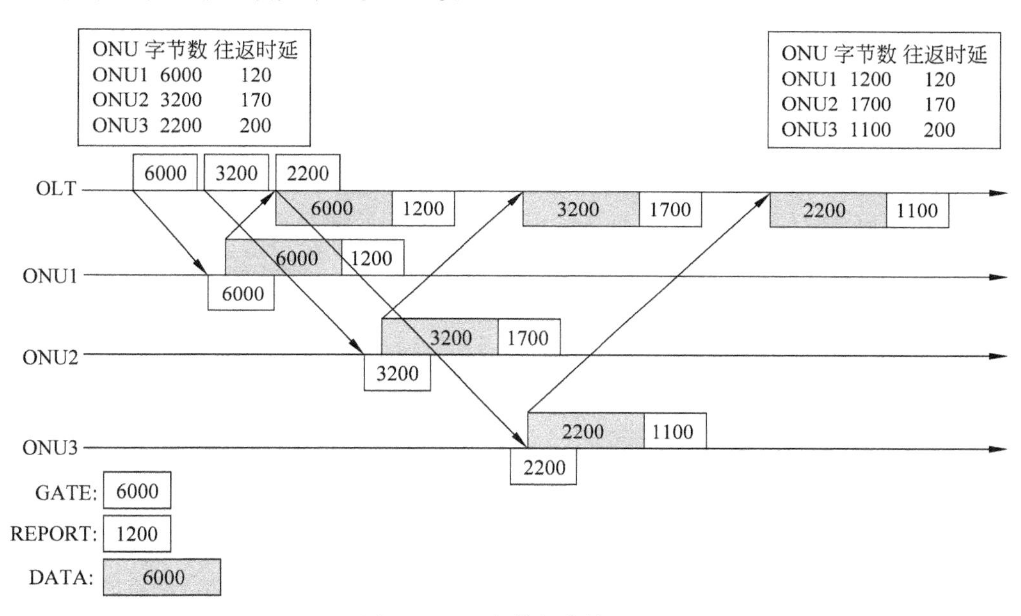

图 6.30　上行数据传输过程

每一个 ONU 在完成当前上行数据传输过程后，立即通过向 OLT 发送 REPORT 消息给出下一次请求上行传输的字节数。

为了验证 ONU 是否在线，即使某个 ONU 不需要进行上行数据传输过程，OLT 也需要与该 ONU 定期完成 GATE 消息与 REPORT 消息的交换过程。

4. 终端接入过程

1）ONU 注册过程

EPON 接入过程如图 6.31 所示，每一个 ONU 设备首先需要通过 MPCP 完成注册过程，注册过程如图 6.28 所示。完成注册过程后，ONU 可以向 OLT 转发终端发送的 MAC 帧，但 ONU 只能在 OLT 分配给它的时隙内发送数据，OLT 分配时隙过程如图 6.30 所示。

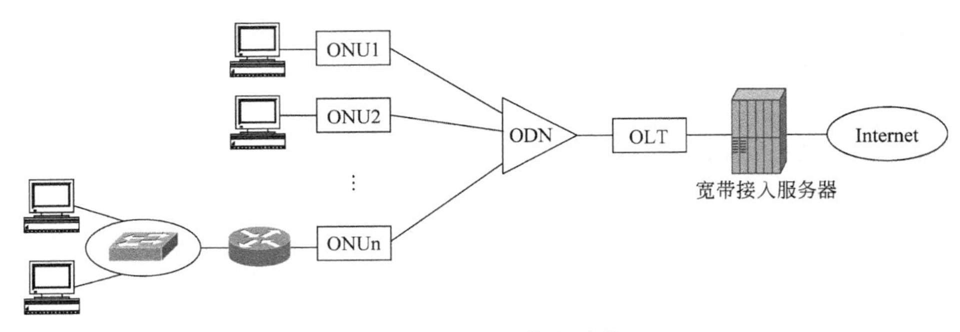

图 6.31　EPON 接入过程

2）终端接入控制过程

对于图 6.31 中的终端和路由器而言，EPON 是透明的，图 6.31 所示的 EPON 接入过程等同于图 6.23 所示的以太网接入过程，终端和路由器通过 PPPoE 建立与宽带接入服务器之间的 PPP 会话，由宽带接入服务器通过 PPP 完成对终端和路由器的身份鉴别、IP 地址分配等接入控制功能。在实际实现过程中，OLT 设备可以兼具宽带接入服务器的功能。

3）MAC 帧传输过程

图 6.31 中的终端和路由器通过 PPPoE 发现过程获取宽带接入服务器的 MAC 地址，终端和路由器发送给宽带接入服务器的数据（包括 IP 分组和 PPP 帧）封装成以终端或路由器的 MAC 地址为源 MAC 地址、宽带接入服务器的 MAC 地址为目的 MAC 地址的 MAC 帧，该 MAC 帧到达 ONU 后，一是需要转换成图 6.32 所示的适合在 ONU 与 OLT 之间传输的 MAC 帧格式，该 MAC 帧格式将原来作为前导码和帧定界符的 4 字节用作 LLID 和用于对 3～7 字节检错的 CRC8。二是该 MAC 帧需要在 ONU 中排队等候，直到 OLT 通过 GATE 消息为该 ONU 分配时隙。

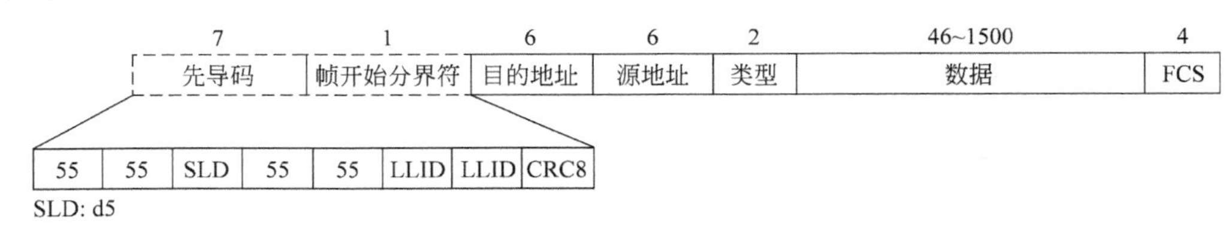

图 6.32　MAC 帧格式转换过程

宽带接入服务器发送给终端和路由器的数据（包括 IP 分组和 PPP 帧）封装成以宽带接入服务器的 MAC 地址为源 MAC 地址、终端或路由器的 MAC 地址为目的 MAC 地址的 MAC 帧，该MAC 帧到达 OLT 后，一是需要转换成图 6.32 所示的适合在 ONU 与 OLT 之间传输的 MAC 帧格式。二是该 MAC 帧需要 OLT 根据带宽分配算法将其插入下行数据流中。

6.4　无线局域网接入技术

6.4.1　无线接入网结构

无线接入网结构如图 6.33 所示，无线路由器通过以太网接入 Internet，终端通过无线网络接入无线路由器，无线路由器通过以太网接入 Internet 过程与其他路由器通过以太网接入 Internet 过程完全相同，因此，图 6.33 所示的无线接入网络主要讨论终端接入无线路由器的过程。

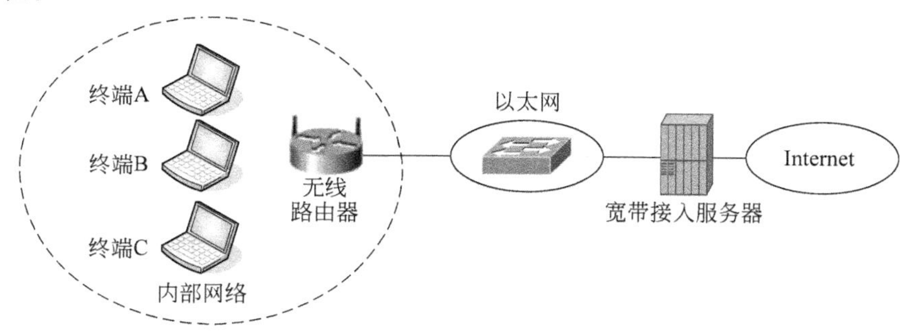

图 6.33　无线接入网结构

终端接入无线路由器前，必须由无线路由器完成对终端的身份鉴别。为了安全，加密终端与无线路由器之间传输的数据。无线路由器鉴别终端身份的机制和加密终端与无线路由器之间传输的数据的算法构成无线接入网络的安全机制，常见的安全机制有等同有线安全(Wired Equivalent Privacy，WEP)、Wi-Fi 保护访问(Wi-Fi Protected Access，WPA)和 WPA 预共享密钥(Wi-Fi Protected Access Pre-Shared Key，WPA-PSK)等。

6.4.2　安全机制

1. WEP

1) 加密机制

(1) 采用流密码体制。

$Y=P\oplus K_i$(其中 Y 是密文，P 是明文，K_i 是一次性密钥)，一次性密钥通过单向函数 FR(K,IV)产生，K 是密钥，在计算一次性密钥时作为常量，IV(Initialization Vector，初始向量)是 24 位长度的变量，单向函数 FR 保证，当 IV 变化时，FR(K,IV)也随之发生变化，因此，对应 IV 的 2^{24} 种不同组合，存在一次性密钥集$\{K_0, K_1, \cdots, K_{i-1}\}$，$i=2^{24}$。

(2) 同一基本服务集中终端具有相同的密钥 K。

所有需要和相同的 AP 建立关联的终端分配同一个密钥 K，802.11 没有限定终端选择 IV 的方式，如果两个终端选择相同的 IV，则产生部分相同(两个一次性密钥长度不同的情况)，或完全相同(两个一次性密钥长度相同的情况)的一次性密钥，因此，不同的终端可能采用相同的一次性密钥加密数据。同一基本服务集中的所有终端共享一个由 2^{24} 个不同一次性密钥构成的一次性密钥集。

2) 鉴别机制

WEP 鉴别过程就是判断终端是否是授权终端的过程，判断某个终端是否授权的依据是该终端是否拥有和 AP 相同的密钥 K。鉴别过程由终端发起，首先由终端向 AP 发送鉴别请求，AP 向终端发送固定长度的随机数 challenge，终端选择 IV，并计算出 $Y=\text{challenge}\oplus$ FR(K,IV)，将密文 Y 和 IV 一起发送给 AP，AP 根据自己的密钥 K' 和终端发送的 IV，计算出 $P=Y\oplus$FR(K',IV)，如果 P= challenge，表示 $K=K'$，判断终端是授权终端。否则，判断终端不是授权终端，如图 6.34 所示。

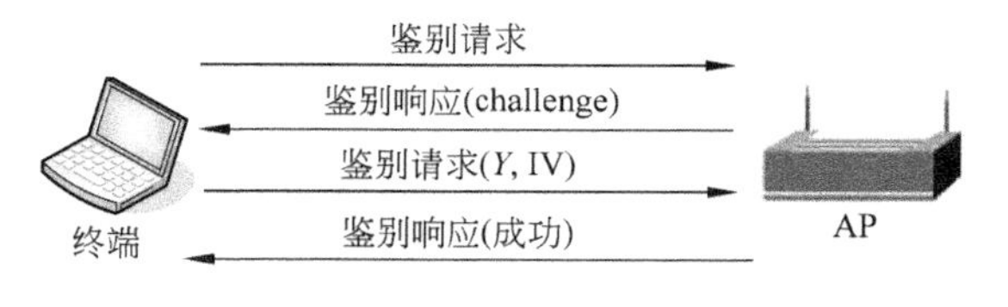

图 6.34　WEP 鉴别过程

3）WEP 的缺陷

WEP 的缺陷主要有三项，一是所有终端共享同一个密钥 K，容易导致密钥外泄。二是所有终端共享由 2^{24} 个不同一次性密钥构成的一次性密钥集，使得黑客可以通过建立一次性密钥字典来破译密文。三是鉴别机制存在较大漏洞，容易被黑客破解。

2. WPA

WPA 是一种和 802.11i 兼容的安全协议，WPA 兼容 2003 年颁布的 802.11i 草稿，WPA2 兼容 2004 年颁布的 802.11i 标准。Wi-Fi 联盟主要提供无线局域网（Wireless LAN，WLAN）产品的兼容性认证。

1）鉴别机制

WPA 基于用户进行身份鉴别，标识用户身份的信息有用户名和口令、认证中心颁发的证书和私钥等。这种身份鉴别过程通常需要配置鉴别服务器，如图 6.35 所示，AP 作为网络接入服务器（Network Access Server，NAS）用于向鉴别服务器转发用户鉴别信息。图 6.36 给出用户标识信息为用户名和口令时的用户身份鉴别过程。完成身份鉴别后，由终端和鉴别服务器根据用户标识信息产生成对主密钥（Pairwise Master Key，PMK），并由鉴别服务器以加密方式将 PMK 传输给 AP。

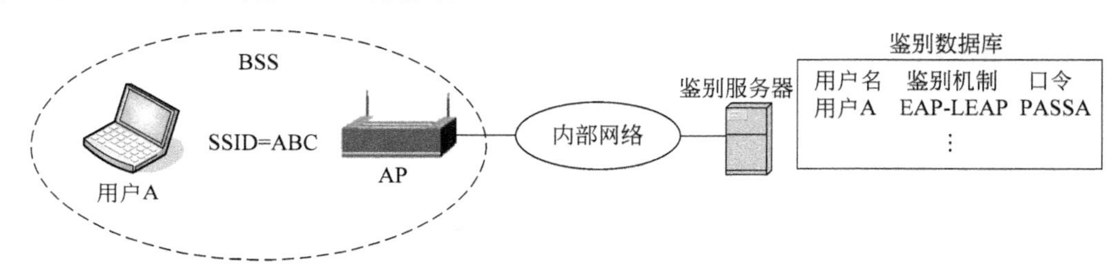

图 6.35 实现 WPA 鉴别过程的网络结构

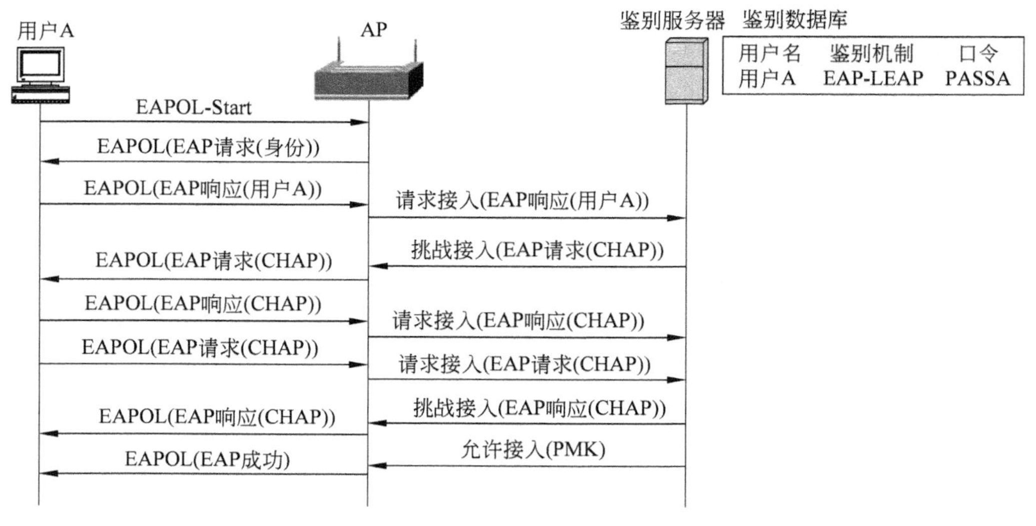

图 6.36 双向 CHAP 鉴别过程

WPA 实施密钥分配的前提是终端和 AP 拥有相同的 PMK，但通过 PMK 产生密钥过程中，一是需要使用双方随机选择的随机数 AN（AP 选择的随机数）和 SN（终端选择的随机数），这就保证，对于同一 PMK，每一次密钥分配过程产生的密钥都是不同的。二是产生密钥过程中，需要使用终端和 AP 的 MAC 地址，这就保证，对于不同终端，产生的密钥是不同的。图 6.37 展示了密钥分配过程，整个过程实现三项功能，一是交换各自产生的随机数 AN 和 SN，二是根据图 6.38 所示计算过程产生密钥，三是证实终端和 AP 拥有相同的 PMK。

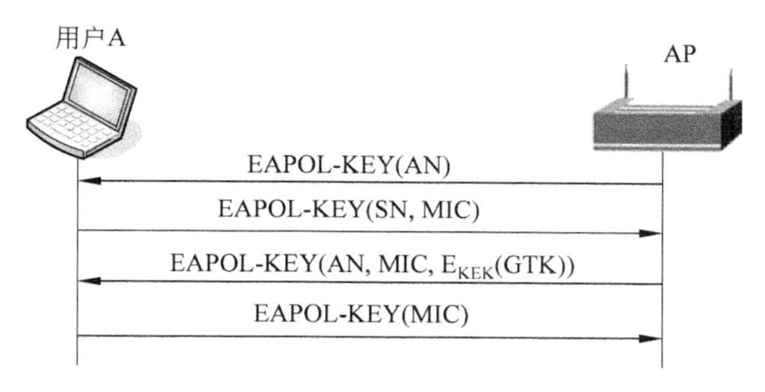

图 6.37　密钥分配过程

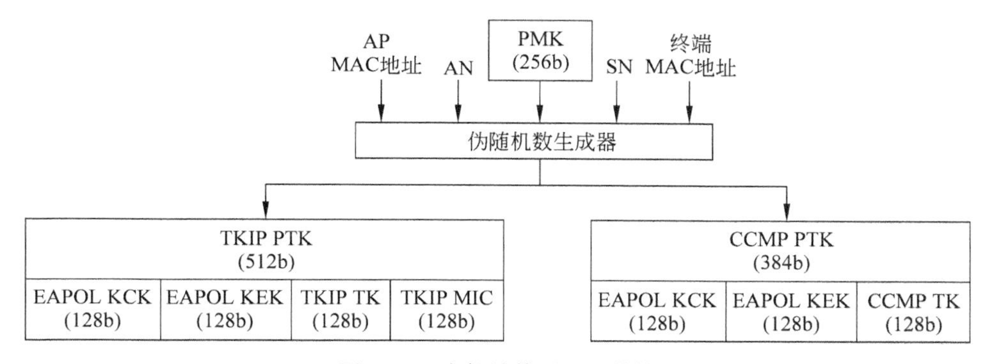

图 6.38　密钥计算过程及结构

2）加密机制

WPA 本质上仍然采用流密码体制，只是一次性密钥集的产生过程与 WEP 不同。

对于临时密钥完整性协议（Temporal Key Integrity Protocol，TKIP），产生一次性密钥的单向函数的参数是 TK 和 TSC（FR（TK，TSC）），一是和 WEP 不同，每一个终端和 AP 之间有着单独的 TK，而且对于同一个终端，每一次密钥分配过程产生的 TK 也是不同的。二是 TSC 的长度为 48 位，在 TK 不变的前提下，可以有 2^{48} 个不同的一次性密钥。

对于 CCMP（CTR with CBC-MAC Protocol），除了单向函数的参数变为和 TKIP 中 TK 和 TSC 相同含义的 TK 和 PN，单向函数 FR 由对称密钥加密算法 AES 实现。显然，AES 比 WEP 和 TKIP 采用的单向函数有着更好的单向性和安全性。

3. WPA-PSK

WPA-PSK 和 WPA 的不同，WPA-PSK 省略了基于用户标识信息鉴别用户身份的过程和 PMK 动态生成过程，而是在 AP 和所有需要和该 AP 建立关联的终端上静态配置相同的 PMK。鉴别过程就是判断某个终端是否拥有和 AP 相同的 PMK 的过程，因此，图 6.37 所示的密钥分配过程也是终端的鉴别过程，因为密钥分配过程成功进行的前提是终端和

AP 拥有相同的 PMK。和 WEP 不同的是，不同终端分配到的 TK 不同，同一终端每一次密钥分配过程分配到的 TK 也不同。

6.5 综合接入网实例

网络结构如图 6.39 所示，路由器 R1、R3 和 R5 兼做接入控制设备，RADIUS 服务器为鉴别服务器，由鉴别服务器统一鉴别用户身份。

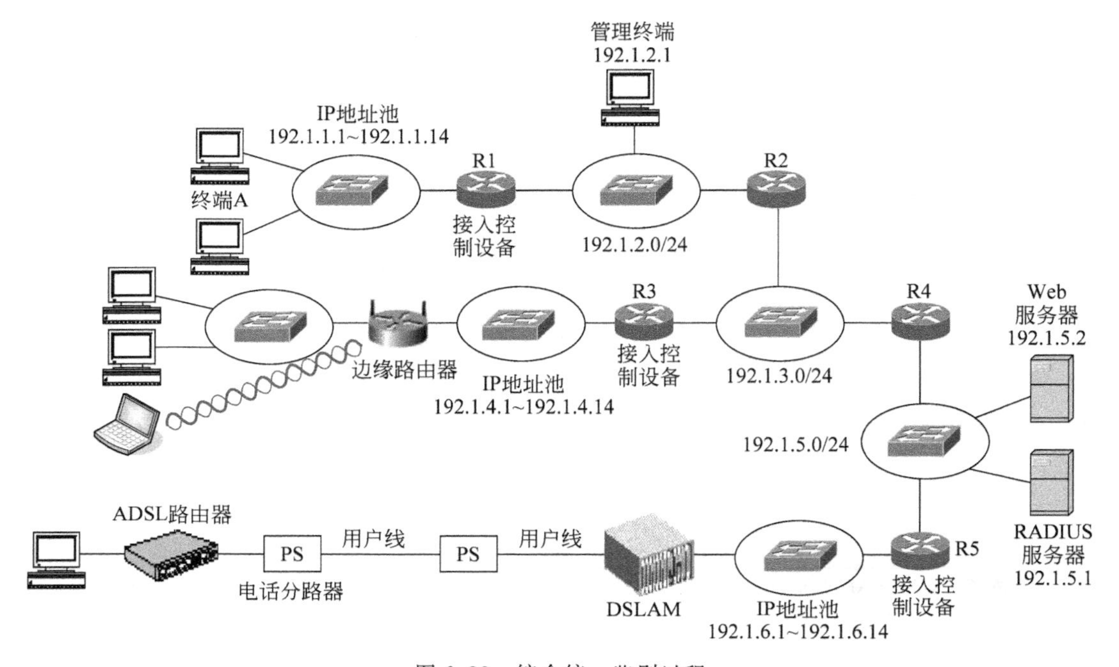

图 6.39 综合统一鉴别过程

在鉴别服务器中统一配置授权用户信息：用户名和口令，如<aaa1，bbb1>，其中 aaa1 是用户名，bbb1 是口令。

接入控制设备鉴别用户身份的鉴别方式分为本地鉴别和统一鉴别，必须将 PPP Internet 接入控制过程中采用的鉴别方式定义为统一鉴别。同时，需要在作为接入控制设备的路由器 R1、R3 和 R5 中配置 RADIUS 服务器的 IP 地址和只用于该路由器与该 RADIUS 服务器的共享密钥。在 RADIUS 服务器中为每一个接入控制设备（RADIUS 中称为网络接入服务器（NAS））配置客户端名字、IP 地址和共享密钥，该共享密钥必须与该接入控制设备中配置的共享密钥相同。

用户终端启动 PPPoE 连接程序，输入用户名和口令，首先通过 PPPoE 建立用户终端与接入控制设备之间的 PPP 会话，然后通过 PPP 在 PPP 会话基础上建立 PPP 链路。用户终端和接入控制设备之间建立 PPP 链路后，如果接入控制设备配置的接入用户鉴别机制为 CHAP，向用户终端发送随机数 C，用户计算出 MD5（C ‖ 口令）后，连同明文方式的用户名一起发送给接入控制设备。由于接入控制设备配置的鉴别方式为统一鉴别方式，接入控制设备将这些信息，连同随机数 C 和接入控制设备名一起封装成 RADIUS 报文，并将

RADIUS 报文发送给 RADIUS 服务器。

RADIUS 服务器首先根据接入控制设备名和 RADIUS 报文的源 IP 地址确定 NAS，然后通过共享密钥解密出用户终端发送的鉴别信息，根据用户名确定口令，根据口令重新计算 MD5(C ‖ 口令)，如果计算结果与用户发送的鉴别信息相同，向接入控制设备发送允许接入报文，接入控制设备向用户终端发送鉴别成功报文。完整的统一鉴别过程如图 6.40 所示。

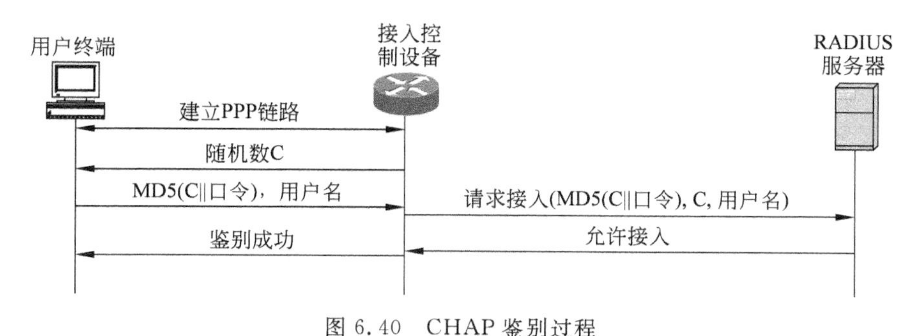

图 6.40 CHAP 鉴别过程

完成鉴别过程后，接入控制设备进行 IP 地址分配和路由项建立过程。

采用图 6.39 所示的统一鉴别方式，无须改变作为接入控制设备的路由器 R1、R3 和 R5 的配置，就可实现终端 A 在不同接入网络之间的漫游。

习 题

6.1 终端拨号上网时，Windows 的连接程序完成了哪些功能？

6.2 ADSL 通过用户线接入 Internet 时实现较高下行传输速率(1～2Mb/s)的技术是什么？

6.3 一个用户完成 ADSL 接入需要哪些步骤？每一步完成什么功能？使用什么协议？

6.4 基于点对点物理链路的链路层协议的基本功能有哪些？PPP 如何实现这些功能？

6.5 Internet 接入为什么需要用户身份鉴别和 IP 地址分配功能？PPP 如何完成这些功能？

6.6 简述 ADSL 路由器的功能。

6.7 简述宽带接入服务器的功能。

6.8 PPPoE 的功能是什么？用户终端使用 PPPoE 的理由是什么？

6.9 当 ADSL 路由器作为路由器使用时，仍然使用 PPPoE 的理由是什么？ADSL 路由器连接用户线的端口分配 MAC 地址的原因是什么？

6.10 如果通过以太网接入技术实现局域网接入 Internet，需要什么功能的设备？请对照 ADSL 路由器进行分析。

6.11 PPP 是基于点对点物理链路的链路层协议，为什么会用于 ADSL 和以太网这样并不存在点对点物理链路的接入过程？PPP 在这些应用环境下会有什么问题？需要解决什么问题？

6.12 当局域网通过 ADSL 技术接入 Internet 时，局域网内终端的 IP 地址如何分配？局域网内终端如何实现对 Internet 的访问？

6.13 以太网和 ADSL 技术都被称为是宽带接入技术，它们各有什么特点？

6.14 一个用户完成以太网接入需要哪些步骤？每一步完成什么功能？使用什么协议？

6.15 画出采用以太网接入过程将一个局域网接入 Internet 的结构图。

6.16 见图 6.41，详细给出用户终端访问 LAN 内服务器的详细过程（从 ADSL 路由器和宽带接入服务器之间建立 PPP 会话及对用户终端进行配置开始）。

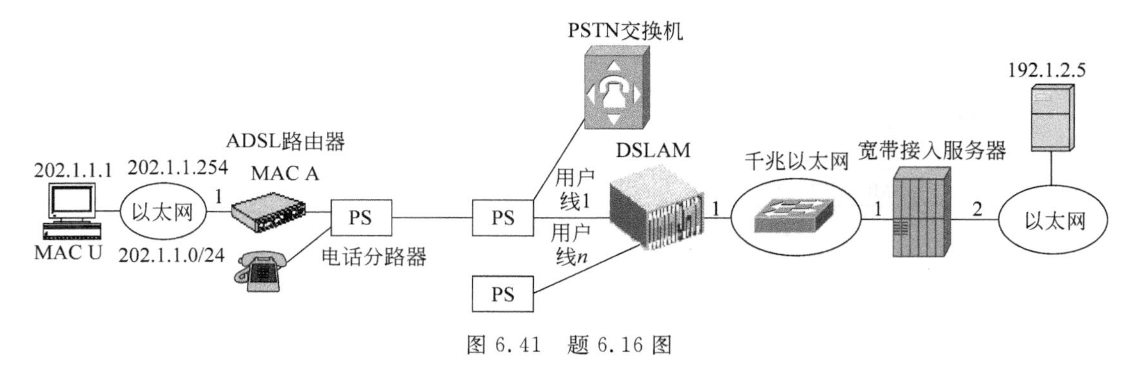

图 6.41　题 6.16 图

6.17 你认为 ADSL 和以太网这两种接入技术最终谁将胜出？为什么？

6.18 EPON 和以太网接入之间的本质区别是什么？

6.19 本地鉴别方式与统一鉴别方式的接入网络实施过程有什么不同？

第7章　虚拟专用网设计方法和实现过程

虚拟专用网络是一种通过Internet实现分配私有地址的各个子网互联，且又能保证子网之间通信安全的技术，主要包括隧道和IPSec技术。

7.1　虚拟专用网概述

7.1.1　专用网特点

专用网是指网络基础设施和网络中的信息资源属于单个组织并由该组织对网络实施管理的网络结构，这种专用网络允许由分布在多个不同地区的子网互联而成，由于地区间相距甚远，子网间互联可以通过公共传输网络实现，但公共传输网提供的必须是点对点的专用链路，且由专用网独占点对点专用链路的带宽，以此保证专用网由单个组织独占网络中的信息资源和通信资源的特性。图7.1就是一个专用网结构，尽管各个子网间通过同步数字体系(Synchronous Digital Hierarchy，SDH)实现互联，但专用网络独占SDH提供的点对点专用链路的带宽。

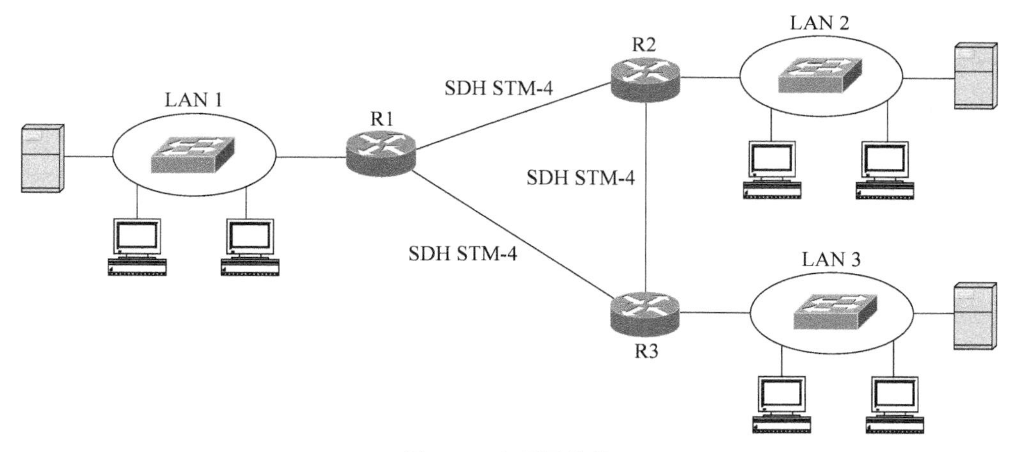

图7.1　专用网结构

专用网由于不和其他网络共享资源，一是可以有独立的IP地址空间，这种IP地址不需要通过申请获得，称为本地IP地址或是私有IP地址，以此和Internet使用的全球IP地址相区分。二是保证信息传输的安全性，这种安全性体现在两个方面，一方面由于信息传输路径是专用的，传输过程中信息的保密性和完整性是可以保证的，另一方面由于接入专用网的子网都是内部子网，发送端和接收端的身份是无须鉴别的。

7.1.2　引入虚拟专用网的原因

图7.1所示的专用网结构在实际操作过程中会出现一些问题，一是远距离SDH专用链

路的租用费用极其昂贵。二是如果互连路由器的SDH专用链路的两端不属于同一个营运公司的话，如一端在上海，另一端在纽约，营运公司之间的协商过程是一个漫长、复杂的过程。三是由于子网间传输的数据的间歇性和突发性，点对点专用链路的利用率很低。

为了解决上述问题，可以改用分组交换网络实现子网间互联，图7.2就是通过Internet实现子网间互联的网络结构。

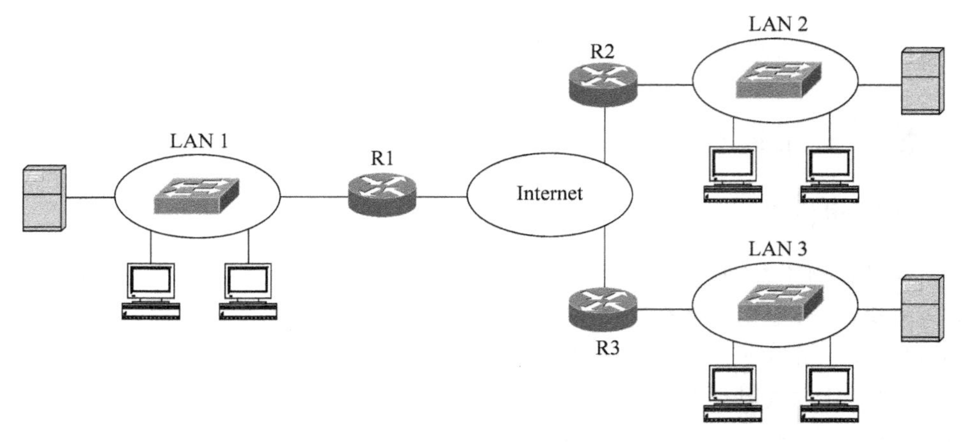

图7.2　用Internet实现互联的网络结构

如果采用图7.2所示的网络结构，用点对点专用链路实现子网间互联而产生的问题可以迎刃而解，一是由于Internet是全球最普及、最方便接入的网络，处于全球任何地区的子网均可很方便地接入Internet，并通过Internet实现相互通信。二是由于Internet采用分组交换方式，通信费用比SDH的点对点专用链路便宜很多，适合传输突发性、间歇性数据的应用环境。由于子网间传输路径经过的物理链路的带宽是共享的，传输路径经过的分组交换结点属于公共传输网络的组成部分，随之而来的问题是子网间的带宽和数据传输安全无法得到保证，而这两点恰恰是构建专用网络的主要目的。很显然，需要一种既通过公共的分组交换网络，如Internet，实现子网间互联，又使其具有专用点对点链路的带宽和传输安全保证的组网技术，这就是虚拟专用网络(Virtual Private Network，VPN)技术，加上虚拟就是表明用图7.2所示的网络结构实现图7.1所示网络结构具有的带宽和传输安全特性。

7.1.3　虚拟专用网需要解决的问题

一旦采用图7.2所示的虚拟专用网结构，必须解决以下问题。

1. 子网间传输路径的带宽

由于通过IP传输路径实现子网间信息传输，而IP传输路径是数据报分组交换路径，传输路径经过的任何物理链路带宽被所有经过该物理链路的信息流共享，因此，存在因为和其他信息流争用物理链路导致的排队等待时延，由于这种时延的不确定性，导致端到端传输时延抖动。因此，虚拟专用网或是应用于对端到端传输时延没有特别要求的内部网，或是通过在子网间传输路径经过的物理链路上预留带宽的方法解决子网间传输路径的带宽问题。

2. 本地 IP 地址

由于内部网各个子网使用本地 IP 地址，而 Internet 无法路由以本地 IP 地址为目的地址的 IP 分组，因此，子网间传输的 IP 分组不能直接进入 Internet，并经过 Internet 实现传输过程。这就意味着必须建立基于 Internet 的虚拟专用链路，并能够通过该虚拟专用链路实现使用本地 IP 地址的两个终端间的 IP 分组传输过程。

3. 信息传输过程中的保密性和完整性

一旦经过 Internet，黑客可能通过各种嗅探和拦截技术窃取和篡改子网间传输的信息，因此，必须通过加密和报文摘要技术实现子网间传输的信息的保密性和完整性，这就要求实现子网间通信的 IP 传输路径两端能够协商安全参数，如加密解密算法、报文摘要算法、密钥等。

4. 源端鉴别

接入专用网的子网都是内部网的一部分，一旦采用图 7.2 所示的虚拟专用网，别的子网可以冒充某个内部网的子网要求和内部网的其他子网相互交换信息，因此，必须要对信息的源端实施鉴别，以防冒充内部网终端的情况发生。

7.1.4　虚拟专用网应用环境

1. 内部网子网间互联

内部网子网间互联的应用环境如图 7.2 所示，内部网各个子网通过路由器接入 Internet，由 Internet 建立实现子网间通信的传输路径，而且保证经过这种传输路径传输的信息的保密性和完整性，同时，通过源端鉴别功能防止黑客伪造子网连接到内部网。

2. 远程接入

远程接入过程如图 7.3 所示，内部网通过路由器接入 Internet，连接在 Internet 上的远程终端通过 Internet 实现对内部网中资源的访问过程，实现远程接入的关键是要解决使用远程终端实现内部网资源访问过程的远程用户的身份鉴别，远程终端的本地 IP 地址分配，远程终端和内部网之间传输路径的建立，及经过这种传输路径传输的信息的保密性和完整性问题。

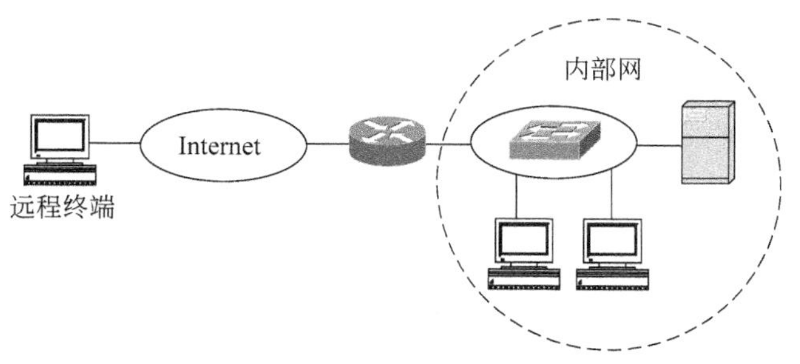

图 7.3　远程接入过程

7.1.5　虚拟专用网技术分类

1. IP Sec

基于 IP Sec 的 VPN 结构为保证 VPN 各子网间传输路径的带宽和数据传输的安全性，

在 IP 网络的基础上构建性能等同于点对点专用链路的隧道,并用隧道实现 VPN 各子网间的互联。根据隧道所传输的数据类型,将隧道分为 IP 隧道和第 2 层隧道,前者用于传输 IP 分组,后者用于传输链路层帧。通过 IP Sec 实现经过隧道传输的信息的保密性和完整性,通过隧道两端建立安全关联过程完成源端鉴别功能。

1) 点对点 IP 隧道

用点对点 IP 隧道互联子网的 VPN 结构如图 7.4 所示,生活中的隧道虽然通过公共区域,但它是封闭的,隧道内部和公共区域是相互隔绝的。IP 隧道的含义是,虽然隧道两端之间的传输路径经过 IP 网络,但经过 IP 隧道传输的 IP 分组和其他经过 IP 网络传输的数据之间也是相互隔绝的,IP 隧道提供点对点专用链路的性能特性。

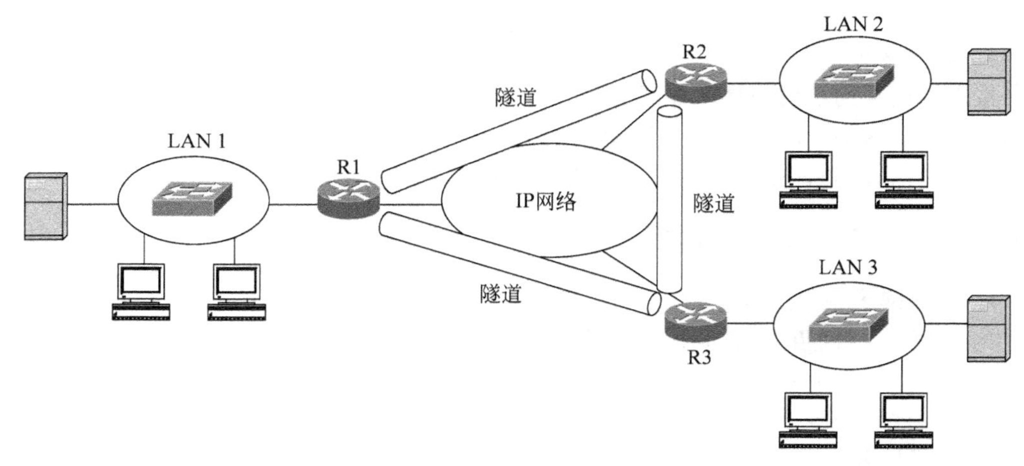

图 7.4　用 IP 隧道互联子网的 VPN 结构

2) 第 2 层隧道

(1) 传统接入方法。

图 7.5 是远程终端拨号接入内部网的过程,这种接入方式必须建立远程终端和内部网中接入控制设备之间的点对点语音信道,当远程终端和内部网相距甚远时,如内部网位于北京,远程终端位于上海,维持远距离语音信道的费用非常昂贵,由于 PSTN 是电路交换网络,通过点对点语音信道这样的电路交换路径传输突发性、间歇性数据存在费用高、通信链路利用率低等诸多问题。

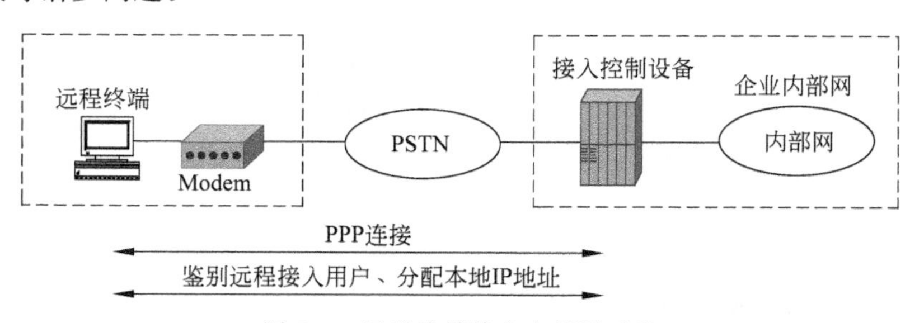

图 7.5　远程终端接入内部网过程

(2) 第 2 层隧道接入方法。

在 Internet 的基础上建立如图 7.6 所示的第 2 层隧道,第 2 层隧道的含义是指用于传输第2层协议数据单元的传输路径，一般将OSI体系结构中第2层协议数据单元称为帧，如PPP帧和MAC帧，传输PPP帧的传输路径是点对点物理链路，因此，也将第2层隧道称为虚拟点对点链路，或虚拟线路。第2层隧道具有点对点物理链路的传输特性，因此可以在第2层隧道上运行点对点协议，并通过PPP完成对远程终端的身份鉴别、本地IP地址分配等接入控制功能，这种情况下，互联内部网和Internet的路由器成为第2层隧道网络服务器(L2TP Network Server，LNS)，它实际上是以第2层隧道作为连接远程终端的虚拟线路时的接入控制设备，远程终端通过第2层隧道网络服务器接入内部网。

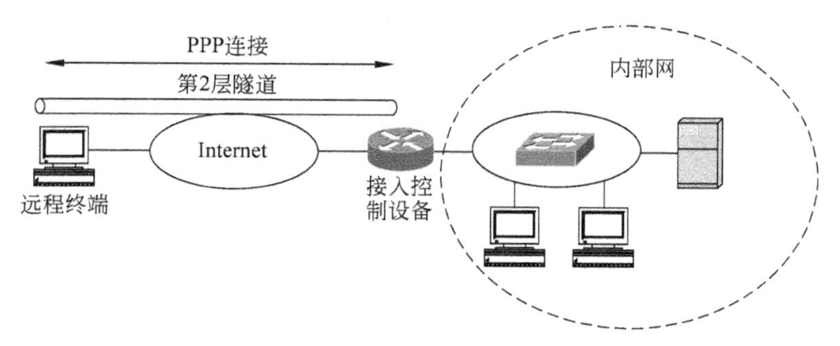

图7.6　远程终端通过第2层隧道接入内部网过程

(3) 以PSTN为接入网络的远程接入过程。

远程终端采用第2层隧道接入内部网过程对远程终端接入Internet的方式没有限制，但远程终端接入Internet的方式对实现远程终端通过第2层隧道接入内部网的过程还是有所影响，下面以PSTN作为远程终端接入Internet的接入网络为例讨论采用第2层隧道的远程接入过程。

图7.7和图7.8给出以PSTN为接入网络，采用第2层隧道实现内部网的远程接入的过程，它们和图7.5最大的不同在于将远程终端和内部网之间的传输路径分成两部分，一部分是远程终端和本地ISP接入服务器(其功能等同于接入控制设备)之间建立的点对点语音信道，另一部分是本地ISP接入服务器和内部网之间的分组交换路径。由于电路交换路径只存在于本地通信过程中，远距离通信过程由分组交换路径实现，因此，无论是端到端通信费用，还是通信链路的利用率都接近分组交换网络。

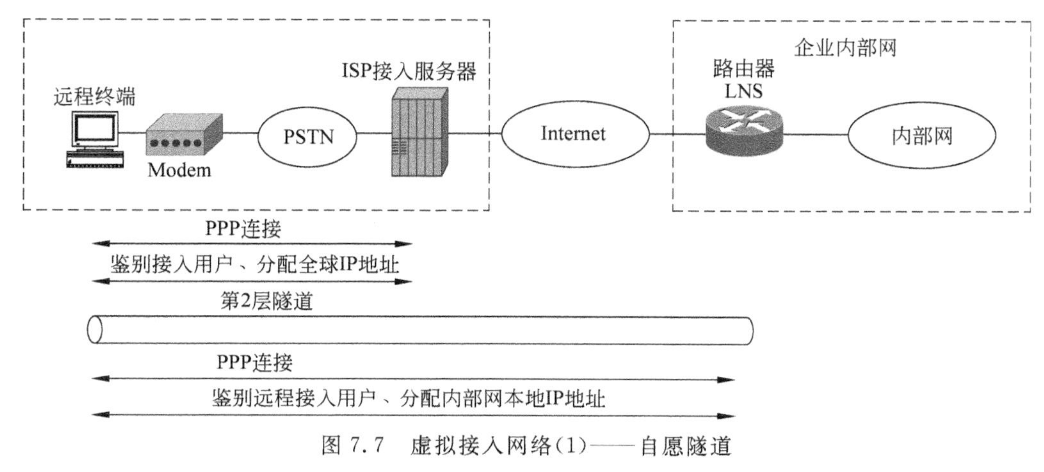

图7.7　虚拟接入网络(1)——自愿隧道

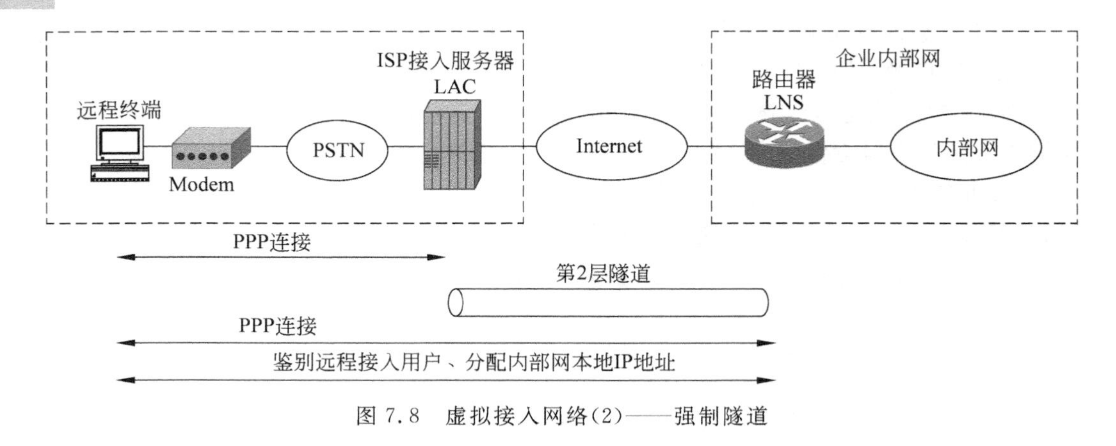

图 7.8 虚拟接入网络(2)——强制隧道

图 7.7 和图 7.8 的不同在于第 2 层隧道的发起者，图 7.7 中，由远程终端发起建立第 2 层隧道，远程终端首先通过本地 ISP 接入 Internet，然后建立基于 Internet 的远程终端和内部网之间的第 2 层隧道，对于远程终端和内部网中的 L2TP 网络服务器，该第 2 层隧道等同于点对点专用链路，第 2 层隧道协议(Layer Two Tunneling Protocol，L2TP)用于建立、维持和删除第 2 层隧道，通过第 2 层隧道传输的是类似 PPP 帧和 MAC 帧这样的链路层帧。L2TP 网络服务器的功能类似于接入控制设备，只是 L2TP 网络服务器是第 2 层隧道的端接设备，连接 PSTN 的 ISP 接入服务器是语音信道的端接设备。

图 7.8 中第 2 层隧道建立在 ISP 接入服务器和内部网的 LNS 之间，由 ISP 接入服务器实现用户终端和 ISP 接入服务器之间语音信道与 ISP 接入服务器和内部网 LNS 之间的第 2 层隧道之间的交接，这种既是第 2 层隧道的端接设备，又负责实现语音信道与第 2 层隧道之间交接的设备称为 L2TP 接入集中器(Access Concentrator，LAC)。对于远程终端而言，由语音信道和第 2 层隧道组成的用户终端和内部网 LNS 之间的传输路径完全等同于点对点专用链路，而内部网的 LNS 也完全等同于接入控制设备。对于图 7.8 所示的远程接入过程，LAC 和 LNS 之间的第 2 层隧道由 ISP 接入服务器(LAC)发起建立，而触发 ISP 接入服务器发起建立第 2 层隧道过程的是 PSTN 的入呼叫信令。因此，图 7.8 中的第 2 层隧道是强制建立的，而图 7.7 中的第 2 层隧道是用户终端自愿发起建立的。

2. SSL VPN

SSL VPN 用于实现远程终端安全访问内部网资源，如内部网 FTP 服务器，SSL(Secure Socket Layer，安全套接层)与 TLS(Transport Layer Security，传输层安全)协议相似，是传输层安全协议，SSL/TLS 提供基于 Internet 安全传输应用层报文的功能。SSL VPN 网络结构如图 7.9 所示，内部网通过 SSL VPN 网关连接 Internet，SSL VPN 网关是一个支持 HTTPS 访问方式的 Web 服务器，远程终端和 SSL VPN 网关之间通过 SSL/TLS 实现双向身份鉴别和安全传输，SSL VPN 网关可以为每一个远程用户设置内部网资源的访问权限，在完成对远程用户的身份鉴别后，为远程用户提供门户网页，门户网页中列出授权用户访问的资源列表。如图 7.10 所示，远程用户通过 SSL VPN 网关的全球 IP 地址访问 SSL VPN 网关，SSL VPN 网关通过内部网的本地 IP 地址和资源服务器实现信息交换，由 SSL VPN 网关实现 HTTP 和相应资源服务器访问协议之间的转换，由 SSL/TLS 实现远程终端和 SSL VPN 网关之间传输的信息的保密性和完整性。

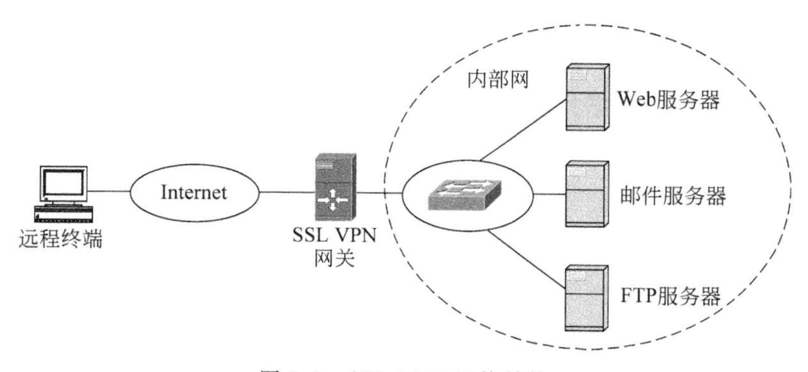

图 7.9　SSL VPN 网络结构

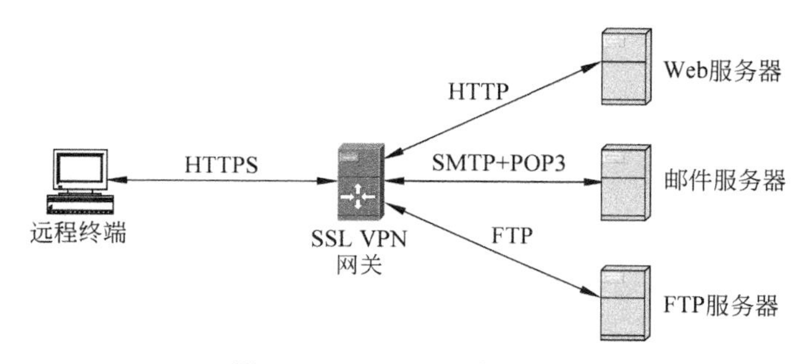

图 7.10　SSL VPN 实现原理

3. MPLS

多协议标签交换(MultiProtocol Label Switching,MPLS)通过建立标签交换路径(Label Switched Path,LSP)实现 Internet 两个端点之间的通信过程,LSP 的通信特性和第 2 层链路,如ATM PVC,相似,由于第 2 层链路的交换特性和 QoS 功能,经过 LSP 传输数据能够得到较好的性能。

1) 基于 MPLS 的第 2 层 VPN 结构

图 7.11 所示的基于 MPLS 的第 2 层 VPN 结构中,PE 一方面作为 MPLS 网络的边缘

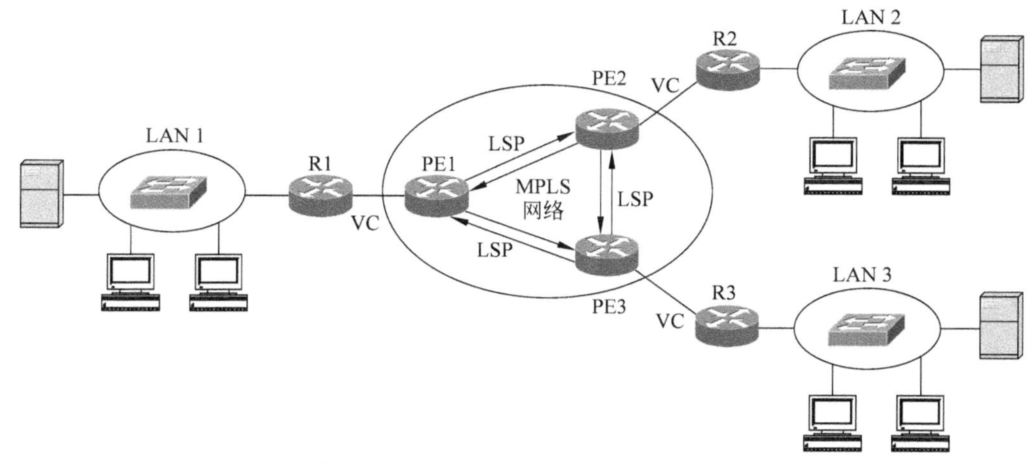

图 7.11　基于 MPLS 的第 2 层 VPN 结构

路由器，参与 PE 之间 LSP 的建立，另一方面，PE 对于内部网又是一个桥设备，实现连接 LAN 路由器(图 7.11 中的路由器 R1、R2 和 R3)的 VC(Virtual Circuit，虚电路)和 PE 之间 LSP 的交接，并完成 VC 对应的数据封装格式和 MPLS 帧封装格式之间的相互转换。因此，对于 LAN 路由器而言，图 7.11 所示的网络结构的功能完全等同于图 7.12 所示的逻辑结构。

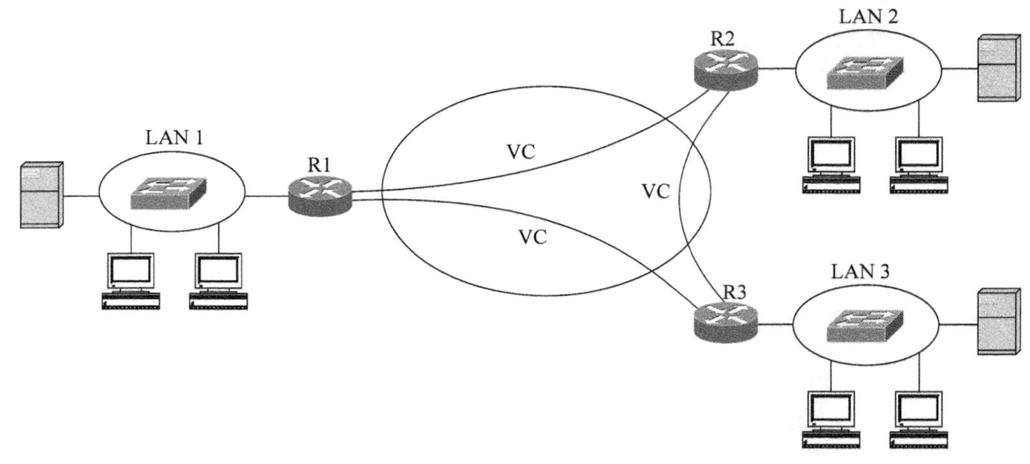

图 7.12　图 7.11 对应的逻辑结构

2) 基于 MPLS 的第 3 层 VPN 结构

如果 PE 对于内部网是路由器设备，图 7.11 所示的网络结构就是基于 MPLS 的第 3 层 VPN 结构，LSP 就是 PE 之间的单向点对点链路，PE 一方面作为 MPLS 网络的边缘路由器，参与 PE 之间 LSP 的建立，另一方面作为内部网的路由器参与路由内部网各个子网间传输的 IP 分组。

4. 各种 VPN 结构的比较

IP Sec VPN 能够实现使用本地 IP 地址的 IP 分组经过 Internet 传输，并保证经过 Internet 传输的信息的保密性和完整性，是目前基于 Internet VPN 的主要实现技术。SSL VPN 适用于 VPN 远程接入应用环境，能够更精细地控制远程用户对内部网资源的访问过程，而且远程用户可以通过普通浏览器实现对内部网资源的访问，是目前流行的用于实现远程终端安全访问内部网资源的 VPN 技术，但不适用于实现内部网子网间互联的应用环境。MPLS 从其通信性能而言，是实现基于 Internet VPN 的良好技术，但从其安全性而言，没有 IP Sec 成熟和有效。

7.2　点对点 IP 隧道

7.2.1　网络结构

图 7.13 是采用 IP Sec VPN 技术的企业内部网结构，企业内部网中的各个子网采用本地 IP 地址，如 LAN 1 的子网地址 192.168.1.0/24、LAN 2 的子网地址 192.168.2.0/24 和 LAN 3 的子网地址 192.168.3.0/24。各个子网虽然分布在各地，通过 Internet 实现互联，但不同子网内终端之间通信仍然使用本地 IP 地址，而不是全球 IP 地址。企业内部网中路

由器 R1、R2 和 R3 连接 Internet 的接口需要分配全球 IP 地址，如路由器 R1 接口 2 分配的 IP 地址 200.1.1.1，路由器 R2 接口 2 分配的 IP 地址 200.1.2.1 和路由器 R3 接口 2 分配的 IP 地址 200.1.3.1，而且这些接口需要作为互联内部网路由器的点对点 IP 隧道的两端，由于这些隧道用来传输 IP 分组，因此，被称为三层隧道。

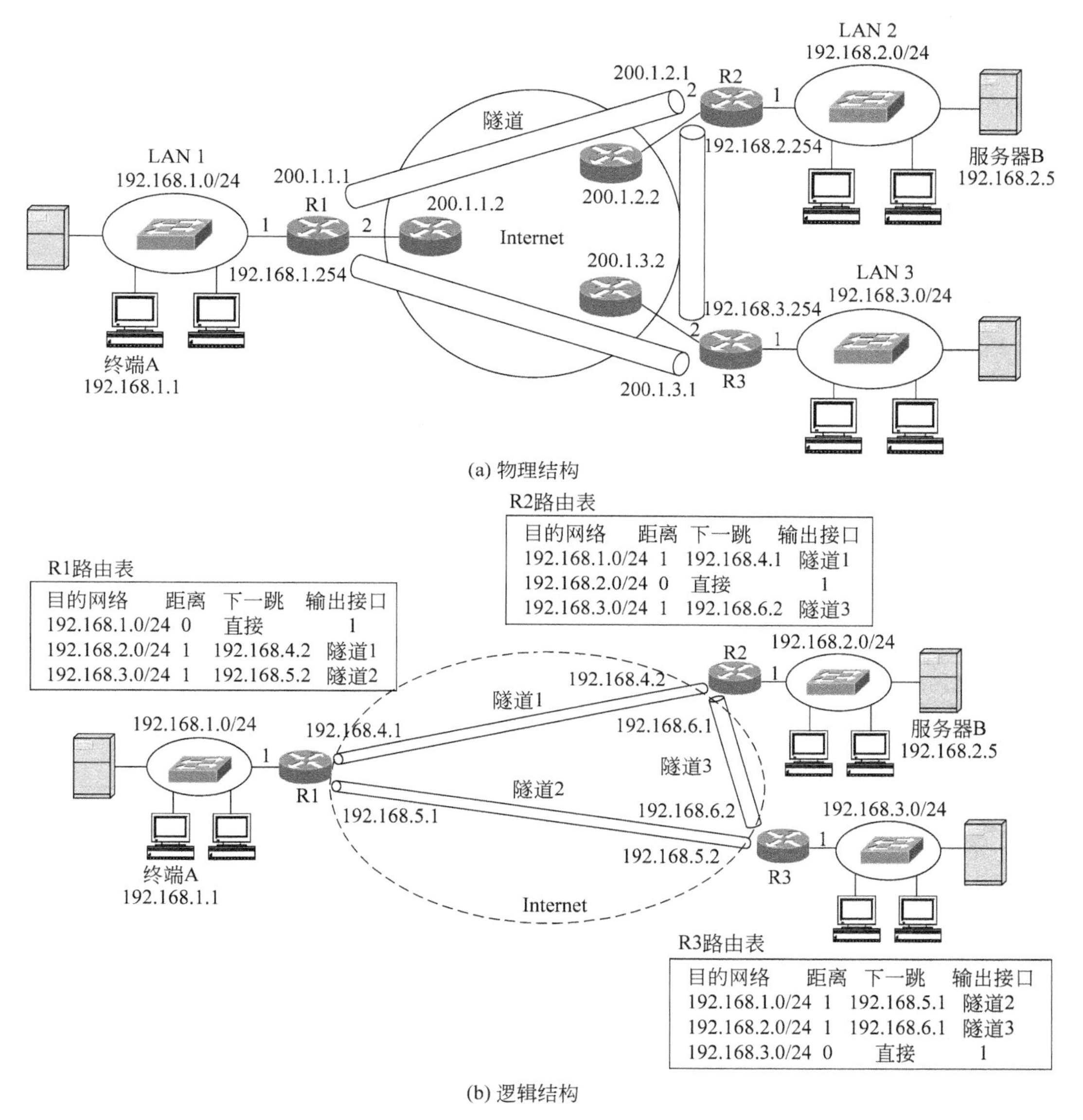

(a) 物理结构

(b) 逻辑结构

图 7.13　采用 VPN 技术的企业网结构

图 7.13 中的路由器 R1、R2 和 R3 承担两部分功能，一是实现内部网各个子网之间互联，二是实现内部网与 Internet 互联。从内部网的角度看，路由器 R1、R2 和 R3 的作用就是通过点对点 IP 隧道实现内部网各个网之间的互联，点对点 IP 隧道等同于专用点对点物理链路。从 Internet 的角度看，路由器 R1、R2 和 R3 的作用是实现和 Internet 互联，并通过 Internet 建立路由器 R1、R2 和 R3 之间的 IP 分组传输路径。因此，VPN 存在两层 IP 分组

传输路径，一层是图 7.13(b)所示的内部网各个子网之间的 IP 分组传输路径，在这一层传输路径中，Internet 的功能被定义为实现路由器 R1、R2 和 R3 之间 IP 分组传输的点对点 IP 隧道。另一层是 Internet 中路由器 R1、R2 和 R3 之间的 IP 分组传输路径，如图 7.13(a)中 R1 全球 IP 地址为 200.1.1.1 的接口和 R2 全球 IP 地址为 2001.2.1 的接口之间的 IP 分组传输路径。这一层传输路径是实现点对点 IP 隧道的基础，但对内部网中的终端是透明的。

图 7.13 所示的 VPN 需要实现两部分功能，一是需要实现子网之间使用本地 IP 地址的 IP 分组的相互交换。二是需要实现隧道的封闭性、安全性，使外部用户无法窃取和篡改经过隧道传输的数据。

7.2.2 IP 分组传输机制

为了通过路由器 R1、R2 和 R3 实现使用本地 IP 地址的 IP 分组的跨子网传输，首先必须在路由器 R1 定义两条隧道。

隧道 1：200.1.1.1　　200.1.2.1

隧道 2：200.1.1.1　　200.1.3.1

定义隧道只需给出隧道两端的全球 IP 地址，在定义完隧道后，需要为隧道两端分配内部网本地 IP 地址，如图 7.13(b)中隧道 1 两端本地 IP 地址 192.168.1.4.1 和 192.168.1.4.2，这些本地 IP 地址用于创建指明通往内部网各个子网的路由项。每一个路由器生成路由表后，才能正常转发 IP 分组，路由表中的路由项可以手工配置，也可以由路由协议动态生成，路由器 R1 的路由表如表 7.1 所示。

表 7.1　路由器 R1 路由表

目的网络地址	子网掩码	输出接口	下一跳路由器
192.168.1.0	255.255.255.0	1	直接
192.168.2.0	255.255.255.0	隧道 1	192.168.4.2
192.168.3.0	255.255.255.0	隧道 2	192.168.5.2
200.1.2.1	255.255.255.255	2	200.1.1.2
200.1.3.1	255.255.255.255	2	200.1.1.2

路由器 R2 定义下述两条隧道及表 7.2 所示的路由表。

隧道 1：200.1.2.1　　200.1.1.1

隧道 3：200.1.2.1　　200.1.3.1

表 7.2　路由器 R2 路由表

目的网络地址	子网掩码	转发端口	下一跳路由器
192.168.1.0	255.255.255.0	隧道 1	192.168.4.1
192.168.2.0	255.255.255.0	1	直接
192.168.3.0	255.255.255.0	隧道 3	192.168.6.2
200.1.1.1	255.255.255.255	2	200.1.2.2
200.1.3.1	255.255.255.255	2	200.1.2.2

路由器 R3 定义下述两条隧道及表 7.3 所示的路由表。

隧道 2：200.1.3.1　　　200.1.1.1

隧道 3：200.1.3.1　　　200.1.2.1

表 7.3　路由器 R3 路由表

目的网络地址	子网掩码	转发端口	下一跳路由器
192.168.1.0	255.255.255.0	隧道 2	192.168.5.1
192.168.2.0	255.255.255.0	隧道 3	192.168.6.1
192.168.3.0	255.255.255.0	1	直接
200.1.1.1	255.255.255.255	2	200.1.3.2
200.1.2.1	255.255.255.255	2	200.1.3.2

在完成路由器 R1、R2、R3 的路由表的配置后，就可在子网之间相互交换使用本地 IP 地址的 IP 分组，假定子网 1 内 IP 地址为 192.168.1.1 的终端 A，希望访问子网 2 中 IP 地址为 192.168.2.5 的服务器 B，终端 A 构建以 192.168.1.1 为源 IP 地址，以 192.168.2.5 为目的 IP 地址的 IP 分组，由于终端 A 的默认网关为 192.168.1.254，终端 A 将该 IP 分组发送给路由器 R1。路由器 R1 接收该 IP 分组后，用该 IP 分组的目的 IP 地址去查找路由表，找到匹配项＜192.168.2.0/24，隧道 1＞，通过隧道 1 的定义获悉隧道两端的全球 IP 地址，将该 IP 分组封装成隧道格式。隧道格式实际上就在该 IP 分组外部再加上一个 IP 首部，外层 IP 首部的源 IP 地址为 200.1.1.1，目的 IP 地址为 200.1.2.1，即隧道两端的全球 IP 地址，隧道格式如图 7.14 所示。

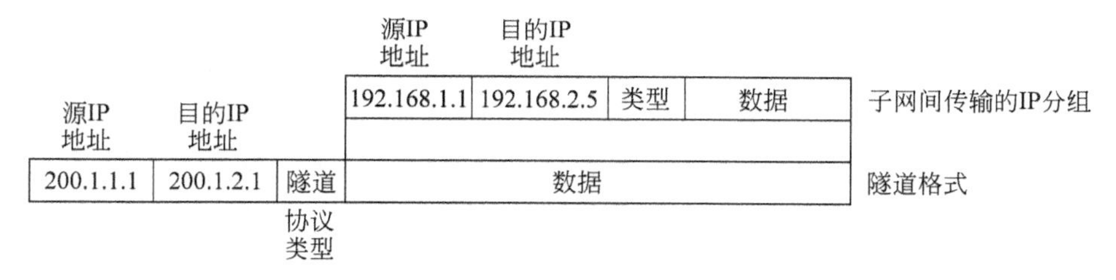

图 7.14　封装成隧道格式过程

隧道格式也是一个 IP 分组，只是它的数据字段包含了另一个 IP 分组，就像在一封信件外面套上另一个信封，并重新写上寄信人、收信人地址。

路由器 R1 同样通过查找路由表，将隧道格式的 IP 分组转发给 Internet 中的下一跳路由器，并经过 Internet 到达路由器 R2。路由器 R2 通过检查隧道格式的 IP 分组的协议类型字段，获知它是隧道格式，数据字段中封装了另一个 IP 分组。将另一个 IP 分组从隧道格式的数据字段中分离出来，再以该 IP 分组的目的 IP 地址去查找路由表，找到匹配的路由项＜192.168.2.0/24，接口 1，直接＞，将该 IP 分组通过接口 1 连接的以太网转发出去，当然，从接口 1 转发出去的 IP 分组必须先封装成 MAC 帧，并以路由器 R2 接口 1 的 MAC 地址为该 MAC 帧的源 MAC 地址，服务器 B 网卡的 MAC 地址为该 MAC 帧的目的 MAC 地址。如果路由器 R2 事先不知道服务器 B 网卡的 MAC 地址，需先根据服务器 B 的 IP 地址，通过 ARP 地址解析过程获得服务器 B 网卡的 MAC 地址。

7.2.3 安全传输机制

1. 建立 IP Sec 安全关联

隧道技术只能解决隧道所经过的公共分组交换网络无法直接传输的数据封装格式通过隧道传输的问题,但无法解决经过公共分组交换网络传输的数据的安全性问题。如图 7.13 所示的 VPN 结构中,由于企业内部网中的各子网采用本地 IP 地址,而 Internet 无法路由以本地 IP 地址为源和目的 IP 地址的 IP 分组,因此,LAN 1 中终端 A 发送给 LAN 2 中服务器 B 的以 192.168.1.1 为源 IP 地址,192.168.2.5 为目的 IP 地址的 IP 分组无法直接在 Internet 上传输,一旦封装成隧道格式后,由于隧道格式的 IP 分组的外层 IP 首部中的源和目的 IP 地址(200.1.1.1 和 200.1.2.1)为 Internet 全球 IP 地址,因此,能够经过 Internet 实现从路由器 R1 接口 2 到路由器 R2 接口 2 的传输过程,但无法保证隧道格式中内层 IP 分组的保密性和完整性。用于保证隧道格式中内层 IP 分组经过 Internet 传输时的保密性和完整性的机制是 IP Sec 的隧道模式,对于 LAN 1 中终端 A 至 LAN 2 中服务器 B 的传输过程,它首先需要建立路由器 R1 接口 2 至路由器 R2 接口 2 的安全关联,建立安全关联的过程就是隧道两端协商安全参数的过程,因此,必须配置相关安全参数并与隧道绑定在一起。路由器 R1 接口 2 和路由器 R2 接口 2 需要配置相同的安全参数,假定配置的安全参数如下:

- 安全协议　ESP;
- 加密算法　AES;
- D-H 组号　2;
- 鉴别算法　HMAC-MD5-96;
- 模式:隧道。

安全关联可以静态配置,也可以由 Internet 安全关联和密钥管理协议(Internet Security Association and key Management Protocol,ISAMP)动态建立,如果由 ISAMP 动态建立安全关联,必须由 ISAMP 完成隧道两端身份鉴别、密钥分配和安全参数协商过程,由于密钥分配和安全参数协商过程中需要在隧道两端相互传输一些敏感数据,因此,需要保证这些敏感数据经过 Internet 传输时的保密性和完整性,为此,ISAMP 将安全关联建立过程分为两个阶段,第 1 阶段用于建立传输敏感数据的安全传输通道,第 2 阶段实现密钥分配和安全参数协商过程。其实这两个阶段实现的功能是相似的,只是对象不同,第 1 阶段建立安全传输通道的目的是为了保证密钥分配和安全参数协商过程中传输的数据的安全性和完整性,第 2 阶段建立安全关联的目的是保证企业内部网中各子网间经过 Internet 传输的数据的保密性和完整性。为了建立传输敏感数据的安全传输通道,同样需要在隧道两端配置相关参数:

- 加密算法　DES;
- D-H 组号　2;
- 鉴别机制　数字签名;
- 完整性检测算法　数字签名。

用数字签名实现身份鉴别和完整性检测的过程如图 7.15 所示,隧道两端路由器首先通过向认证中心注册,获得公钥和私钥对,假定路由器 R1 为 PKR1 和 SKR1,路由器 R2 为 PKR2 和 SKR2,并在认证中心证书库中生成证明路由器名和公钥之间绑定关系的证书。

在开始鉴别过程前，隧道两端路由器通过访问认证中心证书库获得对方的证书，并因此获得对方的公钥，另外，两端路由器必须配置允许建立安全关联的路由器名列表，图中为安全关联用户列表。当路由器R1向路由器R2发送数据P时，需要在数据P中给出路由器名R1，根据报文摘要算法计算出数据P的报文摘要MD(P)(MD为报文摘要算法，可以是MD5或SHA-1)，然后用自己的私钥对报文摘要进行解密运算$D_{SKR1}(MD(P))$，将$D_{SKR1}(MD(P))$作为数字签名附在数据P后面一起发送给路由器R2。路由器R2用路由器名R1检索安全关联用户列表，找到匹配项的情况下，用路由器R1的公钥对附在数据P后的数字签名进行加密运算($E_{PKR1}(D_{SKR1}(MD(P)))=MD(P)$)，然后根据相同的报文摘要算法计算出数据P的报文摘要MD(P)，将两者进行比较，如果相等，表示数据确实由路由器R1发送且传输过程中未被篡改，否则，表示身份鉴别和完整性检测失败。

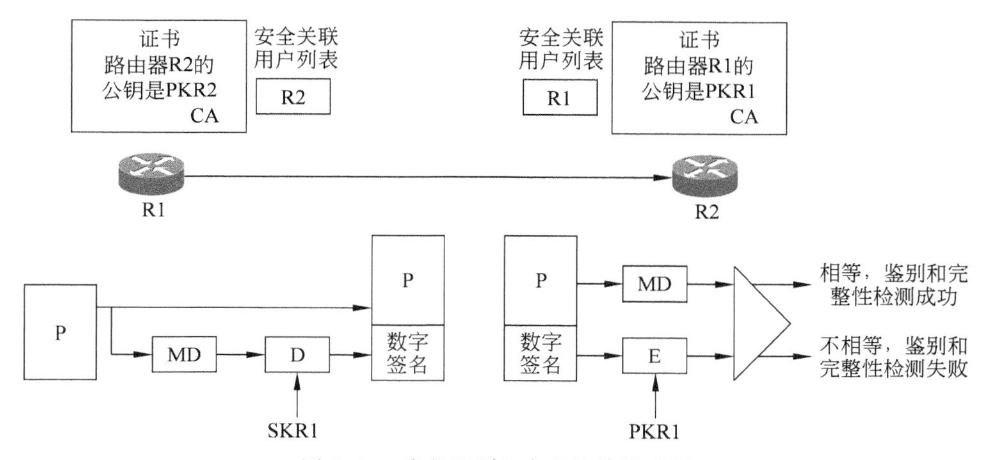

图7.15　身份鉴别和完整性检测过程

隧道两端路由器建立传输敏感数据的安全传输通道的过程实际上也是协商加密、鉴别算法，分配密钥的过程，如图7.16所示。路由器R1向路由器R2发送为安全传输通道配置的安全算法，如加密算法(DES)、密钥分配协议(D-H-2)、鉴别和完整性检测算法(数字签名)等(图7.16中用DES、数字签名、D-H-2表示)，路由器R1发送的可以是它所支持的安全算法列表，路由器R2在路由器R1支持的安全算法列表中选择它所支持的安全算法，并向路由器R1回送该组安全算法。路由器R1接收路由器R2支持的安全算法后，选择该组安全算法作为安全传输通道所使用的安全算法，如本例中双方选择：

图7.16　建立安全传输通道的过程

- 加密算法　DES；
- 鉴别和完整性检测算法　数字签名；
- 密钥分配协议　D-H-2。

密钥分配协议 D-H-2 是指采用 Diffie-Hellman 密钥交换算法，第 2 组大素数 q 和原根 α 值，双方通过交换公钥 YR1 和 YR2 分配密钥（密钥 $K=YR2^{XR1} \bmod q=YR1^{XR2} \bmod q$），为了防止重放攻击，交换公钥时，携带随机数 NR1 和 NR2，同时，对公钥（YR1 和 YR2）和随机数（NR1 和 NR2）进行数字签名（图 7.16 中用 R1 ‖ YR1 ‖ NR1 ‖ 数字签名表示对 R1 ‖ YR1 ‖ NR1 进行数字签名），路由器 R1 发送给路由器 R2 的路由器名、公钥和随机数的数字签名是 D_{SKR1}（MD(R1 ‖ YR1 ‖ NR1)），路由器 R2 发送给路由器 R1 的路由器名、公钥和随机数的数字签名是 D_{SKR2}（MD(R1 ‖ R2 ‖ YR1 ‖ YR2 ‖ NR1 ‖ NR2)），这样接收端可以通过携带的数字签名鉴别发送端身份并进行数据的完整性检测。

建立安全传输通道后，可以交换建立安全关联所需要的数据，在交换建立安全关联所需要的数据时，可以用密钥 $K=YR2^{XR1} \bmod q=YR1^{XR2} \bmod q$ 和加密算法 DES 加密数据，用数字签名鉴别发送端身份并对数据进行完整性检测。同样，建立安全关联的过程也是协商安全参数和密钥分配协议的过程，双方最后确定的安全参数如下：

- 安全协议　ESP；
- 加密算法　AES；
- 鉴别算法　HMAC-MD5-96；
- SPI　12345678H；
- 主密钥 $MK=YR21^{XR11} \bmod q=YR11^{XR21} \bmod q$。

建立路由器 R1 至路由器 R2 的安全关联过程如图 7.17 所示，SPI 由单向安全关联的接收端分配，图 7.17 所示的安全关联建立过程中，由路由器 R2 分配 SPI。如果路由器 R1 和 R2 之间需要双向安全传输数据，必须建立一对安全关联。

图 7.17　建立安全关联的过程

2. 安全传输数据

安全关联的发送端（这里为路由器 R1）通过分组过滤器绑定安全关联，接收端通过目的 IP 地址、SPI 和安全协议绑定安全关联。

当路由器 R1 通过接口 1 接收源 IP 地址＝192.168.1.1、目的 IP 地址＝192.168.2.5 的 IP 分组，用目的 IP 地址 192.168.2.5 检索路由表，确定通往下一跳的路径为隧道，该 IP 分组被封装成隧道格式。在路由器接口 2 用隧道格式的多个字段值匹配分组过滤器，确定隧道格式符合过滤规则：源 IP 地址＝200.1.1.1/32 · AND · 目的 IP 地址＝200.1.2.1/32，用表 7.4 所示的和该过滤规则绑定的安全关联进行图 7.18 所示的 ESP 隧道模式封装处理过程。将内层 IP 分组封装成 ESP 报文，整个内层 IP 分组作为 ESP 报文的净荷字段。对 ESP 报文的净荷字段和尾部进行加密运算，并对密文和 ESP 首部进行 HMAC-MD5-96 运算，生成 96 位的消息鉴别码，加上外层 IP 首部，将其封装为 ESP 隧道模式，通过路由器接口 2 发送出去。

表 7.4　路由器 R1 安全关联绑定关系

源 IP 地址＝200.1.1.1/32 · AND · 目的 IP 地址＝200.1.2.1/32					
SPI	安全协议	加密算法	鉴别算法	加密密钥	鉴别密钥
12345678H	ESP	AES	HMAC-MD5-96	K1	K2

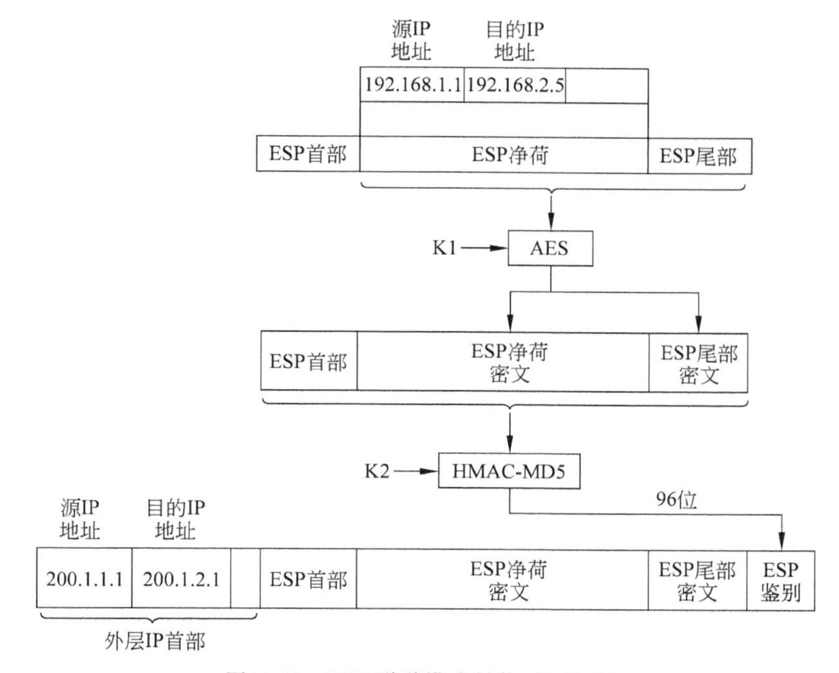

图 7.18　ESP 隧道模式封装、处理过程

当路由器 R2 通过接口 2 接收隧道模式的 ESP 报文，首先用目的 IP 地址 200.1.2.1、协议类型字段指定的安全协议 ESP 和 ESP 首部中的 SPI：12345678H 去匹配安全关联，找到表 7.5 所示的安全关联，然后进行和图 7.18 所示的相反的处理过程：剥离外层 IP 首部，用鉴别密钥 K2 对包括 ESP 首部和密文的 ESP 报文进行 HMAC-MD5 运算，取高 96 位和 ESP 鉴别字段进行比较，如果相等，表明 ESP 报文传输过程中未被篡改，否则，作相应的出错处理。用密钥 K1 和 AES 解密算法对密文解密，获取内层 IP 分组，用该 IP 分组的目的地址检索路由表，找到对应路由项，将该 IP 分组封装成 MAC 帧后，从路由器接口 1 转发出去。

表 7.5　路由器 R2 安全关联绑定关系

目的 IP 地址＝200.1.2.1/32 · AND · SPI＝12345678H · AND · 安全协议＝ESP					
SPI	安全协议	加密算法	鉴别算法	加密密钥	鉴别密钥
12345678H	ESP	AES	HMAC-MD5-96	K1	K2

7.3 基于第 2 层隧道的远程接入

7.3.1 网络结构

用第 2 层隧道实现远程接入的网络结构如图 7.19 所示，企业内部网采用本地 IP 地址 192.168.2.0/24，和 Internet 相连的路由器接口分配全球 IP 地址 100.1.2.1，企业内部网连接 Internet 的路由器相当于内部网的网络接入服务器，承担对远程接入用户进行身份鉴别、内部网本地 IP 地址分配等功能。当远程接入用户需要接入企业内部网时，建立远程接入用户和企业内部网路由器之间的点对点链路，并基于点对点链路和 PPP 完成对远程接入用户的身份鉴别、内部网本地 IP 地址分配等接入控制过程。远程接入用户通过拨号接入方式接入内部网，但远程接入用户并不直接建立和内部网中网络接入服务器之间的点对点语音信道，而是建立和本地 ISP 接入服务器之间的语音信道，再由本地 ISP 接入服务器建立和内部网中网络接入服务器之间的基于 IP 网络的第 2 层隧道，本地 ISP 接入服务器负责将与远程接入用户之间的点对点语音信道和与内部网中的网络接入服务器之间的第 2 层隧道交接在一起，构成用于在远程接入用户和内部网中的网络接入服务器之间交换 PPP 帧的点对点链路。本地 ISP 接入服务器配置的鉴别数据库显示：用户名为用户 A、口令为 PASSA 的用户是远程接入用户，实际接入的网络是内部网，内部网的网络接入服务器地址为 100.1.2.1，因此，对提供用户 A、PASSA 用户标识信息的用户需要启动与内部网中网络接入服务器之间的第 2 层隧道建立过程。内部网中网络接入服务器配置的鉴别数据库显示：提供用户 A、PASSA 用户标识信息的用户是授权接入内部网的远程接入用户，为其分配本地 IP 地址，且在路由表中添加将分配给该远程接入用户的本地 IP 地址与连接该远程接入用户的第 2 层隧道绑定在一起的路由项。

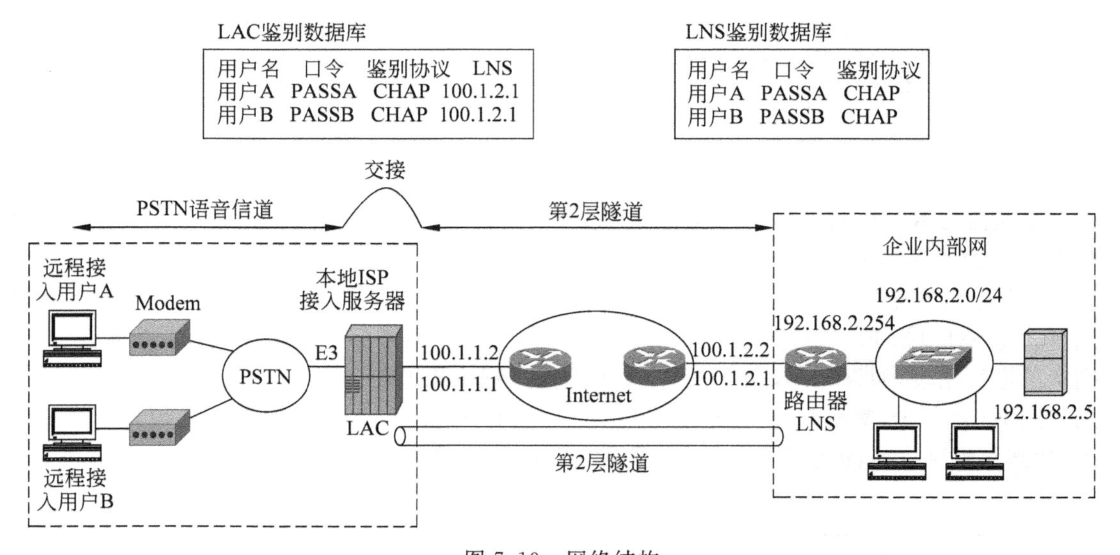

图 7.19 网络结构

7.3.2 第2层隧道和第2层隧道协议

第2层隧道用于传输链路层帧，其功能等同于物理层链路，因此，也把第2层隧道称作虚拟线路。第2层隧道协议(Layer Two Tunneling Protocol，L2TP)是一种动态建立基于IP网络的第2层隧道或虚拟线路的信令协议，目前常见的是第3版第2层隧道协议，简写为L2TPv3。图7.19所示的网络结构中，由L2TPv3动态建立基于IP网络的、等同于点对点语音信道的LAC(L2TP Access Concentrator，L2TP接入集中器)和LNS(L2TP Network Server，L2TP网络服务器)之间的第2层隧道，由于本地ISP接入服务器允许多个想要接入内部网的远程用户与其同时建立语音信道，因此，称为L2TP接入集中器(LAC)，而内部网连接Internet的路由器对远程接入用户而言就是接入服务器，即内部网的接入控制设备，因此，称为L2TP网络服务器(LNS)。在由点对点语音信道和第2层隧道交接后组成的远程接入用户和LNS之间的虚拟线路基础上，通过建立远程接入用户和LNS之间的PPP链路，由LNS基于PPP完成对远程接入用户的身份鉴别和内部网本地IP地址分配，实现远程接入用户接入企业内部网的过程。

1. 第2层隧道报文格式

通过点对点语音信道传输的PPP帧的格式如图7.20所示，由于PPP帧在点对点链路上传输，因此，不需要链路层地址信息，地址字段值固定为FF，当PPP作为面向字符的链路层协议时，由物理层实现字符同步，由链路层实现帧定界。

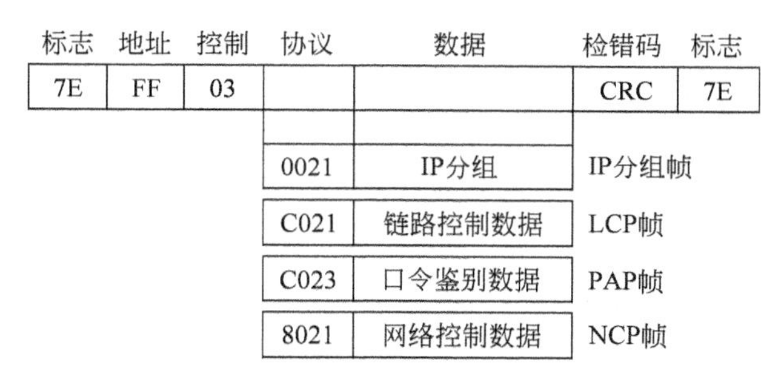

图7.20 PPP帧结构

当通过基于IP网络的第2层隧道传输PPP帧时，需要将PPP帧封装为图7.21所示的第2层隧道格式。第2层隧道格式直接作为以第2层隧道两端IP地址为源和目的IP地址的IP分组的净荷的封装形式称为第2层隧道报文。

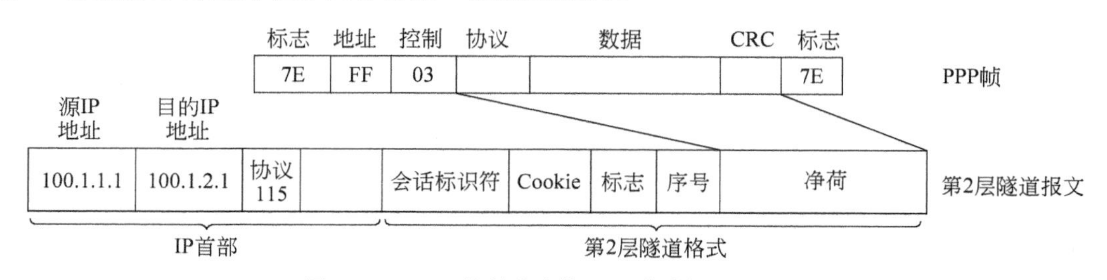

图7.21 PPP帧封装成第2层隧道报文的过程

第 2 层隧道格式中各个字段的含义如下：

- 会话标识符。32 位，唯一标识第 2 层隧道，其功能等同于标识语音信道的时隙号。由于会话标识符具有本地意义，第 2 层隧道格式中的会话标识符用于接收端确定传输数据的虚拟线路。
- Cookie。32 位或 64 位，它是会话标识符的补充，也用于标识传输数据的第 2 层隧道，Cookie 有着比会话标识符更强的随机性，因此，除非攻击者能够截获经过第 2 层隧道传输的数据，否则，很难伪造用于在特定第 2 层隧道中传输的第 2 层隧道报文。Cookie 同样具有本地意义，第 2 层隧道格式中的 Cookie 用于接收端确定传输数据的虚拟线路。
- 标志。8 位，目前只定义 1 位标志位 S，当该位标志位置 1 时，表明第 2 层隧道格式包含序号字段。
- 序号。24 位，发送端为每一条第 2 层隧道设置序号计数器，建立第 2 层隧道时，序号计数器为 0，发送端发送数据时，将序号计数器值作为第 2 层隧道格式的序号字段值，每发送一帧数据，序号计数器增 1，因此，经过同一第 2 层隧道传输的数据，序号是递增的。设置序号的目的是保证经过第 2 层隧道传输的数据按序、没有重复地到达接收端。由于第 2 层隧道仿真点对点链路，而基于点对点链路的链路层协议有着按序、不重复接收相同链路层帧的特性，但基于 IP 网络的第 2 层隧道通过 IP 网络传输封装成 IP 分组的第 2 层隧道报文时，无法确保经过 IP 网络传输的第 2 层隧道报文按序、不重复地到达接收端，因此，接收端需要设置一个期待接收序号计数器，当正确接收某个第 2 层隧道报文时，将该第 2 层隧道报文携带的序号值增 1 后作为期待接收序号计数器值，接收到的第 2 层隧道报文当且仅当携带的序号值大于等于期待接收序号计数器值时，接收端才继续予以处理；否则，接收端将丢弃该第 2 层隧道报文。

2. 建立第 2 层隧道过程

虽然第 2 层隧道的功能等同于点对点链路，但由于第 2 层隧道是基于 IP 网络的，由 IP 网络保证第 2 层隧道两端之间的 IP 分组传输路径，因此，建立第 2 层隧道的过程和建立语音信道这样点对点物理链路的过程不同，它不存在建立实际的第 2 层隧道两端之间物理传输路径的过程，而只是一个协商第 2 层隧道的类型，在第 2 层隧道两端分配会话标识符、Cookie 的过程。

由于建立第 2 层隧道所需要的控制消息封装成 IP 分组后，经过 IP 网络进行传输，而 IP 网络本身只能提供尽力而为服务，因此，无法保证控制消息在第 2 层隧道两端正确传输。TCP 提供了在 IP 网络上可靠传输的机制，因此，L2TPv3 在经过 IP 网络传输控制消息的过程中借鉴了 TCP 的确认应答和重传机制，这样，建立第 2 层隧道过程分为两个阶段，第一个阶段是建立控制连接，第 2 个阶段是通过控制连接实现用于建立第 2 层隧道的控制消息的可靠传输，并因此完成第 2 层隧道的建立过程。只需一个控制连接建立过程就可实现多个第 2 层隧道的建立过程，多个第 2 层隧道建立过程中涉及的控制消息通过同一个控制连接实现可靠传输，因此，控制连接建立过程有点类似于 TCP 连接建立过程，但在控制连接建立过程中可以实现控制连接两端的相互身份鉴别和其他参数的协商过程，这是 TCP 连接所无法实现的。

图7.22是封装成IP分组的L2TPv3控制消息格式，全0的会话标识符表明是控制消息，而不是一般链路层帧，因此，图7.21中的会话标识符不允许全0，表明不能用全0标识一个实际的虚拟线路(第2层隧道)。T、L和S标志位必须置1，T标志位置1表明是控制消息，L标志位置1表明长度字段有效，S标志位置1表明发送和接收序号字段(NS和NR)有效。版本字段给出L2TP的版本号，这里是3，表明是L2TPv3。长度字段给出从T标志位起到控制消息结束所包含的字节数。控制连接标识符用于接收端确定传输控制消息的控制连接，它具有本地意义。发送序号(NS)和接收序号(NR)的含义和TCP首部中序号和确认序号相同，用于确认应答和重传机制。属性值对(Attribute Value Pair，AVP)用于传输建立控制连接或第2层隧道所需要的参数。

1) 控制连接建立过程

控制连接建立过程如图7.23所示。通过发送启动控制连接请求(Start Control Connection Request，SCCRQ)消息开始控制连接建立过程，由于控制连接尚未建立，因此，该消息的控制连接标识符(CID)为0，发送和接收序号(NS和NR)的初值为0。发送SCCRQ消息的LAC必须为该控制连接分配本地控制连接标识符(ACID=123)，本地控制连接标识符通过AVP给出，它是LAC唯一标识该控制连接的标识符，以后，通过该控制连接发送给LAC的控制消息必须以该本地控制连接标识符为控制连接标识符。因此，当LNS同意建立控制连接，向LAC发送启动控制连接响应(Start Control Connection Reply，SCCRP)消息时，其中的控制连接标识符必须是LAC分配的本地控制连接标识符123。LNS同样需要在SCCRP中分配本地连接标识符(ACID=456)，在LNS分配本地连接标识符后，LAC所有发送给LNS的控制消息都以该本地连接标识符为控制连接标识符。LAC在

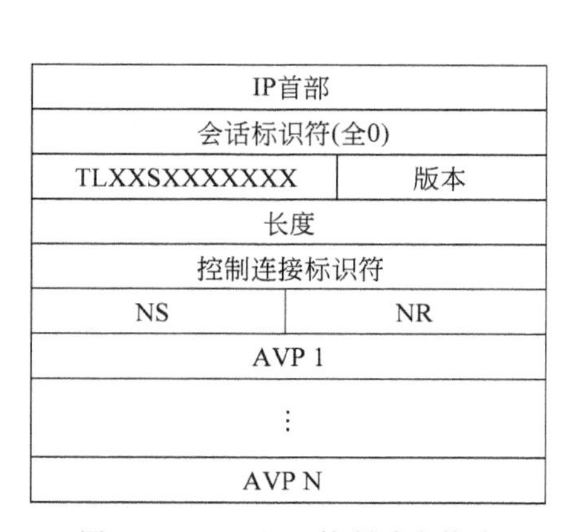

图7.22　L2TPv3控制消息格式

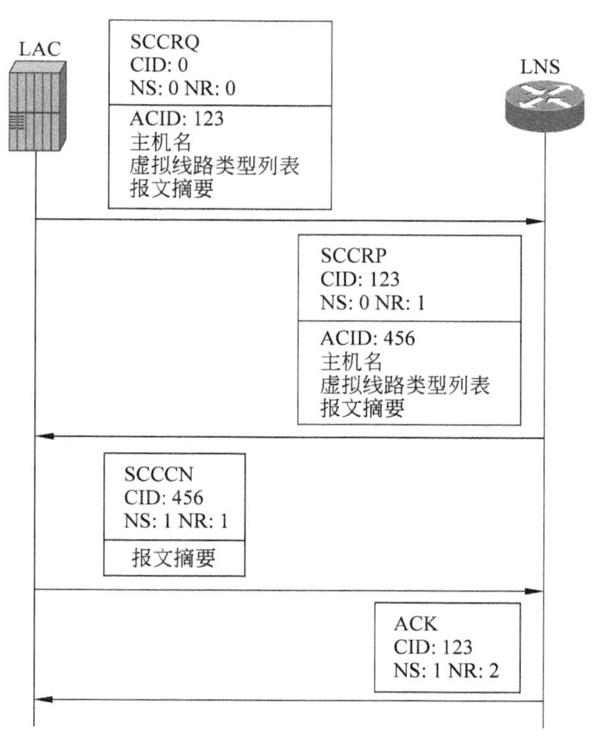

图7.23　控制连接建立过程

接收表明 LNS 同意建立控制连接的 SCCRP 后，通过向 LNS 发送启动控制连接建立（Start Control Connection Connected，SCCCN）消息完成控制连接建立过程，LAC 和 LNS 对接收的任何控制消息必须回送确认应答，和 TCP 一样，确认应答可以捎带在发送给对方的控制消息中，如 SCCRP 和 SCCCN 消息，也可发送专门的确认应答消息，如最后的 ACK 消息。

建立控制连接过程除了双方协商产生控制连接标识符外，还需协商产生双方共同支持的虚拟线路类型，虚拟线路类型是指虚拟线路支持的链路层帧格式，如 PPP 帧和 MAC 帧，因此，也有了对应的点对点虚拟线路和以太网虚拟线路。LAC 必须在 SCCRQ 中的虚拟线路类型列表中列出它所支持的所有虚拟线路类型，如果 LNS 支持的虚拟线路类型和 LAC 在 SCCRQ 中的虚拟线路类型列表中列出的虚拟线路类型存在交集，就将交集作为 LNS 发送给 LAC 的 SCCRP 中的虚拟线路类型列表；否则，控制连接建立失败。

建立控制连接过程需要完成的另一个功能是双方身份鉴别，LAC 发送给 LNS 的 SCCRQ 中携带标识 LAC 的主机名和报文摘要，报文摘要＝HAMC-MD5 或 HMAC-SHA-1（控制消息），计算基于密钥的报文摘要所需要的共享密钥通过配置给出。为了防止攻击者伪造控制消息的报文摘要，LAC 发送 SCCRQ 时还需携带随机数 SN，SN 也通过 AVP 给出。LNS 发送给 LAC 的 SCCRP 和 LAC 发送给 LNS 的 SCCCN 中的报文摘要＝HMAC-MD5 或 HMAC-SHA-1（SN ‖ RN ‖ 控制消息），其中 SN 是 LAC 产生的随机数，RN 是 LNS 产生的随机数，这样，保证攻击者难以伪造报文摘要。LAC 和 LNS 接收对方发送的控制消息后，都重新计算报文摘要，并将计算结果和控制消息携带的报文摘要比较，如果相等，表明发送端身份合法且控制消息传输过程中未被篡改。由于虚拟线路是基于 IP 网络，而 IP Sec 协议能够对通过 IP 网络传输的 IP 分组提供更高的安全性，因此，在由 IP Sec 保障虚拟线路的安全性的情况下，L2TPv3 的发送端身份鉴别和数据完整性检测功能可以去掉。

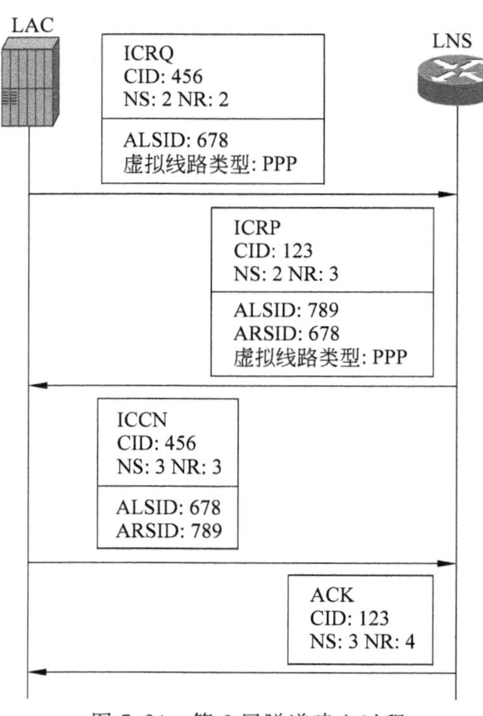

图 7.24　第 2 层隧道建立过程

2）第 2 层隧道建立过程

建立第 2 层隧道的过程就是双方协调产生会话标识符和确定第 2 层隧道的虚拟线路类型的过程，如图 7.24 所示，由 LAC 发送呼叫请求（Incoming Call Request，ICRQ）消息开始第 2 层隧道的建立过程，ICRQ 中通过 AVP 给出 LAC 分配的本地会话标识符（ALSID＝678）和指定的虚拟线路类型：PPP 虚拟线路。表示以后所有通过虚拟线路发送给 LAC 的数据均需先封装成 PPP 帧格式，然后再将 PPP 帧封装成图 7.21 所示的第 2 层隧道格式，其中会话标识符必须为 LAC 分配的本地会话标识符 678。为了更好地防止重放攻击，可以用会话标识符和 Cookie 一起唯一标识某个会话，这种情况下，LAC 不但需要分配本地会话标识符，还需分配本地 Cookie，但 Cookie 不是必需的，因此，图 7.24 中没有列出。LNS 接收 LAC 发送的 ICRQ，如果支持 ICRQ 中列出的虚拟线路类型且同意建立虚拟线路，向 LAC 发送呼叫响应(Incoming Call Reply，ICRP)消息，ICRP 中同样通过 AVP 给出 LNS 分配的本地会话标识符(ALSID＝789)和虚拟线路类型：PPP 虚拟线路，表示以后所有通过虚拟线路发送给 LNS 的数据均需先封装成 PPP 帧格式，然后再将 PPP 帧封装成图 7.21 所示的第 2 层隧道格式，其中会话标识符必须为 LNS 分配的本地会话标识符 789。ICRP 中用远端会话标识符(ARSID＝678)给出 LAC 分配的本地会话标识符，以此验证 LNS 是否正确接收了 LAC 发送的 ICRQ。LAC 接收 LNS 发送的 ICRP，如果 ICRP 中的远端会话标识符和虚拟线路类型与本地分配的会话标识符和本地指定的虚拟线路类型相同，通过发送呼叫建立(Incoming Call Connected，ICCN)消息表示第 2 层隧道成功建立，为了让 LNS 验证 LAC 是否正确接收 LNS 发送的 ICRP，ICCN 中分别通过本地和远端会话标识符给出 LAC 分配的本地会话标识符和 LNS 分配的本地会话标识符。和控制连接建立过程一样，由于没有控制消息可以捎带 LNS 对 ICCN 的确认应答，用专门的 ACK 作为 ICCN 的确认应答。

7.3.3　远程接入用户接入内部网过程

远程接入用户接入内部网过程如图 7.25 所示，它由建立远程接入用户和 LAC 之间的语音信道、建立远程接入用户和 LAC 之间的 PPP 链路、建立 LAC 和 LNS 之间的第 2 层隧道、建立远程接入用户和 LNS 之间的 PPP 链路、LNS 为远程接入用户分配内部网本地 IP 地址等步骤组成。

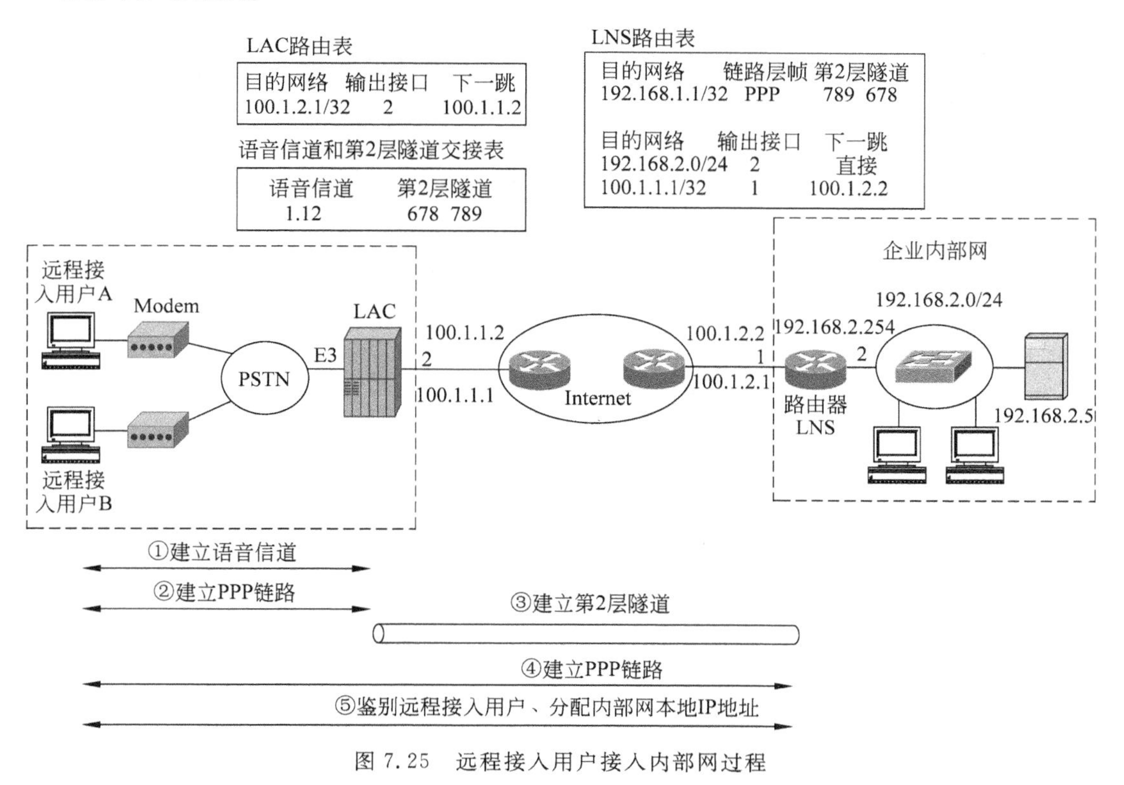

图 7.25　远程接入用户接入内部网过程

1. 建立远程接入用户和 LAC 之间的语音信道

远程接入用户通过呼叫连接建立过程建立远程接入用户和 LAC 之间的语音信道，LAC 连接 PSTN 的 E3 链路中必须为该语音信道分配一个时隙，这里假定为 1.12，LAC 可以用时隙 1.12 唯一标识远程接入用户和 LAC 之间的语音信道，而该语音信道就是在远程接入用户和 LAC 之间传输 PPP 帧的点对点物理链路。

2. 建立远程接入用户和 LAC 之间的 PPP 链路

通过远程接入用户和 LAC 之间建立的语音信道，远程接入用户和 LAC 之间通过交换 PPP LCP 帧完成 PPP 链路建立过程，通过建立 PPP 链路过程，远程接入用户和 LAC 完成参数协商，并由 LAC 指定鉴别协议，远程接入用户根据 LAC 指定的鉴别协议向 LAC 传输鉴别信息，由 LAC 完成对远程接入用户的身份鉴别，并确定远程接入用户的网络接入服务器为 LNS。

3. 建立 LAC 和 LNS 之间的第 2 层隧道

LAC 一旦确定本次接入的网络服务器为 LNS，开始 LAC 和 LNS 之间的第 2 层隧道的建立过程，如果已经存在 LAC 和 LNS 之间的控制连接，直接开始图 7.24 所示的第 2 层隧道建立过程，否则，先通过图 7.23 所示的过程建立 LAC 和 LNS 之间的控制连接。在成功建立 LAC 和 LNS 之间的第 2 层隧道后，LAC 将标识连接远程接入用户的语音信道的时隙号 1.12 和标识 LAC 和 LNS 之间第 2 层隧道的本地和远端会话标识符绑定在一起，作为 LAC 交接表中一项。此时，远程接入用户和 LNS 之间的虚拟点对点链路成功建立，它由远程接入用户和 LAC 之间的语音信道与 LAC 和 LNS 之间的第 2 层隧道组成。

4. 建立远程接入用户和 LNS 之间的 PPP 链路

一旦成功建立远程接入用户和 LNS 之间的虚拟点对点链路，就可通过在远程接入用户和 LNS 之间交换 PPP LCP 帧建立 PPP 链路，指定鉴别协议，远程接入用户根据指定的鉴别协议向 LNS 传输鉴别信息，由 LNS 完成对远程接入用户的身份鉴别。值得指出的是，远程接入用户发送给 LNS 的 PPP LCP 帧在 LAC 封装成图 7.21 所示的第 2 层隧道报文后，才能通过基于 IP 网络的第 2 层隧道传输给 LNS。反之，LNS 发送给远程接入用户的 PPP LCP 帧封装成图 7.21 所示的第 2 层隧道报文后，才能通过基于 IP 网络的第 2 层隧道传输给 LAC，LAC 从第 2 层隧道报文中分离出 PPP LCP 帧，通过和远程接入用户之间的语音信道将 PPP LCP 帧发送给远程接入用户。

5. 分配内部网的本地 IP 地址

在成功建立远程接入用户和 LNS 之间的 PPP 链路，并由 LNS 完成对远程接入用户的身份鉴别后，LNS 和远程接入用户之间通过交换 PPP IPCP 帧完成对远程接入用户的 IP 地址分配，LNS 从本地 IP 地址池中选择一个 IP 地址(这里为 192.168.1.1)分配给远程接入用户，并在路由表中增加一项将分配给远程接入用户的 IP 地址与 LNS 和远程接入用户之间的虚拟点对点链路绑定在一起的路由项＜192.168.1.1/32，PPP，789 678＞，LNS 通过第 2 层隧道的本地和远程会话标识符唯一标识 LNS 和远程接入用户之间的虚拟点对点链路。

7.3.4 数据传输过程

当远程接入用户访问内部网中的服务器时，远程接入用户构建以 192.168.1.1 为源

IP地址，192.168.2.5为目的IP地址的IP分组，再将IP分组封装成PPP IP帧，通过远程接入用户和LAC之间的语音信道将PPP帧传输给LAC，对于远程接入用户至内部网服务器的内部网传输路径而言，LAC相当于物理层中继设备，它从通过时隙1.12接收的字节流中分离出PPP IP帧，重新封装成等同于物理层链路的第2层隧道所要求的格式，因此，PPP IP帧经过内部网传输路径的传输过程中，LAC只是完成了两种不同的物理层传输格式的转换。但第2层隧道是基于IP网络的虚拟线路，因此，并不能直接通过虚拟线路传输构成PPP IP帧的字节流，而是必须把PPP IP帧封装成图7.26所示的第2层隧道报文，其中会话标识符为LNS的本地会话标识符789。当LAC将以全球IP地址100.1.1.1为源IP地址、100.1.2.1为目的IP地址的第2层隧道报文传输给Internet时，它是Internet的边缘路由器，用目的IP地址100.1.2.1检索路由表，找到Internet中的下一跳路由器，把第2层隧道报文传输给下一跳路由器。第2层隧道报文经过Internet逐跳转发，到达LNS，LNS首先从第2层隧道报文中分离出PPP IP帧，再从PPP IP帧中分离出IP分组，用IP分组的目的IP地址192.168.2.5检索路由表，获知目的终端位于和其直接相连的以太网中，将IP分组封装成MAC帧后，通过以太网传输给服务器，完成远程接入用户至内部网服务器的IP分组传输过程。IP分组传输过程中各个中继设备的协议转换过程如图7.27所示。

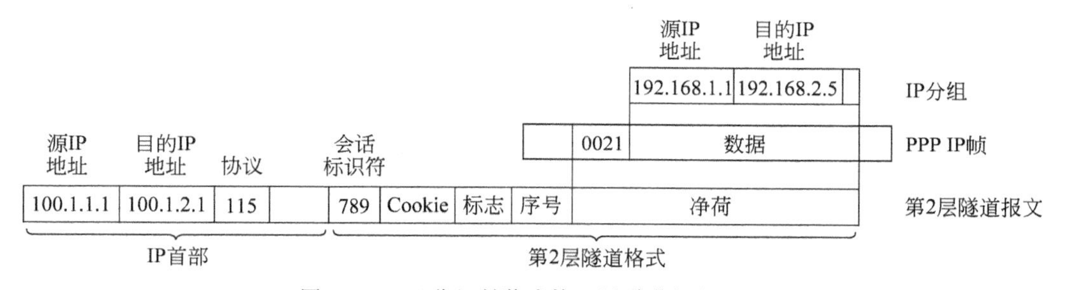

图7.26　IP分组封装成第2层隧道报文过程

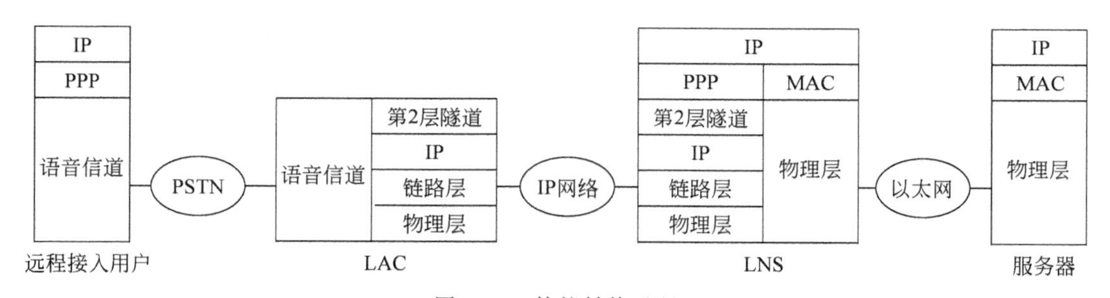

图7.27　协议转换过程

当内部网服务器传输数据给远程接入用户时，构建以192.168.2.5为源IP地址，192.168.1.1为目的IP地址的IP分组，再将IP分组封装成MAC帧，通过以太网传输给默认网关LNS，LNS从MAC帧中分离出IP分组，用IP分组的目的IP地址192.168.1.1检索路由表，找到匹配的路由项＜192.168.1.1/32，PPP，789 678＞，获知连接远程接入用户的链路是第2层隧道，将IP分组封装成PPP IP帧，再将PPP IP帧封装层第2层隧道报文，当然，第2层隧道报文中的源IP地址为LNS连接Internet的端口的全球IP地址100.1.2.1，目的IP地址为LAC连接Internet的端口的全球IP地址100.1.1.1，会话标识符为LAC本地会话标识符 678。第 2 层隧道报文经过 Internet 逐跳转发，到达 LAC，LAC 作为物理层中继设备，需要完成传输 PPP IP 帧的物理层格式转换，因此，从第 2 层隧道报文中分离出 PPP IP 帧，加上 PPP IP 帧的首部和尾部信息，将构成 PPP IP 帧的字节流通过时隙号为 1.12 的语音信道发送出去。远程接入用户通过语音信道接收 PPP IP 帧，从中分离出 IP 分组，完成内部网服务器至远程接入用户的 IP 分组传输过程。IP 分组传输过程中各个中继设备的协议转换过程如图 7.27 所示。

7.3.5 安全传输机制

如果经过 IP 网络传输时采用 IP Sec 安全机制，首先必须在 LAC 和 LNS 之间建立安全关联，由于安全关联是单向的，因此，如果要实现 LAC 和 LNS 之间双向安全传输，必须建立双向安全关联，表 7.6 和表 7.7 所示的是和 LAC 至 LNS 安全关联相关的安全参数。建立安全关联的过程和 7.2.3 节讨论的过程相同，这里不再赘述。

表 7.6 LAC 安全关联绑定关系

源 IP 地址＝100.1.1.1/32 · AND · 目的 IP 地址＝100.1.2.1/32					
SPI	安全协议	加密算法	鉴别算法	加密密钥	鉴别密钥
12345678H	ESP	AES	HMAC-MD5-96	K1	K2

表 7.7 LNS 安全关联绑定关系

目的 IP 地址＝100.1.2.1/32 · AND · SPI＝12345678H · AND · 安全协议＝ESP					
SPI	安全协议	加密算法	鉴别算法	加密密钥	鉴别密钥
12345678H	ESP	AES	HMAC-MD5-96	K1	K2

第 2 层隧道安全机制采用 ESP 传输模式，LAC 根据表 7.6 所示安全参数加密第 2 层隧道报文的过程如图 7.28 所示。IP 首部中的协议字段值改为 50，表明 IP 分组净荷是 ESP 报文，ESP 首部中的下一个首部字段值为 17，表明 ESP 报文净荷是 UDP 报文，UDP 报文的目的端口号为 1701，表明 UDP 报文净荷是第 2 层隧道格式。当 PPP IP 帧封装成第 2 层隧道格式时，可以将第 2 层隧道格式直接作为 IP 分组净荷，如图 7.26 所示，也可以先将第 2 层隧道格式作为 UDP 报文净荷，用目的端口号 1701 表明 UDP 净荷是第 2 层隧道格式。当使用 ESP 传输模式时，ESP 报文净荷通常是传输层报文，因此，需将第 2 层隧道格式先封装成 UDP 报文。

7.3.6 远程接入——自愿隧道方式

1. 远程接入用户接入内部网过程

前面讨论的远程接入过程由 LAC 启动第 2 层隧道建立过程，激发 LAC 启动第 2 层隧道建立过程的事件是远程接入用户的入呼叫过程，LAC 一旦检测到远程接入用户的入呼叫信令，建立和远程接入用户之间的语音信道，完成对远程接入用户的身份鉴别，自动启动和 LNS 之间的第 2 层隧道的建立过程，由于这种接入方式由 LAC 自动启动和 LNS 之间的第 2 层隧道的建立过程，被称为是强制隧道方式。在强制隧道方式，LAC 和 LNS 之间的

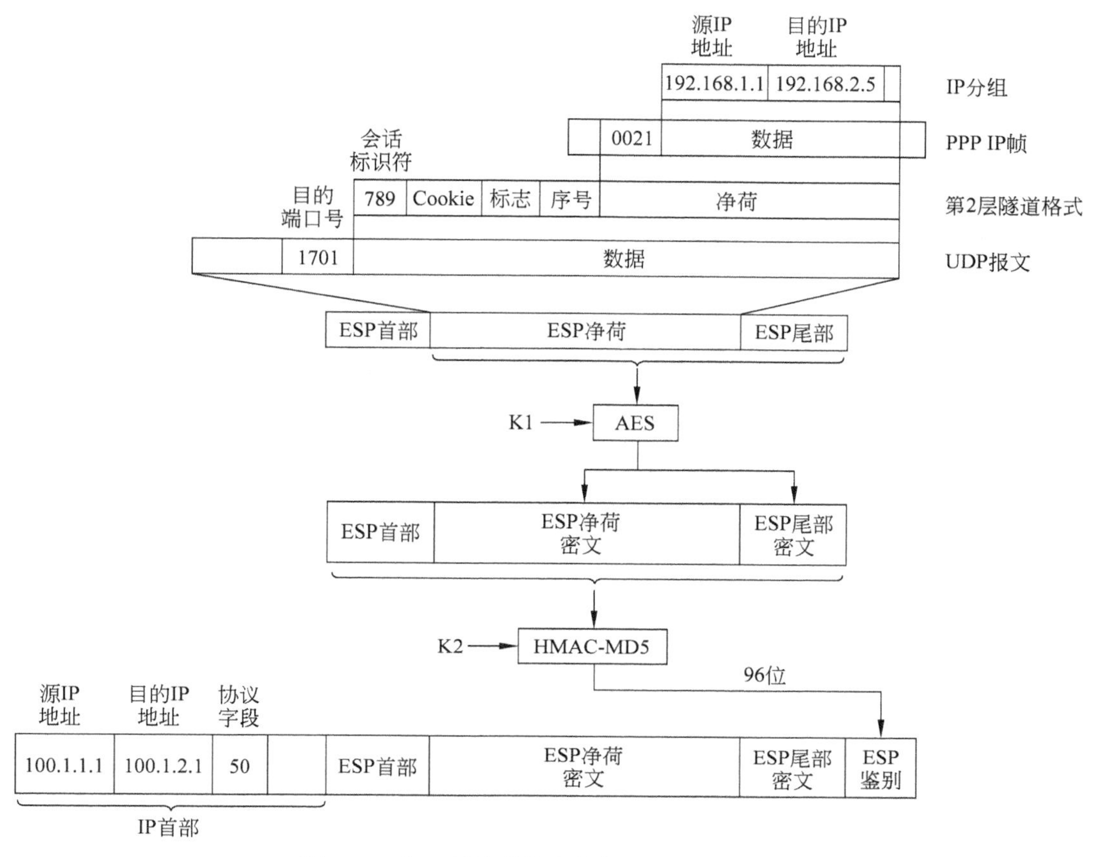

图 7.28　第 2 层隧道格式封装成 ESP 报文过程

第 2 层隧道对远程接入用户是透明的。实际应用中，希望接入企业内部网的用户可能通过多种方式接入 Internet，如以太网、ADSL 等，这些接入方式需要直接在远程接入用户和 LNS 之间建立第 2 层隧道，并以第 2 层隧道为点对点链路，通过 PPP 完成 PPP 链路建立、远程接入用户身份鉴别和内部网本地 IP 地址分配等接入控制功能，将远程接入用户接入内部网。由于建立远程接入用户和 LNS 之间第 2 层隧道的过程由远程接入用户启动，因此，将这种接入方式称为自愿隧道方式。

远程接入用户通过自愿隧道方式接入内部网前，必须先接入 Internet，分配全球 IP 地址，然后，启动第 2 层隧道的建立过程，第 2 层隧道的两端分别是远程接入用户和 LNS。为了接入 Internet，LAC 必须配置鉴别数据库，但鉴别数据库中只需给出用于实现 Internet 接入用户身份鉴别的信息，无须给出 LNS 地址。为了接入内部网，LNS 必须配置图 7.19 所示的鉴别数据库，对通过第 2 层隧道接入内部网的远程用户进行身份鉴别。在自愿隧道方式中，LAC 鉴别数据库格式和 LNS 鉴别数据库格式是相同的。

图 7.29 中的远程接入用户为了接入 Internet，完成如下过程：

(1) 建立远程接入用户和 LAC 之间的语音信道；

(2) 建立远程接入用户和 LAC 之间的 PPP 链路，并由 LAC 完成对远程接入用户的身份鉴别；

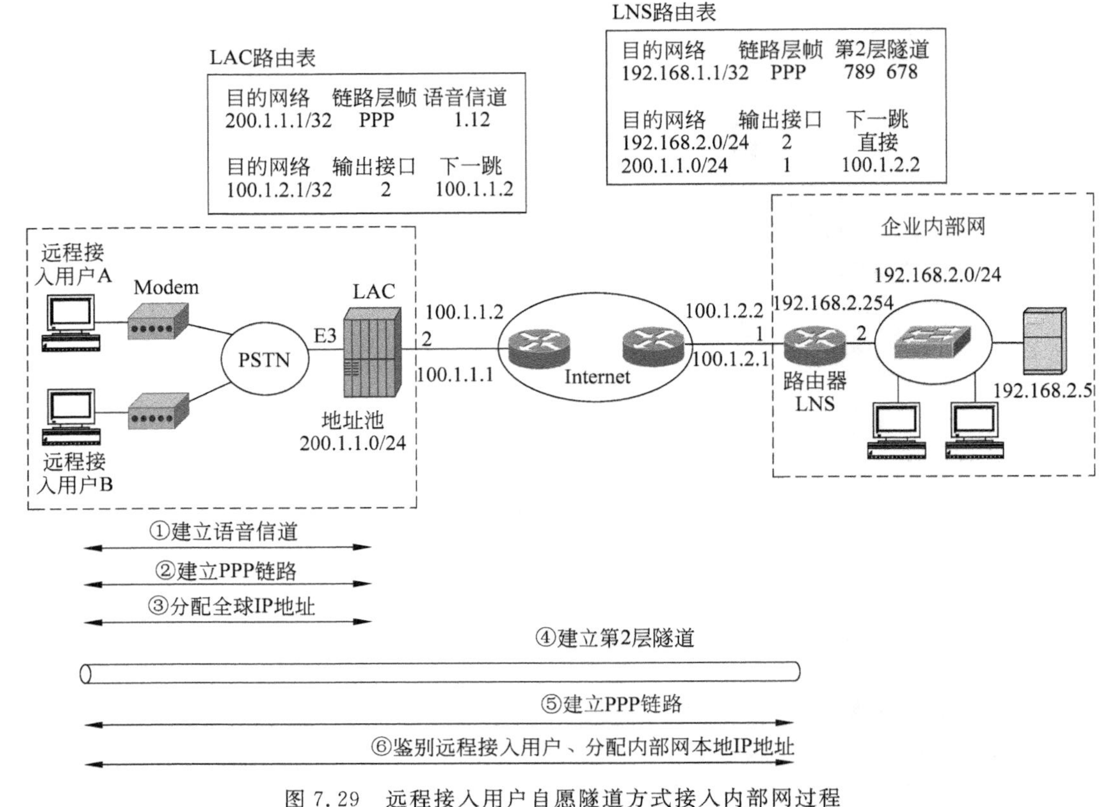

图 7.29 远程接入用户自愿隧道方式接入内部网过程

(3) LAC为远程接入用户分配全球IP地址200.1.1.1,并在路由表中添加将全球IP地址200.1.1.1和连接远程接入用户的语音信道绑定在一起的路由项＜200.1.1.1/32,PPP,1.12＞。

远程接入用户接入Internet后,可以实现和Internet中其他IP接口之间的通信。在接入内部网的过程中,LNS相当于内部网的网络接入服务器(NAS),由它完成对远程接入用户的身份鉴别和内部网本地IP地址分配,目前,最常用于实现对远程接入用户身份鉴别、IP地址分配的协议是PPP,而PPP是一种基于物理点对点链路的链路层协议,因此,在由LNS通过PPP实现对远程接入用户身份鉴别、内部网本地IP地址分配前必须在远程接入用户和LNS之间建立点对点链路,当然,图7.29所示的网络结构无法在远程接入用户和LNS之间建立类似语音信道的物理点对点链路,只能通过建立基于IP网络的第2层隧道实现远程接入用户和LNS之间的PPP帧交换,LNS因此实现对远程接入用户的身份鉴别、内部网本地IP地址分配,并在LNS路由表中添加将分配给远程接入用户的内部网本地IP地址192.168.1.1和连接远程接入用户的第2层隧道绑定在一起的路由项＜192.168.1.1/32,PPP,789 678＞。

2. 数据传输过程

当远程接入用户访问内部网中的服务器时,构建以192.168.1.1为源IP地址、192.168.2.5为目的IP地址的IP分组,由于远程接入用户通过点对点虚拟线路(第2层隧道)连接内部网的网络接入服务器(LNS),因此,该IP分组封装成PPP IP帧后,通过第2层隧道传输给 LNS。

第 2 层隧道将 PPP IP 帧传输给 LNS 的过程如下：

(1) 将 PPP IP 帧封装成第 2 层隧道报文，第 2 层隧道报文以 200.1.1.1 为源 IP 地址、以 100.1.2.1 为目的 IP 地址，并通过 Internet 实现第 2 层隧道报文远程接入用户至 LNS 的传输过程。

(2) 远程接入用户首先将第 2 层隧道报文传输给 ISP 的接入服务器(LAC)，由于远程接入用户和 LAC 之间用语音信道实现互连，因此，第 2 层隧道报文被封装成 PPP IP 帧后，通过语音信道传输给 LAC。

(3) LAC 通过连接远程接入用户的语音信道接收 PPP IP 帧，从中分离出第 2 层隧道报文，用第 2 层隧道报文的目的 IP 地址 100.1.2.1 检索路由表，找到下一跳路由器，将第 2 层隧道报文转发给下一跳路由器。经过 Internet 的逐跳转发，第 2 层隧道报文到达 LNS。值得指出的是，这里的 LAC 只是远程接入用户至 LNS 的第 2 层隧道报文传输路径中的一个转发结点。

LNS 接收第 2 层隧道报文后，从中分离出 PPP IP 帧，从 PPP IP 帧中分离出 IP 分组，用 IP 分组的目的 IP 地址 192.168.2.5 检索路由表，发现服务器连接在和其直接相连的以太网上，将 IP 分组封装成 MAC 帧，通过以太网传输给服务器，完成 IP 分组远程接入用户至服务器的传输过程。远程接入用户封装 IP 分组的过程如图 7.30 所示，传输过程中各个设备的协议转换过程如图 7.31 所示。

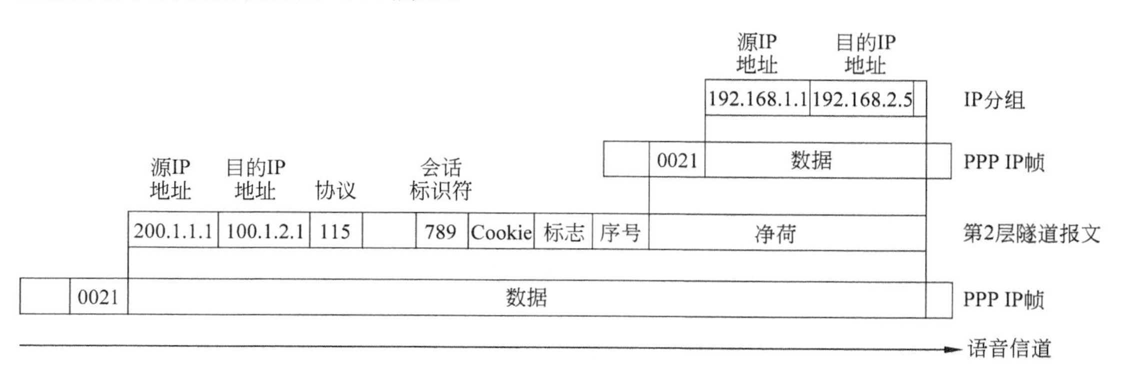

图 7.30　远程接入用户数据封装过程

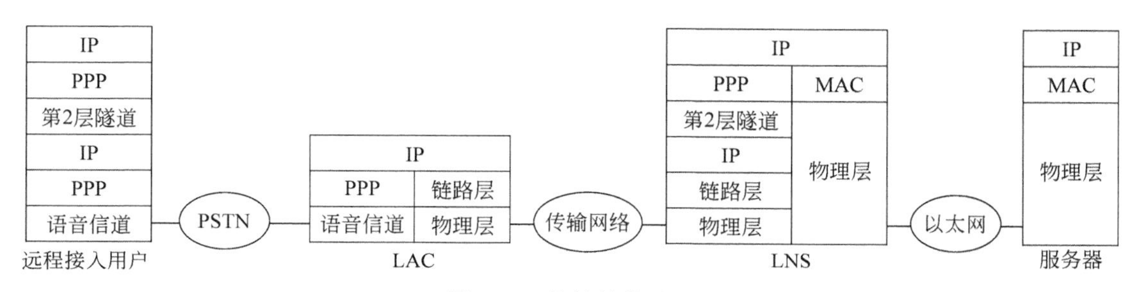

图 7.31　协议转换过程

当内部网服务器向远程接入用户发送数据时，构建以 192.168.2.5 为源 IP 地址、192.168.1.1 为目的 IP 地址的 IP 分组，并通过以太网将 IP 分组传输给默认网关 LNS，

LNS从MAC帧中分离出IP分组，用IP分组的目的IP地址192.168.1.1检索路由表，找到路由项＜192.168.1.1/32，PPP，789 678＞，路由项表明通过第2层隧道直接将IP分组传输给远程接入用户，LNS将IP分组封装成PPP IP帧，然后将PPP IP帧封装成第2层隧道报文，第2层隧道报文的源IP地址为100.1.2.1、目的IP地址为200.1.1.1，将第2层隧道报文发送给Internet。LNS将第2层隧道报文传输给Internet时，作为Internet的边缘路由器，用第2层隧道报文的目的IP地址200.1.1.1检索路由表，找到Internet中的下一跳路由器，把第2层隧道报文传输给Internet中的下一跳路由器。第2层隧道报文经过Internet的逐跳转发，到达LNS至远程接入用户传输路径的最后一个转发结点LAC，LAC用第2层隧道报文的目的IP地址200.1.1.1检索路由表，找到路由项，获知用语音信道连接远程接入用户，将第2层隧道报文封装成PPP IP帧后，传输给远程接入用户，远程接入用户从PPP IP帧中分离出第2层隧道报文，从第2层隧道报文中分离出PPP IP帧，从PPP IP帧中分离出IP分组，完成IP分组内部网服务器至远程接入用户的传输过程。

7.3.7 Cisco Easy VPN

1. 网络结构

Cisco Easy VPN用于解决连接在Internet上的终端访问内部网资源的问题。图7.32给出了用于实现远程接入的网络结构。内部网由路由器R1互联的三个子网192.168.1.0/24、192.168.2.0/24和192.168.3.0/24组成，Internet由路由器R3互连的三个子网192.1.1.0/24、192.1.2.0/24和192.1.3.0/24组成。从R1和R3路由表可以看出，R1路由表只包含用于指明通往内部网各个子网的传输路径的路由项，其中网络地址192.168.4.0/24作为分配给连接在Internet上的终端的内部网本地IP地址池。R3路由表中只包含用于指明通往Internet各个子网的传输路径的路由项。终端C和终端D配置Internet全球IP地址，在实现远程接入前，无法访问内部网资源，如内部网的Web服务器。R2一方面作为VPN服务器实现终端C和终端D的远程接入功能，另一方面实现内部网和Internet互联。R1和R2通过路由协议，如RIP，建立用于指明通往内部网各个子网的传输路径的路由项。R2和

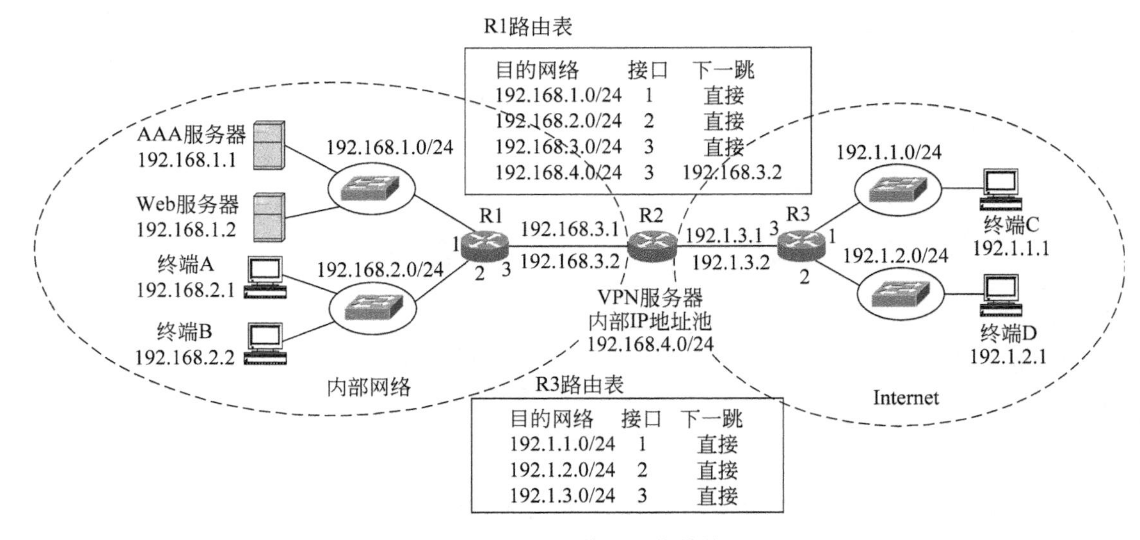

图7.32 远程接入网络结构

R3 通过另一种路由协议，如 OSPF，建立用于指明通往 Internet 各个子网的传输路径的路由项。

Cisco Easy VPN 实现终端 C 和终端 D 远程接入过程如下，首先建立安全传输通道，然后鉴别远程接入用户身份，在完成用户身份鉴别后，向远程接入用户推送配置信息，包括本地 IP 地址、子网掩码等。最后建立 VPN 服务器 R2 与远程接入终端之间的 IP Sec 安全关联，用于实现数据远程接入终端与 VPN 服务器之间的安全传输。

2. Cisco Easy VPN 工作过程

1）VPN 服务器需要配置的信息

Cisco Easy VPN 的最大好处是简化远程终端的配置，只需将与安全传输有关的信息配置在 VPN 服务器上。VPN 服务器将远程终端分组，属于同一组的远程终端有着相同的共享密钥、本地 IP 地址池和子网掩码等。除此之外，VPN 服务器还需配置与建立 IP Sec 安全关联相关的 ISAKMP 策略（如加密算法：256 位 AES，报文摘要算法：SHA，共享密钥鉴别方式和 DH-2）和变换集（ESP-3DES 和 ESP-SHA-HMAC）等。

2）建立远程终端与 VPN 服务器之间 IP Sec 安全关联过程

如图 7.33 所示，分三步完成远程终端与 VPN 服务器之间 IP Sec 安全关联的建立过程，第一步是建立安全传输通道，其目的是协商两端使用的加密算法、报文摘要算法、DH 组号和身份鉴别方式。Cisco Easy VPN 为了方便起见，约定双方使用 DH-2。图 7.33 中的终端 C 只需配置所属组的组标识符、共享密钥、VPN 服务器的 IP 地址与标识用户身份的用户名和口令。当终端 C 发起安全传输通道建立过程时，只需提供组标识符、用于生成密钥的参数 YC1 和用于表示采用 VPN 配置的 ISAKMP 策略的任意算法匹配符（图中用 * 表示）。VPN 服务器根据组标识符确定终端所属的组，获取共享密钥，选择优先级最高的 ISAKMP 策略作为和终端 C 约定的算法，将算法和用于生成密钥的参数 YR21 传输给终端 C，路由器 R2 通过发送鉴别信息 $AUTH_{R2}$（$AUTH_{R2}=E_{PSK}$（SHA（3DES、SHA、YR21）））向终端 C 证明自己的身份。终端 C 通过发送鉴别信息 E_{PSK}（SHA（3DES、SHA、YR21、YC1））向路由器 R2（VPN 服务器）证明自己的身份，同时让 VPN 服务器验证双方交换的数据的完整性。

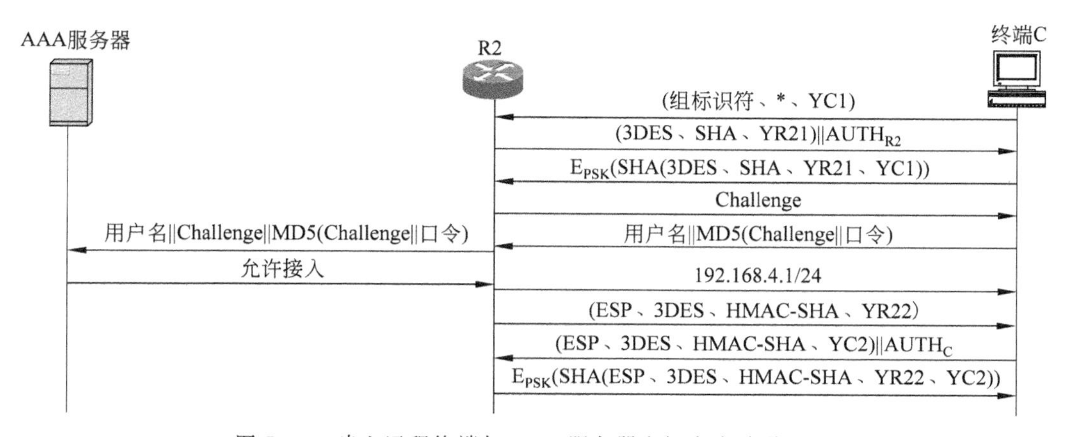

图 7.33　建立远程终端与 VPN 服务器之间安全关联过程

建立安全传输通道后，由 VPN 服务器发起身份鉴别过程，VPN 服务器采用 CHAP 鉴别机制鉴别远程接入用户身份，因此，首先向终端 C 发送随机数 Challenge，终端 C 计算出

MD5(Challenge ‖ 口令),并将用户名和计算结果发送给 VPN 服务器,VPN 服务器将 Challenge、终端 C 发送的用户名和计算结果一起转发给鉴别服务器(AAA 服务器),由 AAA 服务器根据配置的授权用户标识信息验证远程接入用户身份,一旦证明是授权用户,向 VPN 服务器发送允许接入消息。VPN 服务器向终端 C 推送为终端 C 所属组配置的网络信息,如内部网本地 IP 地址和子网掩码等。VPN 服务器和终端 C 之间可以采用建立安全传输通道时约定的加密算法、报文摘要算法和生成的密钥对身份鉴别过程和网络信息推送过程传输的数据进行加密和完整性检测。

完成身份鉴别过程后,VPN 服务器发起 IP Sec 安全关联建立过程。双方约定安全协议 ESP、加密算法 3DES 和 HMAC 算法 HMAC-SHA。

3. ESP 报文封装过程

终端 C 成功建立与 VPN 服务器之间的 IP Sec 安全关联后,可以访问内部网 Web 服务器,终端 C 访问内部网时使用 VPN 服务器推送给它的内部网本地 IP 地址,如内部网本地 IP 地址池中选择的 IP 地址 192.168.4.1。终端 C 发送给内部网 Web 服务器的 TCP 报文,被封装成以终端 C 内部网本地 IP 地址 192.168.4.1 为源 IP 地址、Web 服务器内部网本地 IP 地址 192.168.1.2 为目的 IP 地址的 IP 分组,该 IP 分组称为内层 IP 分组。内层 IP 分组实现终端 C 至 VPN 服务器传输时,被封装成 ESP 报文,ESP 报文首部中下一个首部字段值 4 表明 ESP 报文净荷为内层 IP 分组。完成加密和消息鉴别码运算的 ESP 报文被封装成 UDP 报文,两端用端口号 4500 表明 UDP 报文净荷是 ESP 报文。UDP 报文被封装成源和目的 IP 地址为终端 C 和 VPN 服务器全球 IP 地址 192.1.1.1 和 192.1.3.1 的外层 IP 分组,整个封装过程如图 7.34 所示。外层 IP 分组经过终端 C 与 VPN 服务器之间的 Internet 到达 VPN 服务器,由 VPN 服务器分离出内层 IP 分组,并经过 VPN 连接的内部网实现内层 IP 分组 VPN 服务器至 Web 服务器的传输过程。

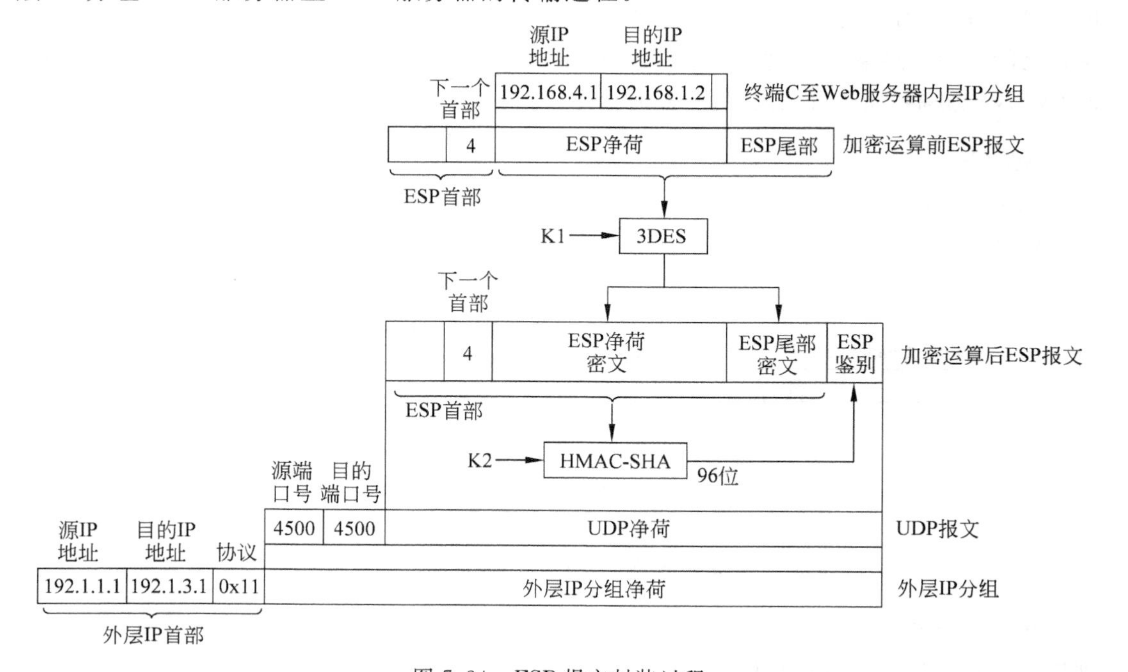

图 7.34 ESP 报文封装过程

习　　题

7.1　什么是 VPN？采用 VPN 的主要原因是什么？

7.2　目前用于实现 VPN 的技术有哪些？各有什么优缺点？

7.3　VPN 中隧道的含义是什么？和现实生活中的隧道有何异同？

7.4　如何实现经过隧道传输的数据的保密性和完整性。

7.5　图 7.35 是一个 VPN 结构，分配本地 IP 地址的 LAN 1 和 LAN 2 通过 Internet 实现互联。路由器 R1、R2 连接 Internet 端口分配的是全球 IP 地址，给出路由器 R1、R2 实现 LAN 1 和 LAN 2 相互通信所需要的全部配置信息。

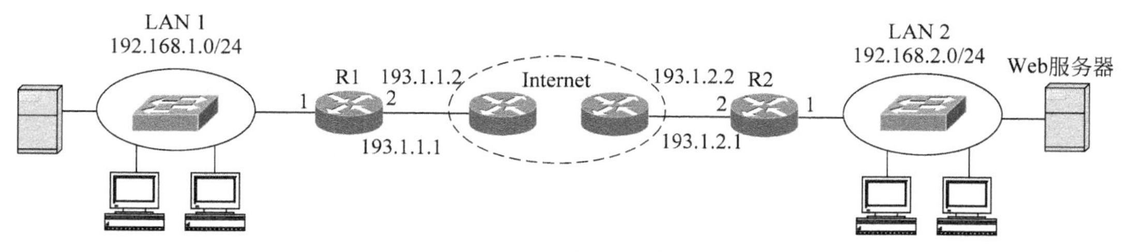

图 7.35　题 7.5 图

7.6　如果图 7.35 中 LAN 1 和 LAN 2 之间用 IP Sec 实现安全通信，给出安全关联的静态配置信息。

7.7　如果图 7.35 中 LAN 1 和 LAN 2 之间用 IP Sec 实现安全通信，且动态建立安全关联，给出相关配置信息和安全关联建立过程。

7.8　虚拟接入技术主要用来解决什么问题？如何解决？

7.9　为什么称第 2 层隧道是虚拟线路？

7.10　如何理解 LAC 物理层中继设备和 Internet 边缘路由器的双重身份？

7.11　简述第 2 层隧道控制连接的作用和建立过程。

7.12　简述第 2 层隧道建立过程。

7.13　图 7.36 是一个虚拟接入网络结构，假定采用强制隧道方式，给出接入过程前，LAC 和 LNS 的配置信息。

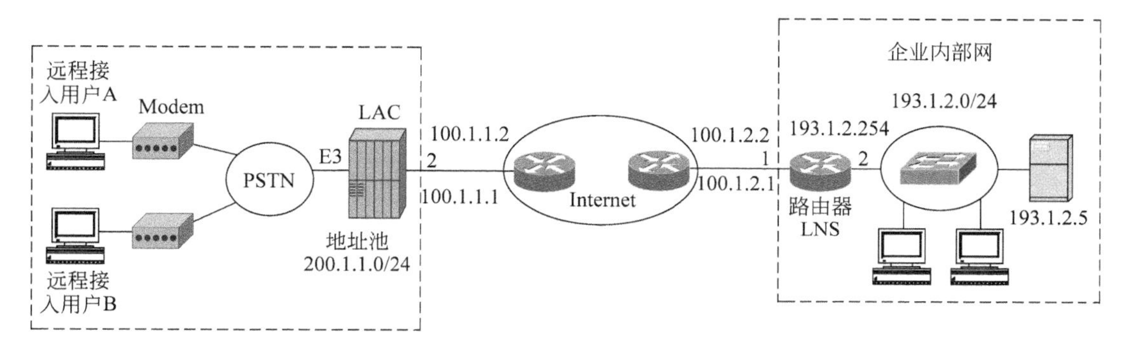

图 7.36　题 7.13 图

7.14 对于图 7.36 所示的网络结构，如果采用自愿隧道方式，给出接入过程前，LAC 和 LNS 的配置信息。

7.15 对于图 7.36 所示的网络结构，给出强制隧道方式下的 PPP 操作过程。

7.16 对于图 7.36 所示的网络结构，给出自愿隧道方式下的 PPP 操作过程。

7.17 网络结构如图 7.37 所示，企业内部网分配本地 IP 地址，远程接入用户如何通过 VPN 像企业内部网中的本地终端一样访问企业内部网资源，给出实现这一功能所要求的配置信息和远程接入用户访问内部网资源的过程。

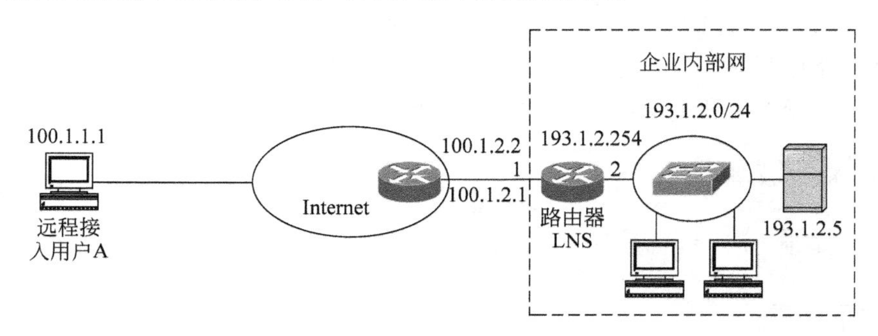

图 7.37　题 7.17 图

第8章 IPv6网络设计和实现过程

目前的情况是IPv6网络与IPv4网络共存，且IPv4网络居垄断地位，因此，IPv6网络设计和实现过程中需要解决3个方面的问题，一是连接在IPv6网络上的两个终端之间的通信问题，二是通过IPv4隧道实现两个IPv6孤岛之间通信的问题，三是实现IPv6网络与IPv4网络之间互联的问题。

8.1 IPv6基础

8.1.1 IPv4的缺陷

1. 地址短缺问题

IPv4用32位二进制数表示IP地址，虽说32位二进制数能够提供40多亿个IP地址，可满足全世界2/3人口的上网需求，但实际能够使用的地址空间远没有那么多，这是因为：

- IPv4地址的分层结构导致大量地址空间被浪费，虽然无分类编址（CIDR）极大地缓解了这一问题，但浪费地址空间的现象依然存在。
- 保留的E类地址和用作组播的D类地址占用了近12%的地址空间。
- 一些无法分配给网络终端的特殊地址，如主机号全0或全1的IP地址占用了近2%的地址空间。

因此，随着Internet规模的不断扩大，地址短缺问题日益突出。目前普遍用于解决地址短缺问题的方法是网络地址转换（NAT）技术，正是无分类编址和NAT技术的出现，使得IPv4的地址短缺问题得到缓解，有一部分人甚至认为IPv4的地址短缺问题已经得到解决，这也是IPv6在很长一段时间内得不到重视，在未来很长一段时间内Internet仍然以IPv4为主的主要原因。但NAT也带来一些问题：一是破坏了IP的端到端通信模型，使得对等通信的双向会话变得困难，同时由于隐藏了源终端地址，使得一些需要在应用层PDU中给出源终端地址的应用难以实现。二是边界路由器需要记录大量的地址转换信息，这不仅对边界路由器的性能提出了更高要求，而且还影响网络性能。三是由于类似IP Sec这样的端到端安全功能不允许在传输过程中改变IP首部内容，因此，NAT使类似IP Sec这样的端到端安全功能变得难以实现。四是NAT都是针对会话绑定地址映射，因此，一旦采用NAT，必须先创建会话，这就将无连接的IP分组传输过程转变成了面向连接的传输过程。可以说无分类编址和NAT技术极大地缓解了IPv4的地址短缺问题，使人们有更充分的时间来部署IPv6，但NAT只是权宜之计，不是解决IPv4地址短缺问题的根本方法。

随着无线局域网和个人数字助理（Personal Digital Assistant，PDA）的兴起，集移动通信和访问Internet资源的功能于一身的PDA将成为人们的首选，大量移动用户一旦成为Internet用户，地址短缺问题将立即成为亟待解决的紧迫问题。随着计算机和通信技术的发展，人们通过网络监测、控制家电已不再是梦想，但这一切都是以家电成为网络终端设备为前提，一旦大量家电需要接入 Internet，地址短缺问题更是迫在眉睫。

2. 复杂的分组首部

分组首部结构影响路由器转发分组的速率，目前通信链路的传输速率越来越高，10Gb/s 的同步数字体系（SDH）和以太网正成为主流广域网和局域网技术，这种情况下，路由器实现线速转发越来越困难，路由器正日益成为网络性能的瓶颈。为了提高路由器转发速率，要求减少路由器转发分组所必须进行的操作，如差错检验。传统 IPv4 首部中有一首部检验和字段，路由器通过该字段检验 IPv4 分组首部在传输过程中发生的错误，由于 IPv4 分组每经过一跳路由器，都会改变首部中 TTL 字段值，导致每一跳路由器都需要重新计算 IPv4 首部检验和字段值，增加了路由器转发 IPv4 分组所进行的操作。另一方面，随着通信技术的发展，通信链路的传输可靠性越来越高，传输出错的概率越来越小，而且链路层和传输层的差错控制足以检验出传输出错的分组，在网际层进行差错检验的必要性越来越小。随着网络终端的处理能力越来越高，目前的趋势是尽量将处理功能转移到网络终端，以此简化路由器的转发处理，提高路由器转发分组的速率。因此，IPv4 复杂的首部结构及与此对应的转发处理要求极大地限制了路由器转发 IPv4 分组的速率，也与目前尽量将处理功能转移到网络终端的趋势相悖。

3. QoS 实现困难

设计 IPv4 时是无法想象到以它为基础的 Internet 能够支持目前的规模和应用方式，可以说 IPv4 的成功已经远远超出了设计者的预期。但随着统一网络的设想逐步得到实现，IPv4 尽力而为服务的缺陷也日益显现。虽然人们尽了很大的努力来弥补这一缺陷，但 IPv4 对分类服务的先天不足仍然严重制约了类似 VOIP、IPTV 等实时应用的开展。由于 IPv4 首部中没有用于标识流的流标签字段，路由器需要更多的处理能力对流分类，并在流分类的基础上提供分类服务。这一方面加重了路由器的处理负担，影响路由器转发速率，另一方面也同样与目前尽量将处理功能转移到网络终端的趋势相悖。

4. 安全机制先天不足

IPv4 的设计目的是尽量方便网络终端之间的通信，因此，并没有较多考虑安全问题，但随着电子商务活动的日益频繁，信息资源的安全性越来越重要，需要总体上对网络安全进行设计，而不是软件补丁似的头痛医头、脚痛医脚。

IPv4 的以上种种不足表明确实需要根据目前 Internet 的规模和应用方式，提出一种新的、既能体现 IPv4 分组交换灵活性，又能有效解决 IPv4 地址短缺、路由器转发处理复杂、路由器分类流困难、信息资源安全机制先天不足等问题的网际协议，它就是 IPv6，也称下一代 IP。

8.1.2 IPv6 首部结构

1. IPv6 基本首部

IPv6 基本首部如图 8.1(a)所示，和图 8.1(b)的 IPv4 基本首部相比，去掉了和分片有关的字段及首部检验和字段，增加了流标签字段。

(1) 版本：4b，给出 IP 的版本号，IPv6 的版本号为 6，由于 IPv6 和 IPv4 的版本字段位于 IP 分组的同一位置，可用该字段值区分 IP 分组所属的 IP 版本。

(2) 信息流类别：8b，该字段给出 IP 分组对应的服务类别，其作用和 IPv4 的服务类型

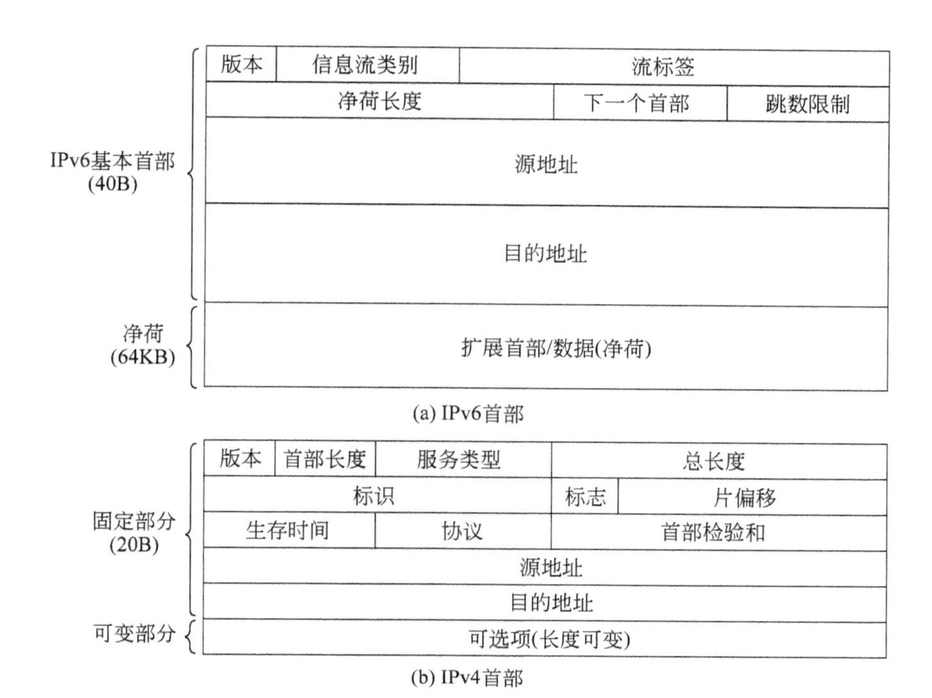

图 8.1　IPv6 和 IPv4 首部

字段相同，在采用区分服务（Differentiated Services，DiffServ）时，IPv6 的信息流类别字段和 IPv4 的服务类型字段值都是区分服务码点（Differentiated Services Code Point，DSCP），用 DSCP 标识该 IP 分组的服务类别。

（3）流标签：20b，流指一组具有相同的发送和接收进程的 IP 分组。分类服务有两大类，一是区分服务（Differentiated Services，DiffServ），二是综合服务（Integrated Services，IntServ）。区分服务定义若干服务类别，路由器为不同的服务类别设置不同的服务质量，当转发某个 IP 分组时，根据 IP 分组的服务类别字段值确定该 IP 分组所属的类别，并提供对应的服务质量。这种分类服务只能提供有限的服务类别，相同服务类别的 IP 分组具有相同的服务质量，当多个有着相同服务类别的 IP 分组在路由器中等待转发时，路由器按照先进先出的原则进行处理。综合服务是将属于特定会话的一组 IP 分组作为流，并为每一种流设置对应的服务质量。如两个 IP 电话之间的一次通话过程所涉及的 IP 分组就是一种流，路由器需要为该流预留带宽，以此保证两个 IP 电话之间的通话质量。区分服务是将信息流划分成有限的若干类，并为不同类别的信息流分配不同的服务质量，是宏观控制。综合服务是将信息流细分成流，并为每一种流设置相应的服务质量，是微观控制。路由器实施区分服务比较容易，实施综合服务比较困难。实施综合服务首先需要确定 IP 分组所属的流，由于流是属于特定会话的一组 IP 分组，需要根据 IP 分组的源和目的 IP 地址、源和目的端口号，甚至应用层 PDU 中特定位置的值来确定 IP 分组所属的流，这个过程比较复杂，会对路由器转发 IP 分组的速率产生严重影响。因此，一旦要求路由器实施综合服务，就需要牺牲转发速率。实际上，源终端在创建会话后，能够确定属于该会话的 IP 分组，因此，可以由源终端完成 IP 分组的流分类工作，并对属于特定流的 IP 分组分配唯一的流标签，路由器只需根据 IP 分组的源 IP 地址和流标签就可确定 IP 分组所属的流，并提供该流对应的服务质量，这样就减少了路由器分类IP分组的处理负担，也符合目前尽量将处理功能转移到网络终端的趋势。因此，IPv6首部中增加的流标签字段对路由器实施综合服务有莫大的帮助。

（4）净荷长度：16b，给出IPv6分组净荷的字节数。

（5）下一个首部：8b，IPv6取消了可选项，增加了扩展首部，但扩展首部作为净荷的一部分出现在净荷字段中，这样，扩展首部的长度只受净荷字段长度的限制，而不像IPv4，将可选项的总长度限制在40B。当存在扩展首部时，用下一个首部给出扩展首部类型。当没有扩展首部时，该字段等同于IPv4的协议字段，用于指明净荷所属的协议。

（6）跳数限制：8b，给出IP分组允许经过的路由器数，IP分组每经过一跳路由器，该字段值减1，当该字段值减为0时，如果IP分组仍未到达目的终端，路由器将丢弃该IP分组，以此避免IP分组在网络中无休止地漂荡。IPv4对应的是生存字段，它可以给出IP分组允许在网络中生存的时间，但实际上，路由器都将该字段作为跳数限制字段使用，因此，IPv6只是使该字段名副其实。

（7）源地址和目的地址：128b，源地址和目的地址字段的含义和IPv4相同，但IPv6的地址字段的长度是128b，是IPv4的4倍，IPv6彻底解决了IPv4面临的地址短缺问题。

IPv6的首部长度是固定的，就是基本首部的长度，扩展首部属于净荷的一部分，因此，不需要首部长度字段。

对于IPv4分组，由于每经过一跳路由器，都会改变TTL字段值，需要重新计算首部检验和字段值，这将严重影响路由器的转发速率，而且，无论链路层，还是传输层都有差错控制功能，在目前通信链路的可靠性有所保证的前提下，在网际层重复差错控制功能的必要性不高，因此，IPv6去掉首部检验和字段。

在IPv4中，当IP分组的长度超过输出链路的最大传输单元（Maximum Transfer Unit，MTU）时，由路由器负责将IP分组分片，因此，在IP首部中给出了和分片有关的字段。在IPv6中，源终端通过协议获得源终端至目的终端传输路径所经过的链路的最小MTU，并以此确定是否需要将IP分组分片，在需要分片的情况下，由源终端完成分片功能，因此，中间路由器是不涉及和分片有关的操作的，将和分片有关的字段放在分片扩展首部中。

2. IPv6扩展首部

1）扩展首部组织方式

IPv4首部如果包含了可选项，中间经过的每一跳路由器都需要对可选项进行处理，增加了路由器的处理负担，降低了路由器转发IPv4分组的速率。IPv6除了逐跳选项扩展首部外，中间路由器将扩展首部作为分组净荷对待，不对其作任何处理，以此简化路由器转发IP分组所进行的操作，提高路由器的转发速率。IPv6目前定义的扩展首部有逐跳选项、路由、分片、鉴别、封装安全净荷、目的端选项这六种，当IP分组包含多个扩展首部时，扩展首部按照以上顺序出现，上层协议数据单元（PDU）总是放在最后面。图8.2是上层协议数据单元为TCP报文时，IPv6分组的格式。

图8.2(a)的IPv6分组没有扩展首部，净荷字段中只包含上层协议数据单元（TCP报文），因此，基本首部中的下一个首部字段值给出上层协议类型6，指明上层协议为TCP。图8.2(b)的IPv6分组中包含单个扩展首部，净荷字段中首先出现的是路由扩展首部，而基

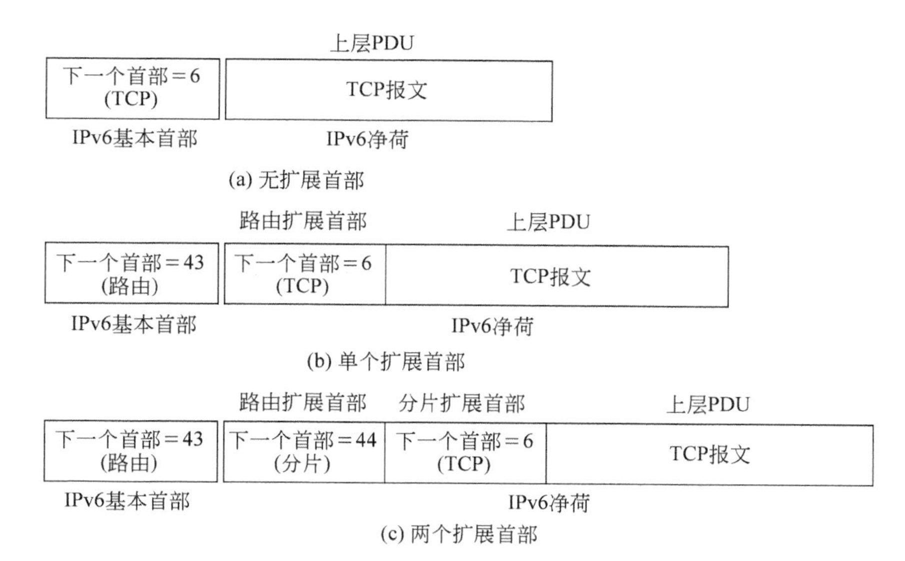

图 8.2 IPv6 基本首部、扩展首部和上层协议数据单元之间的关系

本首部中的下一个首部字段值给出扩展首部的类型，扩展首部中的下一个首部字段值给出上层协议类型。图 8.2(c)的 IPv6 分组中包含两个扩展首部，依次在净荷字段中出现的是路由和分片扩展首部，基本首部中的下一个首部字段值给出第 1 个扩展首部的类型(路由)，路由扩展首部中的下一个首部字段值给出第 2 个扩展首部的类型(分片)，分片扩展首部中的下一个首部字段值给出上层协议类型(TCP)。当净荷字段中包含两个以上的扩展首部时，由前一个扩展首部中的下一个首部字段值给出下一个扩展首部的类型，最后一个扩展首部的下一个首部字段值给出上层协议类型。

2）扩展首部应用实例

下面通过分片扩展首部的应用，说明 IPv6 简化路由器转发操作的过程。分片扩展首部格式如图 8.3 所示。它的各个字段的含义和 IPv4 首部中与分片有关的字段的含义相同，片偏移给出当前数据片在原始数据中的位置，标识符用来唯一标识分片数据后产生的数据片序列，接收端通过标识符鉴别出因为分片数据后产生的一组数据片。M 标志位用来标识最后一个数据片(M=0)。图 8.4 是一个互联网络结构图，链路上标出的数字是链路 MTU，对于 IPv4 分组，由路由器根据输出链路 MTU 和 IPv4 分组的总长确定是否对 IP 分组分片，并在需要分片的情况下，完成分片操作。对于 IPv6 分组，由源终端通过路径 MTU 发现协议找出源终端至目的终端传输路径所经过的链路的最小 MTU，该 MTU 称为路径 MTU，并由源终端完成分片操作，通过分片扩展首部给出各个数据片的片偏移及标识符。目的终端通过分片扩展首部中给出的信息，重新将各个数据片拼接成原始 IPv6 分组，整个操作过程如图 8.4 所示。

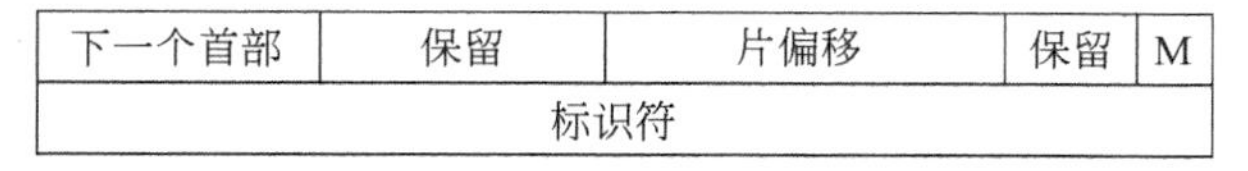

图 8.3 分片扩展首部

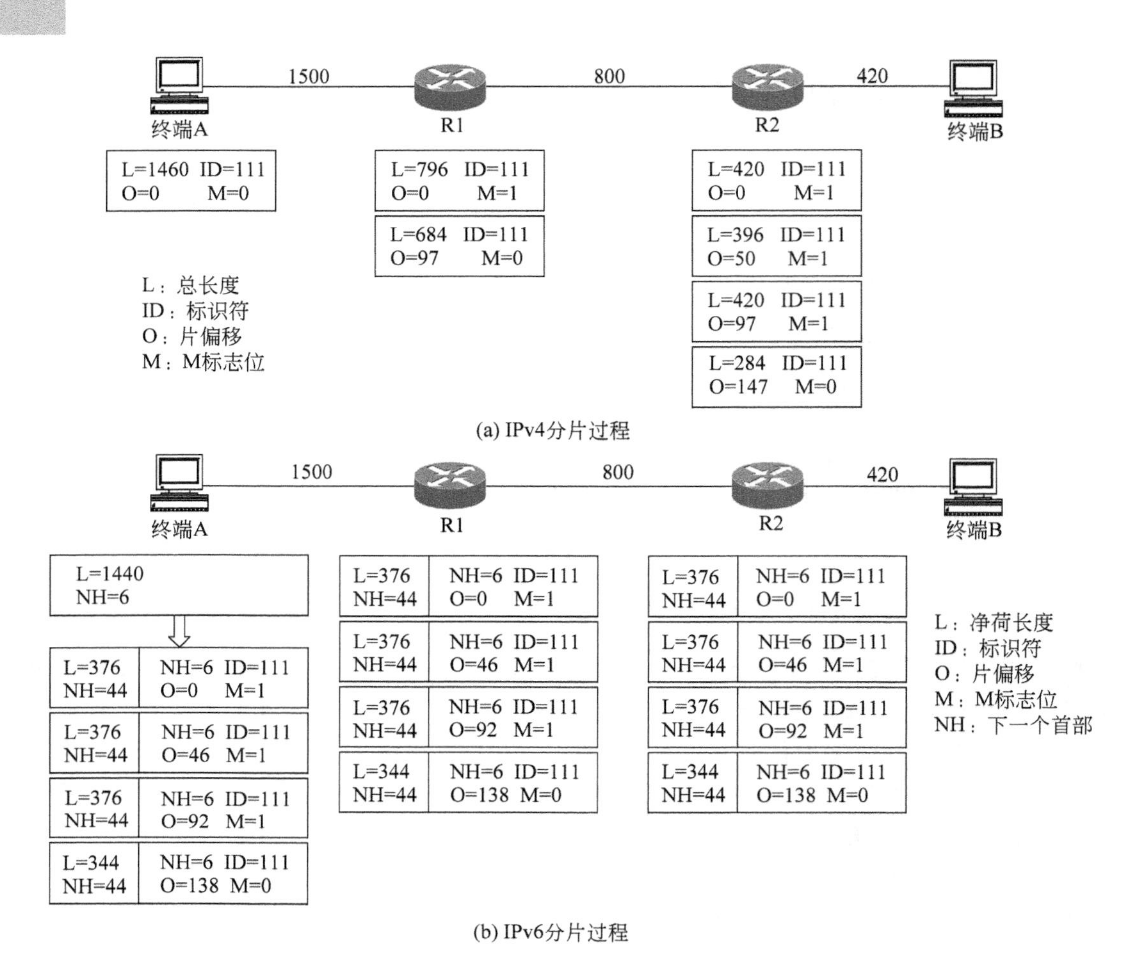

(a) IPv4分片过程

(b) IPv6分片过程

图 8.4　IPv4 和 IPv6 分片过程

IPv4 由路由器负责分片操作，而且可能由多个路由器对同一 IP 分组反复进行分片操作，如图 8.4(a)所示，这将严重影响路由器的转发速率，因此，在 IPv6 中，改由源终端完成分片操作。源终端首先通过路径 MTU 发现协议获取源终端至目的终端传输路径所经过的链路的最小 MTU(路径 MTU)，然后，对净荷进行分片，通常情况下，除最后一个数据片，其他数据片长度的分配原则是：须是 8 的倍数，且加上 IPv6 首部和分片扩展首部后尽量接近路径 MTU。假定路径 MTU$=M$，净荷长度$=L$，将净荷分成 N 个数据片，则 $L+N\times48\leqslant M\times N$。48B 包括 40B IPv6 首部和 8B 分片扩展首部。在本例中，$M=420$B，$L=1440$B，根据 $1440+N\times48\leqslant420\times N$，得出 $N\geqslant1440/(420-48)=3.87$，$N$ 取满足上述等式的最小整数 4。前 3 个数据片长度应该是满足小于等于$(420-48)$且是 8 的倍数的最大值，这里是 368B，加上 8B 的分片扩展首部后，得出净荷长度=376B，最后 1 个数据片的长度是 $1440-3\times368=336$B，得出净荷长度=344B。4 个数据片的片偏移分别是 0、$368/8=46$、$736/8=92$、$1104/8=138$。值得说明的是，在每个会话存在期间，源终端和目的终端之间都有大量 IP 分组传输，因此，源终端先通过路径 MTU 发现协议获取源终端至目的终端传输路径所经过的链路的最小 MTU(路径 MTU)是值得的，否则，对每一个 IP 分组都进行图 8.4(a)所示的分片操作会对路由器的转发速率造成巨大影响。

8.1.3　IPv6 地址结构

开发 IPv6 的主要原因是为了解决 IPv4 的地址短缺问题，因此，IPv6 的地址字段长度是 IPv4 的 4 倍：128b。有人计算过，2^{128} 的 IPv6 地址空间可以为地球表面每平方米的面积提供约 8.65×10^{23} 个不同的 IPv6 地址，这么多的 IPv6 地址可以为地球上的每一粒沙子分配唯一的 IPv6 地址。如此巨大的地址空间，为使用 IPv6 地址提供了非常大的灵活性。

1. IPv6 地址表示方式

1）基本表示方式

基本表示方式是将 128b 以 16 位为单位分段，每一段用 4 位十六进制数表示，各段用冒号分隔，下面是几个用基本表示方式表示的 IPv6 地址。

```
2001:0000:0000:0410:0000:0000:0001:45FF
0000:0000:0000:0000:0001:0765:0000:7627
```

2）压缩表示方式

基本表示方式中可能出现很多 0，甚至可能整段都是 0，为了简化地址表示，可以将不必要的 0 去掉。不必要的 0 是指去掉后，不会错误理解段中 16 位二进制数的那些 0。如 0410 可以压缩成 410，但不能压缩成 41 或 041。上述用基本表示方式表示的 IPv6 地址可以压缩成如下表示方式。

```
2001:0:0:410:0:0:1:45FF
0:0:0:0:1:765:0:7627
```

用压缩表示方式表示的 IPv6 地址仍然可能出现相邻若干段都是 0 的情况，为了进一步缩短地址表示方式，可用一对冒号::表示连续的一串 0，当然，一个 IPv6 地址只能出现一个::，这种用::表示连续的一串 0 的压缩表示方式就是 0 压缩表示方式，上述地址用 0 压缩表示方式表示如下。

```
2001::410:0:0:1:45FF
::1:765:0:7627
```

2001:0:0:410:0:0:1:45FF 也可表示成 2001:0:0:410::1:45FF，但不能表示成 2001::410::1:45FF，因为后一种表示无法确定每一个::表示几个相邻的 0。

【例 8.1】　将下列用基本表示方式表示的 IPv6 地址用 0 压缩表示方式表示。

```
0000:0000:0000:0000:FE80:0000:0000:0000
0000:0001:1000:0000:0000:0000:0000:0000
0100:0000:0001:1000:0000:0000:0001:1000
```

【解析】　用 0 压缩表示方式表示如下。

```
::FE80:0:0:0
0:1:1000::
100:0:1:1000::1:1000
```

【例 8.2】　将下述用 0 压缩表示方式表示的 IPv6 地址还原成基本表示方式。

```
::1:10:0:0
FE00:1000::
0:0:1::FE00
```

【解析】 上述用0压缩表示方式表示的IPv6地址还原成如下基本表示方式。

```
0000:0000:0000:0000:0001:0010:0000:0000
FE00:1000:0000:0000:0000:0000:0000:0000
0000:0000:0001:0000:0000:0000:0000:FE00
```

3）特殊地址

（1）内嵌IPv4地址的IPv6地址。

这种地址是为了解决IPv4和IPv6共存时期配置不同版本的IP地址的终端之间通信问题而设置的，128b的地址中包含32b的IPv4地址，32b的IPv4地址仍然采用IPv4的地址表示方式，以8位为单位分段，每一段用对应的十进制值表示，段之间用点分隔。地址的其他部分采用IPv6的地址表示方式。以下是常用的两种内嵌IPv4地址的IPv6地址的表示方式。这两种地址的使用方式在后面章节中讨论。

```
0000:0000:0000:0000:0000:FFFF:192.167.12.16
```

或是

```
::FFFF:192.167.12.16
0000:0000:0000:0000:FFFF:0000:192.167.12.16
```

或是

```
::FFFF:0:192.167.12.16
```

（2）环回地址。

::1是IPv6的环回地址，等同于IPv4的127.X.X.X。

（3）未确定地址。

全0地址（表示成::）作为未确定地址，当某个没有分配有效IPv6地址的终端需要发送IPv6分组时，可用该地址作为IPv6分组的源地址。该地址不能作为IPv6分组的目的地址。

4）地址前缀

IPv6采用无分类编址方式，将地址分成前缀部分和主机号部分，用前缀长度给出地址中表示前缀的二进制位数，用下述表示方式表示地址前缀。

IPv6地址/前缀长度

IPv6地址必须是用基本表示方式或0压缩表示方式表示的完整地址，前缀长度是一个0～128的整数，给出IPv6地址的高位中作为前缀的位数。下述是正确的前缀表示方式。

```
::FE80:0:0:0/68
::1:765:0:7627/60
2001:0000:0000:0410:0000:0000:0001:45FF/64
```

2. IPv6地址分类

IPv6地址分为单播、组播和任播这三种类型。

单播地址：唯一标识某个接口，以该种类型地址为目的地址的 IP 分组，到达目的地址标识的唯一的接口。

组播地址：标识一组接口，而且大部分情况下，这组接口分属于不同的结点(终端或路由器)，以该种类型地址为目的地址的 IP 分组，到达所有由目的地址标识的接口。

任播地址：标识一组接口，而且，大部分情况下，这组接口分属于不同的结点(终端或路由器)，以该种类型地址为目的地址的 IP 分组，到达由目的地址标识的一组接口中的其中一个接口，该接口往往是这一组接口中和源终端距离最近的那个接口。

1）单播地址

(1）链路本地地址。

链路不是物理线路，它指的是实现连接在同一网络的两个结点之间通信的传输网络，如以太网。链路本地地址指的是在同一传输网络内作用的 IP 地址，它的作用一是用于实现同一传输网络内两个结点之间的网际层通信。二是用于标识连接在同一传输网络上的接口，并用该 IP 地址解析接口的链路层地址。一旦某个接口被定义为 IPv6 接口，该接口自动生成链路本地地址。链路本地地址格式如图 8.5 所示。

10b	54b	64b
1111111010	0	接口标识符

图 8.5　链路本地地址结构

链路本地地址的高 64b 是固定不变的，低 64b 是接口标识符。接口标识符用于在传输网络内唯一标识某个连接在该传输网络上的接口，它通常由接口的链路层地址导出。不同类型的传输网络导出接口标识符的过程不同，下面是通过以太网的 MAC 地址导出接口标识符的过程。

48 位 MAC 地址由 24 位的公司标识符和 24 位的扩展标识符组成，公司标识符由 IEEE 负责分配。公司标识符最高字节的第 0 位是 I/G(单播地址/组地址)位，该位为 0，表明是单播地址；该位为 1，表明是组地址。第 1 位是 G/L(全局地址/本地地址)位，该位为 0，表明是全局地址；该位为 1，表明是本地地址。一般情况下，MAC 地址都是全局地址，G/L 位为 0。MAC 地址导出接口标识符的过程如图 8.6 所示，首先将 MAC 地址的 G/L 位置 1，然后在公司标识符和扩展标识符之间插入十六进制值为 FFFE 的 16 位二进制数。

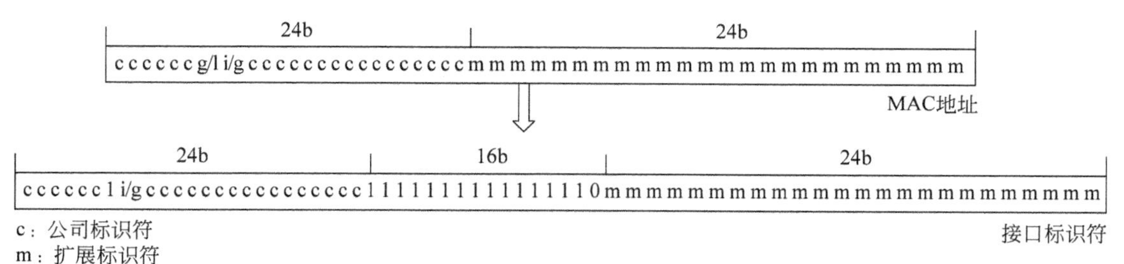

图 8.6　MAC 地址导出接口标识符过程

【例 8.3】　假定 MAC 地址为 0012：3400：ABCD，求接口标识符。

【解析】

00000000　00010010　00110100　00000000　10101011　11001101

00000010　00010010　00110100　11111111　11111110　00000000　10101011　11001101

接口标识符为 0212:34FF:FE00:ABCD。

【例 8.4】 假定 MAC 地址为 0012:3400:ABCD,求接口的链路本地地址。

【解析】 链路本地地址为 FE80:0000:0000:0000:0212:34FF:FE00:ABCD 或为 FE80::0212:34FF:FE00:ABCD。

(2) 站点本地地址。

站点本地地址类似于 IPv4 的本地地址(或称私有地址),它不是全球地址,只能在内部网内使用。和链路本地地址不同,它可以用于标识内部网内连接在不同子网上的接口。因此,除了接口标识符字段外,还有子网标识符字段,用子网标识符字段标识接口所连接的子网。站点本地地址不能自动生成,需要配置,在手工配置站点本地地址时,接口标识符可以和链路本地地址的接口标识符一样,通过接口的链路层地址导出,也可手工配置一个子网内唯一的标识符作为接口标识符。站点本地地址格式如图 8.7 所示。

10b	38b	16b	64b
1111111011	0	子网标识符	接口标识符

图 8.7　站点本地地址结构

(3) 可聚合全球单播地址。

可聚合全球单播地址格式如图 8.8 所示。

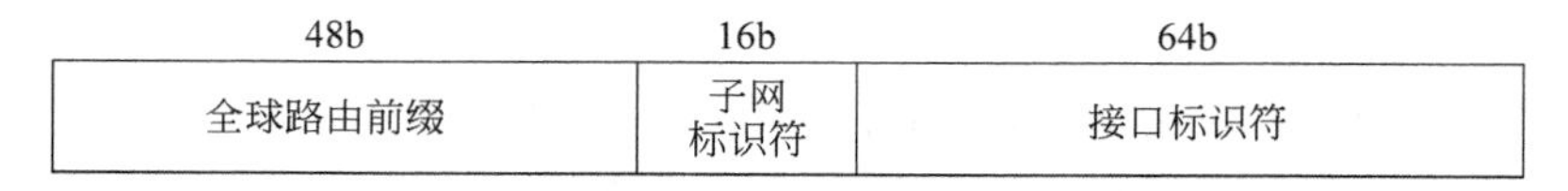

图 8.8　可聚合全球单播地址结构

如图 8.8 所示,将可聚合全球单播地址分成 3 级,分别是全球路由前缀、子网标识符和接口标识符,全球路由前缀用于 Internet 主干网中路由器为 IPv6 分组选择传输路径,因此,分配全球路由前缀时,要求尽可能将高 N 位相同的全球路由前缀分配给同一物理区域,如将高 5 位相同的全球路由前缀分配给亚洲,而将高 8 位相同的全球路由前缀分配给中国,当然,高 8 位中的最高 5 位和分配给亚洲的全球路由前缀的高 5 位相同,以此最大可能聚合路由项。应该说,除了已经分配的 IPv6 地址空间外,其余的地址空间都可分配作为可聚合全球单播地址,但目前已经指定作为可聚合全球单播地址的是最高 3 位为 001 的 IPv6 地址空间。子网标识符用于标识划分某个公司或组织的内部网所产生的子网。接口标识符用来确定连接在某个子网上的接口。需要说明的是,上述地址结构只是在全球范围内分配 IPv6 地址时有用,在转发 IPv6 分组时,路由项中的地址只有两部分:网络前缀和主机号,没有图 8.8 所示的地址结构。在全球范围内分配 IPv6 地址时采用图 8.8 所示的地址结构和尽可能将高 N 位相同的全球路由前缀分配给同一物理区域的目的是为了尽可能地聚合路由项,减少路由表中路由项的数目,提高转发速率。图 8.9 给出了尽可能聚合路由项的全球路由前缀分配过程。

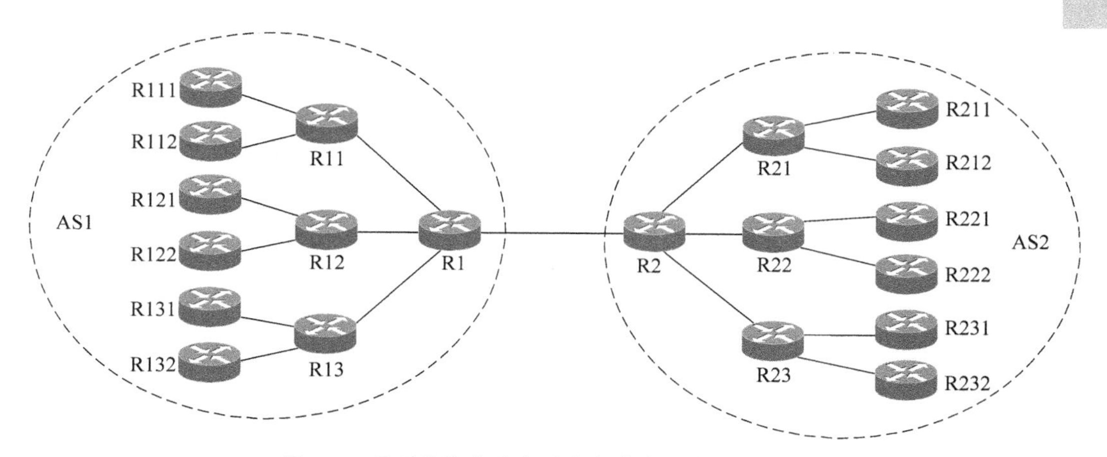

图 8.9 尽可能聚合路由项的全球路由前缀分配过程

对于图 8.9 所示的网络结构，为 AS1 和 AS2 分别分配高 5 位相同的全球路由前缀，如 00100 和 00101。为 AS1 中 R11、R12 和 R13 连接的 3 个分支分别分配高 8 位相同的全球路由前缀，如 00100000、00100001 和 00100010。为 R111 等路由器连接的分支分别分配高 12 位相同的全球路由前缀，如 001000000000。其他路由器连接的分支依此分配，可以得出表 8.1 所示的地址分配结构。

表 8.1 地址结构

路由器	全球路由前缀	子网标识符	接口标识符	路由器	全球路由前缀	子网标识符	接口标识符
R111	00100 000 0000	X	X:X:X:X	R211	00101 000 0000	X	X:X:X:X
R112	00100 000 0001	X	X:X:X:X	R212	00101 000 0001	X	X:X:X:X
R121	00100 001 0000	X	X:X:X:X	R221	00101 001 0000	X	X:X:X:X
R122	00100 001 0001	X	X:X:X:X	R222	00101 001 0001	X	X:X:X:X
R131	00100 010 0000	X	X:X:X:X	R231	00101 010 0000	X	X:X:X:X
R132	00100 010 0001	X	X:X:X:X	R232	00101 010 0001	X	X:X:X:X

根据表 8.1 给出的地址结构，可以得出如表 8.2 所示的路由器 R1 用于指明通往图 8.9 中所有网络的传输路径的路由项。

表 8.2 路由器 R1 路由表

目的网络	下一跳	备　注	目的网络	下一跳	备　注
2800::/5	R2	指向 AS2 的路由项	2100::/8	R12	指向 R12 连接的分支的路由项
2000::/8	R11	指向 R11 连接的分支的路由项	2200::/8	R13	指向 R13 连接的分支的路由项

从表 8.1 中可以看出，由于为每一个分支所连接的网络分配了高 N 位相同的全球路由前缀，只需一项路由项就可以指出通往某个分支所连接的所有网络的传输路径。

2）多播地址

多播地址格式如图 8.10 所示，高 8 位固定为十六进制值 FF，4 位标志位中的前 3 位固定为 0，最后 1 位如果为 0，表示是由 IANA(Internet Assigned Numbers Authority，Internet 号码指派管理局)分配的永久分配的多播地址，这些多播地址有特定用途，因而也称为著名多播地址。最后1位如果为1,表示是非永久分配的多播地址(临时的多播地址)。范围字段中正常使用的值如下。

8b	4b	4b	80b	32b
11111111	标志	范围	0	组标识符

图 8.10　多播地址结构

2：链路本地范围。

5：站点本地范围。

8：组织本地范围。

E：全球范围。

链路本地范围指多播只能在单个传输网络范围内进行。站点本地范围指多播在由多个传输网络组成的站点网络内进行。组织本地范围指多播在由多个站点网络组成,但由同一组织管辖的网络内进行。全球范围指在 Internet 中多播。

IANA 分配的常用著名多播地址有：

FF02::1　链路本地范围内所有结点。

FF02::2　链路本地范围内所有路由器。

FF05::2　站点本地范围内所有路由器。

FF02::9　链路本地范围内所有运行 RIP 的路由器。

3) 任播地址

没有为任播地址分配单独的地址格式,在单播地址空间中分配任播地址,如果为某个接口分配了任播地址,必须在分配地址时说明。目前只有路由器接口允许分配任播地址。

8.2　IPv6 操作过程

实现图 8.11 中终端 A 至终端 B 的数据传输过程,必须完成两方面的操作,一是网际层必须完成如下操作：

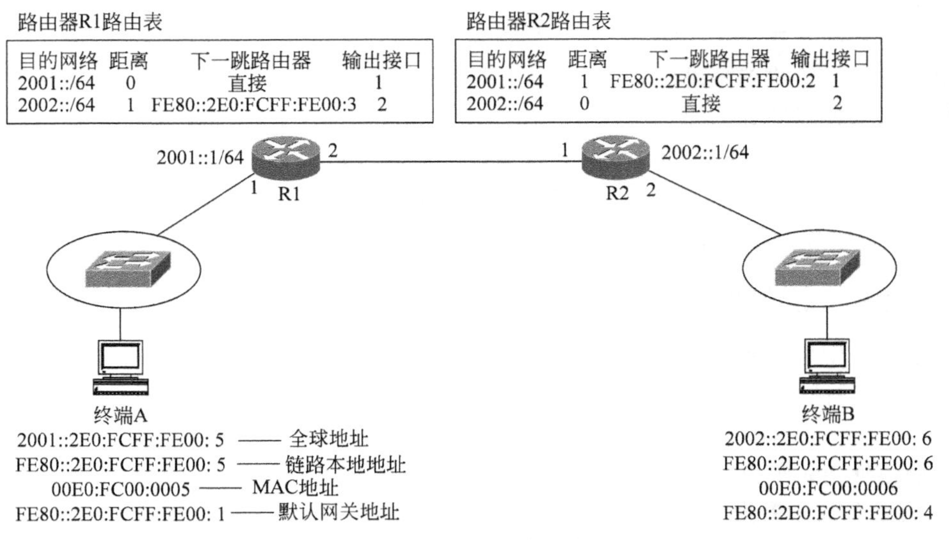

图 8.11　IPv6 网络结构

- 终端配置全球 IPv6 地址；
- 终端配置默认路由器地址；
- 路由器建立路由表。

二是连接终端和路由器及互连路由器的传输网络必须完成 IPv6 over X(X 指不同类型的传输网络)操作，本节讨论 IPv6 的网际层操作过程，下一节讨论 IPv6 over 以太网操作过程。

在 IPv4 网络中，路由器接口地址手工配置，终端接口的 IPv4 地址和默认路由器地址可以手工配置，也可通过动态主机配置协议(Dynamic Host Configuration Protocol，DHCP)自动获取。路由器中的路由表通过路由协议动态建立。

在 IPv6 网络中，可以为路由器接口配置多种类型的地址，一种是全球地址，需要手工配置，另一种是链路本地地址，在指定某个接口为 IPv6 接口后，由路由器自动生成。终端接口也有多种类型的接口地址，一种是全球地址，用于向其他网络中的终端传输数据。另一种是只在终端接口所连接的传输网络内作用的链路本地地址，在指定终端接口为 IPv6 接口后，由终端自动生成。终端接口的全球地址和默认路由器地址与 IPv4 网络一样，可以手工配置，也可以通过 DHCP 自动获取。如果手工配置，配置人员必须了解终端所连接子网的拓扑结构和路由器配置信息。如果通过 DHCP 自动获取，必须管理、同步 DHCP 服务器内容。由于 IPv6 可能被未来家电用于数据传输，而人们对家电的要求是能够即插即用，不愿意在对家电进行配置或向某个管理人员注册后启用家电。为此，IPv6 提供了邻站发现(Neighbor Discovery，ND)协议，以此来解决 IPv6 终端的即插即用问题。

8.2.1 邻站发现协议

1. 终端获取全球地址和默认路由器地址过程

终端将接口定义为 IPv6 接口后，自动为接口生成链路本地地址，在图 8.11 中，假定终端 A 和终端 B 的 MAC 地址分别为 00E0:FC00:0005 和 00E0:FC00:0006，终端 A 和终端 B 分别生成链路本地地址 FE80::2E0:FCFF:FE00:5 和 FE80::2E0:FCFF:FE00:6。同样，根据路由器 R1、R2 的接口 1 和接口 2 的 MAC 地址分别求出如表 8.3 所示的链路本地地址。

表 8.3 路由器各个接口的链路本地地址

路由器接口	MAC 地址	链路本地地址
路由器 R1 接口 1	00E0:FC00:0001	FE80::2E0:FCFF:FE00:1
路由器 R1 接口 2	00E0:FC00:0002	FE80::2E0:FCFF:FE00:2
路由器 R2 接口 1	00E0:FC00:0003	FE80::2E0:FCFF:FE00:3
路由器 R2 接口 2	00E0:FC00:0004	FE80::2E0:FCFF:FE00:4

终端 A 和终端 B 分别求出链路本地地址后，需要求出接口的全球地址和默认路由器地址，由于终端和默认路由器连接在同一个传输网络，具有相同的网络前缀，因此，终端只要得到默认路由器的网络前缀，结合通过接口的链路层地址导出的接口标识符就可得出全球地址。由于接口标识符为 64 位，因此，网络前缀也必须是 64 位，这样才能组合出 128 位的全球地址。现在的问题是终端如何获取默认路由器地址和网络前缀？

IPv6 路由器定期通过各个接口多播路由器通告，该通告的源地址是发送接口的链路本地地址，目的地址是表明接收方是链路中所有结点的著名多播地址 FF02::1，通告中给出为接口配置的全球地址的网络前缀、前缀长度及路由器生存时间等参数。当终端接收某个路由器通告，该通告的源地址就是路由器连接终端所在网络的接口的地址，就是默认路由器地址，通告中给出的网络前缀和前缀长度即是终端所在网络的网络前缀，当该网络前缀的长度为 64 位时，终端将其和通过终端接口链路层地址导出的接口标识符组合在一起，构成 128 位的终端全球地址。为了将这种全球地址获取方式和通过 DHCP 服务器的自动获取方式相区别，称这种地址获取方式为无状态地址自动配置，而称通过 DHCP 服务器获取地址的方式为有状态地址自动配置。由于路由器是定期发送路由器通告，因此，当某个终端启动后，可能需要等待一段时间才能接收到路由器通告。如果终端希望立即接收到路由器通告，终端可以向路由器发送路由器请求，该路由器请求的源地址是终端接口的链路本地地址，目的地址是表明接收方是链路中所有路由器的著名多播地址 FF02::2。当路由器接收到路由器请求，立即多络播一个路由器通告。图 8.12 给出了终端获取全球地址及默认路由器地址的过程。

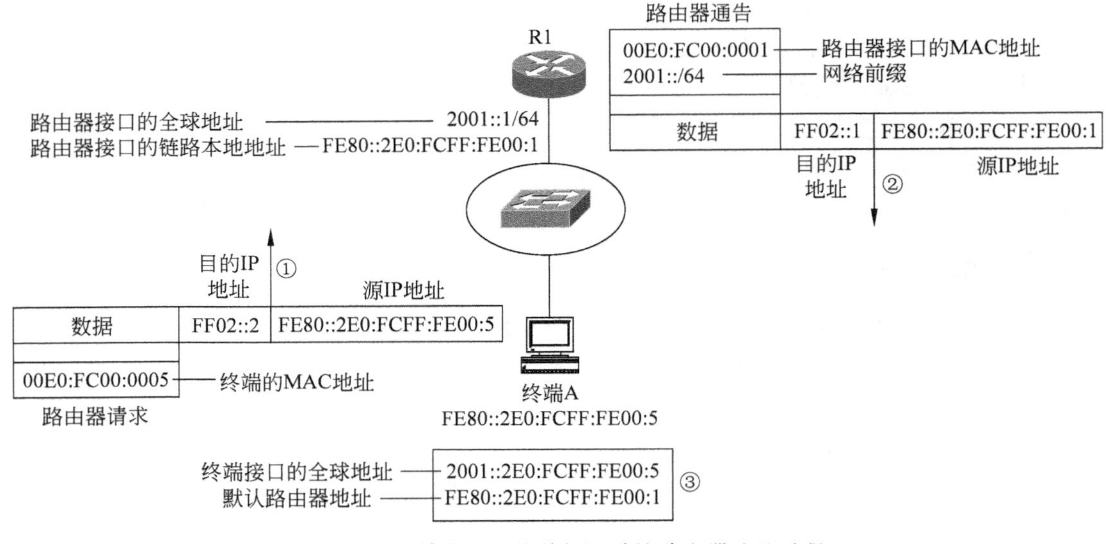

图 8.12　终端获取网络前缀和默认路由器地址过程

从图 8.12 中可以看出，无论是终端发送的路由器请求，还是路由器发送的路由器通告，都给出了发送接口的链路层地址（这里是以太网的 MAC 地址），这主要因为 IPv6 分组必须封装在 MAC 帧的数据字段中，才能通过传输网络传输给下一跳结点，因此，在通过传输网络传输 IPv6 分组前，必须先获取下一跳结点的 MAC 地址，在路由器请求和通告中给出发送接口的链路层地址就是为了这一目的。IPv4 over 以太网通过 ARP 实现地址解析，即根据下一跳结点的 IPv4 地址获取下一跳结点的 MAC 地址，IPv6 通过邻站发现协议解决这一问题，下一节 IPv6 over 以太网将详细讨论 IPv6 的地址解析过程。

2. 重复地址检测

无论是链路本地地址，还是通过无状态地址自动配置方式得出的全球地址，其唯一性都依赖于接口标识符的唯一性，由于不同网络的网络前缀是不同的，因此，只要保证同一网络内不存在相同的接口标识符，就可保证地址的唯一性。重复地址检测（Duplicate Address Detection,

DAD)就是用来确定网络中是否存在另一个和某个接口有着相同的接口标识符的接口。

当结点的某个接口自动生成了 IPv6 地址(链路本地地址或全球地址),结点通过该接口发送邻站请求确定该地址的唯一性,该邻站请求的接收方应该是可能具有相同接口标识符的接口,为此,对任何进行重复检测的单播地址,都定义了用于指定可能具有相同接口标识符的接口集合的多播地址,该多播地址的网络前缀为 FF02::1:FF00:0/104,低 24 位为单播地址的低 24 位,实际上就是接口标识符的低 24 位。这就意味着链路中所有接口标识符低 24 位相同的接口组成一个多播组,以该多播地址为目的地址的 IP 分组被该多播组中的所有接口接收。某个接口的地址在通过重复地址检测前属于试验地址,不能正常使用,因此,某个源结点为确定接口地址唯一性而发送的邻站请求,其源地址为未确定地址::(全0),目的地址是根据需要进行重复检测的接口地址的低 24 位导出的多播地址。邻站请求中的目标地址字段给出需要重复检测的单播地址,即试验地址。当属于由目的地址指定的多播组的接口(接口标识符低 24 位和需要重复地址检测的单播地址的低 24 位相同的接口)接收到邻站请求,接收到邻站请求的结点(目的结点)用接收邻站请求的接口的接口地址和邻站请求中包含的试验地址比较,如果相同,且该接口的接口地址也是试验地址,该接口将放弃使用该试验地址。如果该接口的接口地址是正常使用的地址(非试验地址),目的结点向源结点发送邻站通告,该通告的源地址是接收邻站请求的接口正常使用的接口地址,目的地址是表明接收方是链路中所有结点的多播地址 FF02::1,通告中目标地址字段给出对应的邻站请求中的目标地址字段值和该接口的链路层地址。如果目的结点接收到邻站请求的接口的接口地址和邻站请求中包含的试验地址不同,目的结点不作任何处理。源结点发送邻站请求后,如果接收到邻站通告,且通告中包含的目标地址字段值和接口的试验地址相同,源结点将放弃使用该试验地址。如果源结点发送邻站请求后,在规定时间内一直没有接收到对应的邻站通告,确定链路中不存在与其接口标识符相同的其他接口,将该接口的试验地址转为正常使用的地址。整个过程如图 8.13 所示。

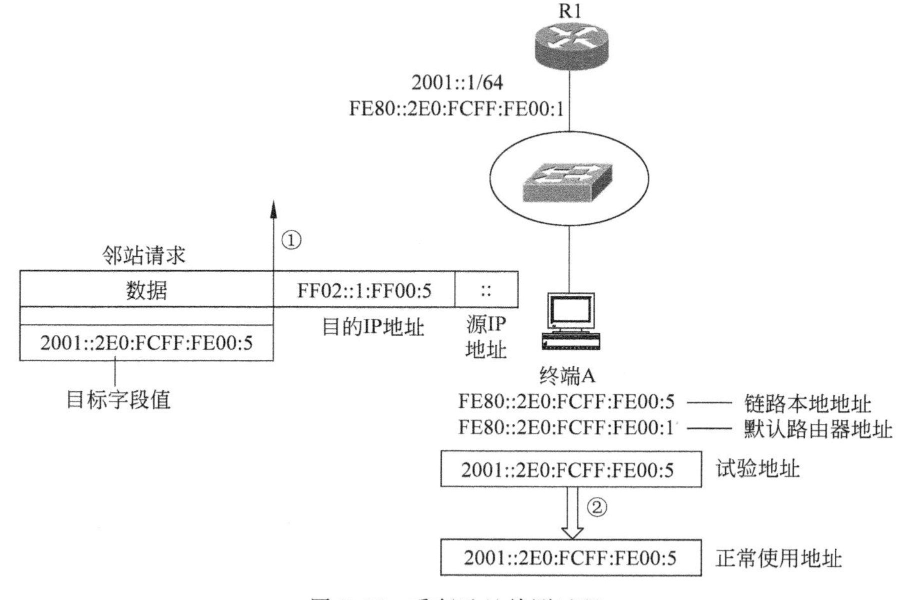

图 8.13　重复地址检测过程

8.2.2 路由器建立路由表过程

IPv6 中路由器通过路由协议 RIP 建立路由表的过程和 IPv4 基本相同，只是路由项中的目的网络用 IPv6 地址的网络前缀表示方式表示。封装路由消息的 IP 分组的源地址是发送该路由消息的接口的链路本地地址，目的地址是表示链路本地范围内所有运行 RIP 的路由器的著名多播地址：FF02::9。因此，路由表中下一跳路由器地址也是下一跳路由器对应接口的链路本地地址。下面通过用下一代 RIP(RIP Next Generation，RIPng)建立图 8.11 所示 IPv6 网络结构中路由器 R1 和 R2 的路由表为例，讨论 IPv6 网络中路由器建立路由表的过程。

当路由器 R1 的接口 1 和路由器 R2 的接口 2 配置了全球地址和网络前缀后，路由器 R1、R2 自动生成图 8.14 所示的初始路由表。然后路由器 R1 和 R2 周期性地向对方发送包含路由表中路由项的路由消息。图 8.14(a)是路由器 R1 向路由器 R2 发送路由消息的过程，当路由器 R2 接收到路由器 R1 发送的路由消息，在路由表中增添用于指明通往网络 2001::/64 的传输路径的路由项。同样，路由器 R2 也向路由器 R1 发送路由消息，使得路由器 R1 也得出指明通往网络 2002::/64 的传输路径的路由项，整个过程如图 8.14(b)所示。

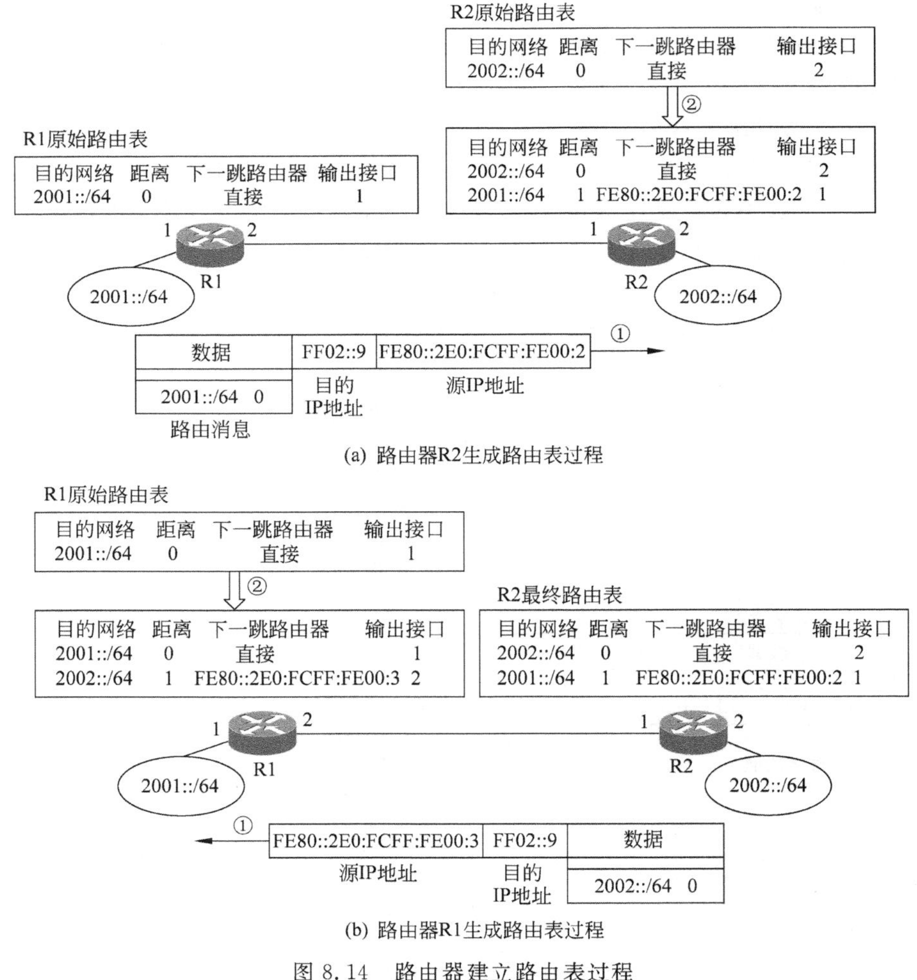

图 8.14 路由器建立路由表过程

8.3 IPv6 over 以太网

8.3.1 地址解析过程

当图8.11中的终端A想给终端B发送数据时,终端A构建一个以终端A的IPv6地址2001::2E0:FCFF:FE00:5为源地址,以终端B的IPv6地址2002::2E0:FCFF:FE00:6为目的地址的IPv6分组。终端A在开始发送该IPv6分组前,先检索路由表。根据图8.11所示的配置,终端A的路由表中存在如表8.4所示的2项路由项。和IPv4相同,终端的路由表内容通过手工配置和邻站发现协议获得,不是通过路由协议获得。

第1项指明终端A所连接的网络的网络前缀,第2项指明默认路由。和IPv4一样,终端A首先确定IPv6分组的目的终端是否和源终端连接在同一个网络(在IPv6网络,称为on-link),这个过程需要比较目的地址的网络前缀和终端A所连接的网络的网络前缀。由于目的地址的网络前缀2002::/64和终端A所连接网络的网络前缀2001::/64不同,确定源终端和目的终端不在同一个网络(在IPv6网络,称为off-link),终端A选择将该IPv6分组发送给默认路由器。在获取默认路由器的IPv6地址后,在将IPv6分组封装成经过以太网传输的MAC帧前,需要根据默认路由器的IPv6地址解析出MAC地址。这一过程称为地址解析过程,对应的IPv6地址称为解析地址。在前一节讨论终端获取网络前缀和默认路由器地址的过程(无状态地址自动配置过程)中已经讲到,路由器在链路本地范围内多播的路由器通告不仅包含网络前缀,而且还包含路由器连接该链路的接口的链路层地址,如果链路是以太网,接口的链路层地址就是MAC地址。因此,终端在完成获取网络前缀和默认路由器地址的过程后,不仅建立如表8.4所示的2项路由项,而且还建立如表8.5所示的邻站缓存,邻站缓存中的每一项给出邻站的IPv6地址和对应的链路层地址。如果在邻站缓存中找到默认路由器的IPv6地址对应的项,终端A可以立即通过该项给出的MAC地址封装MAC帧。否则,需要通过地址解析过程获取默认路由器的MAC地址。和IPv4的ARP缓存相同,邻站缓存中的每一项都有寿命,如果在寿命内没有接收到用于确认IPv6地址和对应的链路层地址之间关联的信息,该项将因为过时而不再有效。这种情况下,终端也将通过地址解析过程获取和某个IPv6地址关联的链路层地址。

表8.4 终端A建立的路由表

目的网络	下一跳路由器
2001::/64	本地连接
::/0	FE80::2E0:FCFF:FE00:1

表8.5 终端A邻站缓存

邻站IPv6地址	邻站链路层地址
FE80::2E0:FCFF:FE00:1	00E0:FC00:0001

地址解析过程首先由需要解析地址的终端发送邻站请求,邻站请求的源地址是发送该邻站请求的接口的IPv6地址,由于每一个接口有多个IPv6地址,如终端A连接链路的接口有链路本地地址和全球地址,选择作为邻站请求的源地址的原则是选择最有可能被邻站用来解析接口的链路层地址的IPv6地址。由于终端A用全球地址作为发送给终端B的IPv6分组的源地址,那么,终端B回送给终端A的IPv6分组必定以终端A的全球地址作为目的地址。当路由器R1通过以太网传输终端B回送给终端A的IPv6分组时,需要通过

该 IPv6 分组的目的地址解析终端 A 的链路层地址，因此，在这次数据传输过程中，路由器 R1 最有可能用来解析终端 A 的链路层地址的接口地址是全球地址。因此，终端 A 用接口的全球地址作为邻站请求的源地址。邻站请求的目的地址是多播地址，多播组标识符是解析地址的低 24 位，表示接收方是接口地址低 24 位等于多播组标识符的接口。邻站请求包含解析地址和发送邻站请求的接口的链路层地址。所有接口地址的低 24 位和解析地址的低 24 位相同的接口都接收该邻站请求，目的结点首先在邻站缓存中检索邻站请求源地址对应的项，如果找到对应项且对应项给出的链路层地址和邻站请求中给出的链路层地址相同，更新寿命定时器，否则，在邻站缓存中记录下源地址和链路层地址之间的关联。如果发现接收邻站请求的接口具有和解析地址相同的接口地址，目的结点回送邻站通告，通告中给出解析地址和解析出的链路层地址。终端 A 解析出默认路由器的链路层地址的过程如图 8.15 所示。

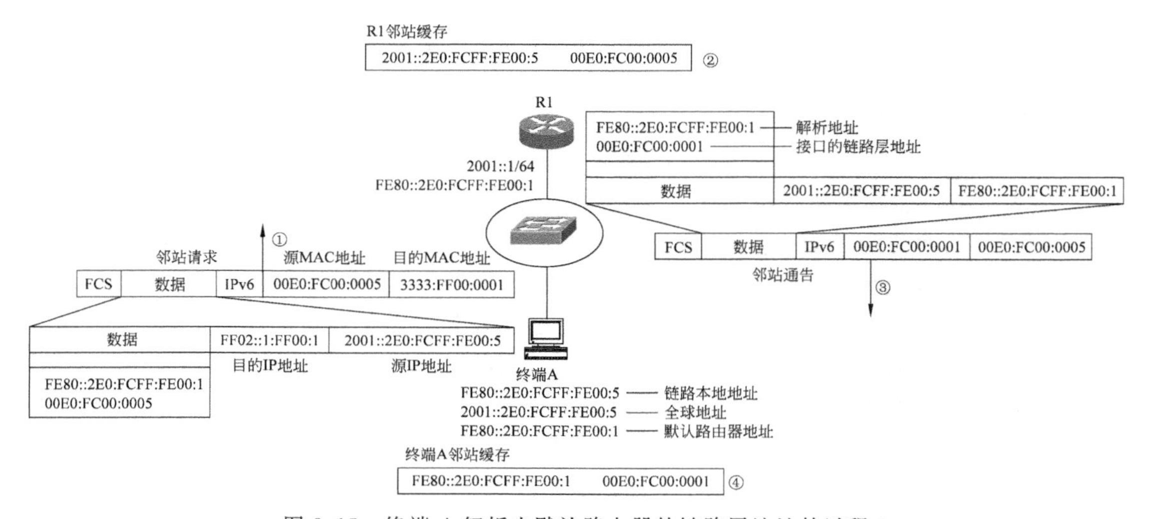

图 8.15 终端 A 解析出默认路由器的链路层地址的过程

上一节讨论重复地址检测时用到的也是邻站请求和邻站通告，这一节同样用邻站请求和邻站通告完成地址解析，目的结点必须区分出接收到的邻站请求是用于完成重复地址检测的邻站请求，还是用于完成地址解析的邻站请求。目的结点通过接收的邻站请求的源地址区分出两种不同用途的邻站请求。由于通过重复地址检测前，分配给接口的地址是试验地址，不能正常使用，因此，邻站请求的源地址是未确定地址::。而进行地址解析时，邻站请求的源地址是发送接口的正常使用地址。不同用途下邻站请求包含的目标地址字段值也不同，重复地址检测时发送的邻站请求中的目标地址字段给出用于进行重复检测的试验地址，而地址解析时发送的邻站请求中的目标地址字段给出用于解析出邻站链路层地址的邻站 IPv6 地址。

8.3.2 IPv6 多播地址和 MAC 组地址之间的关系

终端 A 多播的邻站请求封装成 MAC 帧后，才能通过以太网进行传输，IPv6 分组封装成 MAC 帧的过程和 IPv4 相同，只是类型字段给出的是十六进制值 86DD，表明数据字段中数据的类型是 IPv6 分组。由于邻站请求是多播分组，目的 MAC 地址是根据 IPv6 多播地址转换成的 MAC 组地址。IPv6 多播地址转换成 MAC 组地址的过程如图 8.16 所示，MAC 组地址的高 16 位固定为 3333，低 32 位是 IPv6 多播地址的低 32 位。

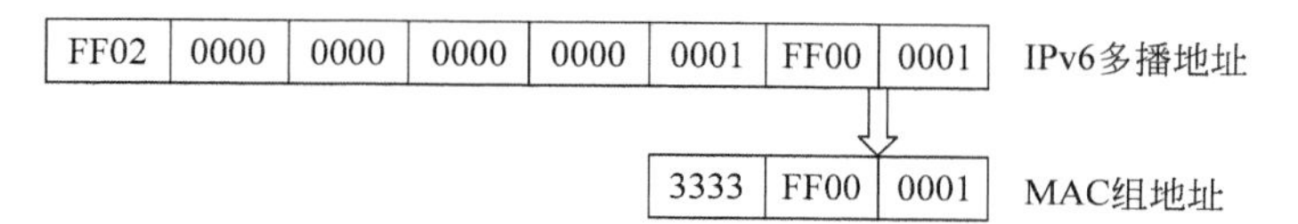

图 8.16　IPv6 多播地址转换成 MAC 组地址的过程

8.3.3　IPv6 分组传输过程

终端 A 解析出默认路由器 R1 的 MAC 地址后，将传输给终端 B 的 IPv6 分组封装成 MAC 帧，并通过以太网将该 MAC 帧传输给路由器 R1。路由器 R1 从接收的 MAC 帧中分离出 IPv6 分组，用 IPv6 分组的目的地址检索路由表，找到下一跳路由器。同样用下一跳路由器的 IPv6 地址解析出下一跳路由器的 MAC 地址，再将 IPv6 分组封装成 MAC 帧，经过以太网将该 MAC 帧传输给路由器 R2。经过逐跳转发，最终到达终端 B。整个传输过程如图 8.17 所示。

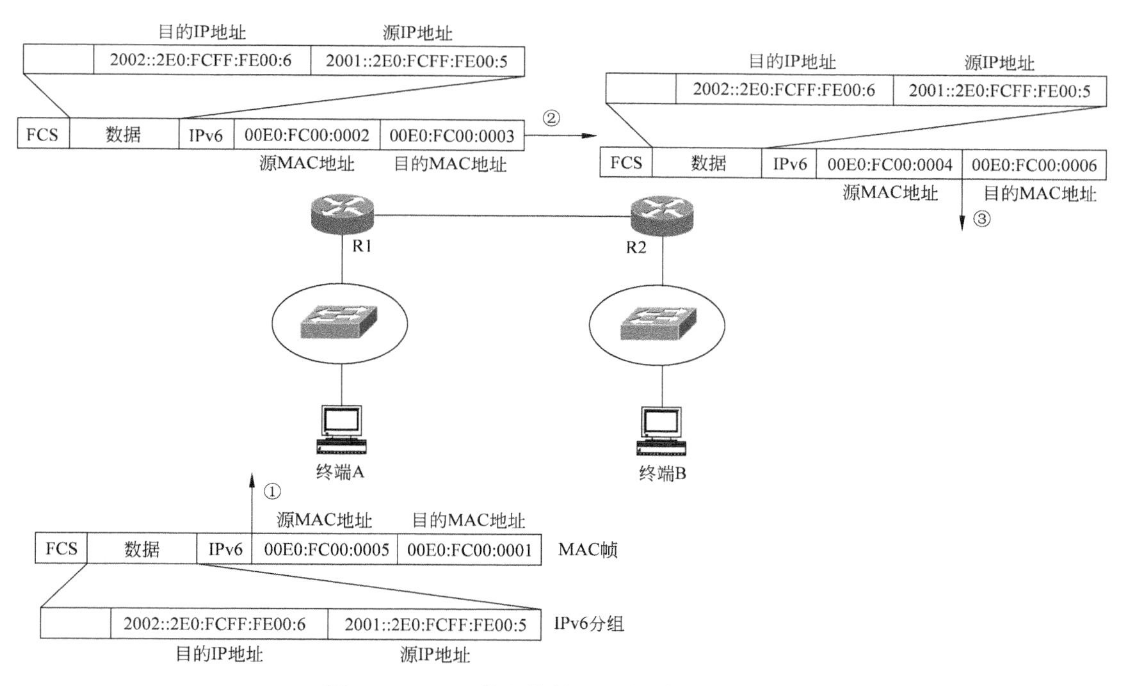

图 8.17　IPv6 分组终端 A 至终端 B 传输过程

讨论 IPv4 over 以太网时讲过，IPv4 over 以太网涉及 3 方面内容：地址解析、IPv4 分组封装和 MAC 帧传输，IPv6 over 以太网同样涉及这 3 方面内容，除了地址解析过程，其余两方面内容和 IPv4 完全相同。IPv4 的地址解析过程通过 ARP 实现，ARP 报文被直接封装成 MAC 帧，因此，ARP 只能实现类似以太网的广播型网络的地址解析过程，这就意味着 IPv4 对不同的传输网络，采用不同的地址解析协议。而邻站发现协议以 IPv6 分组格式传输协议报文，和传输网络无关，因此，IPv6 地址解析协议独立于传输网络，不同传输网络均可用邻站发现协议实现地址解析过程。更重要的是，由于通过 IPv6 的鉴别和封装安全净荷扩展首部，可以对源终端进行鉴别，避免其他终端冒用源终端的情况发生，因此，也不会出现类似 ARP 欺骗攻击这样的问题。ARP 欺骗攻击是指某个终端通过发送 ARP 请求，把别的终端的 IPv4 地址和自己的 MAC 地址绑定在一起，以此实现窃取发送给别的终端的 IPv4 分组的目的的攻击手段。

8.4 IPv6 网络和 IPv4 网络共存技术

目前的现状是 IPv6 网络与 IPv4 网络共存，且 IPv4 网络居垄断地位，IPv6 网络常常以孤岛形式出现，因此，IPv6 网络与 IPv4 网络共存期间需要解决两个问题：一是允许物理网络中同时存在 IPv6 终端和 IPv4 终端，且能够实现不同网络类型的终端之间通信；二是如果存在被 IPv4 网络分隔的多个 IPv6 孤岛，能够实现这些 IPv6 孤岛之间的通信。

8.4.1 双协议栈技术

IPv4 和 IPv6 虽然互不兼容，各自有着独立的编址空间，但它们为传输层提供的服务是相同的，而且 IPv4 over X 技术和 IPv6 over X(X 指各种类型的传输网络)又十分相似，因此，人们开始生产同时支持 IPv4 和 IPv6 的路由器，这种路由器称为双协议栈路由器。由这种路由器构成的网络中，允许同时存在 IPv4 和 IPv6 终端，当然，IPv4 终端只能和另一个 IPv4 终端通信，IPv6 也同样。如果某个终端希望既能和 IPv4 又能和 IPv6 终端通信，这个终端也必须支持双协议栈。双协议栈体系结构如图 8.18 所示。

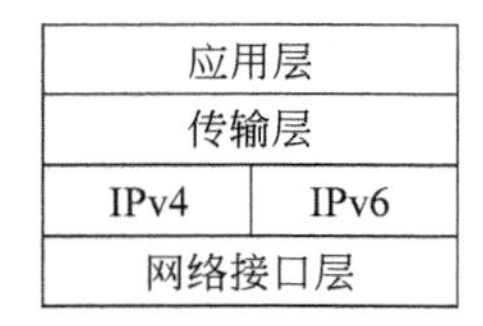

图 8.18　双协议栈结构

图 8.19 是采用双协议栈路由器的网络结构，路由器一旦采用双协议栈，它同时运行 IPv4 协议系列和 IPv6 协议系列，必须将所有接口定义为 IPv4 和 IPv6 接口，为接口分配 IP 地址，启动路由协议如 IPv4 的 RIP 和 IPv6 的 RIPng，并通过各自的路由协议建立如图 8.19 所示的 IPv4 和 IPv6 路由表。对于 IPv6 终端，配置相对简单，在采用无状态地址自动配置方式时，自动获取图 8.19 中所示的配置信息。对于 IPv4 终端，或者手工配置，或者通过 DHCP 获取图 8.19 中所示的配置信息。无论是终端 A 向终端 B 发送数据，还是终端 C 向终端 D 发送数据，都必须先获取目的终端的 IP 地址，通过目的终端的 IP 地址确定下一跳路由器的 IP 地址，通过 IPv4 over 以太网或 IPv6 over 以太网技术实现下一跳路由器(或目的终端)的地址解析、MAC 帧封装及 MAC 帧传输过程。当路由器接口接收到 MAC 帧，通过 MAC 帧的类型字段确定数据字段包含的 IP 分组类型，将分离出的 IP 分组提交给对应的网际层进程，对应的网际层进程在对应的路由表中完成检索，获取下一跳路由器地址，再次通过 IPv4 over X 或 IPv6 over X(X 指传输网络类型)技术将 IP 分组传输给下一跳路由器，最终将 IP 分组传输给目的终端。需要说明的是，图 8.19 所示的网络结构是无法实现 IPv4 终端和 IPv6 终端之间通信的，除非终端支持双协议栈，否则只能和采用同一网际层协议的终端通信。

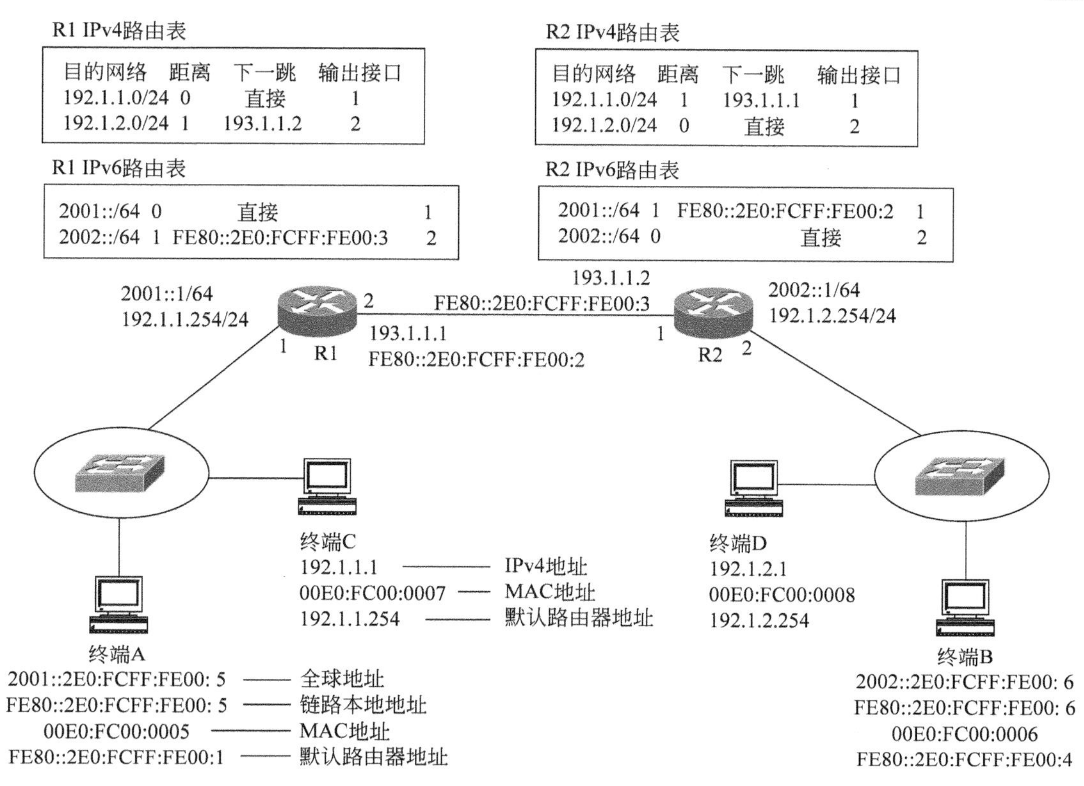

图 8.19　采用双协议栈路由器的网络结构

8.4.2 隧道技术

双协议栈当然是解决 IPv4 和 IPv6 共存问题的一种有效方法，但当前的 Internet 是 IPv4 网络，路由器只支持 IPv4，而且在短时间内很难使 Internet 中的路由器支持 IPv6，因此，IPv6 网络在未来一段时间内只能是孤岛，无法融入 Internet，图 8.20 给出了 IPv6 网络的发展路线图。那么，在当前 IPv6 网络为孤岛的情况下，如何实现这些 IPv6 孤岛的互连呢？隧道技术就是一种用于实现 IPv6 孤岛互连的机制。

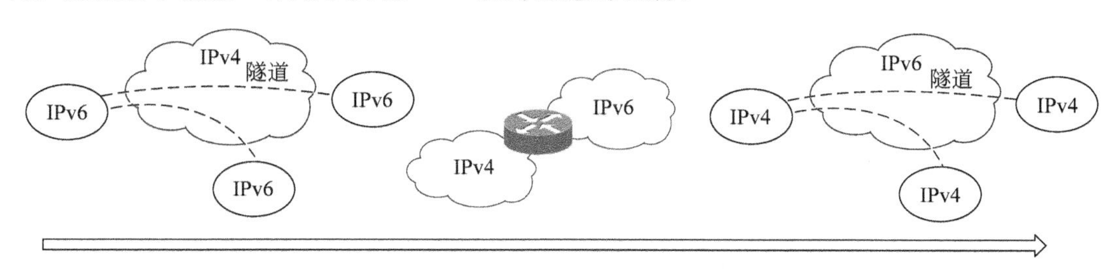

图 8.20　IPv6 网络的发展路线图

图 8.21 是用隧道实现两个 IPv6 孤岛互联的互联网结构，图中路由器 R1 的接口 2 和路由器 R2 的接口 1 同时配置为 IPv4 和 IPv6 接口，并配置 IPv4 和 IPv6 地址。分别在路由器 R1 和 R2 中定义 IPv4 隧道，隧道两个端点的 IPv4 地址分别为 192.1.1.1 和 192.1.2.2，同

时在路由器中设置到达隧道另一端的IPv4路由项，路由器配置的信息如图8.21所示。当终端A需要给终端B发送IPv6分组时，终端A构建以2001::2E0:FCFF:FE00:5为源地址，以2002::2E0:FCFF:FE00:6为目的地址的IPv6分组，并根据配置的默认网关地址将该IPv6分组传输给路由器R1，路由器R1用IPv6分组的目的地址检索IPv6路由表，找到下一跳路由器，但发现连接下一跳路由器的是隧道1。根据路由器R1配置隧道1时给出的信息：隧道1源地址为192.1.1.1，目的地址为192.1.2.2，路由器R1将IPv6分组封装成隧道格式。由于隧道1是IPv4隧道，隧道格式外层首部为IPv4首部，封装后的隧道格式如图8.22所示。隧道格式被提交给路由器R1的IPv4进程，IPv4进程用隧道格式的目的地址检索IPv4路由表，找到下一跳路由器，通过对应的IPv4 over X技术将隧道格式转发给路由器R3。经过IPv4网络的逐跳转发，隧道格式到达路由器R2。由于路由器R2的接口1被定义成隧道1的另一个端点，当路由器R2从接口1接收到隧道格式，从中分离出IPv6分组，并用IPv6分组的目的地址检索IPv6路由表，找到下一跳结点(目的终端)，通过IPv6 over以太网技术将IPv6分组传输给目的终端。

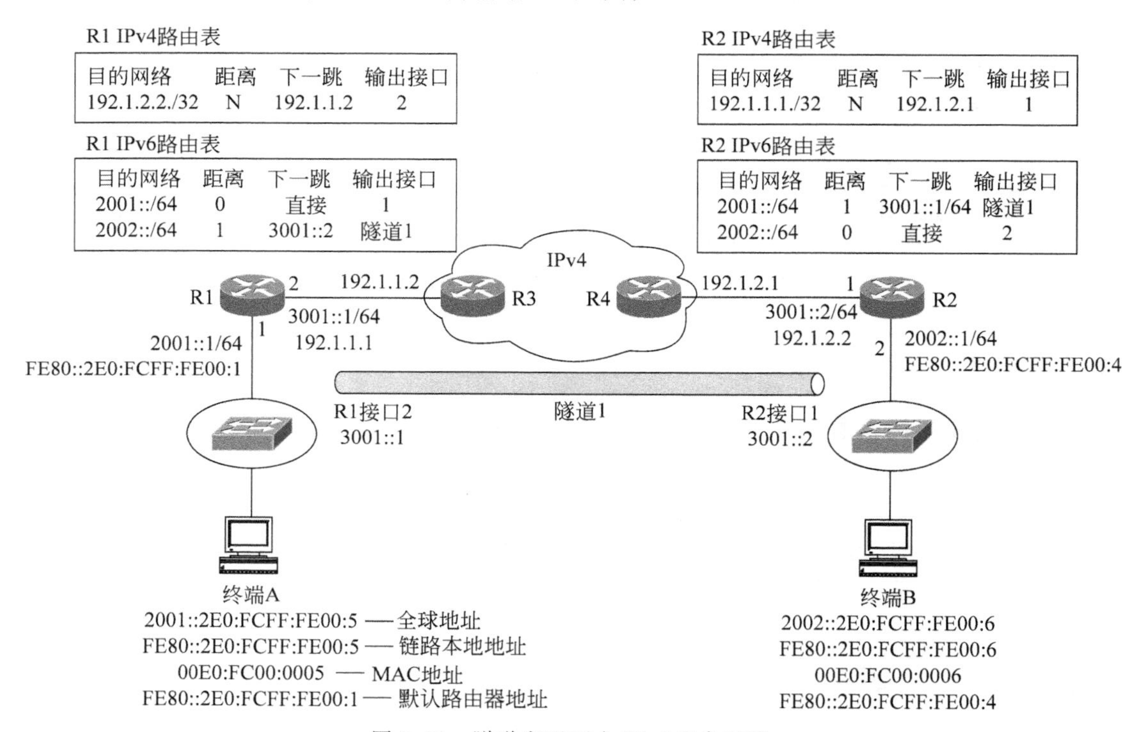

图8.21 隧道实现两个IPv6孤岛互联

图8.22 IPv6分组封装成IPv4隧道格式

8.5　IPv6网络和IPv4网络互联技术

为了实现不同类型的传输网络之间的互联，必须设计出一种高于传输网络且独立于传输网络的协议。因此，如果真正要求实现IPv4网络和IPv6网络互联，仿照通过IP实现不同类型的传输网络互联的方式，必须设计出一种高于IPv4和IPv6且独立于IPv4和IPv6的协议，这种协议能够对IPv4网络和IPv6网络中的终端分配统一的、独立于IPv4和IPv6的协议地址，因而可以在这一层的协议数据单元(PDU)中对位于IPv6或IPv4网络的源和目的终端给出统一的协议地址。而实现这一层协议的设备应该是某种网关设备，源终端至目的终端的传输路径由一系列这样的网关组成，而互联网关的网络是IPv6或IPv4网络，该协议数据单元通过X over IPv4或X over IPv6(X指独立于IPv6和IPv4的上一层协议)技术实现相邻网关之间的传输。如果IPv6和IPv4网络也像不同类型的传输网络那样独立发展，实现IPv4网络和IPv6网络的互联必须走上述道路。但事实是，IPv6网络和IPv4网络共存是暂时的，最终是IPv6网络取代IPv4网络，因此，实现IPv4网络和IPv6网络互联的需求也是暂时的。因而只能采用一些简单的方法来解决共存时期的通信问题，而不会像用IP实现不同类型的传输网络互联那样开发出一整套的协议和设备实现IPv4网络和IPv6网络互联。

隧道技术只能解决两个IPv6孤岛通过IPv4网络进行通信的问题，当IPv4网络和IPv6网络共存时，更需要一种解决两个分别属于这两种不同网络的终端之间的通信问题的方法，无状态IP/ICMP转换(Stateless IP/ICMP Translation，SIIT)与网络地址和协议转换(Network Address Translation-Protocol Translation，NAT-PT)就是解决两个分别属于这两种不同网络的终端之间通信问题的协议。

8.5.1　SSIT

1. 网络结构

如图8.23所示，当IPv4网络中的终端和IPv6网络中的终端相互通信时，必须在网络边界实现IPv4分组格式和IPv6分组格式之间的转换，无状态IP/ICMP转换(Stateless IP/ICMP Translation，SIIT)就是一种用于完成IPv4分组格式和IPv6分组格式之间转换的协议。它需要在IPv6网络中为那些需要和IPv4网络通信的终端分配IPv4地址，但这些IPv4地址在IPv6网络中被转换成::FFFF:0:a.b.c.d格式的IPv6地址。当IPv6网络中的终端希望发送数据给IPv4网络中的终端时，它直接在IPv6分组的目的地址字段给出IPv4网络中的终端的IPv4地址，但以::FFFF:a.b.c.d的IPv6地址格式给出。IPv6网络必须将以::FFFF:a.b.c.d格式的IPv6地址为目的地址的IPv6分组路由到网络边界的地址和协议转换器，由地址和协议转换器完成IPv6分组格式至IPv4分组格式的转换。同样，当IPv4网络中的终端希望向IPv6网络中的终端发送数据时，它直接在IPv4分组的目的地址字段给出分配给IPv6网络中终端的IPv4地址，IPv4网络也必须将以分配给IPv6网络中终端的IPv4地址为目的地址的IPv4分组路由到网络边界的地址和协议转换器，由地址和协议转换器完成IPv4分组格式至IPv6分组格式的转换。

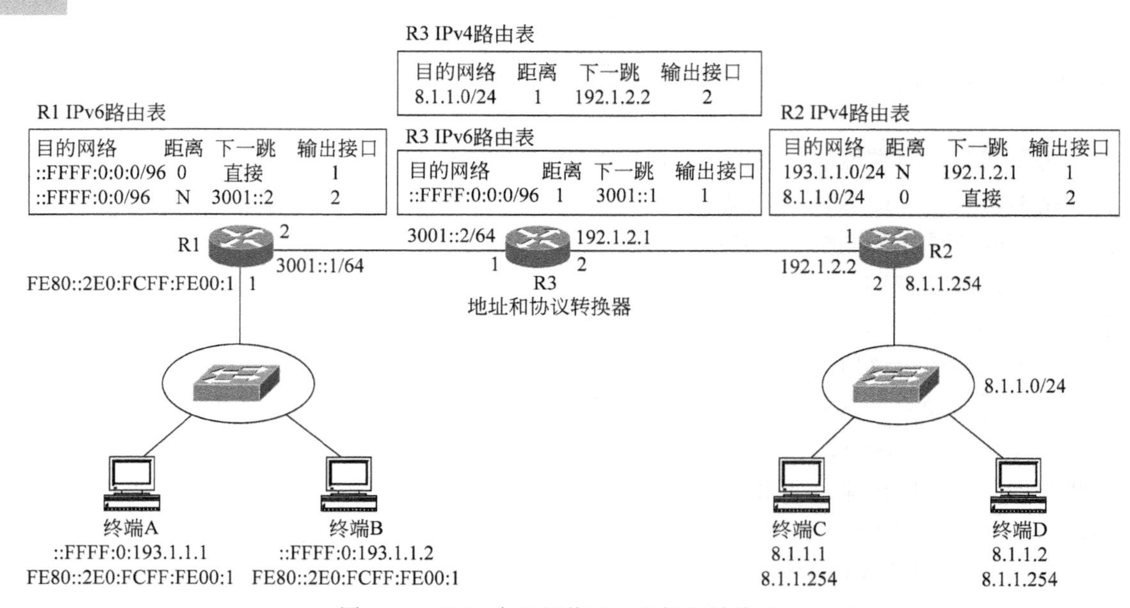

图 8.23　SIIT 实现网络地址和协议转换过程

2. IPv6 网络与 IPv4 网络之间的通信过程

下面结合图 8.23 所示的网络结构详细讨论 IPv4 网络中的终端和 IPv6 网络中的终端用 SIIT 实现相互通信的过程。

在图 8.23 所示的网络结构中，分配给 IPv6 网络中终端的 IPv4 网络地址是 193.1.1.0/24，这些地址必须是 IPv4 网络没有使用的地址，IPv4 网络必须保证将目的地址属于 193.1.1.0/24 的 IPv4 分组路由到 IPv4 网络边界的地址和协议转换器(路由器 R3)，图 8.23 中路由器 R2 路由表中的路由项<193.1.1.0/24，N，192.1.2.1，1>就反映了这一点。同样，IPv6 网络也必须保证将以::FFFF:a.b.c.d 格式的 IPv6 地址为目的地址的 IPv6 分组路由到 IPv6 网络边界的地址和协议转换器，图 8.23 中路由器 R1 路由表中的路由项<::FFFF:0:0/96，N，3001::2，2>也反映了这一点。作为地址和协议转换器的路由器 R3 支持双协议栈，接口 1 为 IPv6 接口，分配 IPv6 地址。接口 2 为 IPv4 接口，分配 IPv4 地址。通过 IPv6 接口接收的 IPv6 分组转换成 IPv4 分组后，通过 IPv4 接口转发出去，反之亦然。当图 8.22 中的终端 A 发送数据给终端 C 时，终端 A 构建以::FFFF:0:193.1.1.1 为源地址，::FFFF:8.1.1.1 为目的地址的 IPv6 分组，该 IPv6 分组经过路由器 R1 转发后到达路由器 R3。路由器 R3 完成表 8.6 所示的 IPv6 首部字段至 IPv4 首部字段的转换，用转换后的 IPv4 分组的目的地址(8.1.1.1)检索路由表，找到下一跳路由器，将 IPv4 分组转发给路由器 R2。IPv4 分组经过路由器 R2 转发后，到达终端 C，完成终端 A 至终端 C 的数据传输过程。

表 8.6　IPv6 首部至 IPv4 首部转换

IPv6 首部字段	IPv4 首部字段
版本：6	版本：4
	首部长度：5
信息流类别：X	服务类型：X

续表

IPv6首部字段	IPv4首部字段
净荷长度：Y	总长度：Y+20(20是IPv4首部长度)
	标识：0
	MF=0,DF=1
	片偏移：0
跳数限制：Z	生存时间：Z
下一个首部：A	协议：A
	首部检验和：重新计算
源地址：∷FFFF:0:193.1.1.1	源地址：193.1.1.1
目的地址：∷FFFF:8.1.1.1	目的地址：8.1.1.1

当终端C向终端A发送数据时，终端C构建以8.1.1.1为源地址，193.1.1.1为目的地址的IPv4分组，该IPv4分组经过路由器R2转发后到达路由器R3，路由器R3完成表8.7所示的IPv4首部字段至IPv6首部字段的转换，用转换后的IPv6分组的目的地址检索路由表，找到下一跳路由器，将IPv6分组转发给路由器R1。IPv6分组经过路由器R1转发后，到达终端A，完成了终端C至终端A的数据传输过程。为简单起见，假定IPv4分组和IPv6分组都没有任何可选项或扩展首部，其格式如图8.24所示。

表8.7　IPv4首部至IPv6首部转换

IPv4首部字段	IPv6首部字段
版本：4	版本：6
服务类型：X	信息流类别：X
	流标签：0
总长度：Y	净荷长度:Y−20(20是IPv4首部长度)
协议：A	下一个首部：A
生存时间:Z	跳数限制：Z
源地址：8.1.1.1	源地址：∷FFFF:8.1.1.1
目的地址：193.1.1.1	目的地址：∷FFFF:0:193.1.1.1

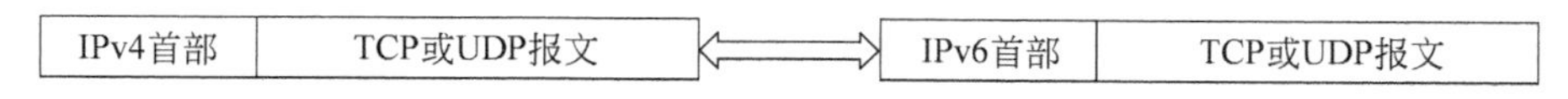

图8.24　IPv4和IPv6分组格式

3. 实现IPv4首部和IPv6首部相互转换的原则

IPv6分组转换成IPv4分组时，一些IPv4首部字段值可以直接从对应的IPv6首部字段中复制过来，如服务类型、生存时间、协议。一些IPv4首部字段值可以通过对应的IPv6首部字段值导出，如总长度、源地址、目的地址。一些IPv4首部字段值只能设置成约定值，如标识、片偏移、MF 和 DF 标志位。

同样，IPv4 分组转换成 IPv6 分组时，一些 IPv6 首部字段值可以直接从对应的 IPv4 首部字段中复制过来，如信息流类别、下一个首部、跳数限制。一些 IPv6 首部字段值可以通过对应的 IPv4 首部字段值导出，如净荷长度、源地址、目的地址。一些 IPv6 首部字段值只能设置成约定值，如流标签。

SIIT 能够比较简单地解决属于两种不同网络（IPv4 和 IPv6 网络）的终端之间通信问题，但需要为 IPv6 网络中的终端分配 IPv4 地址，而且这种地址分配是静态的，IPv6 网络中只有分配了 IPv4 地址的终端才能和 IPv4 网络中的终端通信。这就可能需要为 IPv6 网络分配大量的 IPv4 地址，而引发 IPv6 的最主要原因就是 IPv4 地址短缺问题，因此，这种通过对 IPv6 网络中的终端静态分配 IPv4 地址来解决 IPv4 终端和 IPv6 终端之间通信问题的方式存在很大的局限性。多数情况下，虽然 IPv6 网络中有多个终端需要和 IPv4 网络中的终端通信，但需要同时通信的终端并不多，因此，可以只对 IPv6 网络分配少许 IPv4 地址，以此构成 IPv4 地址池，IPv6 网络中需要和 IPv4 网络通信的终端临时从 IPv4 地址池中分配一个空闲的 IPv4 地址，在通信结束后自动释放该 IPv4 地址。由于每一个 IPv4 地址都不固定分配给 IPv6 网络中的终端，将这种地址分配方式称为动态地址分配方式。

8.5.2 NAT-PT

1. 单向会话通信过程

网络地址和协议转换（Network Address Translation-Protocol Translation，NAT-PT）是一种将 SIIT 和动态 NAT 有机结合的地址和协议转换技术，它对 IPv6 网络中终端的地址配置没有限制，也不需要对 IPv6 网络中需要和 IPv4 网络通信的终端分配 IPv4 地址。它和 IPv4 网络所采用的动态 NAT 一样，在网络边界的地址和协议转换器设置一组 IPv4 地址，并以此构成 IPv4 地址池，当 IPv6 网络中的某个终端发起和 IPv4 网络中的终端之间的会话时，由地址和协议转换器为发起会话的终端分配一个 IPv4 地址，并将该 IPv4 地址和该终端的 IPv6 地址绑定在一起。在会话存在期间，该 IPv4 地址一直分配给发起会话的终端，当属于该会话的 IPv6 分组经过地址和协议转换器进入 IPv4 网络时，用该 IPv4 地址取代 IPv6 分组的源地址，并完成 IPv6 分组至 IPv4 分组的转换。IPv4 网络中的终端用该 IPv4 地址和发起会话的终端通信，当属于该会话的 IPv4 分组进入地址和协议转换器时，用该 IPv4 分组的目的地址检索会话表，用会话表中给出的发起会话终端的 IPv6 地址取代 IPv4 分组的目的地址，并完成 IPv4 分组至 IPv6 分组的转换。在 SIIT 中，IPv6 网络用 ::FFFF:a.b.c.d 格式表示 IPv4 地址 a.b.c.d，在 NAT-PT 中，96 位网络前缀可以是其他值，但必须保证 IPv6 网络将目的地址和该 96 位网络前缀匹配的 IPv6 分组路由到网络边界的地址和协议转换器。地址和协议转换器将和 96 位网络前缀匹配的目的地址的低 32 位作为 IPv4 地址。反之，地址和协议转换器在 IPv4 分组的源地址前加上 96 位网络前缀后作为 IPv6 分组的源地址。下面结合图 8.25 详细讨论一下 NAT-PT 的工作机制。

在图 8.25 中，当终端 A 需要向终端 C 传输数据时，终端 A 发送一个以 2001::2E0:FCFF:FE00:7 为源地址，以 2::8.1.1.1 为目的地址的 IPv6 分组，该 IPv6 分组被 IPv6 网络路由到路由器 R3。路由器 R3 用该 IPv6 分组的源地址检索地址转换表，由于这是终端 A 发送给 IPv4 网络的第一个 IPv6 分组，地址转换表不存在匹配的地址转换项，路由器

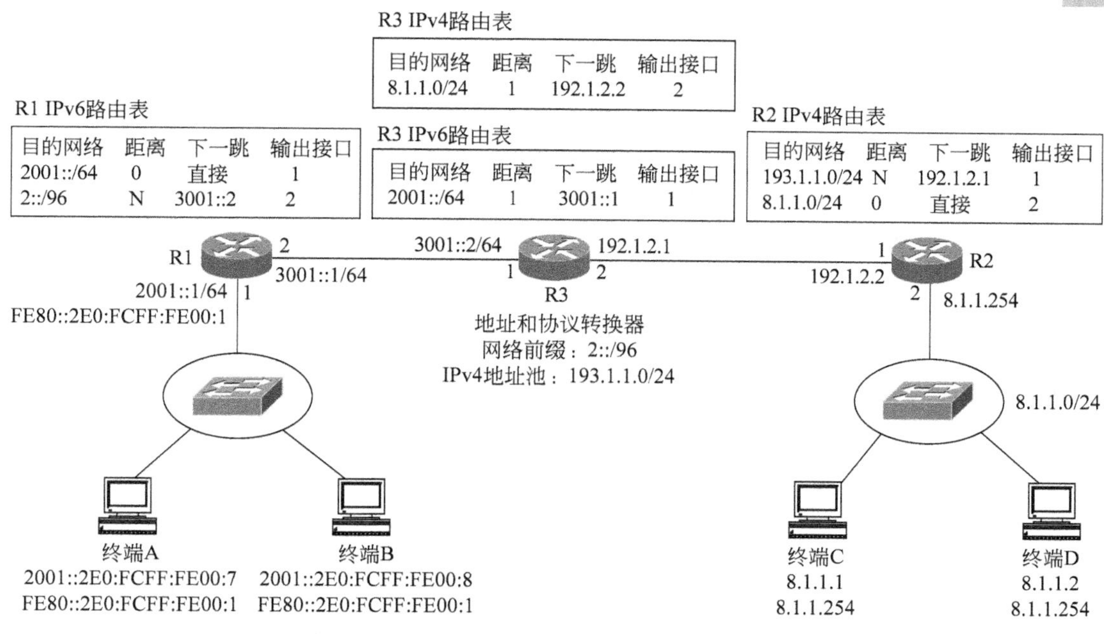

图 8.25　NAT-PT 实现网络地址和协议转换过程

R3 为终端 A 分配一个 IPv4 地址，这里假定是 193.1.1.1，同时，在地址转换表中创建一项用于建立 IPv6 地址 2001::2E0:FCFF:FE00:7 与 IPv4 地址 193.1.1.1 之间映射的地址转换项，如表 8.8 所示。路由器 R3 将该 IPv6 分组转换成 IPv4 分组，通过 IPv4 路由表确定的传输路径将该 IPv4 分组转发给下一跳路由器 R2。该 IPv4 分组经过路由器 R2 转发后到达终端 C，完成终端 A 至终端 C 的传输过程。IPv6 分组转换成 IPv4 分组时各字段的转换过程和 SIIT 相同，如表 8.6 所示，源和目的地址的转换过程如图 8.26 所示。

表 8.8　地址转换表

IPv6 地址	IPv4 地址
2001::2E0:FCFF:FE00:7	193.1.1.1

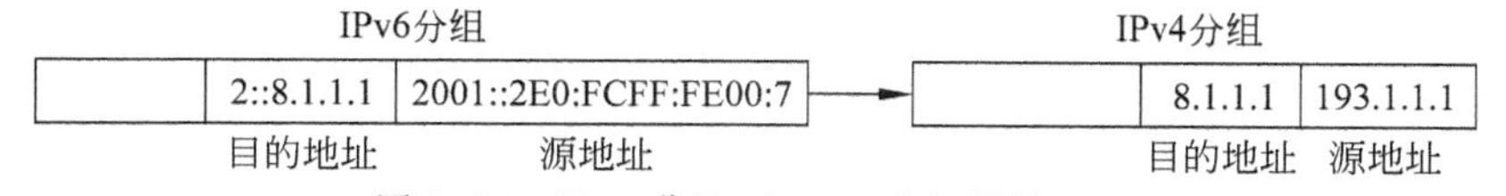

图 8.26　IPv6 分组至 IPv4 分组转换过程

当终端 C 需要向终端 A 发送数据时，终端 C 构建一个以 8.1.1.1 为源地址，193.1.1.1 为目的地址的 IPv4 分组，该 IPv4 分组被 IPv4 网络路由到路由器 R3。路由器 R3 用该 IPv4 分组的目的地址检索地址转换表，找到匹配的地址转换项，用该地址转换项中的 IPv6 地址作为转换后的 IPv6 分组的目的地址。由于为路由器 R3 配置的网络前缀为 2::/96，源地址被转换成 2::8.1.1.1。IPv4 分组转换成 IPv6 分组时各字段的转换过程和 SIIT 相同，如表 8.7 所示，源和目的地址的转换过程如图 8.27 所示。

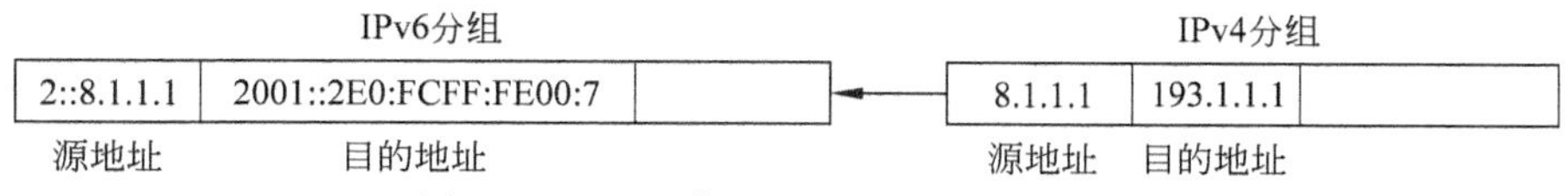

图 8.27　IPv4 分组至 IPv6 分组转换过程

终端A后续发送给终端C的IPv6分组，由于能够在地址转换表中找到匹配的地址转换项，可以根据该地址转换项中的IPv4地址进行源地址转换。地址转换表中的每一项地址转换项都关联一个定时器，每当通过路由器R3连接IPv6网络的接口接收到源地址为该地址转换项中IPv6地址的IP分组，刷新与该地址转换项关联的定时器，一旦关联的定时器溢出，将删除该地址转换项，路由器可以重新分配该地址转换项中的IPv4地址。

2. 双向会话通信过程

和IPv4动态NAT一样，NAT-PT只能用于由IPv6网络中的终端发起会话的应用，如果某个应用需要由IPv4网络中的终端发起会话，NAT-PT是无法实现的，因为，IPv4网络中的终端是无法用某个IPv4地址来绑定IPv6网络中的某个终端的。如果非要实现由IPv4网络中的终端发起的会话，需要采用静态NAT，即在路由器R3配置静态的IPv4地址和IPv6地址之间的映射。如图8.28中，如果终端C希望访问IPv6网络中的DNS服务器(IPv6 DNS)，就构建以8.1.1.1为源地址，以193.1.1.5为目的地址的IPv4分组，该IPv4分组到达路由器R3后，路由器R3通过手工配置的静态地址映射，将目的地址转换成2001::2E0:FCFF:FE00:9。但如果对IPv6中的其他终端也采用静态地址映射，NAT-PT将重新变为SIIT，需要为所有可能和IPv4网络通信的IPv6网络中的终端静态分配IPv4地址，这显然是不可能的。对于图8.28所示的网络结构，路由器R3不仅是地址和协议转换器，还是DNS应用层网关，DNS用于将完全合格的域名解析成IP地址，如果是IPv6网络，则解析成IPv6地址，如果是IPv4网络，则解析成IPv4地址。DNS服务器给出完全合格的域名和对应的IP地址之间的映射，如＜终端A：2001::2E0:FCFF:FE00:7＞。DNS应用层网关完成IPv4 DNS协议和IPv6 DNS协议之间的转换，这种转换除了消息格式转换外，还包括命令和响应的转换。当终端C想发起和终端A之间的会话时，首先通过DNS解析出终端A的完全合格的域名：终端A所对应的IPv4地址。由于在路由器R3中已经静态配置了IPv6网络中DNS服务器的IPv6地址2001::2E0:FCFF:FE00:9和IPv4地址193.1.1.5之间的映射，终端C配置的DNS服务器地址为193.1.1.5，因此，当需要DNS解析出完全合格的域名：终端A所对应的IPv4地址时，向IPv4地址为193.1.1.5的DNS服务器发送请求报文，请求报文被封装成IPv4分组后进入IPv4网络，被IPv4网络路由到路由器R3。由路由器R3完成IPv4 DNS请求报文至IPv6 DNS请求报文的转换，并将该DNS请求报文封装成以2::8.1.1.1为源地址，以2001::2E0:FCFF:FE00:9为目的地址的IPv6分组，通过IPv6网络将该IPv6分组传输到IPv6网络的DNS服务器。IPv6网络的DNS服务器根据完全合格的域名：终端A解析出IPv6地址：2001::2E0:FCFF:FE00:7，并将该地址通过DNS响应报文回送给地址为2::8.1.1.1的终端(终端C)。该DNS响应报文被IPv6网络路由到路由器R3，由路由器R3在IPv4地址池中选择一个未分配的IPv4地址，这里假定是193.1.1.1，将其分配给终端A，同时在地址转换表创建用于建立2001::2E0:FCFF:FE00:7和193.1.1.1之间映射的地址转换项。路由器R3将IPv6 DNS响应报文转换为IPv4 DNS响应报文，并将该IPv4 DNS响应报文封装成以8.1.1.1为目的地址的IPv4分组，通过IPv4网络将该IPv4分组传输到终端C，终端C随后用IPv4地址193.1.1.1和终端A进行通信。需要指出的是，在上述通信过程中，IPv4网络中的终端通过DNS的地址解析过程创建用于建立2001::2E0:FCFF:FE00:7和193.1.1.1之间映射的地址转换项，路由器R3将所有通过连接IPv6网络接口接收的源地址为2001::2E0:FCFF:FE00:7的

IPv6 分组转换成源 IP 地址为 193.1.1.1 的 IPv4 分组，将所有通过连接 IPv4 网络接收的目的地址为 193.1.1.1 的 IPv4 分组转换成目的地址为 2001::2E0:FCFF:FE00:7 的 IPv6 分组。通过 DNS 的地址解析过程创建的地址转换项等同于动态 NAT 创建的地址转换项。

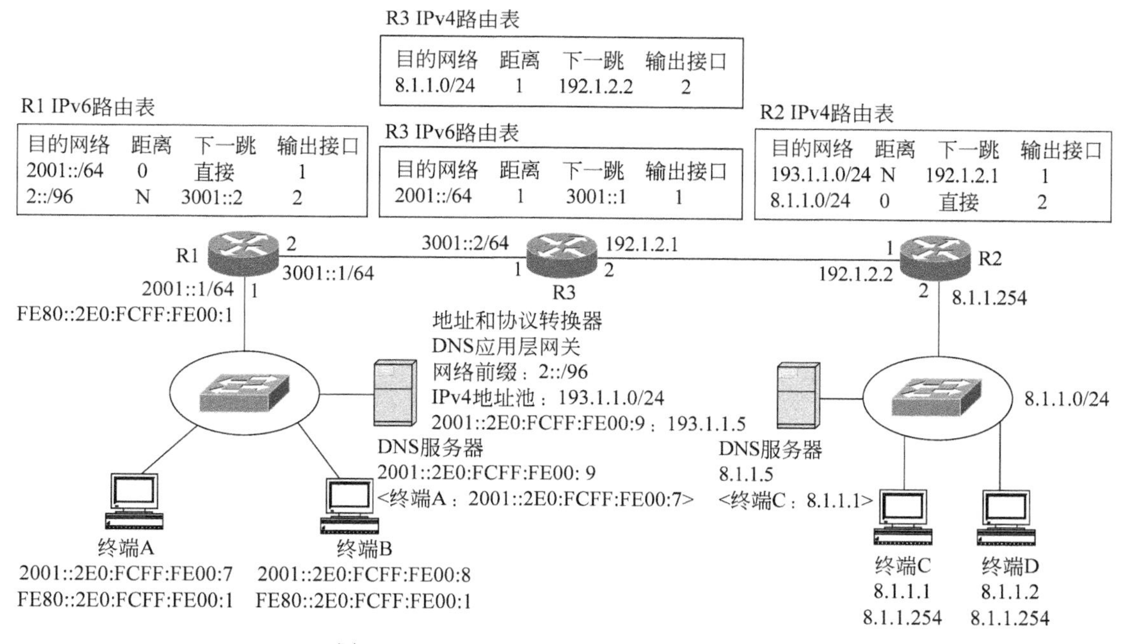

图 8.28 用 DNS 应用层网关实现双向会话

IPv4 网络中所有终端和服务器对应的 IPv6 地址是固定的，IPv6 网络中的终端可以获取 IPv4 网络中所有终端和服务器对应的 IPv6 地址，因此，IPv6 网络中的终端可以通过直接给出 IPv6 地址的方式和 IPv4 网络中的终端通信。当然，记住完全合格的域名总比记住 128 位的 IPv6 地址容易，因此，IPv6 网络中的终端可能通过完全合格的域名(如终端 C)发起和 IPv4 网络中的终端之间的会话。这种情况下，由 IPv6 终端向 IPv4 网络的 DNS 服务器发送 DNS 请求报文，由路由器 R3 完成 IPv6 DNS 请求报文至 IPv4 DNS 请求报文的转换。当路由器 R3 接收 IPv4 网络中的 DNS 服务器回送的 DNS 响应报文时，一方面通过加上网络前缀 2::，将解析出的 IPv4 地址转换成 IPv6 地址，另一方面完成 IPv4 DNS 响应报文至 IPv6 DNS 响应报文的转换。

习　　题

8.1 IPv4 的主要缺陷有哪些？

8.2 IPv4 短时间内是否会被 IPv6 取代？并解释为什么。

8.3 IPv6 和 IPv4 相比，有什么优势？

8.4 这样设计 IPv6 首部的理由是什么？增加的字段有什么作用？

8.5 IPv6 取消首部检验和字段的理由是什么？

8.6 IPv6 的扩展首部是否只是取代 IPv4 的可选项？它有什么作用？

8.7 IPv6 分片过程和 IPv4 分片过程相比，有哪些优势？

8.8 IPv6 地址结构的设计依据是什么？

8.9 将以下用基本表示方式表示的 IPv6 地址用零压缩表示方式表示。

(1) 0000:0000:0F53:6382:AB00:67DB:BB27:7332

(2) 0000:0000:0000:0000:0000:0000:004D:ABCD

(3) 0000:0000:0000:AF36:7328:0000:87AA:0398

(4) 2819:00AF:0000:0000:0000:0035:0CB2:B271

8.10 将以下用零压缩表示方式表示的 IPv6 地址用基本表示方式表示。

(1) ::

(2) 0:AA::0

(3) 0:1234::3

(4) 123::1:2

8.11 给出以下每一个 IPv6 地址所属的类型。

(1) FE80::12

(2) FEC0::24A2

(3) FF02::0

(4) 0::01

8.12 下述地址表示方法是否正确。

(1) ::0F53:6382:AB00:67DB:BB27:7332

(2) 7803:42F2:::88EC:D4BA:B75D:11CD

(3) ::4BA8:95CC::DB97:4EAB

(4) 74DC::02BA

(5) ::00FF:128.112.92.116

8.13 IPv6 为什么没有广播地址？哪个多播地址等同于全 1 的广播地址？

8.14 IPv6 设置链路本地地址的目的是什么？

8.15 为什么使用无状态地址自动配置方式？IPv4 为什么不使用这种地址分配方式？

8.16 IPv4 是否不需要重复地址检测？如果需要，如何实现重复地址检测？

8.17 分别用 IPv6 和 IPv4 设计一个有 30 个终端的交换式以太网，并使各个以太网内的终端之间能够相互通信，给出设计步骤，并比较其过程。

8.18 IPv4 over 以太网用 ARP 实现目的终端地址解析？ARP 报文直接用 MAC 帧封装，而 IPv6 over 以太网用邻站发现协议实现目的终端地址解析，用 IPv6 分组封装邻站发现协议的协议报文，这两者有什么区别？

8.19 根据图 8.29 所示的网络结构，配置终端和三层交换机，并讨论终端 A 至终端 B 的 IPv6 分组传输过程。

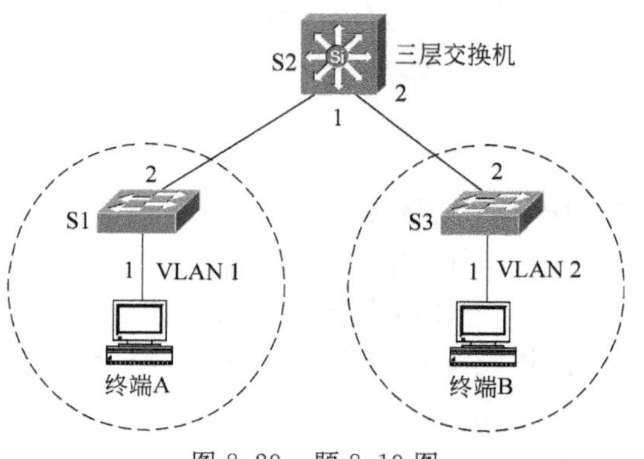

图 8.29 题 8.19 图

8.20 根据图 8.30 所示的网络结构，配置终端和三层交换机，讨论三层交换机之间用 RIPng 建立路由表过程，并给出终端 A 至终端 D 的 IPv6 分组传输过程。

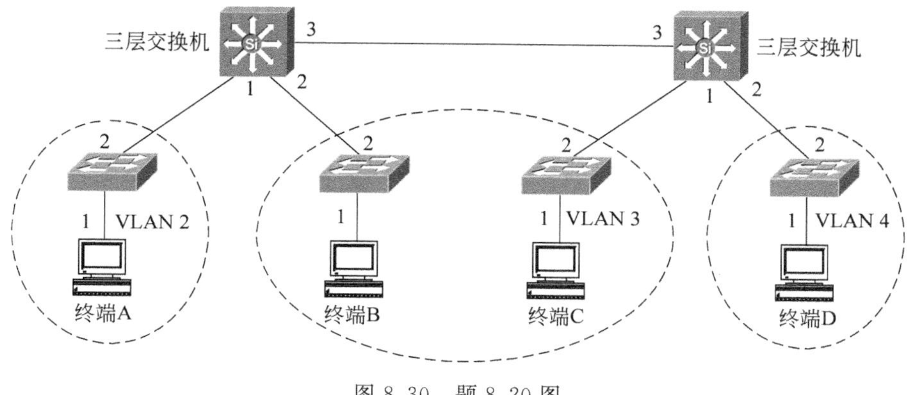

图 8.30　题 8.20 图

8.21　IPv4 和 IPv6 互联的技术有哪些？各自在什么应用环境下使用？

8.22　假定图 8.30 中，VLAN 2 和 VLAN 4 使用 IPv4，VLAN 3 使用 IPv6，请给出用双协议栈解决 IPv4 和 IPv6 网络共存和同一网络内终端之间通信问题的配置，并讨论终端 B 至终端 C、终端 A 至终端 D 之间的通信过程。

8.23　假定图 8.30 中，VLAN 3 使用 IPv4，其他 VLAN 使用 IPv6，请给出用 SIIT 解决属于不同类型网络的终端之间通信问题的配置，并讨论终端 A 至终端 B、终端 C 至终端 D 之间的通信过程。

8.24　假定图 8.30 中，VLAN 3 使用 IPv4，其他 VLAN 使用 IPv6，请给出用 NAT-PT 和 DNS 应用层网关解决属于不同网络的终端之间通信问题的配置，并讨论终端 A 至终端 B、终端 C 至终端 D 之间的通信过程。

8.25　SIIT 的局限性是什么？

8.26　NAT-PT 的局限性是什么？

8.27　NAT-PT 实现双向会话的原理是什么？

8.28　能否仿照 IP 互联不同类型传输网络的模式，提出一种真正实现 IPv4 和 IPv6 网络互联的模式。

第 9 章　存储系统设计方法和实现过程

随着网络应用中数据存储重要性的日益提高，大数据共享、备份和恢复已经成为网络应用的首要功能，传统的服务器直接挂接存储设备的应用方式已经不再适合当前网络应用环境，SAN 和 NAS 成为解决网络应用中数据存储问题的主流技术。

9.1　存储系统分类

硬盘是最常见的用于长久保存数据的媒体介质，硬盘及硬盘与主机间的数据交换通道构成存储系统，根据硬盘与主机间的数据交换通道的不同可以将存储系统分为直接附加存储（Direct Attached Storage，DAS）、存储区域网络（Storage Area Network，SAN）、网络附加存储（Network Attached Storage，NAS）。存储区域网络可以分为光纤通道存储区域网络（FC SAN）和互联网小型计算机系统接口（internet Small Computer System Interface，iSCSI）。

9.1.1　DAS

直接附加存储（DAS）结构如图 9.1 所示，主机与硬盘之间是固定连接，CPU 通过内部总线与硬盘总线适配器相连，硬盘总线适配器通过固定连接线与硬盘相连。CPU 经过硬盘总线适配器向硬盘发送命令，由硬盘控制器执行 CPU 发送的命令，完成对硬盘的各种操作，硬盘通过总线适配器完成与内存之间的数据交换过程。

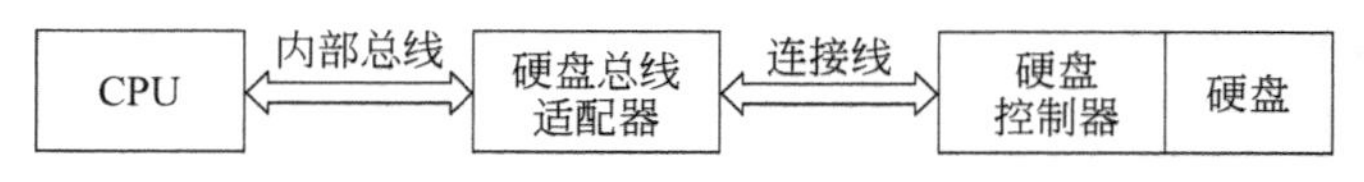

图 9.1　直接附加存储结构

直接附加存储的特点是主机与硬盘之间的关系是固定的，由指定主机完成对整个硬盘的控制和操作。

9.1.2　NAS

网络附加存储（NAS）结构如图 9.2 所示，网络存储设备是一种集网络服务器与存储设备于一体的设备，多个终端可以通过文件系统方式共享网络存储设备，终端可以像安装移动存储介质一样的方式安装网络存储设备中创建的文件系统，可以像对本地文件系统一样的操作方式操作网络存储设备中允许共享的文件系统。

9.1.3　FC SAN

光纤通道存储区域网络（FC SAN）结构如图 9.3 所示，多个主机通过光纤通道（Fibre Channel，FC）交换网络与多个存储设备相连。主机与存储设备之间关系是动态的，多个主机可以共享同一个存储设备，单个主机也可控制多个存储设备。

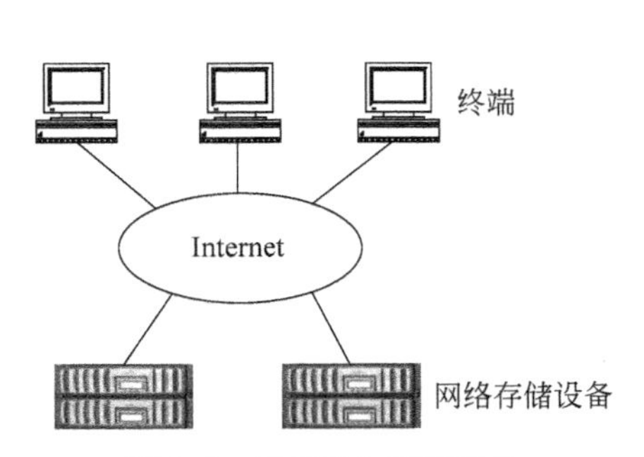

图 9.2　网络附加存储结构

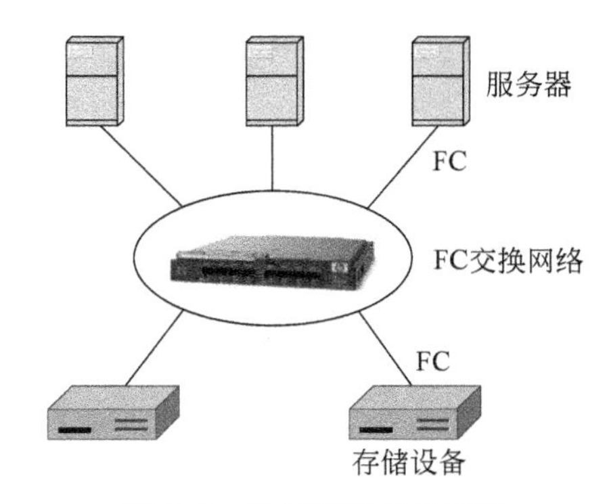

图 9.3　存储区域网络结构

光纤通道存储区域网络将所有存储设备构成一个供所有主机共享的存储设备池，能够为每一个主机按需动态分配存储空间。值得强调的是，一旦为某个主机分配存储空间，该主机对该存储空间的控制和操作等同于直接附加存储中 CPU 对直接连接的硬盘的控制和操作。

9.1.4　iSCSI

互联网小型计算机系统接口（iSCSI）结构如图 9.4 所示，与图 9.3 相比，互连服务器与存储设备的网络由光纤通道交换网络变为 TCP/IP 网络，但服务器操作存储设备的方式与图 9.3 基本相同。与图 9.2 相比，虽然，互连主机与存储设备的网络都是 TCP/IP 网络，但图 9.2 中的终端以共享文件系统的方式使用网络存储设备，而图 9.4 中的服务器通过向存储设备发送 SCSI 命令完成对存储设备的操作。

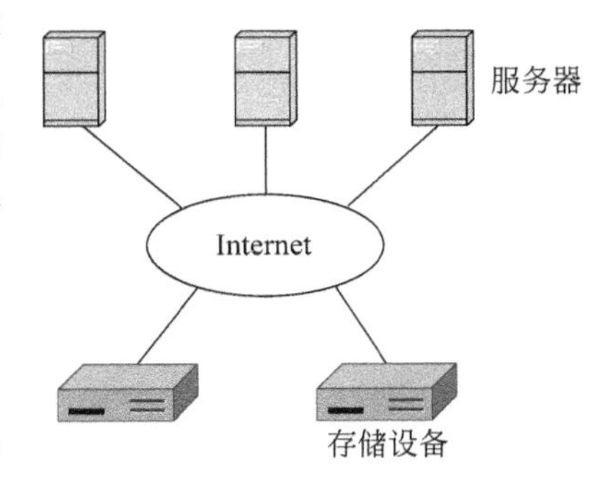

图 9.4　互联网小型计算机接口结构

9.1.5　各种存储系统比较

DAS 直接通过专用总线连接服务器和存储设备，服务器独占该存储设备。由于存储设备与服务器集成在一起，因此，存储设备规模和容量不可能很大。

SAN 和 NAS 通过网络互连服务器和存储设备，存储设备作为单独设备连接在网络上，因此，存储设备必须是一个智能设备，能够运行网络协议栈。由于存储设备作为独立设备存在，其规模和容量可以很大。多个服务器可以共享存储设备，因此，多个连接在网络上的存储设备构成一个可以统一分配的硬盘池。

SAN 可以为每一个服务器分配独立的逻辑空间，将标识该逻辑空间的逻辑单元号（Logical Unit Number，LUN）与服务器绑定，服务器可以和 DAS 一样的方式通过 SCSI 访问存储设备。SAN 方式下，服务器以数据块为单位访问存储设备。

NAS 方式下，服务器只能共享存储设备中的文件系统，以文件为单位访问存储设备。如果将服务器作为终端，存储设备作为服务器，服务器访问存储设备的过程，与终端通过 FTP 访问文件服务器的过程相似，只是 FTP 只能实现文件终端与服务器之间的传输过程，而 NAS 能够使得服务器像访问本地文件系统一样访问存储设备中创建的文件系统。

9.2 硬盘和接口

9.2.1 硬盘分类

对于图 9.1 所示的直接附加存储结构，硬盘在 CPU 控制下完成各种操作，如寻道、读写扇区等，CPU、硬盘总线适配器和硬盘控制器一起作用，实现内存与硬盘之间的数据交换功能。硬盘总线适配器、硬盘控制器及互连硬盘总线适配器与硬盘控制器的连接线类型一起确定了硬盘接口类型，目前常见的硬盘接口有电子集成驱动器（Integrated Drive Electronics，IDE）、串行高级技术附件（Serial Advanced Technology Attachment，SATA）、小型计算机系统接口（Small Computer System Interface，SCSI）和串行连接 SCSI（Serial Attached SCSI，SAS），它们之间的主要不同在于硬盘总线适配器和硬盘控制器的功能及互连硬盘总线适配器与硬盘控制器的连接线类型。

9.2.2 IDE

IDE 的特点是将盘体与控制电路集成在一起，使得硬盘自身能够实现寻道、读写等操作过程，CPU 只需通过硬盘总线适配器向硬盘中的控制电路发送操作指令，由硬盘自身完成操作指令指定的操作。

硬盘以扇区作为基本访问单位，早期的硬盘用柱面号（cylinders）、磁头号（heads）和扇区号（sectors）唯一确定硬盘中的某个扇区（称为 CHS 寻址方式）。其中柱面号用于确定盘片上的某个磁道，磁头号用于确定盘片，扇区号用于确定磁道上的某个扇区。柱面号的位数确定每一盘片中允许存在的最大磁道数量，磁头号的位数确定硬盘中允许存在的最大盘片数量，扇区号的位数确定每一磁道允许存在的最大扇区数量。如果假定用 10 位二进制数作为柱面号，用 8 位二进制数作为磁头号，用 6 位二进制数作为扇区号，可以得出硬盘的最大扇区数为 $1024 \times 256 \times 64 = 16\,777\,216$。如果每一扇区的容量为 512B，则硬盘的最大容量为 $16\,777\,216 \times 512\text{B} = 8\text{GB}$（$1\text{GB} = 2^{30}\text{B}$）。目前的硬盘采用逻辑块寻址（Logical Block Addressing，LBA）方式，LBA 是线性地址，LBA 至 CHS 地址转换过程由硬盘控制器完成。

IDE 支持高级技术附件（Advanced Technology Attachment，ATA）指令集，硬盘总线适配器与硬盘之间用并行线缆连接，目前采用 40 针 80 芯并行线缆，其中 40 芯用于传输信号，余下的 40 芯作为信号屏蔽线，用于降低信号之间的干扰。IDE 硬盘与存储器之间采用直接存储器存取（Direct Memory Access，DMA）传输方式，目前可以达到的最大传输速率为 133MB/s。

每一个 IDE 硬盘总线适配器允许连接两个 IDE 设备，其中一个为主设备，另一个为从设备。目前直接由主板提供 IDE 接口，通过并行线缆实现与 IDE 设备的互连。对于 IDE 接口，硬盘总线适配器的功能比较简单，因此，CPU 和硬盘承担了大部分实现数据存储器与硬盘之间交换的功能。

9.2.3 SATA

SATA 同样支持 ATA 指令集，但硬盘总线适配器与硬盘之间采用串行线缆。随着传输速率的提高，并行线缆信号之间的干扰成为一大问题，导致 133MB/s 传输速率成为 IDE 目前能够达到的最大传输速率。由于 IDE 采用 40 针 80 芯并行线缆，并行线缆需要占用机箱较大空间，使得机箱中只能容下有限的并行线缆。

串行传输过程中，通常将需要传输的指令或数据封装成帧结构，帧结构中存在检错码字段，用于对指令或数据传输过程中可能发生的传输错误进行检错。串行传输方式由于减少了信号之间的干扰，可以取得较高的传输速率。SATA 1.0 的理论传输速率为 1.5Gb/s，在采用 8b/10b 编码的情况下，实际传输速率可以达到 150MB/s，已经超过了 IDE 133MB/s 极限传输速率。SATA 2.0 的理论传输速率为 3Gb/s，实际传输速率可以达到 300MB/s。

和 IDE 不同，SATA 采用点对点连接方式，每一个 SATA 接口连接一个 SATA 硬盘。SATA 接口硬盘支持热拔插功能。

由于 SATA 和 IDE 均支持 ATA 指令集，因此也将 IDE 称为并行 ATA（Parallel ATA，PATA）。由于 SATA 与 PATA 相比具有传输速率高、传输距离远、线缆体积小、硬盘功耗低等优点，目前已经取代 IDE，成为 PC 最常见的硬盘接口。

9.2.4 SCSI

SCSI 设备连接过程如图 9.5 所示，SCSI 总线是 50 针或 68 针的并行线缆，每一个 SCSI 控制器可以连接 15 个 SCSI 设备，SCSI 设备可以是硬盘，也可以是其他输入输出设备，如 CD-ROM、磁带机、扫描仪等。

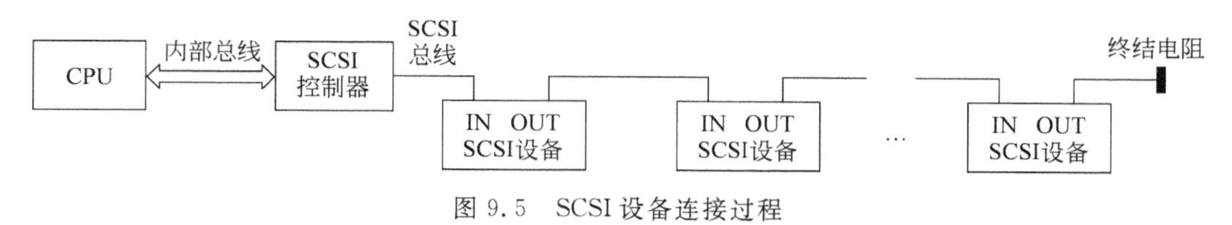

图 9.5 SCSI 设备连接过程

SCSI 控制器的智能化程度很高，大量有关控制 SCSI 设备的功能都由 SCSI 控制器实现，因此，SCSI 设备与存储器数据交换过程中，CPU 承担的任务相对较少。目前 SCSI 总线的传输速率已经达到 320MB/s，远远高于 IDE 的 133MB/s。

SCSI 是与 IDE 同步发展起来的，与 IDE 相比，SCSI 具有以下优势：一是传输速率高，二是每一个 SCSI 控制器最多允许连接 15 个设备，三是 SCSI 硬盘转速、缓冲器容量和硬盘容量等性能指标都好于 IDE 硬盘，四是 SCSI 总线的长度可以达到 12m，远远大于 IDE 的 45cm，五是 SCSI 硬盘支持热拔插，六是 SCSI 控制器的智能化程度远高于 IDE 总线适配器，七是 SCSI 设备总体读写性能远远高于 IDE 设备。SCSI 支持 SCSI 指令集，SCSI 指令集不同于 ATA 指令集。

SCSI 与 IDE 相比，不足的地方如下：一是需要专门配置 SCSI 控制器，二是 SCSI 硬盘的成本较高，三是 SCSI 配置较复杂。因此，普通 PC 通常配置 IDE 硬盘，服务器出于性能考虑，往往配置 SCSI 硬盘。

SCSI 控制器和 SCSI 设备都需要分配一个 SCSI ID，SCSI 控制器的优先级最高，其 SCSI ID=7。可以将一个物理 SCSI 硬盘映射到多个逻辑硬盘，每一个逻辑硬盘用逻辑单元号（Logical Unit Number，LUN）表示。因此，操作系统使用硬盘时，通过 LUN ID 标识逻辑硬盘,如果整个物理 SCSI 硬盘作为单个逻辑硬盘,其 LUN ID=0。

9.2.5 SAS

SAS 设备连接方式如图 9.6 所示。SAS 同样支持 SCSI 指令集,但与 SCSI 相比,有很大不同,一是 SAS 总线适配器与 SAS 设备之间采用串行传输方式。二是 SAS 总线适配器与 SAS 设备之间采用点对点连接方式。三是 SAS 物理链路的传输速率较高,SAS1.0 为 3Gb/s,由于采用 8b/10b 编码,实际传输速率达到 300MB/s。SAS2.0 为 6Gb/s,实际传输速率可以达到 600MB/s。四是 SAS 同时支持 SAS 设备和 SATA 设备,SAS 物理链路可以连接 SATA 设备,因此将 SAS 支持的设备统称为 SAS 终端设备。五是通过使用扩展器,允许最多连接 16 128 个 SAS 终端设备。六是通过端口倍增技术,允许多条 SAS 物理链路连接单个 SAS 终端设备,以此提高 SAS 终端设备与 SAS 总线适配器,或扩展器之间的传输速率。七是允许 SAS 终端设备与 SAS 总线适配器,或扩展器之间进行全双工通信,即同时对某个 SAS 终端设备进行读写操作。

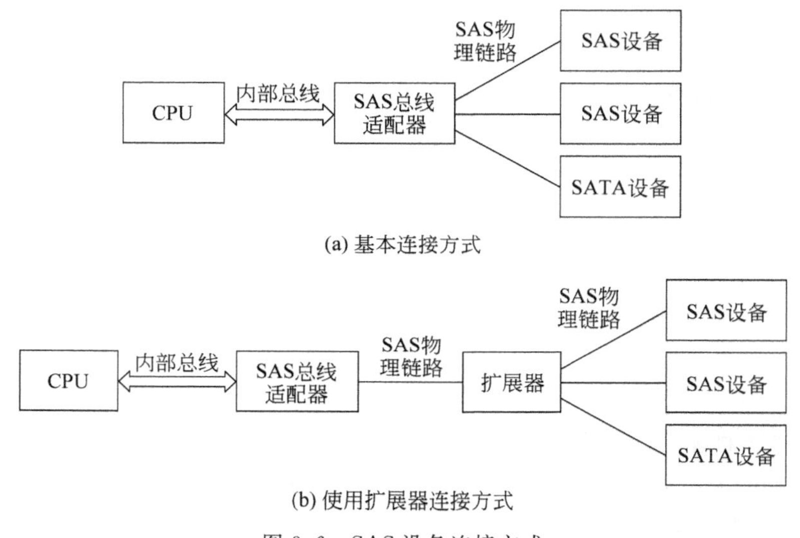

图 9.6　SAS 设备连接方式

9.2.6 固态硬盘

固态硬盘(Solid State Disk,SSD)是由控制单元和固态存储单元(DRAM 或 Flash 芯片)组成的硬盘,目前主要有两类:一是基于闪存的固态硬盘,采用 Flash 芯片作为存储介质,这种固态硬盘最大的优点就是可以移动,而且数据保护不受电源控制,能适应各种环境,但是使用寿命不高。二是基于 DRAM 的固态硬盘,采用 DRAM 作为存储介质,这种固态硬盘可以像传统机械硬盘一样进行卷设置和管理,是一种高性能的存储器,而且使用寿命很长,但需要独立电源来保护数据安全,目前市面上较少见到。因此,目前固态硬盘主要指基于闪存的固态硬盘。

传统机械硬盘的存取速率由于受转速和平均寻道时间的限制,很难有所突破。目前普通 SATA 硬盘的转速维持在 7200r/min 左右,SAS 和 SCSI 硬盘的转速维持在 15 000r/min

左右。普通 SATA 硬盘的平均寻道时间为 9ms 左右，SAS 和 SCSI 硬盘的平均寻道时间为 4ms 左右。由于涉及机械操作，短时间内转速和平均寻道时间很难有大的提高。但固态硬盘由于是对闪存进行读写，其实际访问速率可以达到 500MB/s。随着电子技术的发展，闪存的容量也越来越大，目前市场上已经可以见到 500GB 以上的固态硬盘。固态硬盘由于是电子操作，对环境的要求相对较低，震动对其没有影响。目前固态硬盘的常见接口为 SATA，因此，可以像使用 SATA 硬盘一样使用固态硬盘。固态硬盘的主要缺陷有 3 个：一是由于闪存的写入次数有限，固态硬盘的寿命受限制。二是固态硬盘的成本较高。三是固态硬盘的容量稍少于机械硬盘。

9.3 RAID

随着计算机应用的普及，对硬盘容量、性能和可靠性提出了更高要求，单个硬盘已经无法满足这些要求，冗余磁盘阵列(Redundant Array of Independent Disks，RAID)作为一种新的硬盘应用方式应运而生。RAID 是一种将多块独立的物理硬盘按照一定的形式组织成硬盘组的技术，硬盘组作为逻辑硬盘在速度、稳定性和存储能力上都比单个物理硬盘有很大提高，并且具备一定的数据安全保护能力。

RAID 结构如图 9.7 所示，两个物理硬盘组成一个硬盘组，硬盘组作为逻辑硬盘具有两个物理硬盘所包含的容量，构成逻辑硬盘的数据块(D0、D1……)均匀分布在两个物理硬盘中，两个物理硬盘相同位置的数据块构成条带，如果以条带为单位对逻辑硬盘进行读写，RAID 的总体性能是单个物理硬盘的两倍。如果需要在图 9.7 所示的 RAID 结构中增加可靠性，可能要损失逻辑硬盘的容量。

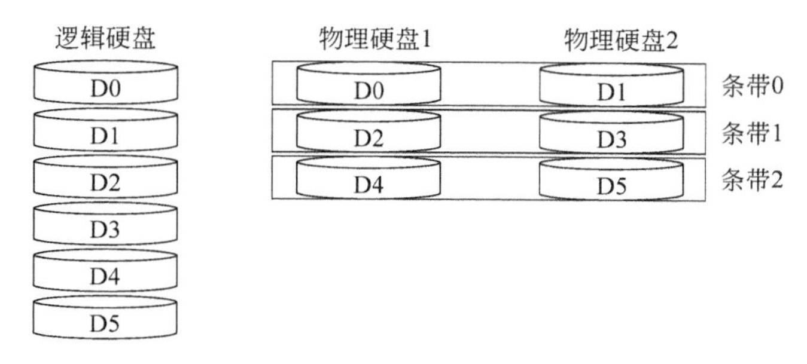

图 9.7 RAID 结构图

根据不同的组合方式可以分为不同的 RAID 级别，目前常见的 RAID 级别有 RAID 0、RAID 1、RAID 3、RAID 5 和 RAID 6。由于不同的 RAID 级别呈现不同的功能特性，因此，为了融合多个不同 RAID 级别的功能特性，可以将两种不同的 RAID 级别组合在一起，如 RAID 50。RAID 50 将物理硬盘分成两组，每一组物理硬盘采用 RAID 5 级别，两组物理硬盘之间采用 RAID 0 级别，以此融合 RAID 5 和 RAID 0 的功能特性。

9.3.1 RAID 0

RAID 0 结构如图 9.8 所示，RAID 0 的作用是提高逻辑硬盘的容量和读写性能。逻辑硬盘中连续的数据块被分布在多个不同的物理硬盘中，逻辑硬盘的容量是所有物理硬盘容量之和。对逻辑硬盘连续数据块的读写操作被并发到多个不同的物理硬盘上，因此，如果以条带为单位读写逻辑硬盘，逻辑硬盘的读写时间是单个物理硬盘读写时间的 $1/N$，其中 N 是物理硬盘数量。RAID 0 对可靠性没有改进，任何一个物理硬盘损坏，都将导致存储系统崩溃。RAID 0 物理硬盘数量必须大于等于 2。

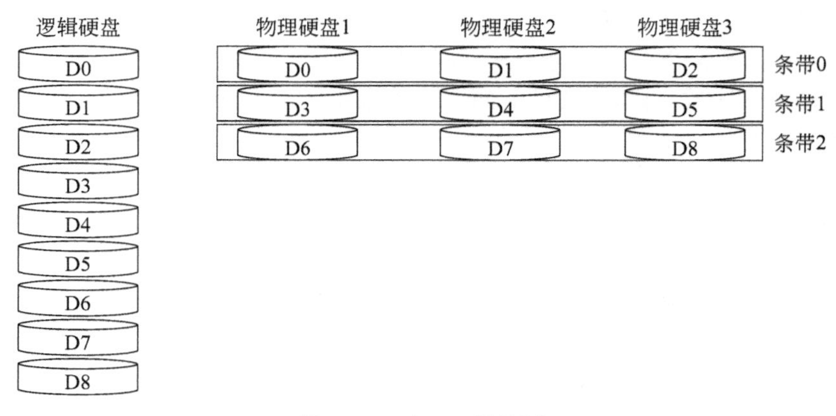

图 9.8　RAID 0 结构图

9.3.2　RAID 1

RAID 1 结构如图 9.9 所示，两个相同的物理硬盘存储相同的数据，其中一个物理硬盘作为另一个物理硬盘的镜像，逻辑硬盘中每一个数据块分别映射到两个物理硬盘中对应的数据块，逻辑硬盘中某个数据块的写操作，将引发两个物理硬盘中对应数据块的写操作。逻辑硬盘容量是单个物理硬盘的容量，逻辑硬盘的读写性能与单个物理硬盘的读写性能相同。由于对每一个数据块做了备份，RAID 1 具有非常好的可靠性，单个物理硬盘损坏不会影响存储系统的数据读写操作。RAID 1 的物理硬盘数量固定为 2。

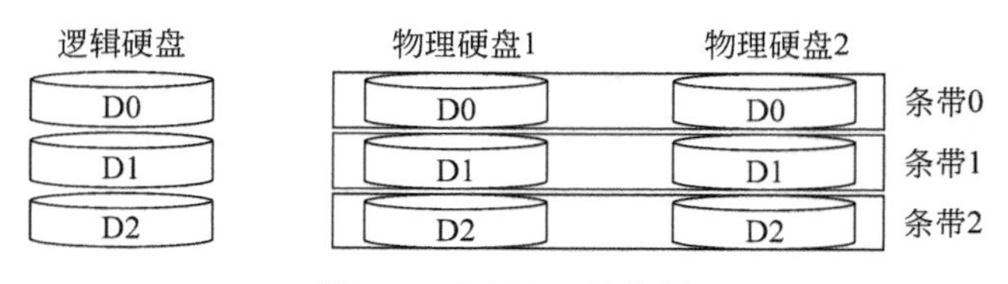

图 9.9　RAID 1 结构图

9.3.3　RAID 3

RAID 3 结构如图 9.10 所示，N(图 9.10 中 $N=4$)个物理硬盘中，$N-1$ 个物理硬盘作为数据盘，用于存放数据，余下的一个物理硬盘作为校验盘用于存放校验结果。校验结果是对同一条带中数据块进行异或运算的结果，如图 9.10 中的 $PA=D0\oplus D1\oplus D2$($\oplus$表示异或运算)。如果逻辑盘需要写入数据块 D0、D1 和 D2，数据块 D0、D1 和 D2 被分布到 3 个不同的物理硬盘中，计算出 $PA=D0\oplus D1\oplus D2$，并将 PA 写入校验盘中。RAID 3 如果以条带为单位读写逻辑盘，逻辑盘的读写时间是单个物理硬盘的 $1/(N-1)$，其中 N 是物理硬盘数，逻辑盘的容量是单个物理硬盘容量的 $N-1$ 倍。

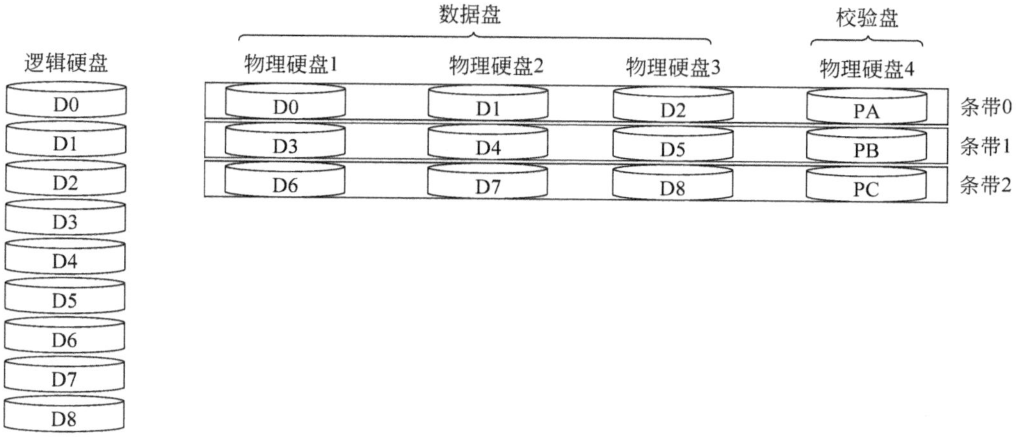

图 9.10 RAID 3 结构图

1. 数据重构过程

RAID 3 与 RAID 0 相比,最大的优势是通过牺牲 $1/N$ 容量,获得高可靠性。对于图 9.10 所示的 RAID 3 结构,其中任何一个物理硬盘损坏,都可通过重构过程重构该物理硬盘中的数据。假如物理硬盘 1 损坏,原先存储在物理硬盘 1 中的数据全部丢失,根据以下计算过程,可以重构物理硬盘 1 中的数据。

$$D0 = D1 \oplus D2 \oplus PA$$
$$D3 = D4 \oplus D5 \oplus PB$$
$$D6 = D7 \oplus D8 \oplus PC$$

2. 单独校验盘的缺陷

对于图 9.10 所示的 RAID 3 结构,假定所有数据块和校验块已经存放在各自的物理硬盘中,如果需要改写数据块 D0 和数据块 D4。可以按照下式计算出新的校验块内容。

$$PA_{new} = PA_{old} \oplus D0_{new} \oplus D0_{old}$$
$$PB_{new} = PB_{old} \oplus D4_{new} \oplus D4_{old}$$

其中 PA_{new} 和 PB_{new} 是新的校验块内容,PA_{old} 和 PB_{old} 是校验块中旧的内容,$D0_{new}$ 和 $D4_{new}$ 是新写入数据块 D0 和 D4 的内容,$D0_{old}$ 和 $D4_{old}$ 是数据块 D0 和 D4 中旧的内容。由于所有校验块在同一个校验盘中,导致数据块 D0 和数据块 D4 的改写操作无法并发进行。

9.3.4 RAID 5

RAID 5 结构如图 9.11 所示。RAID 5 与 RAID 3 相似,不同的是 RAID 5 中没有单独的校验盘,校验块分布在各个数据盘中,每一个数据盘留出 $1/N$ 容量存放校验内容。图中各个校验块内容根据以下公式计算所得。

$$PA = D0 \oplus D1 \oplus D2$$
$$PB = D3 \oplus D4 \oplus D5$$
$$PC = D6 \oplus D7 \oplus D8$$
$$PD = D9 \oplus D10 \oplus D11$$

假定已经按照图 9.11 所示完成数据块和校验块内容的存放。如果需要改写数据块

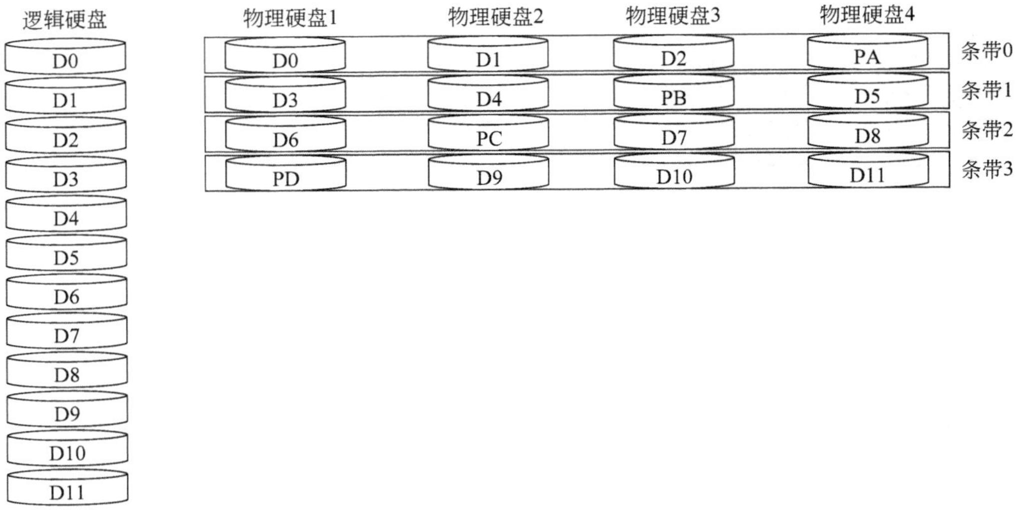

逻辑硬盘

D0 D1 D2 D3 D4 D5 D6 D7 D8 D9 D10 D11

	物理硬盘1	物理硬盘2	物理硬盘3	物理硬盘4
条带0	D0	D1	D2	PA
条带1	D3	D4	PB	D5
条带2	D6	PC	D7	D8
条带3	PD	D9	D10	D11

图 9.11　RAID 5 结构图

D9 和数据块 D2。可以按照下式计算出新的校验块内容。

$$PA_{new} = PA_{old} \oplus D2_{new} \oplus D2_{old}$$

$$PD_{new} = PD_{old} \oplus D9_{new} \oplus D9_{old}$$

其中，PA_{new}和 PD_{new}是新的校验块内容，PA_{old}和 PD_{old}是校验块中旧的内容，$D2_{new}$和 $D9_{new}$新写入数据块 D2 和 D9 的内容，$D2_{old}$和 $D9_{old}$是数据块 D2 和 D9 中旧的内容。由于对数据块 D9 的改写操作只涉及物理硬盘 1 和 2，对数据块 D2 的改写操作只涉及物理硬盘 3 和 4，导致数据块 D2 和数据块 D9 的改写操作可以并发进行。

9.3.5　RAID 6

RAID 3 和 RAID 5 解决了单个物理硬盘损坏时的数据重构问题，对于数据可靠性要求高的应用场合，需要能够解决多个物理硬盘同时损坏时的数据重构问题，RAID 6 用于解决两个物理硬盘同时损坏时的数据重构问题。

1. 校验块生成过程

RAID 6 没有统一的标准，不同厂家有不同的实现技术，图 9.12 所示的 RAID 6 结构是其中一种实现技术。N(图 9.12 中 N 为 6)个物理硬盘中 $N-2$ 个物理硬盘作为数据盘，其余两个物理硬盘作为校验盘。其中一个校验盘是横向校验盘，校验块内容是属于相同条带的数据块的异或运算结果。如图 9.12 所示的物理硬盘 5 中存放的校验结果根据下式计算所得。

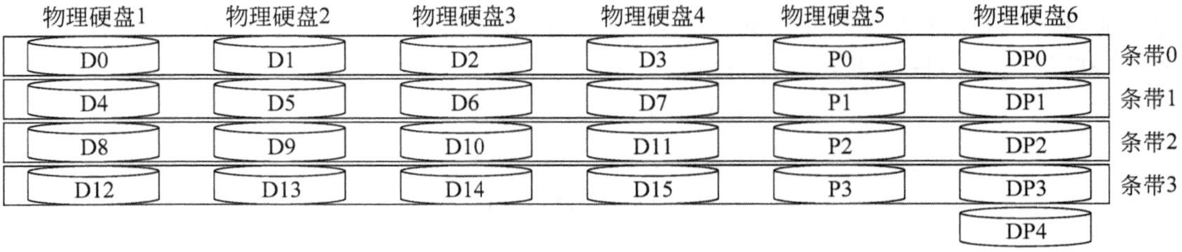

	物理硬盘1	物理硬盘2	物理硬盘3	物理硬盘4	物理硬盘5	物理硬盘6
条带0	D0	D1	D2	D3	P0	DP0
条带1	D4	D5	D6	D7	P1	DP1
条带2	D8	D9	D10	D11	P2	DP2
条带3	D12	D13	D14	D15	P3	DP3
						DP4

图 9.12　RAID 6 结构图

$$P0 = D0 \oplus D1 \oplus D2 \oplus D3$$
$$P1 = D4 \oplus D5 \oplus D6 \oplus D7$$
$$P2 = D8 \oplus D9 \oplus D10 \oplus D11$$
$$P3 = D12 \oplus D13 \oplus D14 \oplus D15$$

另一个校验盘是斜向校验盘，校验块内容是对角线方向的数据块和横向校验块的异或运算结果，如图 9.12 中物理硬盘 6 中存放的校验结果根据下式计算所得。

$$DP0 = D0 \oplus D5 \oplus D10 \oplus D15$$
$$DP1 = D1 \oplus D6 \oplus D11 \oplus P3$$
$$DP2 = D2 \oplus D7 \oplus P2 \oplus D12$$
$$DP3 = D3 \oplus P1 \oplus D8 \oplus D13$$
$$DP4 = P0 \oplus D4 \oplus D9 \oplus D14$$

2. 数据重构过程

RAID 6 能够在两个物理硬盘同时损坏的情况下，重构存放在这两个损坏的物理硬盘上的数据。假定图 9.12 中的物理硬盘 1 和物理硬盘 3 同时损坏，重构存放在物理硬盘 1 和物理硬盘 3 中数据的过程如下：首先重构根据未损坏的数据盘和校验盘中内容能够推导出的损坏数据盘中的某个数据块内容，这里是物理硬盘 3 中的数据块 D6，因为 D6 可以根据余下 4 个物理硬盘中的数据块和校验块内容推导出。①是推导出 D6 数据块中内容的算式，根据计算 DP1 的算式导出。

① $D6 = D1 \oplus DP1 \oplus D11 \oplus P3$

推导出物理硬盘 3 中 D6 数据块中的内容后，可以推导出物理硬盘 1 中与 D6 数据块属于同一条带的数据块 D4 的内容。②是推导出 D4 数据块中内容的算式，根据计算 P1 的算式导出。

② $D4 = P1 \oplus D5 \oplus D6 \oplus D7$

继续根据未损坏的数据盘和校验盘中内容及已经推导出的损坏的数据盘中数据块的内容推导出其他损坏的数据盘中数据块的内容，③～⑧用于完成物理硬盘 1 和 3 中其他数据块内容的导出过程。

③ $D14 = P0 \oplus D4 \oplus D9 \oplus DP4$

④ $D12 = P3 \oplus D13 \oplus D14 \oplus D15$

⑤ $D2 = DP2 \oplus D7 \oplus P2 \oplus D12$

⑥ $D0 = P0 \oplus D1 \oplus D2 \oplus D3$

⑦ $D10 = D0 \oplus D5 \oplus DP0 \oplus D15$

⑧ $D8 = P2 \oplus D9 \oplus D10 \oplus D11$

9.3.6　RAID 50

RAID 50 结构如图 9.13 所示，两个独立的 RAID 5 组成 RAID 0 结构，写入 RAID 50 的数据{D0，D1，D2，D3，D4，D5，D6，D7，D8，D9，D10，D11}被分成两组，一组是{D0，D1，D4，D5，D8，D9 }，另一组是{D2，D3，D6，D7，D10，D11}，这两组数据可以并发写入两个独立的 RAID 5 中。每一个 RAID 5 以条带为单位，将数据并行写入多个不同的物理硬盘中，如数据 D0、D1 和根据 D0、D1 计算所得的 P0（$P0 = D0 \oplus D1$）同时被写入物理硬盘 1、2 和 3 中。

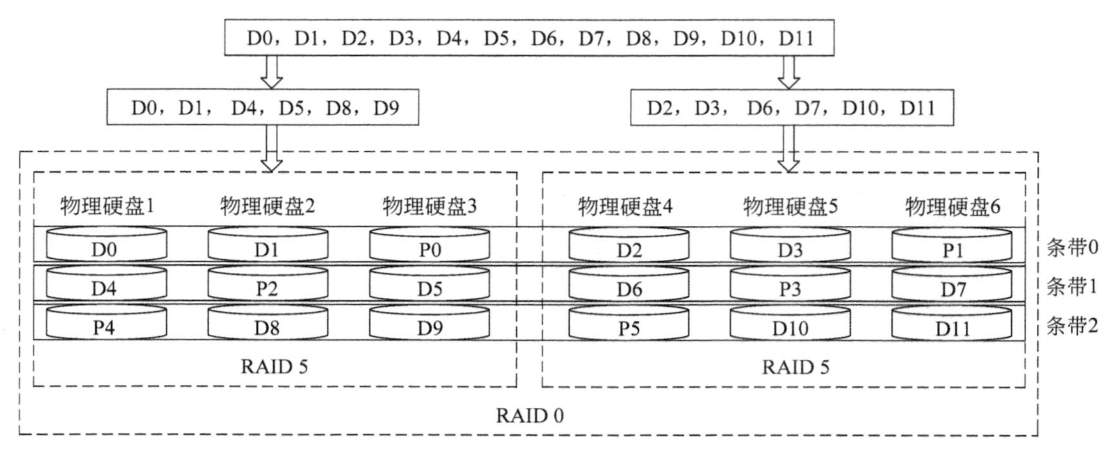

图 9.13　RAID 50 结构图

9.4　FC SAN 实现过程

9.4.1　网络结构

光纤通道存储区域网络(FC SAN)结构如图 9.14 所示，由光纤通道交换网络和结点组成，光纤通道交换网络由光纤通道交换机和光纤通道交换机的互连链路组成，大部分情况下，用光纤作为互连光纤通道交换机的链路。结点通常为服务器和存储设备，服务器与存储设备之间通过光纤通道交换网络建立用于传输 SCSI 命令、数据和状态的通路。

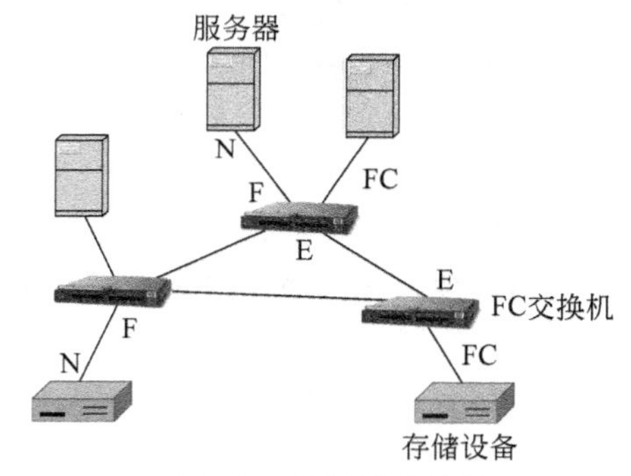

图 9.14　FC SAN 结构

1. 光纤通道交换网络

光纤通道交换机是分组交换设备，每一个结点需要分配地址，结点间传输的数据需要封装成帧，帧中需要给出源和目的结点的地址，光纤通道交换机根据建立的路由表和帧携带的目的结点地址完成帧路由和转发操作。光纤通道交换机的基本功能与以太网交换机相似，但光纤通道交换网络的工作机制，包括路由表建立算法、帧端到端传输过程等与交换式以太网相差甚远。

2. 服务器

服务器为了能够像访问本地存储设备(直接通过 SCSI 总线连接的存储设备)一样访问远程存储设备(连接在光纤通道交换网络上的存储设备)，需要增加以下设备和功能。

(1) 连接光纤通道交换网络的服务器需要安装主机总线适配器(Host Bus Adapter，HBA)，用链路互连光纤通道交换机和 HBA，互连光纤通道交换机和 HBA 的链路通常是光纤。

(2) 服务器必须运行光纤通道交换网络协议栈，这样才能通过光纤通道交换网络建立与存储设备之间的传输通路。

(3) 服务器必须能够通过由光纤通道交换网络建立的，与存储设备之间的传输通路，交换完成存储设备数据访问操作所需要的命令、数据和状态。而且对服务器应用程序而言，这种通过由光纤通道交换网络建立的，与存储设备之间的传输通路完成的交换过程和经过SCSI总线完成的交换过程是相同的。

3. 存储设备

存储设备为了能够被连接在光纤通道交换网络上的多个服务器共享，且使得这种共享过程对服务器应用程序是透明的，需要增加以下设备和功能。

(1) 存储设备需要具备连接光纤通道交换网络的接口。

(2) 存储设备必须运行光纤通道交换网络协议栈，这样才能通过光纤通道交换网络建立与服务器之间的传输通路。

(3) 存储设备通常是RAID，允许划分为多个用LUN标识的逻辑空间，可以为每一个服务器分配独立的逻辑空间，允许服务器像访问本地逻辑空间一样访问远程存储设备上的逻辑空间。

9.4.2 端口类型

图9.14所示的FC SAN结构涉及3种类型的端口：N端口(N_Port)、F端口(F_Port)和E端口(E_Port)。

1. N_Port

N_Port位于结点(图9.14中的服务器和存储设备)，用于将结点连接到光纤通道交换网络。光纤通道交换网络必须能够按需建立两个N_Port之间的传输通路。

2. F_Port

F_Port位于光纤通道交换机，用于将N_Port接入光纤通道交换网络。

3. E_Port

E_Port位于光纤通道交换机，通过交换机间链路(Inter Switch Link，ISL)实现与位于其他光纤通道交换机上的E_Port之间的互连。

4. 其他类型端口

为了支持光纤通道仲裁环(Fibre Channel Arbitrated Loop，FC-AL)，增加NL_Port和FL_Port端口类型，NL_Port用于将结点连接到光纤通道仲裁环，FL_Port用于实现光纤通道交换机与光纤通道仲裁环之间的互连。

9.4.3 地址和标识符

FC SAN中的每一个结点和光纤通道交换机分配唯一的64位全球结点名称(World Wide Node Name，WWNN)，结点和光纤通道交换机中的每一个端口分配唯一的64位全球端口名称(World Wide Port Name，WWPN)，这些标识符与以太网卡中的MAC地址相似，固化在结点和光纤通道交换机中。但两个N_Port之间通信时，并不是用WWPN，而是用24位地址标识源和目的端口，结点连接到光纤通道网络过程中由光纤通道交换机为N_Port分配用于通信的24位地址。

9.4.4 FC SAN工作过程

1. 选出主要交换机

每一个交换机允许分配优先级，光纤通道交换网络中优先级最高的交换机成为主要交换机，如果若干交换机有着相同的优先级，其中WWNN最小的交换机成为主要交换机。由主要交换机为光纤通道交换网络中的所有交换机分配唯一的8位域标识符(Domain ID)。

2. 结点完成注册过程

一旦通过链路(通常是光纤)实现结点N_Port与光纤通道交换机F_Port之间的连接，交换机开始该结点的注册过程，为该结点的N_Port分配24位地址，同时记录下该24位地址与该结点WWNN之间的绑定关系。24位地址的高8位是该交换机的域标识符，低16位用于标识交换机中连接该结点的F_Port。

3. 建立名字注册信息库

光纤通道交换机之间通过定期交换名字注册信息，建立完整的名字注册信息库，名字注册信息库中记录光纤通道交换网络中所有结点的WWNN与24位地址之间的绑定关系。图9.15给出光纤通道交换机完整的名字注册信息库内容。

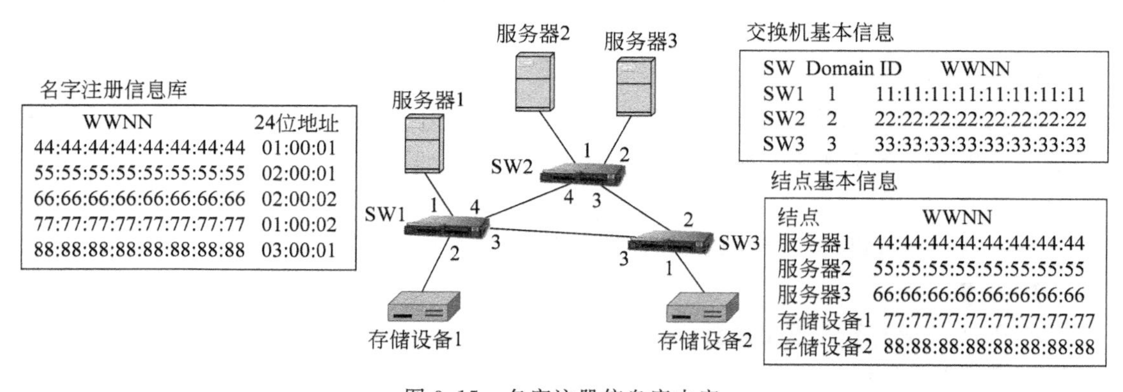

图9.15 名字注册信息库内容

4. 建立路由表

光纤通道交换机建立路由表过程与路由器通过OSPF路由协议建立路由表过程十分相似，每一个交换机首先建立自己的链路状态信息，然后通过泛洪链路状态信息让光纤通道交换网络中的所有其他交换机拥有该交换机的链路状态信息，当光纤通道交换网络中的所有交换机泛洪链路状态信息后，光纤通道交换网络中的每一个交换机建立完整的链路状态信息库，每一个交换机通过最短路径优先(Shortest Path First，SPF)算法计算出到达其他交换机的最短路径，并据此建立路由表。交换机SW1、SW2和SW3的路由表如表9.1～表9.3所示。

表9.1 SW1路由表

目的地址或 目的域标识符	输出端口
01:00:01	1
01:00:02	2
02	4
03	3

表 9.2　SW2 路由表

目的地址或目的域标识符	输出端口
02：00：01	1
02：00：02	2
01	4
03	3

表 9.3　SW3 路由表

目的地址或目的域标识符	输出端口
03：00：01	1
01	3
02	2

如果路由表中某项路由项是用于指明通往连接在该交换机上的结点的传输路径，用结点的 24 位地址作为目的地址，如果路由表中某项路由项是用于指明通往连接在其他交换机上的结点的传输路径，用连接目的结点的交换机的域标识符作为目的域标识符。

5. N_Port 之间数据传输过程

两个 N_Port 之间传输数据前，必须先建立连接，因此，需要通过手工配置为服务器绑定存储设备，并输入存储设备的 WWNN。同样，需要将存储设备划分为多个逻辑空间，为每一个逻辑空间绑定服务器，输入服务器的 WWNN。完成上述操作后，服务器和存储设备通过注册过程获取对方的 24 位地址。连接服务器和存储设备的交换机通过检索名字注册信息库完成 WWNN 至对应的 24 位地址的解析过程。

服务器和存储设备获取对方的 24 位地址后，将需要交换的信息封装成帧，帧以两端的 24 位地址作为源和目的地址。如服务器 1 传输给存储设备 2 的帧以 01：00：01 为源地址，以 03：00：01 为目的地址，其中源地址的高 8 位 01 是交换机 SW1 的域标识符，目的地址高 8 位 03 是交换机 SW3 的域标识符。该帧由服务器 1 传输给交换机 SW1，交换机 SW1 首先确定帧目的地址中的域标识符是否和自身域标识符相同，确定不同后，用目的地址的域标识符匹配交换机 SW1 路由表中的目的域标识符，发现与路由项<03,03>匹配，将帧通过端口 3 转发出去。从交换机 SW1 端口 3 转发出去的帧通过端口 3 进入交换机 SW3，交换机 SW3 确定帧目的地址中的域标识符和自身域标识符相同，用目的地址匹配交换机 SW3 路由表中的目的地址，发现与路由项<03：00：01,01>匹配，将帧通过端口 1 转发出去。从交换机 SW3 端口 1 转发出去的帧到达存储设备 2。

6. SCSI over FC

SCSI over FC 示意图如图 9.16 所示，文件系统计算出需要读写的存储块的 LUN 和

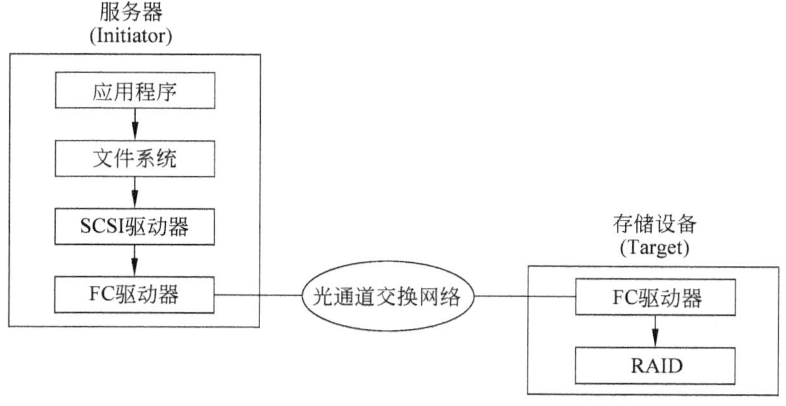

图 9.16　SCSI over FC 示意图

LBA，SCSI 驱动器根据 LUN 确定需要访问的远程存储设备，解析出远程存储设备的 24 位地址，将 SCSI 命令和数据封装成帧。FC 驱动器和光通道交换网络保证将帧送达存储设备。存储设备的 FC 驱动器从帧中分离出 SCSI 命令和数据，将其传输给 RAID 控制器，由 RAID 控制器完成 SCSI 命令要求的操作。存储设备的操作结果（数据和状态）以同样的方式传输到服务器的文件系统。

9.5 iSCSI 实现过程

9.5.1 网络和协议结构

1. FC SAN 的缺陷

FC SAN 解决了多个服务器共享存储设备，服务器与存储设备物理上分离的问题，但如图 9.17 所示，需要两种不同类型的网络实现终端与服务器互联和服务器与存储设备互联。这就提高了网络实现成本，增加了网络管理难度。

采用光纤通道网络实现服务器与存储设备互联的主要原因是光纤通道网络的高带宽，其带宽从开始时的 2Gb/s、4Gb/s，已经发展到 16Gb/s。但随着 10Gb/s 以太网的普及，光纤通道网络的带宽优势已经不复存在。一旦用以太网实现服务器和存储设备之间的互连，终端与服务器、服务器与存储设备将统一由 Internet 实现互连，如图 9.18 所示。

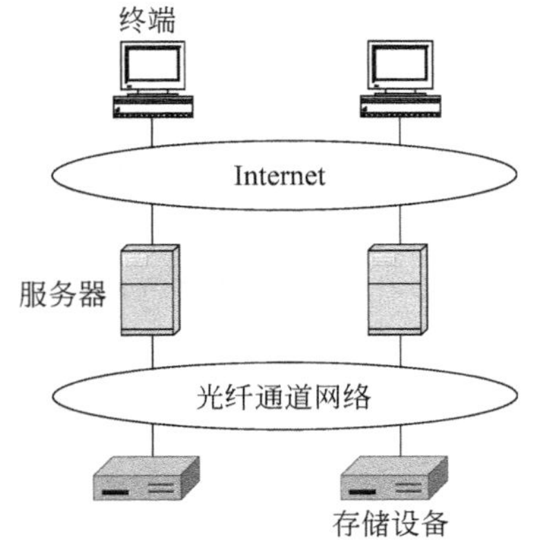

图 9.17　FC-SAN 应用系统结构

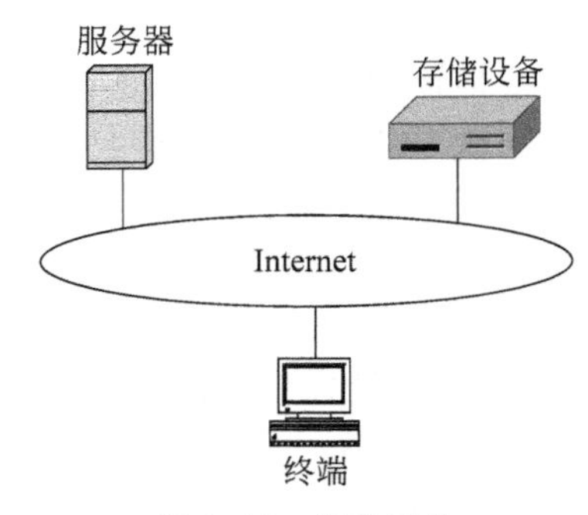

图 9.18　网络结构

2. 协议体系结构

服务器与存储设备之间通过交换 SCSI 命令、数据和状态实现服务器对存储设备的访问过程，为了经过 Internet 实现服务器与存储设备之间的信息交换过程，需要在服务器（Initiator）与存储设备（Target）之间建立 iSCSI 会话，iSCSI 协议的主要功能就是基于服务器与存储设备之间的 TCP 连接，建立 iSCSI 会话，经过 iSCSI 会话实现服务器与存储设备之间的信息交换过程。

iSCSI 的协议体系结构如图 9.19 所示，SCSI 驱动器不是直接通过 SCSI 总线，而是通过服务器与存储设备之间的 iSCSI 会话，向存储设备传输服务器文件系统生成的 SCSI 命令和数据。iSCSI 会话就是用于实现服务器与存储设备之间信息交换的逻辑通道。由于通过 Internet 实现服务器与存储设备互连，经过 iSCSI 会话传输的信息需要封装成 TCP 报文，由服务器与存储设备之间建立的 TCP 连接实现这些 TCP 报文的传输过程。

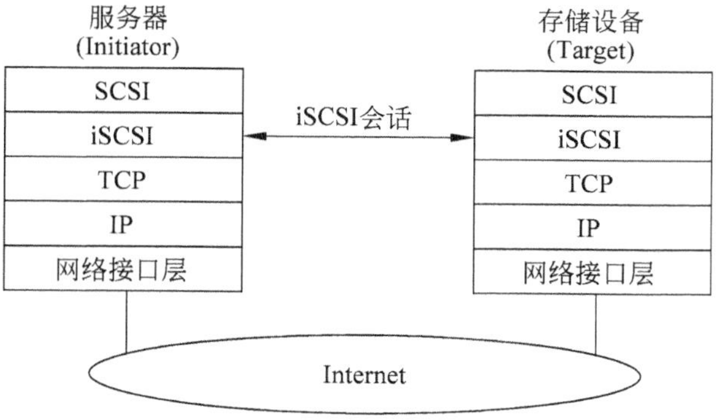

图 9.19　协议体系结构

9.5.2　标识符

iSCSI 中的每一个结点需要分配唯一的标识符，iSCSI 支持两种命名方式：iSCSI 限定名(iSCSI qualified names，iqn)和企业唯一标识符(enterprise unique identifier，eui)。

1. iqn

iqn 格式如下：

iqn.完全合格域名注册日期.反向完全合格域名：结点唯一标识符。

iqn 是名字类型，以 yyyy-mm 格式给出完全合格域名的注册日期，反向完全合格域名是完全合格域名的反向写法，结点唯一标识符用于在完全合格域名指定的企业内唯一标识该结点。以下是 iqn 格式标识符实例。

```
iqn.1984-08.com.whatzis: hedgetrimmer-1926184
```

上述 iqn 格式标识符实例中，1984-08 是完全合格域名 whatzis.com 的注册时间：1984 年 8 月。com.whatzis 是完全合格域名 whatzis.com 的反向写法。hedgetrimmer-1926184 是结点唯一标识符，用于在 whatzis.com 企业中唯一标识该结点。

2. eui

eui 格式如下：

eui.64 位企业唯一标识符。

64 位企业唯一标识符中的高 24 位由 IEEE 注册结构分配，用于唯一标识该企业，后 40 位用于该企业内唯一标识该结点。64 位企业唯一标识符用 16 位十六进制数表示。以下是 eui 格式标识符实例。

```
eui.02004567A425678D
```

9.5.3　iSCSI 工作过程

1. 服务器配置

服务器需要配置存储设备的标识符、IP 地址和端口号。由于允许由多条 TCP 连接构成 iSCSI 会话，因此，允许配置多对门户，每一个门户由 IP 地址和 TCP 端口号组成，一对门户用于建立一条 TCP 连接。

2. 存储设备配置

构建逻辑空间，分配 LUN，建立 LUN 与服务器标识符之间绑定。

3. 服务器访问存储设备过程

服务器访问存储设备过程如下。

(1) 服务器建立与存储设备之间的 TCP 连接。

(2) 服务器建立与存储设备之间 iSCSI 会话，建立 iSCSI 会话过程中，存储设备需要确认服务器身份和与该服务器绑定的 LUN。

(3) 服务器可以像访问本地硬盘一样访问远程存储设备。

4. 安全问题

由于服务器和存储设备连接在 Internet 上，而 Internet 是一个公共数据传输网络，因此，一是需要解决存储设备对服务器的身份鉴别问题，二是需要解决数据经过 Internet 传输时的保密性和完整性问题。

服务器建立与存储设备之间的 iSCSI 会话时，存储设备可以通过鉴别协议，如挑战握手鉴别协议(Challenge Handshake Authentication Protocol，CHAP)，完成对服务器的身份鉴别过程，确定存在与该服务器绑定的 LUN 后，才允许建立与该服务器之间的 iSCSI 会话。

iSCSI 协议无法解决数据经过 Internet 传输时的保密性和完整性问题，需要通过使用 IP Sec 协议解决数据传输过程中保密性和完整性问题。

9.6 存储系统设计实例

9.6.1 NetApp 存储设备结构

NetApp 存储设备结构如图 9.20 所示，由网络接口、控制器和硬盘接口 3 部分组成。

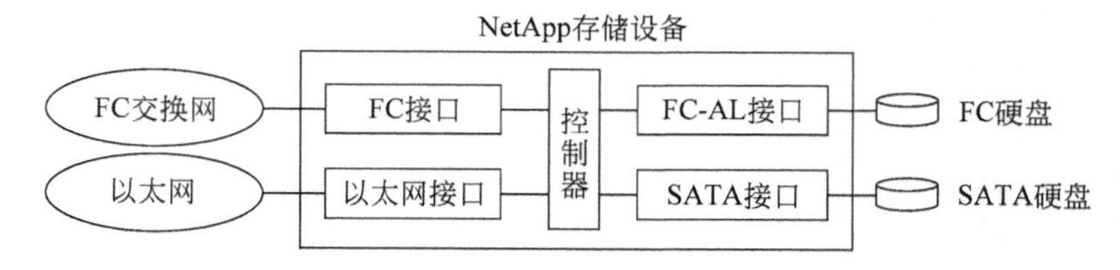

图 9.20 NetApp 存储设备结构

1. 网络接口

网络接口用于连接网络，NetApp 存储设备同时具备 FC 接口和以太网接口，可以同时连接光纤通道交换网和以太网。

2. 硬盘接口

硬盘接口用于连接硬盘，NetApp 存储设备同时具备 FC-AL 接口和 SATA 接口，可以同时连接 FC 接口硬盘和 SATA 接口硬盘。

3. 控制器

控制器是 NetApp 存储设备的核心，一是支持多种协议，包括 FC SAN、iSCSI 和 NAS。

对于NAS，同时支持网络文件系统（Network File System，NFS）和通用Internet文件系统（Common Internet File System，CIFS）。二是实现对硬盘的读写访问，构建RAID，创建逻辑空间，为逻辑空间分配LUN，建立LUN与服务器之间的绑定等。

9.6.2　NetApp应用方式

1. 存储系统结构

应用NetApp存储设备的存储系统结构如图9.21所示，该存储设备具备FC和以太网接口，可以同时连接光纤通道交换网和以太网，连接在光纤通道交换网上的服务器通过光纤通道协议（Fibre Channel Protocol，FCP）像访问本地硬盘一样访问远程硬盘。连接在以太网上的服务器通过iSCSI协议像访问本地硬盘一样访问远程硬盘。FCP和iSCSI用于实现SAN，只是前者基于光纤通道交换网络，后者基于Internet。SAN基于数据块访问远程硬盘。

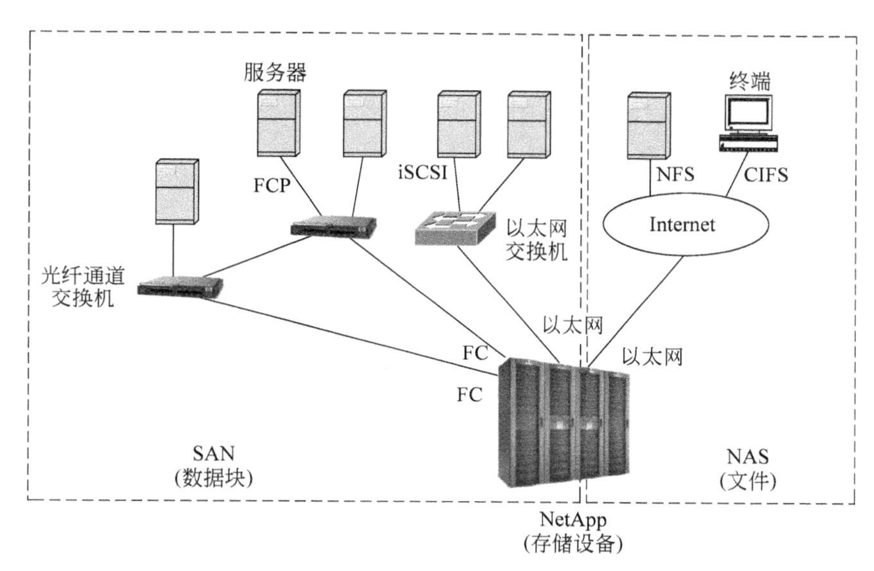

图9.21　网络结构

安装Windows的终端可以通过CIFS以共享文件或共享文件夹的方式访问远程硬盘中的文件系统。同样，安装UNIX的服务器通过NFS像访问本地硬盘中的文件系统一样访问远程硬盘中的文件系统。NFS和CIFS用于实现NAS，NAS基于文件访问远程硬盘。

2. 工作过程

1) SAN

NetApp存储设备配置如下：

(1) 创建LUN；

(2) 建立LUN与服务器之间的绑定。

服务器配置如下：

配置远程存储设备信息。

FCP：WWNN。

iSCSI：iqn、IP地址和TCP端口号。

完成上述配置后，服务器通过资源管理器检测与该服务器绑定的 LUN。

2）NAS

NetApp 存储设备配置如下：

(1) 创建文件系统；

(2) 设定允许共享该文件系统的主机信息和权限。

服务器和终端配置如下：

服务器：创建文件夹，将共享文件系统安装到新创建的文件夹。

终端：建立与共享文件系统之间的映射，并完成登录过程。

完成上述配置后，服务器和终端根据权限对共享文件系统进行访问。

习　　题

9.1　解释名词 DAS、SAN 和 NAS。

9.2　简述 DAS、SAN 和 NAS 之间的区别。

9.3　引发 SAN 出现和发展的原因是什么？

9.4　FC SAN 和 iSCSI 各有什么优缺点？

9.5　光纤通道交换机和以太网交换机有什么区别？

9.6　以太网发展对 SCSI over FC 有什么影响？

9.7　简述 NetApp 存储设备的优势和作用。

第10章　网络管理和监测

随着网络应用的普及，网络规模已经越来越大，网络本身也已成为黑客攻击的目标，对网络实施自动管理，对网络行为实施实时监测已成为保障网络安全及网络有效运行的必要手段。

10.1　SNMP和网络管理

10.1.1　网络管理功能

随着网络规模的扩大，接入主机的增多和复杂网络应用的开展，网络管理的重要性日益显现，网络管理功能主要包括故障管理、计费管理、配置管理、性能管理和安全管理。故障管理主要包括故障检测、故障隔离和故障修复这三方面。计费管理用于记录网络资源使用情况，并根据用户使用网络资源的情况计算出需要付出的费用。配置管理包括两方面，一是统一对网络设备参数进行配置；二是为了使网络性能达到最优，采集、存储配置时需要参考的数据。性能管理是指用户通过对网络运行及通信效率等系统性能进行评价，对网络运行状态进行监测，发现性能瓶颈，经过重新对网络设备进行配置，使网络维持服务所需要的性能的过程。安全管理保证数据的私有性，通过身份鉴别、接入控制等手段控制用户对网络资源的访问，另外，安全管理还包括密钥分配，密钥、安全日志检查、维护等功能。

10.1.2　网络管理系统结构

对于目前这样大规模的网络，用人工监测的方法实施网络管理是不现实的，必须采用自动和分布式管理机制，自动意味着不需要人工监测就能完成网络管理功能，分布式意味着将网络管理功能分散到多个部件中，目前常将网络管理功能分散到网络管理工作站（Network Management Station，NMS）和路由器、交换机、主机等网络结点中，图10.1给出常见的网络管理系统结构。

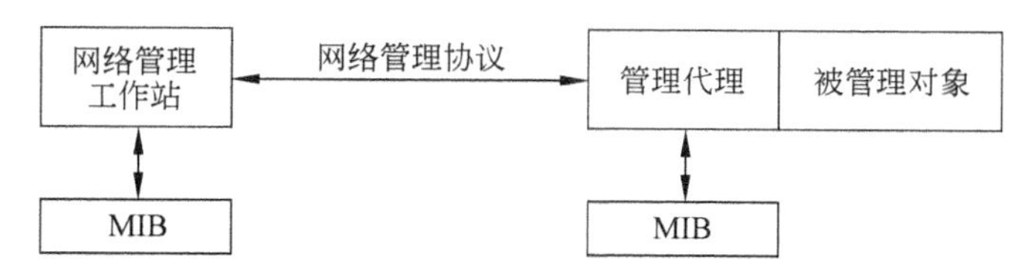

图10.1　网络管理系统结构

图10.1所示的网络管理系统结构由网络管理工作站、管理代理、管理信息库（Management Information Base，MIB）、被管理对象和网络管理协议组成。

网络管理工作站是一台运行多个网络管理应用程序的主机系统，至少具有以下功能：

- 网络管理员和网络管理系统之间的接口，网络管理员通过网络管理工作站实现对网络系统的监测和控制；

- 运行一系列和网络管理功能相关的应用程序，如数据分析、故障恢复、设备配置、计费管理等；
- 将网络管理员的要求转换成对网络结点的实际监测和控制操作；
- 从网络结点的管理信息库(MIB)中提取出相应信息，构成综合管理数据库，并以用户方便阅读、理解的界面提供整个网络系统的配置、运行状态及流量分布情况。

显然，网络管理工作站实现上述功能的前提是可以和网络结点进行数据交换，能够从网络结点的管理信息库中获取相关信息，同时，可以向网络结点传输控制命令。

管理代理寄生在路由器、交换机、智能集线器、终端等网络结点中，它一方面负责这些设备的配置、运行时性能参数的采集及一些流量的统计，并将采集和统计结果存储在 MIB 中；另一方面实现和网络管理工作站之间的数据交换，接收网络管理工作站的查询和配置命令，完成信息查询和设备配置操作。对于查询命令，从 MIB 中检索出相应信息，并通过网络管理协议传输给网络管理工作站。对于配置命令，按照命令要求，完成设备中某个被管理对象的配置操作。另外，当管理代理监测到某个被管理对象发生某个重大事件时，也可以通过陷阱，主动向网络管理工作站报告，以便网络管理工作站及时向网络管理员示警，督促网络管理员对网络系统进行干预。

网络管理的基本单位是被管理对象，一个网络结点可以分解为多个被管理对象，每一个被管理对象都有一组属性参数，所有被管理对象的属性参数集合就是管理信息库(MIB)。被管理对象是标准的，不同厂家生产的交换机由相同的一组被管理对象进行描述。网络管理工作站通过管理代理对管理信息库中和某个被管理对象相关的属性参数进行操作，如检索和配置，以此实现对该被管理对象的监测和控制。

网络管理协议实现网络管理工作站和网络结点中管理代理之间的通信过程，目前常见的网络管理协议是基于 TCP/IP 协议栈的简单网络管理协议(Simple Network Management Protocol，SNMP)，网络管理工作站通过 SNMP，对网络系统进行集中监测和配置。

10.1.3 SMI 和 MIB

每一个网络结点，如交换机和路由器，可以分解为多个被管理对象，被管理对象可以是构成该网络结点的其中一个硬件构件，如路由器接口、交换机端口等，也可以是网络协议，如路由器中的路由协议 RIP 和 OSPF 等。与被管理对象关联的参数值构成 MIB。

管理信息结构(Structure of Management Information，SMI)的主要功能是规定被管理对象命名方式、定义被管理对象数据类型和制定被管理对象与值的编码规则。SMI 规定所有被管理对象必须处于被管理对象树上，图 10.2 是交换机对应的被管理对象树，树结构中的每一个对象都有相应的标号，如 iso 的标号为 1，每一个被管理对象用树根至被管理对象分支经过的所有对象的标号的组合作为其对象标识符，如被管理对象 iso. org. dod. internt. mgmt. mib-2. interface. ifTable. ifEntry. ifType 的对象标识符为 1. 3. 6. 1. 2. 1. 2. 2. 1. 3。SMI 定义的基本数据类型如表 10.1 所示，每一个被管理对象分配一种 SMI 定义的数据类型，如被管理对象 iso. org. dod. internt. mgmt. mib-2. interface. ifTable. ifEntry. ifType 的数据类型为 INTEGER。

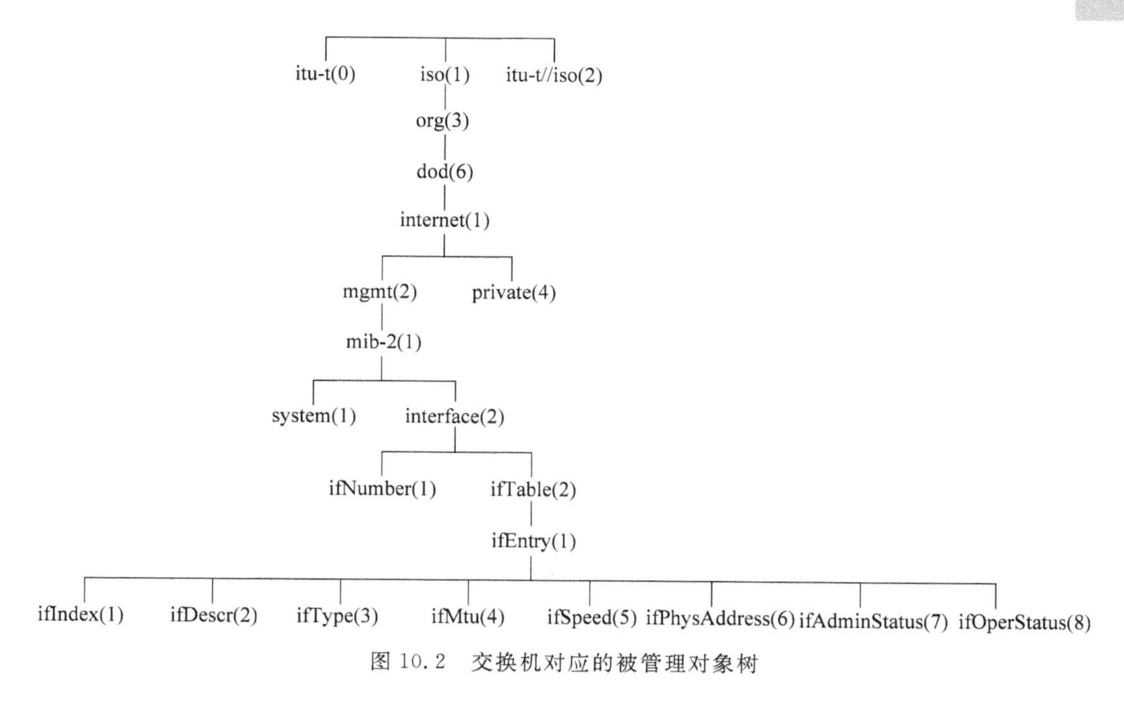

图 10.2　交换机对应的被管理对象树

不同网络设备有着不同的 MIB，SMI 不会对每一种网络设备 MIB 中被管理对象的组成做出规定，但每一种网络设备 MIB 中的被管理对象必须构成 SMI 规定的对象树，每一个被管理对象必须处于对象树上，被管理对象标识符的命名方式必须使用 SMI 规定的命名方式，每一个被管理对象必须属于 SMI 定义的数据类型。

表 10.1　SMI 定义的基本数据类型

数据类型	描　述
INTEGER	32 位整数，其值范围为 $-2^{31} \sim 2^{31}-1$
Integer32	32 位整数，其值范围为 $-2^{31} \sim 2^{31}-1$
Unsigned32	32 位无符号整数，其值范围为 $0 \sim 2^{32}-1$
OCTET STRING	ASN.1 格式字节串，表示任意二进制或文本数据，最大长度为 65 535
OBJECT IDENTIFIER	对象标识符
IPAddress	32 位 IP 地址
Counter32	32 位计数器，从 0 增加到 $2^{32}-1$，然后回归到 0
Counter64	64 位计数器
Gauge	32 位计量器，计量范围为 $0 \sim 2^{32}-1$
TimeTicks	记录时间的计数器，以 1/1000 秒为单位
BITS	比特串
Opaque	不解释的串

10.1.4　网络管理系统的安全问题

网络管理系统直接对网络设备进行监测和配置，关系着整个网络系统的运行和安全，它的安全性是保证整个网络系统正常运行的基础。

1. 网络管理工作站的身份鉴别问题

每一个网络管理工作站授权管理一组被管理对象，管理代理在执行网络管理工作站发送的命令时，必须先验证网络管理工作站的身份，防止黑客冒用网络管理工作站查询网络结点状态、修改网络结点配置。

2. SNMP 消息的安全传输问题

SNMP 消息经过网络传输时可能被黑客截获或嗅探，黑客可以通过获得的 SNMP 消息了解网络结点状态和配置，通过篡改或重放截获的 SNMP 消息实施对网络结点的攻击，因此，必须保证 SNMP 消息传输过程中的保密性和完整性，同时必须具有防重放攻击能力。

3. 访问控制问题

对被管理对象的操作直接影响网络系统的正常运行，必须受到严格控制，用访问控制策略给出允许对特定被管理对象进行指定操作的条件，管理代理只执行符合访问控制策略的操作请求。表 10.2 给出了访问控制策略的实例，管理代理执行对特定被管理对象（交换机 1 端口 1）指定操作（配置）的前提是该操作请求包含在由授权管理工作站（AAA）发出的 SNMP 消息中，SNMP 消息的安全传输机制满足 SNMP 安全传输（保密性和完整性）要求。

表 10.2 访问控制策略实例

管理工作站名称	安全传输机制	被管理对象名称	操作类型
AAA	完整性	交换机 1 端口 1	查询
AAA	完整性＋保密性	交换机 1 端口 1	查询＋配置
⋮			

10.2 基于 SNMPv1 的网络管理系统

10.2.1 基本功能

SNMP 作用过程如图 10.3 所示，网络管理工作站和管理代理之间交换 SNMP 消息，并执行 SNMP 消息包含的命令，SNMP 的命令主要有：

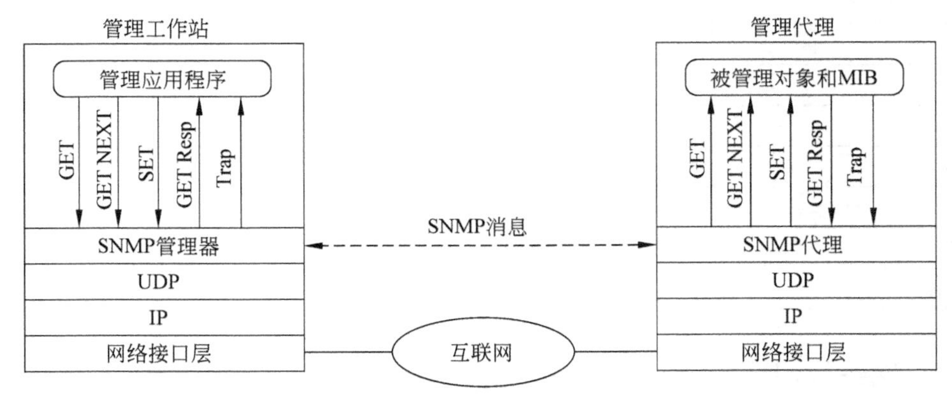

图 10.3 SNMP 作用过程

- GET 检索指定被管理对象相关的属性参数值；
- GET NEXT 检索被管理对象树中下一个被管理对象相关的属性参数值，由于被管理对象按照树结构排列，在指定某个被管理对象后，可用 GET NEXT 检索该被管理对象后面的全部被管理对象；
- SET 配置指定被管理对象相关的属性参数；
- GET Resp 是管理代理执行 GET 和 GET NEXT 命令后的响应，其中包含检索到的指定被管理对象相关的属性参数值；
- Trap 管理代理用于主动向网络管理工作站通报某个被管理对象发生的变化。

如果网络管理工作站查询某台交换机某个端口的状态（UP 或 DOWN，传输速率），网络管理工作站向指定交换机发送 SNMP GET 命令，命令中指定需要查询的被管理对象（端口号）和属性参数类型（工作状态和传输速率），包含该 SNMP 命令的 SNMP 消息到达交换机后，由交换机中的 SNMP 代理进行处理，SNMP 代理通过检索 MIB，找到指定被管理对象（交换机端口）的相关属性参数值（端口状态和传输速率），通过 SNMP GET Resp 命令将指定交换机端口的相关属性参数值发送给网络管理工作站，由管理应用程序以用户友好的界面显示出来。

同样，如果网络管理工作站需要配置某台交换机某个端口的状态（UP 或 DOWN，传输速率），网络管理工作站向指定交换机发送 SNMP SET 命令，命令中指定需要配置的被管理对象（端口号）和属性参数值（UP，100Mb/s），包含该 SNMP 命令的 SNMP 消息到达交换机后，由交换机中的 SNMP 代理进行处理，SNMP 代理将指定被管理对象（交换机端口）的相关属性参数值（端口状态和传输速率）设定为 SET 命令指定的属性参数值（UP，100Mb/s）。

如果某台交换机中其中一个端口连接的物理链路发生故障，该交换机管理代理将监测到该交换机端口状态发生变化（从 UP 转变为 DOWN），管理代理通过 Trap 命令主动向管理工作站通报这一情况。

10.2.2 SNMPv1 的安全机制

必须保证只有授权的网络管理工作站才能通过 SNMP 命令对网络结点进行查询和配置，而且，允许将不同网络结点，或者同一网络结点的不同被管理对象授权给不同的网络管理工作站进行管理，因此，网络结点中的管理代理在执行 SNMP 命令之前，必须对命令的合法性进行检验，只允许执行授权网络管理工作站发出的对授权管理的被管理对象进行授权操作的 SNMP 命令。

SNMPv1 通过共同体（Community）将对不同被管理对象的不同操作和授权网络管理工作站绑定在一起，如某个交换机可以设置如下有关被管理对象的访问权限：

访问权限 1	访问权限 2
共同体 aabb；	共同体 bbaa；
被管理对象 端口 1；	被管理对象 端口 1；
操作模式 只读。	操作模式 读写。

访问权限 1 表明允许共同体值为 aabb 的网络管理工作站通过 GET、GET NEXT 命令读取端口 1 的状态信息，如端口 1 连接的链路状态（UP 或 DOWN）、传输速率、经过端口

1 传输的字节数等。访问权限 2 表明允许共同体值为 bbaa 的网络管理工作站通过 GET、GET NEXT 命令读取端口 1 的状态信息，同时允许通过 SET 命令配置端口 1 的属性参数，如使能端口 1、配置端口 1 所属的 VLAN 等。从中可以看出，共同体等同于网络管理工作站用于查询、配置网络结点的通行证，管理代理根据 SNMP 消息携带的共同体和配置的访问权限确定是否执行 SNMP 消息中指定的操作。由于 SNMPv1 消息传输过程中没有采用保证 SNMPv1 消息保密性和完整性的安全传输机制，共同体直接用明文的方式出现在 SNMPv1 的消息中，并在网络管理工作站和网络结点之间传输，因此，很容易被第三方截获，黑客一旦获得某个共同体，就拥有了对特定被管理对象进行指定操作的权限，就可以对该被管理对象实施相应的操作，这将造成很大的网络安全隐患。

10.2.3 SNMPv1 的集中管理问题

SNMPv1 支持集中式管理方式，如图 10.4(a)所示，网络管理工作站直接面向网络结点，周期性查询所有网络结点的状态，接收网络结点发送的 Trap 命令，以此产生整个网络的状态和流量分布信息，显然，这种管理方式下，网络管理工作站将成为性能瓶颈。图 10.4(b)中虽然使用了两个网络管理工作站，也只是将一个大的网络管理域分割为两个较小的网络管理域，两个网络管理工作站各自管理属于所负责的管理域的网络结点，网络管理员也只能分别通过每一个网络管理工作站对属于不同管理域的网络结点实施管理，每一个网络管理工作站只能提供和所管理的网络结点有关的状态和流量分布信息，如果想要得到整个网络的状态和流量分布信息，需要网络管理员对取自两个网络管理工作站的状态和流量分布信息进行综合处理。

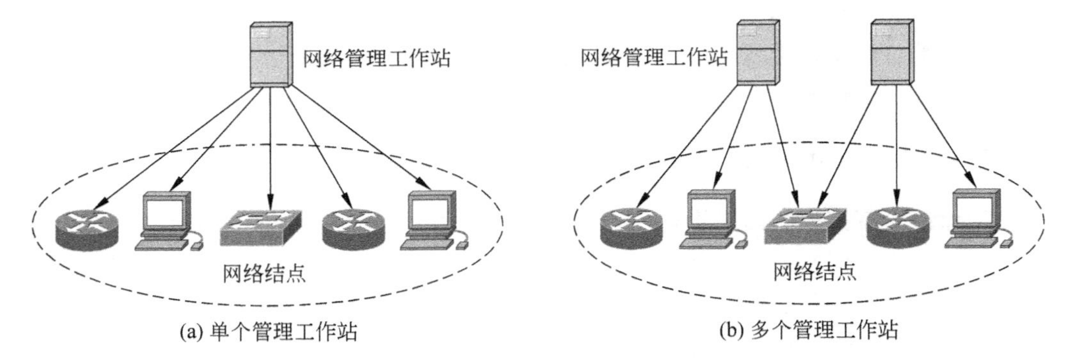

(a) 单个管理工作站　　(b) 多个管理工作站

图 10.4　集中管理方式

真正解决大型网络的网络管理问题的机制是图 10.5 所示的分布式管理方式，将一个大型网络分割为多个管理域，每一个网络管理工作站负责一个管理域，由中心网络管理工作站对网络管理工作站进行管理。这种分布式管理方式下，网络管理工作站具有双重功能，对于属于所负责的管理域的网络结点，实施网络管理工作站功能，对于中心网络管理工作站，实施管理代理功能，通常用委托代理称呼这种具有双重功能的设备。SNMPv1 并不支持分布式管理方式，因此，并不适合作为大型网络的网络管理协议。

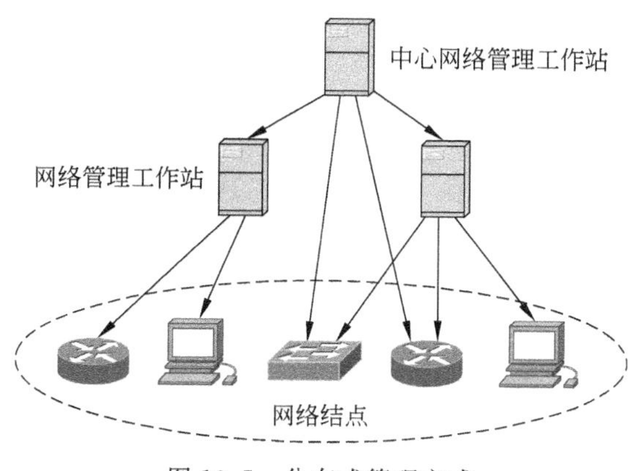

图 10.5　分布式管理方式

10.3　SNMPv3 的安全机制

基于 SNMPv1 的网络管理系统的主要缺陷在于一是用共同体作为鉴别 SNMP 消息发送端的标识信息，而且用明文方式传输共同体，缺乏有效的发送端身份鉴别机制；二是 SNMP 消息传输过程中没有采用有效的安全传输机制，无法保证 SNMP 消息的保密性和完整性；三是访问控制策略用共同体来绑定访问权限，管理代理根据 SNMP 消息携带的共同体来判别 SNMP 消息中要求的对特定被管理对象的操作的合法性，缺乏有效的访问控制机制；四是 SNMPv1 只支持集中管理方式，无法对大型网络系统实施有效管理。为解决基于 SNMPv1 的网络管理系统存在的缺陷，提出了 SNMPv3 和基于 SNMPv3 的网络管理系统。SNMPv3 增强的安全机制有效地解决了 SNMPv1 存在的安全问题。

10.3.1　发送端身份鉴别机制

如果发送端（如网络管理工作站）和接收端（如某个网络结点）共享一个对称密钥 K，则接收端鉴别发送端身份过程就是确认 SNMP 消息发送端是否拥有对称密钥 K 的过程，用对称密钥 K 加密 SNMP 消息的报文摘要是最简单、开销最少的发送端身份鉴别机制，图 10.6 给出整个身份鉴别过程。

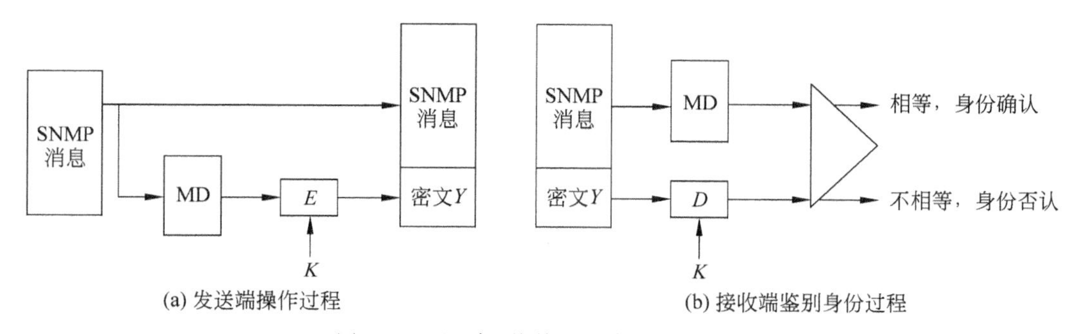

图 10.6　鉴别网络管理工作站身份过程

实际操作过程中用 HMAC-MD5-96 或 HMAC-SHA-1-96 同时完成报文摘要和加密运

算过程，整个过程如图 10.7 所示。

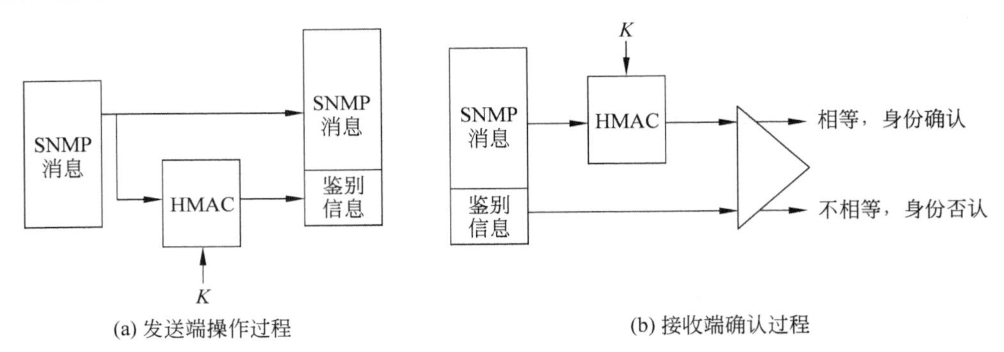

(a) 发送端操作过程　　(b) 接收端确认过程

图 10.7　HMAC 鉴别网络管理工作站身份过程

大部分情况下由网络管理工作站发送包含操作请求的 SNMP 消息，由网络结点完成对网络管理工作站的身份鉴别。当被管理对象状态发生变化时，网络结点中的管理代理可以通过 Trap 消息主动向网络管理工作站通报被管理对象变化后的状态，这种情况下，网络管理工作站需要鉴别网络结点的身份，以免攻击者冒充某个网络结点发送虚假的被管理对象状态信息。

鉴别发送端身份的过程也是检测 SNMP 消息完整性的过程。

10.3.2　加密 SNMP 消息机制

SNMPv3 采用 DES 作为加密算法，由于 DES 属于分组密码体制，因此，采用加密分组链接模式完成 SNMP 消息的加密、解密运算，整个过程如图 10.8 所示。发送端必须以明文方式将初始向量(IV)传输给接收端，接收端用同样的 IV 对密文进行解密。当然，为了安

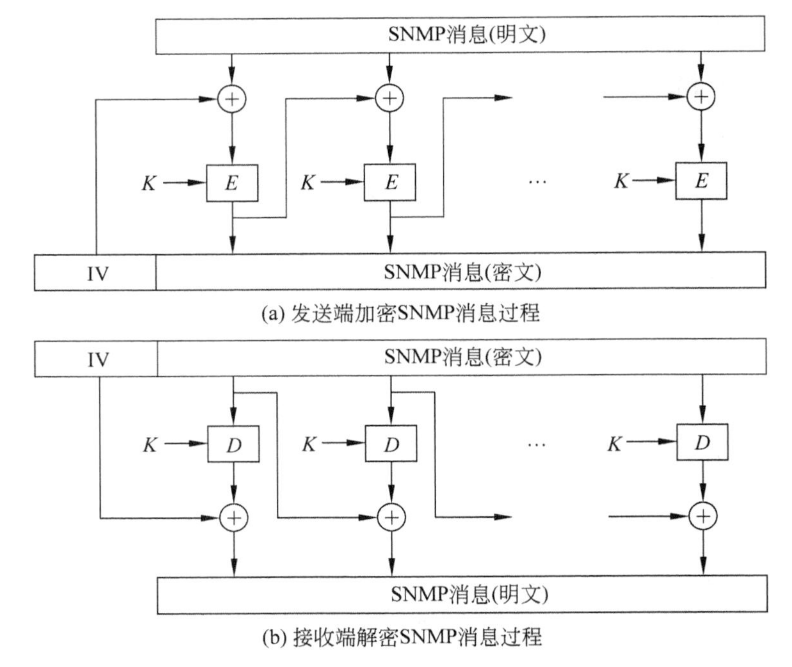

(a) 发送端加密SNMP消息过程

(b) 接收端解密SNMP消息过程

图 10.8　加密 SNMP 消息机制

全，可以不在 SNMP 消息中直接以明文方式传输 IV，而是传输 IV 种子，实际的 IV 需要对 IV 种子通过某种运算后才能获得。

10.3.3　防重放攻击机制

SNMPv3 将 SNMP 引擎分为权威和非权威两类，发送包含操作请求的 SNMP 消息的 SNMP 引擎为非权威引擎，接收包含操作请求的 SNMP 消息，执行操作并回送执行结果的 SNMP 引擎为权威引擎，发送不需要回送响应消息的 SNMP 消息的 SNMP 引擎也是权威引擎。这里，对于网络管理工作站和网络结点，网络结点中的 SNMP 引擎是权威引擎，网络管理工作站中的 SNMP 引擎是非权威引擎。对于两个网络管理工作站，发送 Inform 请求消息的 SNMP 引擎是非权威引擎，接收并执行 Inform 请求的 SNMP 引擎是权威引擎。Inform 请求消息和 Inform 响应消息是 SNMPv3 为支持图 10.5 所示的分布式管理方式而增加的 SNMP 消息类型。每一个权威引擎维持本地引导计数器值 boot 和时间计数器值 time，每一个非权威引擎对每一个权威引擎维持四个变量：权威引擎名、32 位的权威引擎引导计数器 Aboot、32 位的权威引擎时间计数器 Atime 和 32 位最新的权威引擎时间 Lastesttime，即来自该权威引擎的 SNMP 消息中最大的时间计数器值。它们的初值为 0，经过时间同步过程，将其设置为对应权威引擎维持的本地引导计数器值和时间计数器值。SNMP 消息中除了用于鉴别发送者身份的鉴别信息、用于解密 SNMP 消息的初始向量(或初始向量种子)外，还需包含权威引擎名、权威引擎引导计数器值 Mboot 和权威引擎时间计数器值 Mtime。对于发送给权威引擎的 SNMP 消息，如网络管理工作站发送给网络结点的 GET、GET NEXT、SET 消息，权威引擎名是对应网络结点名，权威引擎引导计数器值 Mboot 和权威引擎时间计数器值 Mtime 是网络管理工作站对应该网络结点保持的权威引擎引导计数器 Aboot 和权威引擎时间计数器 Atime 值。对于权威引擎发送的 SNMP 响应消息，如网络结点发送给网络管理工作站对应 GET、GET NEXT 的响应消息：GET Resp 消息，权威引擎名是该网络结点名，权威引擎引导计数器值 Mboot 和权威引擎时间计数器值 Mtime 是该网络结点维持的本地引导计数器 boot 和本地时间计数器 time 值。

当非权威引擎接收 SNMP 消息，如果该 SNMP 消息携带鉴别信息，且通过发送端身份鉴别，用 SNMP 消息给出的权威引擎名找到该权威引擎对应的三个参数：Aboot、Atime 和 Lastesttime，如果 SNMP 消息中给出的参数值是最新的，则用 SNMP 消息中给出的参数值取代原来的参数值，取代算法如图 10.9 所示。

```
IF Mboot>Aboot. OR. (Mboot=Aboot. AND. Mtime>Lastesttime)
{
    Aboot=Mboot;
    Atime=Mtime;
    Lastesttime=Mtime;
}
```

图 10.9　取代算法

无论是权威引擎维持的本地计数器值，还是非权威引擎维持的对应每一个权威引擎的计数器值都正常递增，即每经过一秒，time=time+1，一旦 time 溢出，boot=boot+1。每经过一秒，Atime=Atime+1，一旦 Atime 溢出，Aboot=Aboot+1。

当权威引擎接收 SNMP 消息,如果该 SNMP 消息携带鉴别信息,且通过发送端身份鉴别,判别 SNMP 消息中给出的权威引擎名是否和自己相同,在相同的前提下,如果图 10.10 所示的条件成立,则确定该 SNMP 消息是重放攻击消息,予以丢弃。

IF boot$=2^{31}-1$. OR. Mboot≠boot. OR. (Mboot=boot. AND. ABS(Mtime-time)≥150))

图 10.10　权威引擎重放攻击判别条件

图 10.10 所示条件表明如果权威引擎本地引导计数器值 boot$=2^{31}-1$,表明所有接收的 SNMP 消息都是重放攻击消息。如果 SNMP 消息中给出的权威引擎引导计数器值 Mboot 和权威引擎维持的本地引导计数器值 boot 不同,确定接收的 SNMP 消息是重放攻击消息。如果 SNMP 消息中给出的权威引擎时间计数器值 Mtime 和权威引擎维持的本地时间计数器值 time 之间差值大于±150,确定接收的 SNMP 消息是重放攻击消息。某个非权威引擎一旦和指定权威引擎完成时间同步过程,该非权威引擎发送给指定权威引擎的 SNMP 消息中包含的权威引擎引导计数器值 Mboot 和权威引擎时间计数器值 Mtime 和该权威引擎维持的本地引导计数器值 boot 和时间计数器值 time 只相差往返传输时延,肯定满足条件 Mboot=boot. AND. ABS(Mtime-time)<150。一旦满足图 10.10 所示的条件,表明该 SNMP 消息传输过程中被黑客截留了一段时间。

同样,如果非权威引擎接收 SNMP 消息,如果该 SNMP 消息携带鉴别信息,且通过发送端身份鉴别,用 SNMP 消息给出的权威引擎名找到该权威引擎对应的三个参数: Aboot、Atime 和 Lastesttime,如果图 10.11 所示的条件成立,则确定该 SNMP 消息是重放攻击消息。

IF Aboot$=2^{31}-1$. OR. Mboot≠Aboot. OR. (Mboot=Aboot. AND. (Atime-Mtime)≥150))

图 10.11　非权威引擎重放攻击判别条件

10.3.4　密钥生成机制

一般情况下,一个网络管理工作站管理多个网络结点,如图 10.12 所示,这种管理模式下,网络管理工作站和每一个网络结点之间需要两个对称密钥: 鉴别密钥和加密密钥。当然,为了方便,网络管理工作站和所有网络结点之间可以使用同一对密钥,但一旦某个网络结点的密钥外泄,所有网络结点的管理安全都将成为问题。因此,为安全起见,网络管理工作站和不同的网络结点之间传输 SNMP 消息时,需要使用不同的密钥对。每一个鉴别密钥的长度或是 16 字节(使用 HMAC-MD5-96),或是 20 字节(使用 HMAC-SHA-1-96),加密密钥的长度是 16 字节,其中 8 字节作为 DES 密钥,8 字节作为初始向量 IV(或者 IV 种子),由于实际的 DES 密钥是 56 位,因此,8 字节中的每一个字节的最高位是不用的。显然,由网络管理员记住这些密钥对是不现实的,但如果将这些密钥对存储在网络管理工作站中,又会造成安全隐患。实际的密钥生成机制如图 10.13 所示,网络管理员只需记住一对口令(鉴别口令和加密口令),每一个口令经过反复重复扩展为 2^{20} 字节长度,然后对扩展后产生的字符串进行 MD5 或 SHA-1 运算,产生 16 字节(MD5 运算)或 20 字节(SHA-1 运算)的用户密钥。对不同的权威引擎,首先将用户密钥和该权威引擎名串接为一个字符串,然后对该字符串进行 MD5 或 SHA-1 运算,对于鉴别口令,产生 16 字节(MD5 运算)或 20 字节(SHA-1 运算)的权威引擎鉴别密钥,对于加密口令,产生 16 字节的权威引擎加密密钥,这样,可以通过一个口令衍生出多个对应不同权威引擎的权威引擎密钥,由于 MD5 或 SHA-1 运算都是单向运算，即无法通过运算结果推导出原始输入数据，因此，即使某个权威引擎的权威引擎密钥外泄，也无法通过该权威引擎密钥得出用户口令，因而无法得到其他权威引擎的权威引擎密钥。

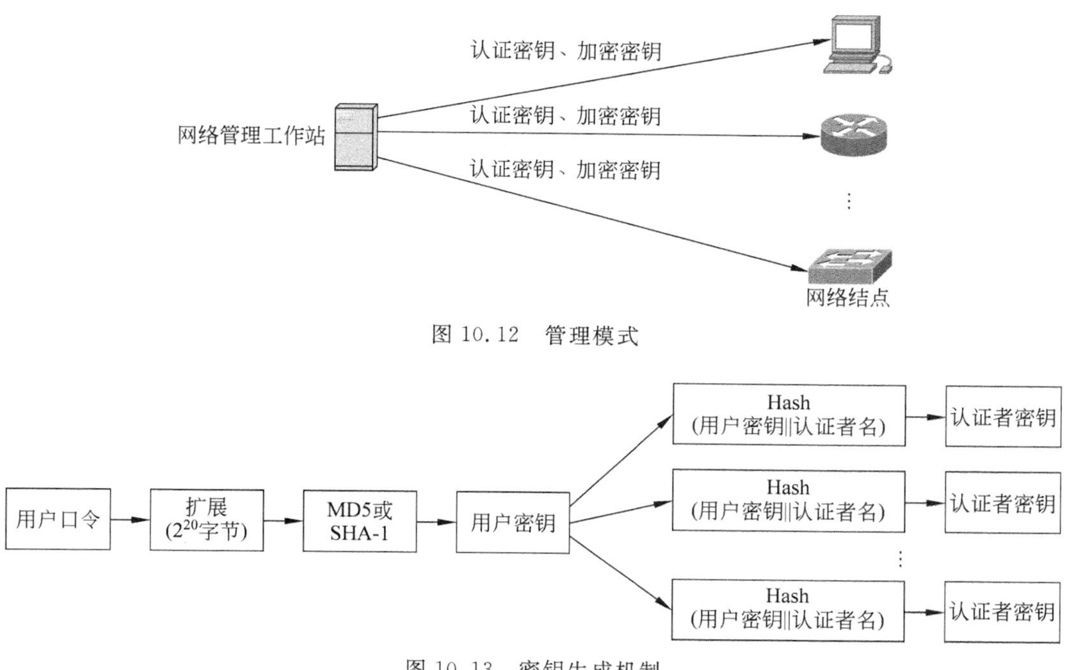

图 10.12　管理模式

图 10.13　密钥生成机制

10.3.5　USM 消息处理过程

将 SNMPv3 发送端身份鉴别、SNMP 消息加密、密钥生成及防重放攻击机制统称为 SNMPv3 的用户安全模型(User Security Model，USM)，图 10.14(a)和图 10.14(b)分别给出 USM 发送、接收 SNMP 消息的过程。

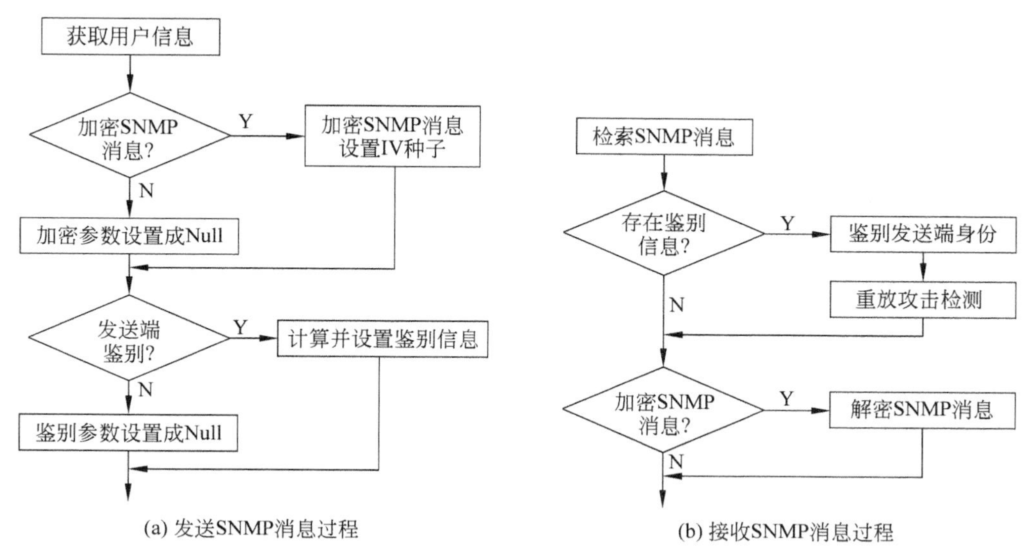

图 10.14　USM 消息处理过程

发送端根据安全级别可以在发送端鉴别、加密 SNMP 消息中选择 0 项、一项或两项，接收端只对实施发送端鉴别的 SNMP 消息进行重放攻击检测，因为，重放攻击检测需要用到 SNMP 消息携带的权威引擎引导计数器值 Mboot 和权威引擎时间计数器值 Mtime，只有保证 SNMP 消息的完整性，才能保证权威引擎引导计数器值 Mboot 和权威引擎时间计数器值 Mtime 的正确性，重放攻击检测才有意义。

10.3.6 访问控制策略

访问控制策略给出不同用户、不同安全模型、不同安全级别、不同操作所对应的被管理对象树，一旦管理代理接收某个用户发出的 SNMP 消息，通过 SNMP 消息携带的用户名、使用的安全模型、采用的安全级别和请求执行的操作检索访问控制策略，获得对应的被管理对象树，用操作对象匹配该被管理对象树，如果操作对象属于该被管理对象树，允许执行操作请求，否则，拒绝该操作请求。

安全模型分为 SNMPv1 安全机制和 SNMPv3 安全机制，使用不同安全机制的网络管理工作站具有不同的访问权限。

安全级别分为只鉴别用户身份、只加密 SNMP 消息和鉴别用户身份且加密 SNMP 消息，鉴别用户身份过程也是检测 SNMP 消息完整性的过程。

操作类型分为只读(查询)、只写(配置)和读写(查询＋配置)。

不同用户、不同安全模型、不同安全级别、不同操作对应不同的被管理对象树，表 10.3 是一个访问控制策略的实例，如果用户 AAA 使用 SNMPv1 安全模型，只允许用户 AAA 查询交换机端口状态；如果用户 AAA 使用 SNMPv3 安全模型，SNMP 消息携带鉴别信息，允许用户 AAA 查询交换机端口状态，对交换机端口进行配置；如果用户 AAA 使用 SNMPv3 安全模型，对 SNMP 消息加密并携带鉴别信息，允许用户 AAA 查询交换机端口状态和路由器路由表，对交换机端口进行配置。交换机端口和路由器路由表在 MIB 中作为一个子树存在。

表 10.3 访问控制策略

用户名	安全模型	安全级别	读被管理对象树	写被管理对象树	读写被管理对象树
AAA	SNMPv1		交换机端口		
AAA	SNMPv3	身份鉴别			交换机端口
AAA	SNMPv3	身份鉴别＋加密	路由器路由表		交换机端口
⋮					

由于访问控制策略基于被管理对象子树分配访问权限，将这种访问控制方式称为基于视图的访问控制(View-Based Access Control，VBAC)，视图指被管理对象子树。

10.4 网络综合监测系统

在网络操作过程中，每一个网络结点都会记录下大量信息，这些信息是判别网络运行是否正常、网络性能是否能够满足应用需要、网络是否遭到黑客攻击的重要依据，但如

图 10.15 所示，这些信息由不同的管理系统汇聚、处理，如 SNMP 网络管理工作站能够获得网络结点配置、状态信息和经过该网络结点传输的信息流分布情况，管理服务器能够获得探测器和主机入侵防御系统监测到的黑客攻击过程、非法访问资源过程及主机状态信息，但这些管理系统是相互独立的，如果想得到有关网络操作的完整信息，需要网络管理员人工集成由不同的管理系统汇聚、处理后的结果，对于一个大型网络，通过人工集成由不同的管理系统汇聚、处理后的结果，得出有关网络操作的完整信息的难度是无法想象的，因此，需要一个能够监测到网络中发生的一切事情，并就其对网络安全的影响进行自动评估的网络综合监测系统。

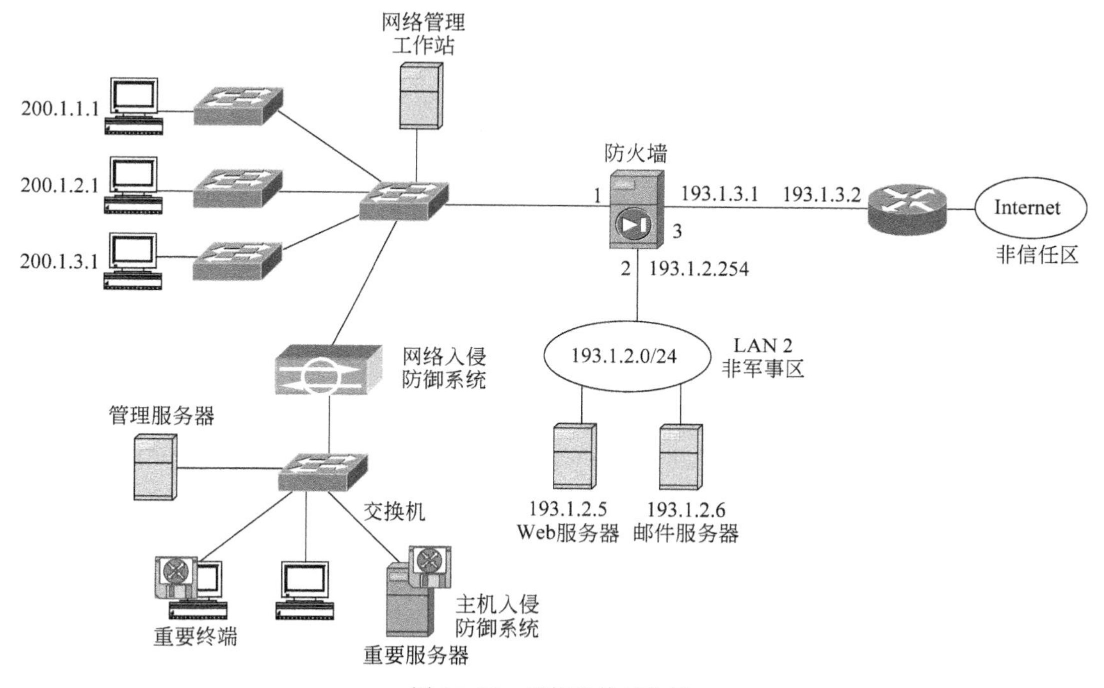

图 10.15　网络系统结构图

10.4.1　网络综合监测系统功能

网络综合监测系统功能主要有两个：

(1) 监测网络上发生的一切事情；

(2) 评估这些事情对网络安全的影响。具体完成的工作有：

- 获悉网络中有哪些网络设备、哪些服务器，提供哪些网络服务；
- 获悉网络中资源访问模式和信息流分布情况；
- 获悉用户从 Internet 下载的新的应用程序；
- 获悉终端和服务器所使用的系统软件和应用软件的类型和版本；
- 发现攻击行为，跟踪攻击源头；
- 主动提示网络存在的安全漏洞；
- 跟踪终端和服务器的安全状态；

- 确定非法访问网络资源的用户；
- 以友好的图形界面方式实时提供网络状态，可以通过关联查找方式获取相关信息。

10.4.2 网络综合监测系统实现机制

1. 主动探测机制

许多攻击利用操作系统漏洞实现，不同类型、版本的操作系统可能存在不同的漏洞，需要用不同的补丁软件解决，因此，确定终端和服务器所运行的操作系统类型、版本，针对发现的漏洞及时下载对应补丁软件是确保终端和服务器安全的重要步骤。主机入侵防御系统具有检测主机系统所运行的操作系统类型、版本的功能，并将检测结果通报给网络综合监测系统。由于成本因素，大量主机系统没有安装主机入侵防御系统，这些主机系统所使用的操作系统类型、版本或者由用户主动向网络综合监测系统通报，或者由网络综合监测系统进行探测。对于一个具有成千上万用户且用户不断变化的大型网络，第一种方法显然不可行，因此，往往采用网络综合监测系统探测机制，如果这种探测过程由网络综合监测系统主动发起，称为主动探测机制。

由于不同类型、版本的操作系统在TCP/IP协议栈的实现细节上存在差别，只要掌握了这种差别，且能够检测出某个主机系统所运行的操作系统TCP/IP协议栈的实现细节，就可推测该操作系统的类型、版本。不同类型、版本的操作系统在TCP/IP协议栈的实现细节上的差别主要有如下这些。

- 侦听端口对置位FIN位TCP报文的反应：不同类型、版本的操作系统对侦听端口接收到的不属于任何已经建立的TCP连接且FIN位置位的TCP报文的反应是不同的，一种反应是不予理睬，另一种反应是回送一个FIN和ACK位置位的响应报文，如Windows NT/2000/2003。
- 侦听端口对存在无效标志位的置位SYN位TCP报文的反应：正常的TCP连接建立过程是三次握手过程，即请求方首先发送一个置位SYN位的请求报文，侦听方回送一个置位SYN和ACK位的响应报文，请求方发送一个置位ACK的确认报文。如果请求方发送的请求报文不仅置位SYN位，还置位了其他标志位，不同类型、版本的操作系统对这种请求报文的反应是不同的，一种反应是将其作为错误请求报文予以丢弃，一种反应是回送一个不仅SYN和ACK位置位，而且同样置位请求报文中置位的无效标志位的响应报文，如Linux。
- 不同的初始序号(ISN)：不同类型、版本的操作系统接收到请求方发送的TCP连接请求报文后，在回送的TCP连接响应报文中给出的初始序号(ISN)值是不同的。
- 不同的初始窗口值：不同类型、版本的操作系统接收到请求方发送的TCP连接请求报文后，在回送的TCP连接响应报文中给出的初始窗口值是不同的。
- 封装TCP报文的IP分组的DF位：不同类型、版本的操作系统对封装TCP报文的IP分组的DF位的处理方式不同，有些操作系统为了改善网络传输性能，一律将封装TCP报文的IP分组的DF位置位，不允许转发结点拆分封装TCP报文的IP分组。
- ICMP出错消息的频率限制：不同类型、版本的操作系统对发送ICMP出错消息的频率有着不同的限制，通过向某个主机系统连续发送一些确定是无法送达的

UDP 报文，如一些接收端口号为高编号的 UDP 报文，然后对在给定时间内回送的"目的地无法到达"的 ICMP 出错消息进行统计，得出该主机系统 ICMP 出错消息的频率限制。

- ICMP 消息内容：不同类型、版本的操作系统在 ICMP 返回消息里给出的文字内容是不一样的。

2. 被动探测机制

主动探测机制需要网络综合监测系统向主机系统发送探测报文，然后根据主机系统回送的响应报文来推测主机系统所运行的操作系统类型和版本，当网络规模很大时，这种探测机制的成本会很高，实际上，分布在网络中的探测器也可以通过检测不同主机系统发送的 IP 分组来推测主机系统所运行的操作系统类型和版本，不同类型和版本的操作系统往往在下述字段的设置上有所区别：

- IP 分组 TTL 字段值；
- TCP 窗口字段值；
- IP 分组 DF 标志位。

分布在网络中的探测器通过综合分析 IP 分组中的上述字段值，来推测该主机系统所运行的操作系统类型和版本。

3. 集成 SNMP 网络管理系统

网络结点中的管理代理可以提供任意两个主机之间的流量、应用层协议分布，对于路由器和交换机，可以提供每一个端口的状态、传输效率，特定主机发送的分组数和字节数，属于不同应用层协议的报文数和字节数，因为输出队列溢出而丢弃的报文数和字节数，根据这些信息，可以了解网络中每一个网段的流量分布情况，任意两个主机之间传输的、和特定应用层协议相关的报文数、字节数，特定主机占用网络中各个网段带宽的情况，属于不同应用层协议的报文在总的流量中所占的比例，整个网络的连通情况、拥塞状态、性能瓶颈、信息流模式和流量变化过程等。

4. 集成防火墙功能

防火墙主要作用于内部网和 Internet 的边界，用于检测和控制内部网和 Internet 之间传输的信息流，因此，防火墙能够检测到内部网终端从 Internet 下载的应用程序、下载网页中隐藏的病毒、Internet 对内部网终端实施的攻击、内部网终端访问 Internet 资源模式、内部网和 Internet 之间流量中不同应用层协议的比例、内部网终端的扫描频率、端口扫描频率等。

5. 集成入侵防御系统功能

主机入侵防御系统可以提供主机系统所运行的操作系统类型和版本、是否安装补丁软件、是否感染病毒、主机系统的安全状态、主机系统运行的应用程序等，网络入侵防御系统（主要为探测器）可以提供异常信息流模式和源头、异常信息流可能实施的攻击、异常信息流的攻击目标等。

6. 策略配置和关联检索

网络综合监测系统获取的信息是巨大的，为了有针对性地解决某个安全问题，需要主动探测机制、SNMP 管理系统、防火墙和入侵防御系统采集和通报特定的信息，安全策略就用于这些系统设置过滤表达式或信息采集、通报策略。为了在庞大的信息库中检索出和特定安全问题相关的信息，需要网络综合监测系统提供关联检索功能。

10.4.3 网络综合监测系统应用实例

1. 监测网络安全漏洞

黑客的许多攻击是利用主机操作系统或应用程序漏洞实现的，许多安全监测机构会定期公布当前流行的操作系统和应用程序的漏洞，软件厂家通过及时发布补丁软件来应对被发现的漏洞，黑客也会推出利用漏洞实施攻击的黑客软件，这是一个软件厂家和黑客之间抢时间、比速度的竞争游戏，一旦某个安全监测机构公布了某种操作系统或应用程序的漏洞，运行存在漏洞的软件的主机系统，在该主机系统更换存在漏洞的软件或运行该软件厂家发布的补丁软件前，是不安全的主机系统，这样的主机系统极易遭受黑客攻击，并因此使整个内部网络成为黑客攻击的牺牲品，因此需要检测出这种存在安全隐患的主机系统并加以隔离，具体步骤如下：

1）配置安全策略

网络综合监测系统及时下载安全监测机构最新公布的存在漏洞的操作系统或应用程序类型、版本，并在安全策略中禁止运行存在漏洞的操作系统或应用程序的主机系统继续访问 Internet。

2）SNMP 代理通报新发现的主机

网络结点，如交换机中的 SNMP 代理每发现一个新的主机系统，就主动向网络综合监测系统通报该主机系统的 IP 地址和 MAC 地址，为了精确起见，只有在网络结点中的接入端口（连接终端或服务器的端口）发现新的主机系统时，才启动主动通报功能。

3）探测该主机所运行的操作系统或应用程序类型和版本

网络综合监测系统通过主动探测机制获取该主机所运行的操作系统或应用程序类型和版本，一旦和某个存在安全漏洞的软件匹配，进行 4）指出的隔离操作。

4）隔离操作

如果网络系统如图 10.16 所示，IP 地址为 200.1.1.1、MAC 地址为 MAC 1 的主机系统所运行的操作系统类型和版本存在漏洞，网络综合监测系统在防火墙端口 1 输入方向设置过滤规则：源 MAC 地址＝MAC 1，丢弃。

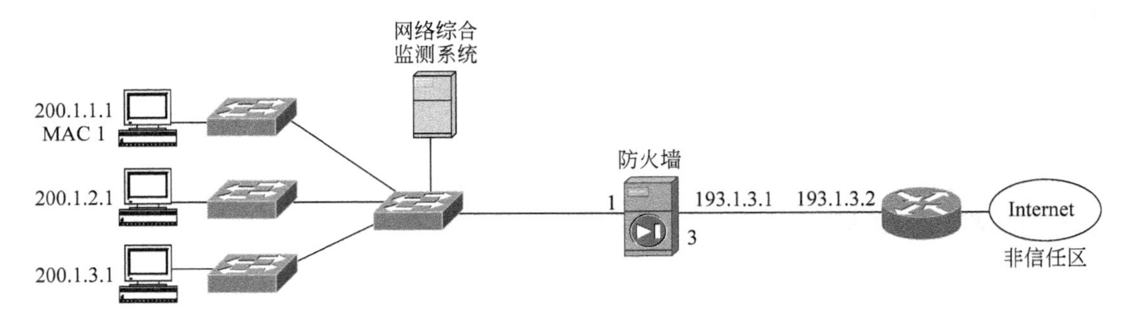

图 10.16 隔离操作过程

在防火墙端口 1 输出方向设置过滤规则：目的 MAC 地址＝MAC 1，丢弃。

这样，保证该主机系统在更换操作系统前，或在下载并运行补丁软件前，无法和Internet中的终端进行通信，避免因此遭到攻击。之所以选择用MAC地址作为用于匹配过滤规则的字段值是因为在主机通过DHCP自动获取配置信息的情况下，IP地址是变化的。

2．禁止访问非法网站

非法网站是指内容不健康或者经常传播网络病毒的网站，如果觉察到内部网络用户访问这样的网站，需要立即将该用户终端从网络中断开。

1）配置安全策略

网络综合监测系统及时下载或手工配置非法网站的统一资源定位符（URL）列表，并在安全策略中规定：将访问属于非法URL列表中网页的用户终端从网络中断开。

2）防火墙通报HTTP请求报文

防火墙一旦检测到内部网络终端发送的HTTP请求报文，在按照访问控制策略转发该HTTP请求报文的同时，按照网络综合监测系统的要求将HTTP请求报文中的关键字段值，如URL、FROM、TO、封装HTTP请求报文的IP分组的源和目的地址等，发送给网络综合监测系统，网络综合监测系统用HTTP请求报文的URL匹配非法URL列表，一旦非法URL列表中存在和该URL相同的项，进行3）、4）指定的操作。

3）定位该用户终端

在进行断开操作前，必须定位该用户终端，即找出该用户终端所连接的交换机端口，由于网络综合监测系统只得到用户终端的IP地址，需要确定连接该IP地址指定子网的交换机，根据交换机中IP地址和MAC地址的绑定关系、交换机中转发表内容及内部网网络拓扑结构图确定连接该用户终端的交换机端口。

4）断开操作

通过向该交换机发送SNMP SET命令，将连接用户终端的交换机端口由UP改为DOWN，同时通过其他途径向该用户发出警告。

3．监测蠕虫病毒传播过程

蠕虫病毒的特点是能够自动传播，一旦某个主机系统感染了蠕虫病毒，蠕虫病毒能够通过主机和端口扫描发现其他存在漏洞的主机系统，并将自己传播给它，这是蠕虫病毒能够快速蔓延的原因，Blaster蠕虫病毒利用Windows远程过程调用（Remote Procedure Call，RPC）机制中的漏洞进行传播。RPC机制允许某台主机系统上运行的程序能够无缝执行另一台主机系统上的代码，许多资源共享服务需要用到这一机制，如局域网中用户之间的文件共享服务，因此，内部网中的主机系统往往启用这一机制，这就为Blaster蠕虫病毒的传播提供了平台。

1）网络入侵防御系统监测端口扫描侦察

不同RPC服务侦听的端口是不一样的，不同主机系统打开的RPC服务也不同，因此，攻击主机传播蠕虫病毒的第一步是对网络中其他主机系统进行端口扫描。当网络入侵防御系统（探测器）监测到某个主机正在实施端口扫描，将其IP地址、被扫描主机的IP地址和端口号集合通报给网络综合监测系统。

2）定位攻击主机

根据攻击主机的IP地址确定攻击主机位于Internet或内部网，对位于内部网的攻击主机，根据SNMP管理系统获得的信息，确定连接该主机的交换机端口，通过向该交换机发送SNMP SET命令将该交换机端口由UP改为DOWN，以此将该攻击主机从网络上断开，同时通过其他途径向该主机用户发出警告。如果主机位于Internet，通过设置边界防火墙，禁止该攻击主机和内部网中的终端进行通信。

3）发出安全警告

在监测到网络中发生Blaster蠕虫病毒攻击的情况下，通过主动探测机制判别被攻击主机系统是否打开RPC服务，并对打开RPC服务的主机系统发出警告，要求对主机系统进行检测，判别是否感染Blaster蠕虫病毒。

4）加强内部网安全监测

通过修改内部网探测器中的监测策略，加强对Blaster蠕虫病毒攻击的监测，如端口扫描监测、Blaster蠕虫病毒特征匹配等，将Blaster蠕虫病毒攻击消灭在萌芽。

4. 监测网络性能瓶颈

网络性能出现瓶颈主要指内部网中的某个网络结点或某段链路出现过载现象，导致大量经过该网络结点或网络链路传输的数据被丢弃。

1）监测过载结点

网络结点中的管理代理能够采集每一个端口的工作情况，如指定时间段内该端口接收、发送的MAC帧数、字节数、IP分组数，指定时间段内端口输出队列平均长度、因为输出队列溢出而丢弃的MAC帧数、字节数、IP分组数，还允许为这些工作参数设置阈值，管理代理一旦发现从某个端口采集的工作参数超过阈值，则通过Trap命令将这种情况主动通报给网络综合监测系统。

2）分析流量组成

通过SNMP网络管理系统可以得到经过拥挤网络结点的流量中各个源终端的分布情况、各种应用层协议的分布情况，综合内部网中其他网络结点采集的流量信息，可以得出流量突然增大的网络终端的流量变化情况、流量中各种应用层协议的分布情况，根据网络入侵防御系统统计到的基准信息，计算出流量变化超出设定范围的网络终端及对应的应用层协议。

3）限制终端流量

定位这些源终端的位置和源终端至监测到拥挤的网络结点的传输路径，在传输路径经过的某个具有限制输入流量功能的端口设置限速器，设定该终端各种应用层协议所对应的最大流量，一旦超过设定流量，将丢弃超过流量的后续数据。

习　题

10.1　简述SNMP的主要功能。

10.2　列出常见的配置网络结点的机制，并比较它们的优缺点。

10.3　如何了解整个网络的状态和流量分布？

10.4 根据图 10.17 所示网络结构，给出通过网络管理工作站看到的有关终端 A 的信息。

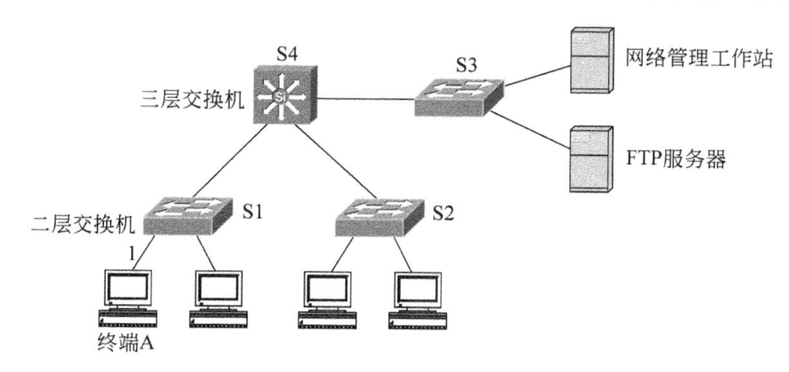

图 10.17 题 10.4 图

10.5 网络结构如图 10.17 所示，如何通过网络管理工作站给出的有关终端 A 的信息确定终端 A 因为感染蠕虫病毒正在向网络的其他终端发起攻击？

10.6 SNMPv1 的安全隐患是什么？黑客如何利用这些安全隐患实施攻击？

10.7 根据图 10.17 所示网络结构，给出黑客利用 SNMPv1 安全隐患控制网络工作过程的思路。

10.8 SNMPv3 解决 SNMPv1 安全隐患的方法是什么？

10.9 根据图 10.17 所示网络结构，解释网络管理工作站对网络结点实施安全配置的原理。

10.10 实现网络综合监测系统的困难是什么？如何解决？

10.11 网络结构如图 10.18 所示，给出网络综合监测系统实现下述控制过程的思路。

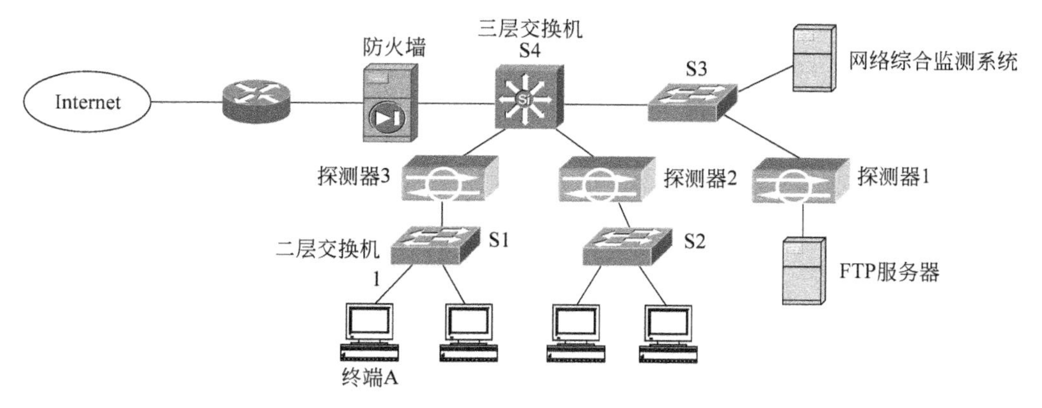

图 10.18 题 10.11 图

- 防止终端 A 下载包含病毒的网页；
- 确定终端 A 被安装了木马程序；
- 确定对 FTP 服务器实施 SYN 泛洪攻击的攻击源；
- 阻止某个终端通过大量发送 ICMP ECHO 请求报文阻塞网络链路。

英文缩写词

AAL(ATM Adaptation Layer)ATM适配层(5.2)
ADM(Add/Drop Multiplexer)分插复用器(1.2)
ADSL(Asymmetric Digital Subscriber Line)非对称数字用户线(1.2)
AN(Access Network)接入网络(6.1)
ARP(Address Resolution Protocol)地址解析协议(1.2)
AS(Autonomous System)自治系统(2.3)
ASBR(Autonomous System Boundary Router)自治系统边界路由器(5.1)
ASN(Autonomous System Number)自治系统号(2.3)
ATA(Advanced Technology Attachment)高级技术附件(9.2)
ATM(Asynchronous Transfer Mode)异步传输模式(1.1)
AVP(Attribute Value Pair)属性值对(7.3)
BAS(Broadband Access Server)宽带接入服务器(6.2)
BGP(Border Gateway Protocol)边界网关协议(2.3)
CAP(Carrierless Amplitude Phase)无载波振幅相位调制(6.1)
CHAP(Challenge Handshake Authentication Protocol)挑战握手鉴别协议(5.2)
CIDR(Classless InterDomain Routing)无分类域间路由(2.2)
CIFS(Common Internet File Systems)通用互联网文件系统(1.2)
CRC(Cyclic Redundancy Check)循环冗余检验(5.2)
CS(Convergence Sublayer)汇聚子层(5.2)
DAD(Duplicate Address Detection)重复地址检测(8.2)
DAS(Direct Attached Storage)直接附加存储(1.2)
DDN(Digital Data Network)数字数据网(1.1)
DHCP(Dynamic Host Configuration Protocol)动态主机配置协议(1.2)
DiffServ(Differentiated Services)区分服务(8.1)
DMA(Direct Memory Access)直接存储器存取(9.2)
DMT(Discrete Multi-Tone)离散多音调制(6.2)
DMZ(Demilitarized Zone)非军事区(4.1)
DoS(Denial of Service)拒绝服务(1.2)
DS(Digital Signatures)数字签名(2.5)
DSCP(Differentiated Services Code Point)区分服务码点(8.1)
DSLAM(Digital Subscriber Line Access Multiplexer)数字用户线接入复用器(1.2)
EAP(Extensible Authentication Protocol)扩展认证协议(1.2)
EPON(Ethernet Passive Optical Network)以太网无源光网络(1.2)
eui(enterprise unique identifier)企业唯一标识符(9.5)

FC(Fiber Channel)光纤通道(1.2)
FC-AL(Fibre Channel Arbitrated Loop)光纤通道仲裁环(9.4)
FCP(Fibre Channel Protocol)光纤通道协议(9.6)
FCS(Frame Check Sequence)帧检验序列(6.2)
HBA(Host Bus Adapter)主机总线适配器(9.4)
HIPS(Host Intrusion Prevention System)主机入侵防御系统(2.5)
HMAC(Hashed Message Authentication Codes)散列消息鉴别码(3.3)
IANA(Internet Assigned Numbers Authority)Internet 号码指派管理局(8.1)
ICCN(Incoming Call Connected)入呼叫建立(7.3)
ICRP(Incoming Call Reply)入呼叫响应(7.3)
ICRQ(Incoming Call Request)入呼叫请求(7.3)
IDE(Integrated Drive Electronics)电子集成驱动器(9.2)
IntServ(Integrated Services)综合服务(8.1)
IPCP(IP Control Protocol)IP 控制协议(6.1)
IPS(Intrusion Prevention System)入侵防御系统(2.5)
iqn(iSCSI qualified names)iSCSI 限定名(9.5)
ISAMP(Internet Security Association and key Management Protocol)Internet 安全关联和密钥管理协议(7.2)
iSCSI(internet Small Computer System Interface)互联网小型计算机系统接口(1.2)
ISL(Inter Switch Link)交换机间链路(9.4)
ISP(Internet Service Provider)Internet 服务提供者(5.1)
IV(Initialization Vector)初始向量(6.4)
L2TP(Layer Two Tunneling Protocol)第 2 层隧道协议(7.1)
LAC(Access Concentrator)L2TP 接入集中器(7.1)
LACP(Link Aggregation Control Protocol)链路聚合控制协议(3.2)
LAN(Local Area Network)局域网(3.3)
LBA(Logical Block Addressing)逻辑块寻址(9.2)
LCP(Link Control Protocol)链路控制协议(6.1)
LLID(Logical Link Identifier)逻辑链路标识符(6.3)
LNS(L2TP Network Server)第 2 层隧道网络服务器(7.1)
LSA(Link state advertisement)链路状态通告(2.3)
LSP(Label Switched Path)标签交换路径(7.1)
LUN(Logical Unit Number)逻辑单元号(9.1)
MAC(Medium Access Control)媒体接入控制(1.1)
MIB(Management Information Base)管理信息库(2.6)
MPCP(Multi Point Control Protocol)多点控制协议(6.3)
MPLS(MultiProtocol Label Switching)多协议标签交换(7.1)
MTU(Maximum Transfer Unit)最大传送单元(6.1)
NAS(Network Attached Storage)网络附加存储(1.2)

NAS(Network Access Server)网络接入服务器(6.4)
NAT(Network Address Translation)网络地址转换(1.2)
NAT-PT(Network Address Translation-Protocol Translation)网络地址和协议转换(8.5)
ND(Neighbor Discovery)邻站发现(8.1)
NIPS(Network Intrusion Prevention System)网络入侵防御系统(2.5)
NFS(Network File System)网络文件系统(1.2)
NMS(Network Management Station)网络管理工作站(2.6)
OBD(Optical Branching Device)光分路器(1.2)
ODN(Optical Distribution Network)光分配网(1.2)
OLT(Optical Line Terminal)光线路终端(1.2)
ONU(Optical Network Unit)光网络单元(1.2)
OSPF(Open Shortest Path First)开放最短路径优先(2.3)
PAP(Password Authentication Protocol)口令鉴别协议(6.1)
PAT(Port Address Translation)端口地址转换(6.2)
PATA(Parallel ATA)并行 ATA(9.2)
PDA(Personal Digital Assistant)个人数字助理(8.1)
PMK(Pairwise Master Key)成对主密钥(6.4)
POH(Path Overhead)通道开销(5.2)
PON(Passive Optical Network)无源光网络(1.2)
POS(Packet over SDH)SDH 直接承载分组方式(1.2)
PPP(Point-to-Point Protocol)点对点协议(1.2)
PPPoE(PPP over Ethernet)基于以太网的 PPP(6.1)
PSTN(Public Switched Telephone Network)公共交换电话网(1.2)
PVC(Permanent Virtual Circuit)永久虚电路(5.2)
QAM(Quadrature Amplitude Modulation)正交幅度调制(6.2)
RADIUS(Remote Authentication Dial In User Service)远程鉴别拨入用户服务(6.1)
RAID(Redundant Array of Independent Disks)冗余磁盘阵列(9.3)
RIP(Routing Information Protocol)路由信息协议(2.3)
RIPng(RIP Next Generation)下一代 RIP(8.2)
RPC(Remote Procedure Call)远程过程调用(10.2)
SAN(Storage Area Networking)存储区域网络(1.2)
SAR(Segmentation And Reassembly)拆装子层(5.2)
SAS(Serial Attached SCSI)串行连接 SCSI(9.2)
SATA(Serial Advanced Technology Attachment)串行高级技术附件(9.2)
SCCCN(Start Control Connection Connected)启动控制连接建立(7.3)
SCCRP(Start Control Connection Reply)启动控制连接响应(7.3)
SCCRQ(Start Control Connection Request)启动控制连接请求(7.3)
SCSI(Small Computer System Interface)小型计算机系统接口(1.2)
SDH(Synchronous Digital Hierarchy)同步数字体系(1.2)

SIIT(Stateless IP/ICMP Translation)无状态 IP/ICMP 转换(8.5)
SMI(Structure of Management Information)管理信息结构(10.1)
SNMP(Simple Network Management Protocol)简单网络管理协议(2.6)
SPF(Shortest Path First)最短路径优先(9.4)
SSD(Solid State Disk)固态硬盘(9.2)
SSL(Secure Socket Layer)安全套接层(7.1)
STP(Spanning Tree Protocol)生成树协议(1.1)
SVC(Switched Virtual Circuit)交换虚电路(5.2)
TDMA(Time Division Multiple Address)时分多址复用(1.2)
TKIP(Temporal Key Integrity Protocol)临时密钥完整性协议(6.4)
TLS(Transport Layer Security)传输层安全(7.1)
USM(User Security Model)用户安全模型(10.1)
VBAC(View-Based Access Control)基于视图的访问控制(10.1)
VCI(Virtual Channel Identifier)虚通路标识符(5.2)
VLAN(Virtual LAN)虚拟局域网(1.1)
VLSM(Variable Length Subnet Mask)变长子网掩码(2.2)
VPI(Virtual Path Identifier)虚通道标识符(5.2)
VPN(Virtual Private Network)虚拟专用网(1.1)
VRRP(Virtual Router Redundancy Protocol)虚拟路由器冗余协议(1.1)
WDM(Wavelength Division Multiplexing)波分复用(6.3)
WEP(Wired Equivalent Privacy)等同有线安全(6.4)
WLAN(Wireless LAN)无线局域网(6.4)
WPA(Wi-Fi Protected Access)Wi-Fi 保护访问(6.4)
WPA-PSK(Wi-Fi Protected Access Pre-Shared Key)WPA 预共享密钥(6.4)
WWNN(World Wide Node Name)全球结点名称(9.4)
WWPN(World Wide Port Name)全球端口名称(9.4)

参考文献

[1] Larry L. Peterson, Bruce S. Davie. Computer Networks. A Systems Approach Fourth Edition. 北京：机械工业出版社，2008.

[2] Andrew S. Tanenbaum. Computer Networks Fourth Edition. 北京：清华大学出版社，2004.

[3] Kennedy Clark, Kevin Hamilton. Cisco LAN Switching. 北京：人民邮电出版社，2003.

[4] Jeff Doyle 著. TCP/IP 路由技术(第一卷). 葛建立，吴剑章译. 北京：人民邮电出版社，2003.

[5] Jeff Doyle, Jennifer DeHaven Carroll. TCP/IP 路由技术(第二卷). 北京：人民邮电出版社，2003.

[6] 谢希仁. 计算机网络(第 5 版). 北京：电子工业出版社，2009.

[7] 沈鑫剡等. 计算机网络技术及应用. 北京：清华大学出版社，2007.

[8] 沈鑫剡. 计算机网络. 北京：清华大学出版社，2008.

[9] 沈鑫剡. 计算机网络安全. 北京：清华大学出版社，2009.

[10] 沈鑫剡等. 计算机网络技术及应用(第 2 版). 北京：清华大学出版社，2010.

[11] 沈鑫剡. 计算机网络(第 2 版). 北京：清华大学出版社，2010.

[12] 沈鑫剡等. 计算机网络技术及应用学习辅导和实验指南. 北京：清华大学出版社，2011.

[13] 沈鑫剡，叶寒锋. 计算机网络学习辅导与实验指南. 北京：清华大学出版社，2011.

[14] 沈鑫剡，叶寒锋，刘鹏，景丽. 计算机网络安全学习辅导与实验指南. 北京：清华大学出版社，2012.

[15] 沈鑫剡. 路由和交换技术. 北京：清华大学出版社，2013.